城市地下空间开发与利用关键技术丛书

中国铁建股份有限公司　雷升祥　总主编

国家重点研发计划项目　编号：2018YFC0808700　2018YFC0808703

KEY
TECHNOLOGY
OF URBAN UNDERGROUND SPACE
RENEWAL AND NETWORKED EXTENSION

城市地下空间
更新改造网络化拓建关键技术

雷升祥　著

U0293501

人民交通出版社股份有限公司

北 京

内 容 提 要

本书为"城市地下空间开发与利用关键技术丛书"之一。本书针对城市地下空间网络化拓建需求，基于网络化拓建面临的风险和岩土工程问题，依托相关工程实践与科研成果，提出了适用于当前行业发展特点的网络化拓建关键技术体系，涵盖了近接增建、连通接驳、竖向增层、以小扩大、多维拓展等五种拓建模式，重点介绍了网络化拓建的力学机理、安全风险、关键技术及装备，并结合 10 个典型工程案例对关键技术的应用效果进行了详细分析。

本书可供从事城市地下空间更新规划、设计、施工的专业技术人员参考，亦可供高等院校相关专业师生学习使用。

图书在版编目（CIP）数据

城市地下空间更新改造网络化拓建关键技术／雷升祥著. — 北京：人民交通出版社股份有限公司, 2021.6
ISBN 978-7-114-17551-0

Ⅰ.①城… Ⅱ.①雷… Ⅲ.①城市空间—地下建筑物—技术改造—研究—中国 Ⅳ.①TU92

中国版本图书馆 CIP 数据核字（2021）第 157981 号

Chengshi Dixia Kongjian Gengxin Gaizao Wangluohua Tuojian Guanjian Jishu

书　　　名：	城市地下空间更新改造网络化拓建关键技术
著 作 者：	雷升祥
责任编辑：	李　梦
责任校对：	赵媛媛
责任印制：	张　凯
出版发行：	人民交通出版社股份有限公司
地　　　址：	(100011)北京市朝阳区安定门外外馆斜街 3 号
网　　　址：	http://www.ccpcl.com.cn
销售电话：	(010)59757973
总 经 销：	人民交通出版社股份有限公司发行部
经　　　销：	各地新华书店
印　　　刷：	北京交通印务有限公司
开　　　本：	787×1092　1/16
印　　　张：	29.25
字　　　数：	693 千
版　　　次：	2021 年 6 月　第 1 版
印　　　次：	2021 年 6 月　第 1 次印刷
书　　　号：	ISBN 978-7-114-17551-0
定　　　价：	248.00 元

序 一

INTRODUCTION

　　地下空间开发与利用是生态文明建设的重要组成部分,是人类社会和城市发展的必然趋势。城市地下空间开发与利用是解决交通拥堵、土地资源紧张、拓展城市空间和缓解环境恶化的最有效途径,也是人类社会和经济实现可持续发展、建设资源节约型和环境友好型社会的重要举措。

　　我国地下交通、地下商业、综合管廊及市政设施在内的城市地下空间开发,近年来取得了快速发展。建设规模日趋庞大,重大工程不断增多,技术水平不断提升,前瞻性构想也在不断提出。同时,在城市地下空间开发与利用及技术支撑方面,也不断出现新的问题,面临着新的挑战,需通过创新性方式来破解。针对地下工程中的科学问题和关键技术问题系统开展研究和突破,对于推动城市地下空间建造技术不断创新发展至关重要。

　　在此背景下,中国铁建股份有限公司雷升祥总工程师牵头,依托"四个面向"的"城市地下大空间安全施工关键技术研究""城市地下基础设施运行综合监测关键技术研究与示范"和"城市地下空间精细探测技术与开发利用研究示范"三个国家重点研发计划项目,梳理并提出重大科学问题和关键技术问题,系统性地开展了科学研究,形成了城市地下大空间与深部空间开发的全要素探测、规划设计、安全建造、智能监测、智慧运维等关键技术。

　　基于研究成果和工程实践,雷升祥总工程师组织编写了"城市地下空间开发与利用关键技术丛书"。这套丛书既反映发展理念,又有关键技术及装备应用的阐述,展示了中国铁建在城市地下空间开发与利用领域的诸多突破性成果、先进做法与典型工程案例,相信对我国城市地下空间领域的安全、有序、高效发展,将起到重要的积极推动作用。

深圳大学土木与交通工程学院院长

中国工程院院士

2021 年 6 月

序 二
INTRODUCTION

　　2017 年 3 月 5 日,习近平总书记在参加十二届全国人大五次会议上海代表团审议时指出,城市管理应该像绣花一样精细。中国铁建股份有限公司深入贯彻落实总书记的重要指示精神,全力打造城市地下空间第一品牌。2018 年以来,中国铁建先后牵头承担了"城市地下大空间安全施工关键技术研究""城市地下基础设施运行综合监测关键技术研究与示范""城市地下空间精细探测技术与开发利用研究示范"三项国家重点研发计划项目,均为"十三五"期间城市地下空间领域的典型科研项目。为此,中国铁建组建了城市地下空间研究团队,开展产、学、研、用广泛合作,提出了"人本地下、绿色地下、韧性地下、智慧地下、透明地下、法制地下"的建设新理念,努力推动我国城市地下空间集约高效开发与利用,建设美好城市,创造美好生活。

　　在城市地下空间开发领域,我们坚持问题导向、需求导向、目标导向,通过理论创新、技术研究、专利布局、示范应用,建立了包括城市地下大空间、城市地下空间网络化拓建、深部空间开发在内的全要素探测、规划设计、安全建造、智能监测、智慧运维等成套技术体系,授权了一大批发明专利,形成了系列技术标准和工法,对解决传统城市地下空间开发与利用中的痛点问题,人民群众对美好生活向往的热点问题,系统提升我国城市地下空间建造品质与安全建造、运维水平,促进行业技术进步具有重要的意义。

　　基于研究成果,我们组织编写了这套"城市地下空间开发与利用关键技术丛书",旨在从开发理念、规划设计、风险管控、工艺工法、关键技术以及典型工程案例等不同侧面,对城市地下空间开发与利用的相关科学和技术问题进行全面介绍。本丛书共有8 册:

1.《城市地下空间开发与利用》

2.《城市地下空间更新改造网络化拓建关键技术》

3.《城市地下空间网络化拓建工程案例解析》

4.《城市地下大空间施工安全风险评估》

5.《管幕预筑一体化结构安全建造技术》

6.《日本地下空间考察与分析》

7.《城市地下空间民防工程规划设计研究》

8.《未来城市地下空间发展理念——绿色、人本、智慧、韧性、网络化》

这套丛书既是国家重大科研项目的成果总结,也是中国铁建大量城市地下空间工程实践的总结。我们力求理论联系实际,在实践中总结提炼升华。衷心希望这套丛书可为从事城市地下空间开发与利用的研究者、建设者和决策者提供参考,供高等院校相关专业的师生学习借鉴。丛书观点只是一家之言,限于水平,可能挂一漏万,甚至有误,对不足之处,敬请同行批评指正。

雷升祥

2021 年 6 月

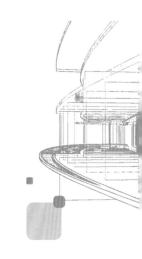

前 言
PREFACE

　　自 20 世纪 50 年代我国人民防空工程规模化修建开始，到 20 世纪 90 年代中期，我国城市地下空间开发与利用的方式主要是结合人防工程展开的；自 20 世纪 90 年代后期，随着城市地铁建设的逐步启动和城市房地产的迅速发展，地下空间开发与利用主体出现显著变化；进入 21 世纪后，大规模地铁建设及其围绕交通节点、综合交通枢纽、商业中心的地下空间开发，开启了我国大规模开发与利用地下空间资源、加速推进城市现代化的新征程。目前，我国是世界上城市地下空间开发速度最快、规模最大、技术最复杂的国家，仅 2016—2018 年间我国新增地下空间建筑面积达 8.44 亿 m²，2019 年我国新增地下空间建筑面积 2.57 亿 m²，同比增长 2.47%，新增地下空间建筑面积（含轨道交通）占同期城市建筑竣工面积的比例约为 19%。

　　但在发展的过程中，以下几方面的问题日益突出：①早期建设的既有地下空间系统性不足、连通性较差、与地面空间协调不足，不仅影响了地下空间的高效利用，同时也威胁到地下空间施工安全；②近 20 年开发过程中，因前瞻性考虑不足，规划的制定和调整时常落后于建设实践，难免带来新的技术难题和留下缺憾，例如，与既有地下空间结构冲突、相互干扰与制约等问题凸显。为打造有生命力、有温度、有活力的地下空间，提升城市地下空间使用功能和利用效率，有效解决"大城市病"，需要对城市进行更新改造，尤其是对城市地下空间的更新改造，采取系列技术手段连通既有地下空间，解决新旧地下空间相互干扰的系列技术难题，促进城市地下空间健康快速发展。

党的十九届五中全会通过的《中共中央关于制定国民经济和社会发展第十四个五年规划和二〇三五年远景目标的建议》中明确提出：实施城市更新行动，是对进一步提升城市发展质量作出的重大决策部署。在十三届全国人大四次会议上，"城市更新"也首次写入了《政府工作报告》，提出了"宜居城市、绿色城市、韧性城市、智慧城市、人文城市"的总体目标。作为城市更新的重要组成部分，城市地下空间一体化、规模化、集约化综合利用是必然发展趋势。当前乃至今后较长一段时期，城市地下空间更新改造应聚焦于消除安全隐患、扩充规模能力、国土空间重构、空间品质提升及规划接续建设等重大使命，秉持问题导向、需求导向、目标导向，迫切需要对传统城市地下空间开发利用的理念与方法、建造技术、装备研发等进行系统研究。

2018年，中国铁建股份有限公司承担了国家重点研发计划"城市地下大空间安全施工关键技术研究"项目，并在该项目下单列"城市地下空间网络化安全拓建施工技术"课题，旨在系统研究地下空间结构网络化安全拓建关键技术体系，解决在既有城市地下空间基础上的安全拓建难题，确保城市地下空间开发与利用的安全高效。

本书依托上述成果并结合行业发展中的新趋势、新特点、新需求进行了扩充与延展，以期推动构建城市地下空间网络化拓建关键技术体系。本书分为7章，第1章基于大量的国内外工程案例和调研，介绍城市地下空间发展现状、趋势及存在的问题，引入城市地下大空间概念和主要实现方式之一———网络化拓建。第2章全面介绍了狭义和广义的网络化拓建，提出了全新的分类方式。第3章从与城市地下空间网络化拓建联系最紧密的典型岩土力学问题入手，延伸到几种拓建方式对应的典型分析方法、典型力学模型，力图从"岩土—既有结构—新建结构"之间的作用转换解释拓建施工的关键问题。第4章简要阐述城市地下空间拓建过程中最常见的风险因素，提出应对措施。第5章从繁杂的地下工程建造技术中，系统性提取与安全拓建相关的成熟、可靠技术，并提出一些新的发展思路；内容涉及探测与检测、既有结构加固与保护、基础加固与托换、地层加固、地下水处理、明挖法施工、浅埋暗挖法施工、盾构法施工、扩挖施工、新旧结构接驳、智能监测等方面。第6章介绍10个网络化拓建典型案例，其中7个工程与课题研究示范工作紧密相关；另有近接穿越高速铁路路基、高速铁路桥梁、运营地铁隧道的3个盾构工程，其研究成果具有较高的借鉴价值，故一并写入本书。第7章针对我国城市地下空间的发展趋势，提出进一步研究方向和奋斗目标。

在本书的编写过程中，黄双林、杜孔泽、赵伟、丁正全、邹春华做了大量工作，还参考了网络化拓建示范工程中的部分技术成果,借鉴了相关领域的参考文献,第6章的10个工程案例素材由中国铁建下属6家单位提供,在此对相关人员和文献作者表示衷心感谢。

由于技术日新月异,个人认识难免不足,书中也难免存在疏漏和不足之处,敬请各位专家和读者不吝批评指正。

作　者
2021 年 5 月

目 录
CONTENTS

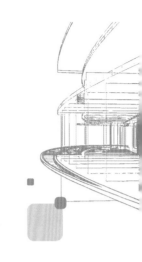

第1章
绪论

1.1 我国城市地下空间的发展现状

随着科技的发展,人类对地下空间的开发与利用逐步由被动到主动,由原始"穴居"向"地下城市"发展。我国东汉永平年间采用古老的"火煅石法"开凿了长14m、宽3.95~4.25m、高4~4.75m的石门隧洞,是世界最早人工开凿可通车的地下隧道空间。位于古罗马城地下的马克姆下水道是古代世界最为宏伟、历史最为悠久的地下市政工程,距今已有2500多年的历史。1863年英国伦敦建成世界上第一条地铁,地下空间发展跨入一个新的阶段。

进入新时代,城市地下空间被赋予了重要历史使命,地下空间开发与利用决定着城镇化质量与品质,成为新型城镇化重要的特征;地下空间既要满足新增城镇人口"增量"空间需求,更要适应原有城镇人口"质量"空间需求。20世纪80年代后期,国际隧道和地下空间协会提出"大力开发地下空间,开始人类新的穴居时代"的倡议。1991年通过的《东京宣言》,提出"21世纪是地下工程的世纪"。2007年世界隧道大会的主题是"地下空间——城市的第四维"。2020年世界隧道大会的主题是"服务于全球化的创新与可持续地下空间"。

地下空间已经成为国土资源的有机组成部分,是战略性空间资源。工业化、城镇化和信息化进程既催生了城市对土地的需求,也对城市功能的优化完善提出了新的内在要求。城市的特点是人口集中,在地表可用土地面积有限、受限的情况下,城市只能向空中或地下发展。一方面城市的许多地方限制建筑物的高度,另一方面城市高层建筑还受到经济和技术等条件的限制。相比较而言,开发地下空间既是城市建设中的短板,也具有非常大的潜力和空间。

我国城市地下基础设施建设规模庞大、发展迅猛。2019年我国新增地下空间建筑面积

2.57 亿 m²,同比增长 2.47%,新增地下空间建筑面积(含轨道交通)占同期城市建筑竣工面积的比例约为 19%。截至 2020 年底,我国共有 45 个城市开通轨道交通运营线路 244 条,运营线路总长度 7969.7km。其中,地铁运营线路 6280.8km,占比 78.8%;其他制式城轨交通运营线路 1688.9km,占比 21.2%。当年新增运营线路长度 1233.5km。我国目前已形成"三心三轴"的稳定发展结构,其中"三心"即为京津冀、长三角、珠三角三大城市群,以 5.26% 的国土面积承载了 23.68% 的全国人口,创造了 38.29% 的国内生产总值,2019 年地下空间新增竣工量占全国总新增量的 26%;"三轴"即沿东部沿海发展轴、沿长江发展轴、沿京广线发展轴。

同时,2020 年中国城镇化率超过了 60%,北京、上海、广州、深圳四个一线城市的城镇化率已超 85%,我国城镇化步入较快发展的中后期,城市发展进入城市更新的重要时期,由大规模增量建设转为存量提质改造和增量结构调整并重,从"有没有"转向"好不好"。城市地下空间更新改造是城市更新改造的重要组成部分和实现手段,担负着消除安全隐患、扩充规模能力、国土空间重构、空间品质提升及规划接续建设等重大使命,开发与利用过程中需坚持问题导向、需求导向、目标导向,对传统的城市地下空间进行更新、改造、拓建、提质,以满足人民对美好生活的向往。

从总体规模和发展速度来看,目前我国城市地下空间开发与利用居世界首位,但与经济和社会发展的需求相比,与人民对美好生活的向往与需求相比,与国外发达国家或地区开发与利用水平相比,尚存差距。

与发达国家相比,我国城市地下空间开发与利用存在的问题主要有:

(1)发展不平衡、不充分

发展不充分主要体现在地下空间开发规模满足不了需求,如图 1-1-1 所示,我国城市人均开发规模最大约 5m²,建成区地下空间开发强度最高不到 8 万 m²/km²,难以满足城市发展的需求。

发展不平衡主要是指东西部地区、不同城市的地下空间开发差距巨大,开发强度和人均地下空间规模差距巨大,而且这一差距还在进一步拉大。根据《2020 中国城市地下空间发展蓝皮书》统计,2019 年西部地区地下空间新增面积与东部地区的差距进一步扩大,差距值同比增大 7%。我国各城市地下空间开发情况对比见图 1-1-1。

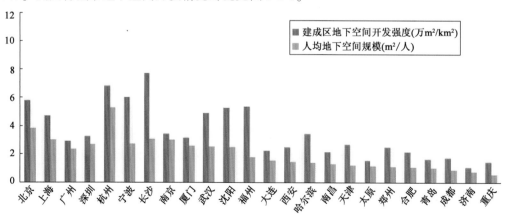

图 1-1-1　我国各城市地下空间开发情况对比

（2）整体规划不系统，开发碎片化

我国的城市地下空间开发始于人防工程建设，由于人防工程的特殊地位导致其尚未被纳入城市建设系统形成正式的统筹体系，与城市规划和城市设计之间缺少衔接，基本仍处于无序状况。现阶段，大部分城市地下空间规划建设以满足建设单位和个性功能需求为主，缺乏系统性和全局性的统筹建设，导致开发碎片化，形成"孤岛效应"，影响地下空间的综合利用及连通便捷性使用功能。随着城镇化的持续推进，既有的城市地下空间功能不能满足现状需求，有的存在安全隐患。

（3）利用效率低下

对地下既有建筑的集约化利用是我国发展低碳经济、节约资源、促进城市化发展的最现实、最有效途径之一。目前我国城市地下空间平均利用率仅16%，距离30%的国际水平相差较远。主要表现在总体闲置率偏高，20世纪80年代前的地下建（构）筑物闲置约70%。以北京为例，2013年北京市人防工程共有12217处，在用的仅5297处，20世纪60～70年代的人防工程普遍存在老化、品质差、闲置、废弃严重等现象；部分建（构）筑物功能用途单一，军民融合度不高。

（4）理论研究不深入

我国在城市地下大空间建造关键技术领域理论研究不深入，尚存在着重大风险耦合演变机理、岩土—新型支护相互作用机理、多维拓建施工力学机理等不清，新技术有待进一步研发，缺乏系统的风险防控及应急预案等问题。

（5）标准化水平低

标准体系不健全增加了管理的难度和监管成本。标准化、模块化设计水平不高，浪费大量的人力物力，工程接口及软硬件兼容性问题突出。标准化施工、机械化作业程度不高，建筑施工企业仍然是劳动密集型企业，粗放式管理，劳动力成本飙升，施工质量和安全问题时有发生。

（6）建设品质差

地下空间建设面临着地质不确定性大，建设质量要求高，质量监管难度大，部分地下空间存在潮湿、漏水、霉变、异味等问题，导致地下空间环境体验舒适性差，绿色环保水平不高，扩大了地下空间的空间幽闭与消极恐惧的心理特性，影响地下空间的品质。同时，地下空间缺少相应的品质评价标准，不利于地下空间健康有序发展。

（7）管理水平不高

管理水平低，信息化、数字化程度低，智能化管理水平差，精细化管理不到位，突出表现在档案管理困难、缺失。地下建（构）筑物建成后，档案管理混乱甚至缺失，在进行新的地下空间开发时，常发生相互"打架"，对于地下管线经常找不到产权单位、找不到设计图纸、找不到具体位置，给地下空间的开发带来了系列安全问题。安全管理、质量管理水平不高，安全、质量事故时有发生。以轨道交通建设为例，2016—2017年期间，全国发生轨道交通工程生产安全事故54起，死亡73人，其中一般事故47起，死亡51人；较大事故7起，死亡22人。

此外，城市地下空间管理权限混乱，执行力不足，各行业、各部门、各专业各自为政。

（8）安全风险防控能力不强

安全风险防控手段不先进，工程建设中事故屡见不鲜，往往造成巨大的经济损失与人员伤亡。运营维护管理制度不完善，技术更新换代进展缓慢，目前仍然以人工巡检为主，机器巡检为辅,效率低下,智能优化决策及应急联动机制尚未系统推进,尤其缺乏基于风险推理、全局脆弱性分析和灾害链演化的多灾害智能决策综合支持系统,还未建立地下基础设施综合监测的标准体系。地下消防、生命力保障系统韧性差,对我国城市地下空间安全防控乃至公共安全保障能力提出严峻考验。

针对以上问题,本书系统研究了城市地下空间更新改造网络化拓建技术,从力学问题入手,详细介绍了城市地下空间网络化拓建风险管控、安全建造关键技术、典型工程应用及前景展望等。

1.2 我国城市地下空间的发展趋势

地下空间的开发要坚持问题导向、需求导向、目标导向,一是要解决目前地下空间开发存在的共性问题,系统性提升整体水平;二是要满足城市可持续发展的需要,解决大城市的"城市病",提升城市承载能力与发展空间;三是秉持创新、协调、绿色、开放、共享5大理念,面向未来,不断满足人民对美好生活的向往,研究未来地下空间的发展问题。未来城市地下空间将向深部、主动式开发转变,建设将向网络化、深层次、立体化、规模化方向快速发展,管理将向信息化、智能化、精细化方向发展,呈现地质信息透明化、地下环境生态化、规划设计科学化、空间建造品质化、运营维护管理智能化的总体发展趋势。

(1)地质信息透明化

通过摸清全地质要素,评估建设的可行性,规避不良地质风险,降低建造难度。要实现透视地下,需要研发城市抗干扰地球物理探测关键技术,摸清岩、土、水、气、微生物、磁力场、应力场、地温场、放射场、矿产资源、地下建(构)筑物等地质要素,为城市地下空间做一套完整的"CT彩超";研究城市地下全要素地质模型构建技术、地下空间全域全时感知与动态调馈技术,实现地下全要素信息集成管理与透明化表达。

同时,为实现城市地下空间科学开发与安全利用,需研究地质结构(地层分层、活动断裂、地裂缝等)、地质参数(工程地质、水文地质、物理场、化学场等)、既有地下空间(工程设施、人类历史文化遗迹等)等全要素的信息特征及其关系,实现城市地下全要素信息的高效集成管理。在此基础上,研究城市地下三维全资源整体评价理论、技术与方法,建立地下全资源(地下空间、矿产、地下水、地温能、地质材料、地质文化等)、品质、品级及开发强度等评价指标体系,实现城市地下空间全资源评价。

(2)地下空间环境生态化

城市地下空间开发的五大理念是创新、协调、绿色、开放、共享,绿色地下的内涵包括绿色环境、绿色出行、绿色能源。绿色环境包括绿色生态、低碳排放、循环再生、海绵城市等;绿色出行是指以地铁、微公交等公共交通为主,自行车、人行道为辅,并实现智能物流等;绿色能源包括清洁能源、地源热泵、新能源等;绿色建筑是指合理利用采光、通风、供排水、节能等技术,建造人与自然和谐的建筑。

（3）规划设计科学化

我国城市地下空间开发正由点—线—面向区块化、网络化、一体化方向发展，表现出空间多维化、尺度大型化、结构复杂化、环境人性化等特点。城市地下空间应基于全寿命周期，全方位、全过程进行安全管理，从规划设计源头研究规避、降低和防范地下空间安全风险，规划前期阶段安全前置规划管控、编制阶段智能设计安全网络模型、建设阶段品质评价安全设计验证和指导，形成了基于安全前置的城市网络化地下空间规划设计方法。还需充分考虑城市地下空间开发"6个协调"，即上下层协调、深浅层协调、近远期协调、聚与散协调、区块与区块协调、地上与地下协调，采用智能化设计手段，包括建筑信息模型（BIM）搭建、虚拟现实（VR）大场景协同设计、碰撞检测、虚拟拼装、三维打印（3D 打印），形成 BIM + VR + 仿真分析智能设计，实现数据贯通。

（4）地下空间建造品质化

城市地下空间建造的目标是建造人本、绿色、智慧、韧性、网络化的地下空间，解决交通拥堵、资源紧缺等"城市病"，造福人民，创造高品质、更加美好的新空间、新生活，让地下空间真正成为有生命力、有温度、有活力的地下城市。

解决城市地下空间发展品质的核心是坚持以人为本，实现地下空间人性化设计，要从地下环境对人的心理、生理影响入手，依据人们对地下空间生理需求、行为心理需求、情感需求的需求层次，塑造良好的空间环境；坚持地下公共空间功能多样性，营造以人为本的空间关怀；坚持与自然共生，热爱大自然，体现人与自然和谐相处的理念。可以通过引入天然光线、外部景观、植物、水体等各种自然景观元素，创造一个舒适宜人、富有生机、充满情趣的人性化地下空间环境，有效消除人们在地下空间中"幽闭恐惧感"所带来的负面影响。保证健康的地下空间环境质量必须采取综合性技术措施，对热湿环境、空气质量、视觉环境、听觉环境、光环境等进行综合控制。

（5）运营维护管理智能化

地下基础设施灾害具有难发现、易扩大、难防控等特点，因此运行安全的灵敏感知、有效决策、科学管控是世界性难题。未来，需开展城市地下基础设施运行综合监测关键技术研究，对变形、应力、声谱、温度、水位、行为特征、振动、位置、面部特征、气体、气味等多参数实施监控，构建全息感知和智能诊断平台，通过大数据积累、挖掘与学习，完成全生命周期健康分析，将传统的被动监控报警革新为主动预测、风险预防，实现本质安全。充分发挥 BIM、地理信息系统（GIS）等新技术在智慧建造的作用，将大数据、云管理、VR 三维可视化等新方法应用于智慧建造，通过地层数字化、周边环境数字化、地下结构数字化、建设管理数字化、运营维护数字化，打造勘察、设计、施工、运营维护、防护于一体的全寿命周期管理平台。

 ## 1.3 城市地下大空间的定义与特点

1.3.1 城市地下大空间的定义

1）城市地下大空间

为满足社会生产生活等功能需求，在城市中修建的超过一定规模体量、周边环境复杂、施工难度大的地下空间工程。

2）明挖地下大空间工程

原则上满足以下条件的深大基坑工程称为明挖地下大空间工程：

（1）采用明挖法施工的地下四层及以上的地铁车站工程或同类规模地下工程。

（2）采用明挖法施工的地下三层地铁车站或同类规模地下工程，且次要影响区以内存在较重要及以上环境设施的地下工程。

（3）明挖深度超过30m，开挖量大于150000m³的地下工程。

（4）明挖深度超过25m，开挖量大于100000m³，且次要影响区以内存在较重要及以上环境设施的地下工程。

3）暗挖地下大空间工程

一般地下双线及以上换乘的暗挖车站或类似规模的大跨暗挖工程称为暗挖地下大空间工程，且原则上工程的结构层数、跨度、断面大小等应满足以下条件：

（1）采用暗挖法施工的地下四层及以上地铁车站工程或同类规模地下工程。

（2）采用暗挖法施工的地下三层地铁车站或同类规模地下工程，且次要影响区以内存在较重要及以上环境设施的地下工程。

（3）采用暗挖法施工的地下单跨地铁车站主体工程或同类规模地下工程，且次要影响区以内存在较重要及以上环境设施的地下工程。

（4）开挖断面面积大于500m²，且次要影响区以内存在较重要及以上环境设施的地下工程。

（5）开挖断面面积大于300m²，且次要影响区以内存在重要及以上环境设施的地下工程。

（6）开挖宽度单跨大于18m，且主要影响区内存在重要及以上环境设施的地下工程。

4）网络化拓建地下大空间工程

网络化拓建地下大空间工程是指为满足城市多种功能需求，在既有地下空间基础上，拓建形成的平面相连、上下互通的城市地下空间网络。原则上满足以下条件的网络化拓建工程称为网络化拓建地下大空间工程：

（1）采用竖向增层方式拓建的地下空间，建成后不少于3层且高度不小于20m的地铁车站或同等规模地下工程。

（2）采用以小扩大方式拓建的地下空间，建成后单体空间体积比原体积扩大1倍以上且总体积不小于标准3层地铁车站或同等规模地下工程。

（3）采用近接增建、连通接驳、多维拓展方式拓建的地下空间，建成后空间体积不小于3倍标准单层地铁车站或同等规模地下工程。

根据城市地下大空间的定义，城市地下大空间包括地下单体大空间或网络化地下空间两大类。对于单体大空间核心是考虑空间效应及地质条件、受力体系、荷载特性等的特殊影响，可采用现有施工工艺工法或改进、创新工法进行建造。

受环境的影响，城市地下空间开发的碎片化、不系统导致的先天不足，可采用网络化拓建技术进行升级改造,提升品质。

1.3.2　城市地下大空间的特点

地下空间具有神秘性、幽闭性、静稳性、消极恐惧的心理特性,低振动性、热稳定性、易封闭性、内部环境易控性、低能耗性的环境特性,屏蔽性、高防护性、可规划性、可叠加性的结构特性。与地上空间比,地下空间建造难度大、投资多、运维难。城市地下大空间除具有常规的地下空间特征之外,还具有以下重要特点:

(1)空间规模大

城市地下大空间的空间规模应满足一定要求,空间规模是城市地下大空间的最显著特征。众所周知,地下结构物随着空间规模的扩大,承受的荷载会显著增加,对开挖和支护的方法及工艺的要求更高、更严格;此外,地下结构物空间规模的增大,扩大了其在施工过程中对周边环境的影响范围,规划和设计的难度相应增大。

(2)功能综合性

根据城市地下大空间的定义,城市地下大空间往往承担着城市居民生产生活的多种功能,如交通、办公、商业、娱乐、体育、存储、人防和医疗等多种功能,具有功能的综合性。

(3)规划统一性

地下大空间是伴随着城市集约化发展应运而生的,是城市资源统一规划、高效利用和综合开发的集中体现,要求各功能区实行统一规划、综合开发、协调同步、配套建设,目的是集中解决城市地面空间规划建设中的用地紧缺、空间拥挤、交通堵塞、环境恶化等一系列矛盾,避免地下空间孤立开发、功能单一、效益低下等弊端,发挥地下空间功能集聚性优势,促进地上地下协调发展。

(4)施工复杂性

新建城市地下大空间往往体量大,整个空间很难一次施工成型,需要多步序分区分段施工,增加了施工的复杂性;对于拓建形成的地下大空间,需要对既有结构进行不同形式的开口及接口施工,新旧结构施工相互影响大,搭接施工难度大,施工过程复杂。

(5)网络拓展性

城市大空间由于不同类型的功能需求,往往采用不同的建筑空间布局和结构形式,平面分区组合或竖向分层组合,构成一个相互联系的整体,并与城市地铁站、地下道路、商业街区、人行通道等相互连通,形成网络化的地下空间。

(6)高品质性

由于地下大空间功能的综合性,基于"地下城市"的理念,考虑人们需要长时间在地下工作、生活或休闲,为了降低地下环境对人的生理层面和心理层面的影响,需要提升地下大空间的品质,包括创造良好的空气环境、光环境、声环境、视觉环境等高质量的室内环境。除此之外,城市地下大空间还需要借助综合监测、智能引导、标识标牌等系统,利用智能化手段提升局部空间要素的功能承载能力,进一步提升地下空间品质。

城市地下空间更新改造概述

城市空间是由地上、地下空间共同组成并协调运转的完整空间有机体,是典型的三维立体化空间体系,实现城市地上、地下空间有机融合,连接一体,形成地上带动地下、地下促进地上的可持续发展局面,将有利于促进城市的繁荣发展。

在我国,由于城市的快速发展,一方面交通拥挤、住房紧张、供水不足、能源紧缺、环境污染等"城市病"日益突出,另一方面很多城市未做细致的中长期规划,或者城市规划的前瞻性赶不上城市发展的速度,导致城市的功能不足、品质相对落后,影响了城市的宜居性、便捷性和韧性,难以满足人民对美好生活的向往。城市更新改造,包括老旧小区改造、旧城改造、棚户区改造等,对完善片区公共服务配套、提高居民生活水平等效果明显,对解决城市病,造福人民,创造高品质、更加美好的新生活和新空间发挥着积极的推进作用。

2019年6月19日召开的国务院常务会议明确,要推进城镇老旧小区改造,顺应群众改善居住条件的期盼,对城镇老旧小区改造安排中央补助资金,鼓励金融机构和地方积极探索,以可持续方式加大金融对老旧小区改造的支持力度。此项国家举措将惠及约1亿城镇人口,拉动约4万亿建设资金投入。国家政策层面已对城市更新改造进行了充分的肯定和引导,我国有大量的城中村、老旧小区、棚户区和旧城区需要进行更新改造,城市更新改造需求巨大。

城市地下空间更新改造是城市更新改造的重要组成部分,是满足消除安全隐患、扩充规模能力、国土空间重构、空间品质提升及规划接续建设等重大需求的有效手段。通过城市地下空间更新改造,可有效解决由于规划设计安全前置考虑不系统、不充分引发的运营期安全隐患,提升应对水灾、火灾等自然灾害的能力,促进人防与城市应急避难、疏散、救援多业态融合发展模式的建立,提升应对突发事件的能力,提高城市韧性,保障人民生命财产安全;可有效打破地下空间"孤岛效应",促进合理分层、分区开发,实现相邻地下空间的融合与连通,打造规模化地下空间,扩充地下空间规模和能力,提升城市承载能力;可有效实现地下空间重构,重新布局园林景观、交通集散、市民活动、文化展示、绿色出行等城市公共空间,拓展城市地下空间内涵与外延;可有效提升地下空间品质,满足人们对地下空间生理需求、行为心理需求、情感需求,满足人民对美好生活的向往;可有效实现规划接续建设,实现城市的可持续健康发展。网络化拓建是实现城市地下空间更新改造的重要方式。

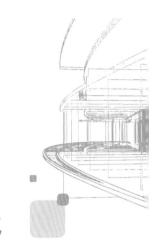

第2章
城市地下空间网络化拓建方式和近接方式

 概述

考虑建设模式,从施工力学影响范畴分析,城市地下空间建造可分为新建、拓建(在既有结构上改扩建,新旧结构直接相互影响)及近接(含邻近及穿越,新旧结构间接相互影响)。

(1)新建

新建是指从无到有,新开始建设的工程项目。新建地下空间项目是指通过统一规划、统一设计,在新选址上一次性施工建成的地下工程。

(2)拓建

城市地下空间网络化拓建是一种通过改(扩)建形成平面相连、上下互通网络状地下空间的工程活动,是实现地下空间更新改造的核心手段与途径。

(3)近接

近接是指新结构施工过程中,新旧结构未连通或空间上有一定的间距(新旧结构间距大于零,小于影响范围临界值),旧结构(既有结构)在新建结构开挖或施工的影响范围内,且新旧结构产生间接相互影响的工程施工行为,近接施工包括邻近和穿越施工两大类。

城市地下空间开发主要是通过新建和拓建,实现网络化发展,促进交通空间与其他公共活动空间的有机融合和互联互通,提高地下空间使用效率、安全性和舒适性,促进地上地下空间统筹及可持续发展。网络化地下空间可根据现有规划条件,采用辐射型、连脊型、网络型等形式,如图2-1-1所示。

(1)辐射型

由核心节点公共空间进行发散,与周边公共空间或其他功能空间连接,形成以中心节点统筹的地下公共空间结构体系,见图2-1-1a)。中心发散状地下公共空间的核心在于节点空间的集散性,连接空间的设置与标识系统的设计都将极大影响其空间使用。

（2）连脊型

由线型地下公共空间作为骨架,与点、面型地下公共空间或其他地下功能空间相连形成空间网络形态,见图2-1-1b)。

（3）网络型

网络型地下空间中点与点、线与线之间存在直接或间接的联系,并随着城市建设进一步加强,见图2-1-1c)。

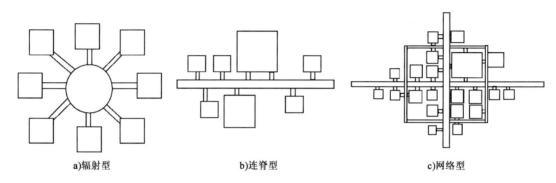

a)辐射型　　　　　　b)连脊型　　　　　　c)网络型

图2-1-1　典型网络化地下空间形式

网络化地下空间连通方式包括共墙连接、通道连接、下沉广场连接、垂直连接、坡道连接、地面连接及一体化连接。

（1）共墙连接（图2-1-2）

不同地下空间之间共用外墙结构,通过在墙体上开口实现空间连通。

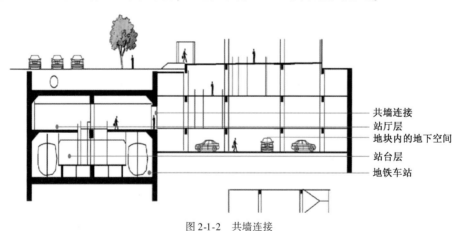

共墙连接
站厅层
地块内的地下空间
站台层
地铁车站

图2-1-2　共墙连接

（2）通道连接

不同地下空间之间通过设置一定长度的连接通道实现空间连通。

（3）垂直连接

地下空间相互呈现上下垂直关系,不同空间之间通过垂直交通（电梯、自动扶梯、楼梯）实现连通。

（4）下沉广场连接

通过设置下沉广场作为中间换乘节点，实现不同地下空间的连通。

（5）竖向连接、坡道连接和地面连接（图2-1-3）

通过直梯、坡道或扶梯等实现地上、地下或竖向空间层的连通。

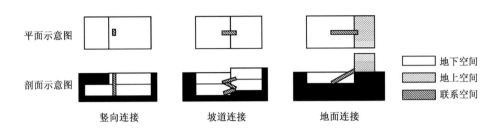

图 2-1-3　竖向连接、坡道连接和地面连接

（6）一体化连接

各地下空间作为一个整体同时进行规划、设计、建设。

 ## 2.2 网络化拓建方式

　　网络化拓建技术包括针对拓建结构采用的拓建结构设计技术、安全施工技术、接口处理及接口防水技术、安全监控技术等，针对周边环境的建（构）筑物保护技术、地下水环境保护技术及监测技术等，针对地层条件的注浆加固技术、冻结加固技术、锚固技术、降水技术等，针对既有结构的加固技术、破除技术、基础托换技术等，如图2-2-1所示。

图 2-2-1　网络化拓建技术体系

　　城市地下空间网络化拓建方法分为 5 类，即近接增建、连通接驳、竖向增层、以小扩大、多维拓展。

2.2.1 近接增建

近接增建是与既有地下结构密贴、共用结构或在既有地下结构影响范围内新建结构的一种拓建方式,可大致分为水平与竖向近接两种类型。水平近接拓建施工的最大特点是两侧围护结构水平侧压力及变形存在明显的不对称性,其重点在于控制既有结构的侧向变形,见图 2-2-2。竖向近接是指在既有地下结构上部或下方密贴新建地下空间,竖向近接拓建施工重点是控制不同结构间的不均匀沉降,以及开挖卸载后既有结构上浮问题。

2.2.2 连通接驳

连通接驳是通过开口、增设通道或下沉广场等形式,形成地下空间之间或地下空间与地面之间互通的一种拓建方式,如图 2-2-3 所示。

连通接驳施工关键在于接口开洞、连接及防水处理。一方面,既有地下结构拓建接口在周边地层开挖、结构开口、新老结构连接等施工过程中的力学状态必然发生多次改变,造成原有受力体系的破坏,如何保障开洞过程中既有结构的安全稳定是连通拓建工程的基本要求;另一方面,新老结构物的结构形式不对称、防水材料和工艺的差异及环境因素的制约,新老结构间的不均匀沉降、新老混凝土结构的衔接及防水层的有效连接等成为新老结构接口处理的核心问题。

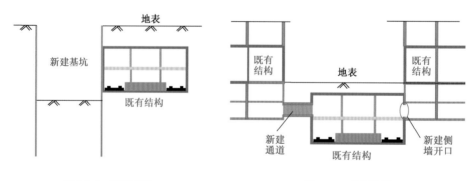

图 2-2-2　密贴近接　　　　　　　　图 2-2-3　连通接驳

2.2.3 竖向增层

竖向增层是在既有地下结构上方或下方新建地下空间,并整体或局部连通的一种拓建方式。根据增层拓建新老结构位置关系,可分为竖向延伸式、水平扩展式和水平—竖向混合式,如图 2-2-4 所示。

竖向增层也可分为向下增层和向上增层两大类,其中,向下增层拓建核心在于合理确定拓建区域开挖造成的既有基础承载力损失情况,通过基础托换进行补强,并使既有基础与托换基础形成共同承载体系,以有效控制既有建(构)筑物沉降;向上增层的重点在于控制既有结构基底回弹及上浮。

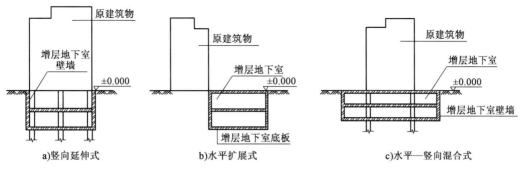

图 2-2-4　竖向增层

2.2.4　以小扩大

以小扩大是通过改(扩)建既有地下结构,形成新的地下大空间的一种拓建方式。以小扩大包括单侧原位扩建、双侧原位扩建、单洞扩建三连拱车站、双洞扩建三连拱车站、双洞连通增建车站 5 种类型,如图 2-2-5 所示。

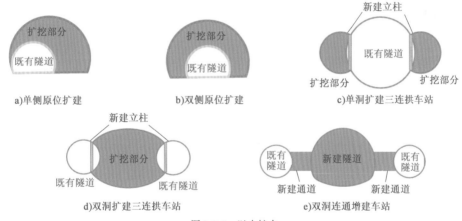

图 2-2-5　以小扩大

以小扩大拓建需大面积拆除既有结构,而既有地下结构一般为封闭受力体系,一旦遭受破坏,可能危及结构体系安全稳定。因此,在破除既有结构之前,一般需设置托换支撑结构,保障分部破除既有结构过程中剩余结构始终处于封闭受力状态,并结合扩建影响区域土体的预加固等措施,减小施工过程中既有结构受到的不利影响。

2.2.5　多维拓展

多维拓展是采用一种或多种拓建方式,在不同空间方位对既有地下空间改(扩)建形成新的地下空间的拓建方式。多维拓展涉及多种拓建方式和多个拓建维度,拓建结构形式复杂,施工条件往往受到诸多因素限制,对既有地下结构的保护也更加困难。因此,需综合考虑不同拓建结构和拓建方式的施工顺序对既有结构受力与变形的影响,做好既有结构和周围土体的加固,保证施工过程中既有结构的安全与稳定。

2.3 网络化近接方式

近接施工分为邻近和穿越施工两大类,邻近为水平近接方式,新建结构与既有结构的水平投影不重叠;穿越为竖向近接方式,新建结构与既有结构的水平投影相交。

2.3.1 水平近接

水平近接是指在既有地下结构周围一定范围内新建地下空间,建设过程中会对既有结构造成一定的力学影响,如图 2-3-1 所示。

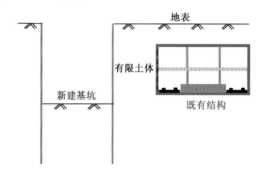

图 2-3-1 平行近接

水平近接主要包括:
(1)邻近既有建(构)筑物施工。
(2)邻近在建工程施工。

2.3.2 竖向近接

竖向近接即空间穿越,是指在既有地下结构上部或下方一定范围内新建地下空间,会对既有结构造成一定的力学影响,常见形式有近距上跨、近距下穿。

(1)按穿越的工程类型可分为穿桥梁、穿路基、穿隧道、穿建筑物、穿河流等。

①穿桥梁

穿桥梁包括侧穿桥梁桩基和下穿桥梁桩基两大类。侧穿桥梁桩基时重点需关注新建结构施工对桥梁桩周土体的松动范围、桩周摩擦力及桩体水平与竖向变形大小的影响,见图 2-3-2。下穿时需关注新建结构施工对桩端土体和桩端平面以上一定范围桩周土体的松动影响、桩端阻力与桩周摩擦力及桩体水平与竖向变形大小的影响。

②穿路基

新建结构下穿的铁路路基包括高速铁路路基、普通铁路路基等,如图 2-3-3 所示。穿越施工时,重点是控制穿越施工对地层的扰动,必要时对地层进行加固,减小地层损失率和地层变形,保持轨道平顺性,确保既有铁路线路运行安全。

③穿隧道

新建结构下穿的既有隧道类型包括铁路隧道、公路隧道、市政隧道、水利隧道等,如图2-3-4所示。穿越施工时,重点是控制穿越施工对地层的扰动,必要时对地层进行加固,减小地层损失率和地层变形,确保既有隧道结构的运营安全。

④穿建筑物

新建结构下穿的既有建筑物类型包括各类低层建筑、多层建筑、中高层建筑、高层建筑和超高层建筑,如图2-3-5所示。穿越施工时,重点是对既有建筑进行调查评估,确定建筑物的完损等级,控制穿越施工对地层的扰动,必要时对地层进行加固,减小地层损失率和地层变形,确保既有建(构)筑物安全。

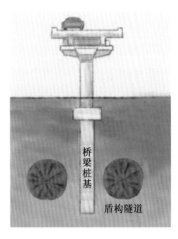

图2-3-2　盾构隧道侧穿桥梁桩基示意图

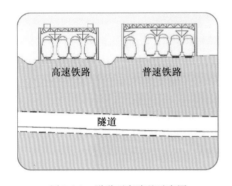

图2-3-3　隧道下穿路基示意图

图2-3-4　盾构隧道下穿既有地铁隧道运营线路示意图

⑤穿河流

新建结构下穿的既有河流包括江河、湖泊及水塘、沟渠等,如图2-3-6所示。穿越施工时,重点是探明隧道沿线地质情况,掌握河流的潮汐作用,控制穿越施工对地层的扰动,必要时对地层进行加固,防止地层透水、涌泥涌砂、隧道塌方及结构渗水变形等施工安全风险,确保新建隧道结构下穿河流施工安全。

(2)按穿越的工法可分为盾构法下穿、暗挖法下穿、管幕法下穿、顶进箱涵、顶管等。

①盾构法下穿

盾构法因具有安全、高效、环保等优势,已成为下穿工程的主流工法(图2-3-7)。盾构法穿越施工关键技术包括刀盘刀具配置与破岩技术、超前地质预报技术、盾构掘进参数与姿态控制技术、盾构注浆填充技术、地层加固技术。其中,盾构下穿上述五种类型工程的关键技术不同点在于地层的加固处理技术。穿越建筑物、河流时,多数情况下只能进行洞内地层加固;穿越铁路路基时,可采用超前水平注浆、超前管棚或地表注浆(有条件时)等加固技术进行地层加固;穿越桥梁时,可采用隔离桩加地表注浆进行地层加固;穿越隧道时,通常可采用超前管棚、地表注浆、洞内注浆等加固技术。

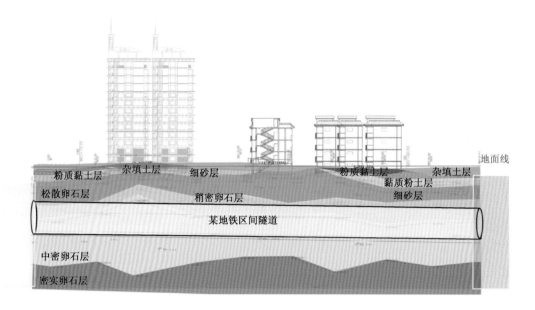

图 2-3-5　盾构隧道下穿建筑物示意图

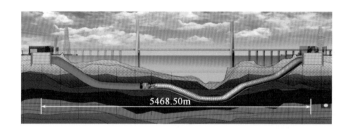

图 2-3-6　苏通特高压 GIL 综合管廊隧道工程

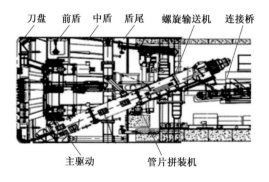

图 2-3-7　土压平衡盾构机组成示意图

②暗挖法下穿

暗挖法是常用的隧道施工工法,工法成熟、适应性广。暗挖法下穿施工关键技术包括微扰动开挖技术、超前管棚或超前小导管预支护技术、深孔注浆加固技术等。

③管幕法下穿

管幕法下穿施工时,在管幕结构的支护下,进行暗挖施工,安全性好。管幕法包括冷冻管幕法和支护结构一体化管幕法。冷冻管幕法(图 2-3-8)下穿施工关键技术包括管幕结构精准顶进施工技术、地层冷冻技术等。支护结构一体化管幕法(图 2-3-9)下穿施工关键技术包括管幕结构精准顶进施工技术、狭小空间钢管快速切割焊接技术、钢管接头地层加固技术、钢管内混凝土浇筑技术等。

图 2-3-8 拱北隧道冷冻管幕法示意图

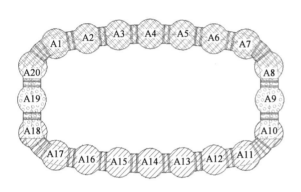

图 2-3-9 太原迎泽大街下穿火车站通道工程支护结构一体化管幕法示意图

④顶进箱涵法下穿

顶进箱涵法是一种用于城市繁华区域的软土地层中浅埋大断面非开挖下穿施工工法。顶进箱涵法下穿施工关键技术包括管幕结构精准顶进施工技术、箱涵顶进控制技术、地层加固技术等。

⑤顶管法下穿

顶管法是一种下穿施工常用工法(图 2-3-10)。顶管法下穿施工关键技术包括顶管机精准顶进姿态控制技术、顶管壁后注浆填充技术、地层加固技术等。

图 2-3-10 土压平衡顶管机

第3章
城市地下空间网络化拓建力学机理研究

城市地下空间网络化拓建面对各地区地层情况、结构形式、施工方法和周边环境的千变万化,建设风险高。地下空间工程的力学分析涉及固体力学、散体力学、流体力学、土力学以及结构力学等诸多力学学科的交叉融合,难度大,要求高。为满足复杂环境条件下城市地下空间开发与利用,迫切需要加强网络化拓建力学机理研究。目前,关于隧道及地下工程的力学书籍已经很多,常规的地下工程设计和施工也都有相应的规范标准作为依据。因此,本章的主要内容在阐述力学机理的同时,重点放在解决地下空间网络化拓建所独有的、在拓建施工中经常遇到的、有待进一步深化认识的力学问题。本章虽然没有像规范或普通教科书给出很明确的经验公式和方法,但是将一些有关的力学基础理论置于整个地下空间网络化拓建的指导地位上,并强调力学概念分析在工程实践中的应用。

 **概述**

3.1.1 网络化拓建的初始地应力场

我国幅员辽阔,地层状况差异性很大,兰州、太原等黄土地区普遍存在黄土湿陷性问题;北京、成都和沈阳等地的砂卵石地层因为卵石分布和粒径的差异而表现出不同的力学性质;以上海、天津为代表的深厚软黏土地层,具有蠕变的特性,土的灵敏度亦高;青岛是以下伏花岗岩为特征的上软下硬地层,广州则有以浅埋土 + 风化岩为特征的软硬互层地层。此外,富含高岭土、伊利土的膨胀土地层在我国西南、中南和华东等地区广泛分布,西北六盘山以西地区黄土湿陷性严重。城市地下空间拓建面对的工程环境也多种多样,地层过大变形可能影响既有地下工程、地下管涵等建(构)筑物的正常使用和安全,地下工程的施工力学随不同施工方法而有不同的表现,或者说施工方法影响施工力学的外在特征。

如图 3-1-1 所示,城市地下空间网络化拓建力学机理是关于拓建结构、既有结构、地层和周边环境的相互制约与作用,研究建造过程中的力学效应,包括地层位移传导及应力转换方式、结构内力及变形发展变化规律,为拓建工程的安全建造提供力学指导。

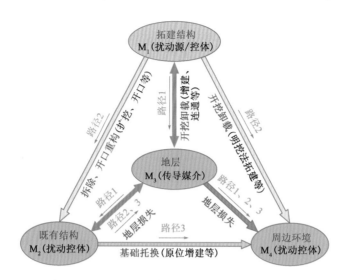

图 3-1-1 网络化拓建结构—环境相互作用关系图

如图 3-1-2 所示,对于地下空间拓建工程来说,初始地层应力状态非原始地应力状态,既有地下工程施工前的原始应力状态,由于既有结构的施工,改变了地层的原始应力场,发生第一次应力重分布,并形成二次应力场。既有地下工程施工完成后,在地层与支护结构相互作用下,其地质环境在经过长时间的发展后,地层逐渐固结,达到相对稳定的地层应力和结构内力的平衡。拓建工程是以该稳定状态为初始应力状态。因此,网络化拓建工程的初始地应力是相对的,是在既有地下工程开挖及支护、运营后的应力重分布基础上进行的。地应力分布更加复杂,不同于新建地下工程的原始地应力状态。

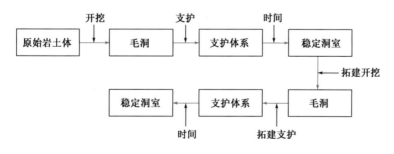

图 3-1-2 地下空间工程网络化拓建力学过程

城市地下空间的网络化拓建可以分为近接增建、连通接驳、竖向增层、以小扩大、多维拓展五种方式,每种拓建方式,可以采用不同的结构形式和施工方法,地下空间网络化拓建的力学效应具有时间和空间的特征,必须采用动态演化的分析方法,即考虑地下空间网络化拓建施工的受力过程,针对不同的开挖和支护顺序、不同的支护体系转换顺序,采用基于增量法的非线性方法,厘清开挖步序中地层及支护应力转换的力学效应,反应荷载的连续性、内力及位移的连续性。

3.1.2 网络化拓建施工力学的内容及分类

地下空间网络化拓建的力学核心是变形控制,拓建施工力学包括两个方面的内容,一是地层变形、位移对既有结构产生的间接影响,属于外在边界条件被改变引起内部变形及应力调整。二是对既有结构的局部破除开洞、连通接驳的直接作用。

1)明挖法

明挖法是地下空间拓建的基本方法之一,是先形成围护结构,再进行土方开挖修筑地下结构的方法,包括明挖、盖挖顺作和盖挖逆作等工法。基坑的安全和既有结构安全是明挖法拓建施工力学研究的重点。图3-1-3为明挖拓建施工力学的主要内容。

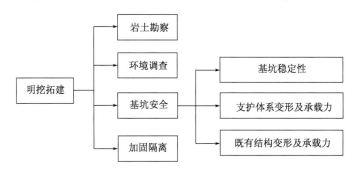

图 3-1-3 明挖拓建的施工力学内容

岩土工程勘察和环境调查是拓建工程规划设计的基础工作,也是施工方案制定的主要依据。基坑开挖影响范围内既有建(构)筑物,包括地下结构、道路、地下设施、地下管线等是地下空间网络化拓建面临的主要工程环境。此外,地下水的赋存情况,地层固结情况,地层灵敏度、湿陷性等地层力学性质的勘察调研是拓建施工力学分析的基础,也是力学研究的重要内容。

明挖基坑的支护体系主要包括围护墙、隔水帷幕、围檩、支撑(锚杆)、立柱(立柱桩)等组成的结构体系。基坑安全是安全施工最根本的保障,包括基坑抗隆起、抗倾覆、抗滑移、渗流稳定、承压水稳定等。对既有结构的影响包括上部开挖卸荷的抗浮、侧面开挖卸荷的偏压问题。

支护体系的力学分析可分为承载能力极限状态和正常使用极限状态。

承载能力极限状态包括:①支护结构构件或连接因超过材料强度而破坏,或因过度变形而不适宜继续承受荷载,或出现压屈、局部失稳;②支护结构和土体的整体失稳;③坑底因隆起而丧失稳定;④对支挡式结构,挡土构件因坑底土体丧失嵌固能力而推移或倾覆;⑤对锚拉式支挡结构或土钉墙,锚杆或土钉因土体丧失锚固能力而拔动;⑥对重力式水泥土墙,墙体倾覆或滑移;⑦对重力式水泥土墙、支挡式结构,其持力土层因丧失承载能力而破坏;⑧地下水渗流引起的土体渗透破坏。

正常使用极限状态包括:①造成基坑周边建(构)筑物、地下管辖、道路等损坏或影响其正常使用的支护结构位移;②因地下水位下降、地下水渗流或施工因素而造成基坑周边建(构)筑物、地下管线、道路等损坏或影响其正常使用的土体变形;③影响主体地下结构正常施工的支护结构位移;④影响主体地下结构正常施工的地下水渗流。

2)暗挖法

城市地下空间网络化拓建采用暗挖施工时,其基本思想是将大断面化为小断面,分步(部)开挖、支护,比如台阶法、中隔壁法(CD 法)和交叉中隔壁法(CRD 法)等,或者先行形成稳定主体结构,再进行内部土体开挖,比如洞桩法、管幕结构法等。拓建工程暗挖法施工的力学行为受多种因素影响,面临掌子面失稳、坍塌、支护结构的破坏(脱空、拉弯或压剪破坏),以及支撑变形过大引起的失稳;既有结构及周边环境面临结构开裂(剥落)、渗漏水、结构变形过大以及地层位移过大甚至地面塌陷等;暗挖法施工由于既有地下结构、拓建工程的复杂性,常表现出不同的潜在破坏特征。

新奥法是隧道与地下工程暗挖法建造的理论之一,是一种设计、施工、监测相结合的力学方法,其理论基础是最大限度的发挥地层的自承载作用。城市地下空间网络化拓建采用暗挖工法与新奥法既有联系,又有较大的区别,主要表现在:

(1)新奥法强调地层是隧道承载体系的重要组成部分,所以在施工中强调地层承载拱的形成和保护。城市地下空间的网络化拓建,一是由于埋深相对较浅,承载拱形成空间有限;二是拓建初始地层并非原始地层,已受到既有地下结构建造的扰动松散,为原始地应力重分布后重构,拓建初始地应力状态可能处于地层固结沉降的过程阶段,故地层自承载力的形成条件受到地层自身强度和空间位置的制约,地层的自承载力相对较弱。

(2)新奥法强调地层的自承载力通过地层适当变形而自然形成,强调初期支护的柔性。但对于拓建工程来说,由于既有地下工程运营的安全需要,以及城市地下管道、其他建(构)筑物等周边环境对变形的高敏感性,拓建工程对变形控制的要求更加严格。因此,地层自承载力的发挥不能寄希望通过地层大范围变形(自发形成压密圈)实现,更多要通过人工预加固,形成高强度和高刚度的梁、柱或拱受力主动传力体。进一步来讲,由于拓建工程对安全的控制特殊需要,常以小断面、短进尺开挖为主,初期支护体系以高强高刚支护为重点,且与地层密贴,尽早封闭成环,降低多步开挖扰动引起地层变形。

(3)新奥法以喷射混凝土、锚杆和监控量测为基本手段,城市地下空间网络化拓建也依托这些技术手段,但更强调支护的快速化、开挖断面的小型化、施工工艺的精细化。拓建施工的支护体系不应使地层出现有害的松弛,开挖后应尽快支护。此外,支护结构要易于施工并尽可能在洞内高效作业。也就是说城市地下空间拓建工程的支护不能单纯按支撑地层不使坍塌那样来考虑,而应该按不使地层松弛那样来施工。锚杆、喷射混凝土支护如果在地层已经过度松弛之后再支护,就失去了拓建工程对变形严格控制的意义。

(4)新奥法重视地层应力重分布的状态,为避免应力集中,强调开挖断面的圆顺,但网络化拓建受到既有结构空间位置的影响,开挖断面形状的选择受到限制,应力集中更加明显,需要人为的采取措施抵抗应力集中的影响。

3.1.3　网络化拓建的施工力学特征

网络化拓建在既有结构的施工扰动区施工,阻断了地层的静态(或动态)应力传递路径,再次打破了应力平衡,应力分布更加复杂,更由于地层应力传递分布的空间有限,需要人为构建高刚高强的压弯扭等地层承载结构及支护结构,主动设计应力传递路径和大小,控制地层和结构的变形。

为控制地层变形,拓建结构常采用多步序施工,其施工安全主要体现在开挖和支护的中间过程,尤其是支撑、支护的力学转换前后,而非最终状态。因此,考虑施工阶段动态演化的非线性力学分析成为必要选择,从力学上开展风险分析及采取相应的措施。

拓建工程连通接驳需局部破除既有地下结构,既有结构属多次超静定,有较大的冗余度,可以提高开洞阶段的安全,但开洞改变结构内力传递的路径,洞周应力集中,甚至可能造成结构损伤;另外,既有结构局部约束解除及开洞引起的变形也会产生附加应力,危及结构的极限承载力及正常使用。因此,既有结构安全和周边环境的限制,使得变形控制成为地下空间拓建的核心问题,采用"管超前、严注浆、短开挖、强支护、快封闭、勤量测"的建造方针,实现以刚度为重点,以稳定和强度为前提的地下空间网络化拓建的力学要求。

既有地下结构内力变化的主要原因,是由于周围土层的应力释放或应力附加等综合作用引起既有结构约束条件的改变。因此,控制变形主要是尽量降低对既有结构的边界条件的影响,不同的近接形式所形成的应力场也不同,对既有结构内力的影响有较大差异。

(1)近接既有地下结构的深基坑工程,由于施工降水、土方开挖卸载、振动等,引起基坑周边应力场改变和地下水位变化,使得周围土体在运动过程中与既有地下结构发生相互作用,产生附加内力和位移,从而引起结构的变形、倾斜、隆起、沉降、开裂等;新建地下工程对降水的敏感性相对较低,而拓建工程对降水的敏感性高。

(2)根据增层拓建新老结构位置关系,可将其分为向下增层和向上增层。其中,向下增层拓建核心在于合理确定拓建区域开挖造成的既有基础承载力损失,通过基础托换进行补强,并使既有基础与托换基础形成共同承载体系,以有效控制既有建(构)筑物不均匀沉降,是难度较大的拓建方式。向上增层时,拓建工程开挖将减少既有结构上部压力,对地层起卸载作用,导致既有结构局部产生隆起变形等不利影响;另外,既有结构上部的压力减少,对抗浮不利。拓建施工过程中可能面临的主要问题还有桩基托换开挖引起既有桩屈曲失稳、地基卸荷回弹桩基受拉等问题。

(3)水平近接拓建施工最大特点是两侧围护结构水平侧压力及变形可能存在明显的不对称性,其重点在于控制既有结构的侧向变形和结构隆起。

(4)连通接驳的关键是既有结构开洞、新旧结构连接及结构防水处理。保障开洞过程中既有结构的安全是连通拓建工程的基本要求,加固与开洞方式,新老结构间的不均匀沉降、新老混凝土结构的衔接及防水层的有效连接等成为新老结构接口处理的核心问题。

(5)以小扩大拓建既要尽可能利用既有结构作为临时支护,又需大面积拆除,而既有地下结构作为完整的受力体系,一旦遭受破坏,可能危及结构体系安全稳定。因此,在破除既有结构之前,应验算是否需设置托换支撑,保障分步破除既有结构过程中剩余结构始终处于受力平衡状态,也即要先撑后拆,并结合扩建影响区域土体的预加固等措施,减小施工过程中既有结构受到的不利影响。

城市地下空间网络化拓建涉及多种拓建方式和多个拓建维度的组合,拓建结构形式复杂,施工条件受到地层条件和周边环境的等因素的制约,需综合考虑不同拓建结构和拓建方式的施工顺序对地层和周边环境的影响,做好既有建(构)筑物和土层的加固,保证施工过程安全与极限状态安全。

总之,城市地下空间网络化拓建施工力学要以大刚度(控制变形)为核心,以地层和结构安全(强度和稳定性)为保障(图3-1-4),以控制变形为核心,需要从结构形式、断面、材料来提高刚度。由于实际结构的稳定性属于第二类稳定问题,稳定极限状态和强度极限状是一致的,提高稳定性以充分利用材料强度,提高地层强度/应力比和结构冗余度(超静定次数),将地层变形控制在最小范围内。

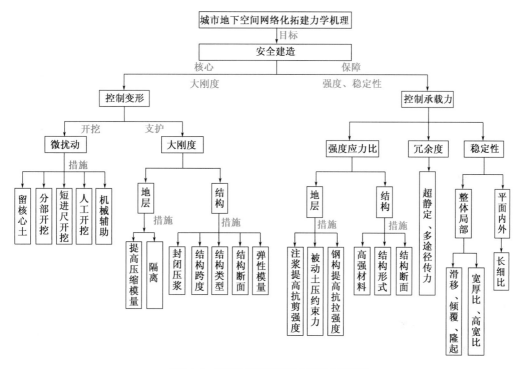

图 3-1-4　城市地下空间网络化拓建力学机理

3.2　网络化拓建的力学理论基础

网络化拓建改变了既有结构的局部边界约束条件(被动土压力区)和荷载条件(主动土压力区),地层和结构的平衡被打破,引起应力大小及分布状态的改变。初始应力状态的复杂性、不确定性、既有结构安全运维对变形的严格限制,均提高了施工过程的安全控制标准;连通接驳导致既有结构中留存部分的损伤,结构内力形式及大小的改变可能导致结构强度破坏,超静定结构变形过大不但产生附加应力,也可能影响正常使用;对拓建工程来说,为确保地层稳定和结构安全,需要揭示网络化拓建施工的力学机理,作为网络化拓建的理论基础,在风险辨识及防控方面亦可发挥重要的作用。

城市地下空间网络化拓建工程中,无论是对拓建结构还是既有结构,无论是施工过程还是运营期间,强度、刚度、稳定性是必须确保的主要力学指标。

（1）在荷载作用下结构不至于破坏（断裂），即应具有足够的强度。

（2）在荷载作用下结构所产生的变形应不超过工程允许的范围，即要具有足够的刚度。

（3）承受荷载作用时，构件在其原有形态下的平衡应保持为稳定的平衡，也就是要满足稳定性的要求。

传统土力学主要是以饱和重塑土为研究对象建立起来的，包括土的物理力学指标、应力—应变关系、孔隙水压力和有效应力原理以及各种本构模型等，但实际工程中则常常遇到非饱和土和原状土，应用土力学时应当注意理论和实际的差别。

本节着重介绍网络化拓建中的一些基础性的力学理论，均为基本的力学基础，包括上述的三大力学问题，地层和结构的拱效应，结构与结构、地层与结构的叠合作用，土压力问题，力流的分配传递机理，与水相关的一些特殊力学问题，并简述各主要力学问题在城市地下空间网络化拓建中的应用场景。

3.2.1 强度

强度指结构材料抵抗破坏的能力，研究材料在复杂应力下的屈服和破坏规律。强度理论是力学的基础。而材料的破坏，总体上可分为脆性断裂和塑性屈服。通过长期的生产实践和科学研究，工程上常用四种强度理论来解释材料破坏的力学现象：第一强度理论，即最大拉应力理论；第二强度理论，即最大伸长线应变理论；第三强度理论，即最大剪应力理论，后文中的莫尔—库仑（Mohr-Coulomb）强度理论即第三强度理论在土力学中的应用；第四强度理论，即形状改变能密度理论，土力学中常用的德鲁克—普拉格（Drucker-Prager）准则，即为第四强度理论在土力学中的应用。地下工程中，作为永久结构的钢材和混凝土材料，要求处于弹性工作状态，其基本的物理力学参数也相对明确，弹性阶段的计算假定符合实际情况。但对于地层来说，土体的物理力学参数受到地层变形和应力状态的影响，微观上是颗粒的材料非线性和颗粒间的接触非线性问题，整体则表现出弹塑性的本构特征。土力学中一般也不谈"抗压强度"，工程中所谓的抗压强度只不过是抗剪强度和抗拉强度在主应力方向上的反映。此外，当有围压的条件下，地层的强度和塑性变形能力都得到增加，同时地层的体积发生改变。网络化拓建需要熟练掌握强度理论的概念和机理，并灵活应用。本节根据莫尔—库仑强度理论（Mohr-Coulomb）论述影响土体强度的内在因素。

1）地层破坏的强度准则

强度理论是研究材料在复杂应力下的屈服和破坏规律，是一个综合性的概念。土的抗剪强度是指土体对于外荷载所发生的剪应力的极限抵抗能力。无论是饱和土还是非饱和土，其抗剪强度可以定义为：在内部或外部应力作用下，土体沿破坏面具有的单位面积上最大的内部阻力。当土中某点由外力所产生的剪应力达到土的抗剪强度、发生了土体的一部分相对于另一部分的移动时，便认为该点发生了剪切破坏。剪切破坏是土体强度破坏的重要特征，强度问题是土力学中最重要的基本内容。

地层的破坏表现为压剪破坏与受拉破坏，莫尔—库仑屈服准则是目前岩土力学中应用时间最长、范围最广泛的强度准则，它能很好地描述岩土体破坏行为及强度特征。应当说明，在进行城市地下空间的有限元分析时，常用连续介质力学模型，并采用 Mohr-Coulomb 屈服准则，是一种近似的模拟方法,其中一个根本原因是土体的物理力学参数,属于综合性指标,而非其本身的意义。

图 3-2-1、图 3-2-2 分别为莫尔应力圆和土体抗剪强度理论的示意图。式(3-2-1)揭示了莫尔圆形成原因,式(3-2-2)是土体剪切屈服强度的表达式。莫尔—库仑屈服准则认为,当土体中某一个平切面上的剪应力超过该面上的极限抗剪强度时,土体将破裂。而该面上的极限抗剪强度又与作用在该面上的法向应力有关。也可描述为土体中某截面上的正压应力与剪应力达到某种组合时,土体将沿此面破裂。

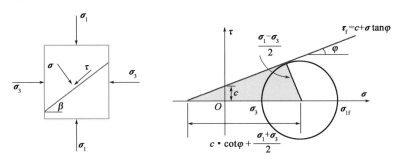

图 3-2-1　莫尔应力圆

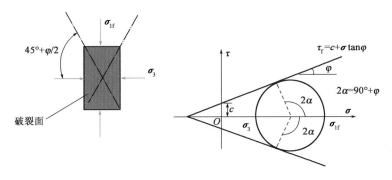

图 3-2-2　土体莫尔抗剪强度理论

$$\sigma_\alpha = \frac{1}{2}(\sigma_1 + \sigma_3) + \frac{1}{2}(\sigma_1 - \sigma_3)\cos 2\alpha$$

$$\tau_\alpha = \frac{1}{2}(\sigma_1 - \sigma_3)\sin 2\alpha$$

整理后得:

$$\left(\sigma_\alpha - \frac{\sigma_1 - \sigma_3}{2}\right)^2 + \tau_\alpha^2 = \left(\frac{\sigma_1 - \sigma_3}{2}\right)^2 \tag{3-2-1}$$

式中:σ_α、τ_α——分别为任意剪切面上的正应力、剪应力(MPa);

σ_1、σ_3——分别为单元体上最大、最小主应力(MPa)。

由图 3-2-1 可知,内摩擦角的正弦值为:

$$\sin\varphi = \frac{\dfrac{\sigma_1 - \sigma_3}{2}}{\dfrac{\sigma_1 + \sigma_3}{2} + c \cdot \cot\varphi} = \frac{\sigma_1 - \sigma_3}{\sigma_1 + \sigma_3 + 2c \cdot \cot\varphi}$$

莫尔强度理论的表达式为：

$$\tau_f = c + \sigma\tan\varphi \tag{3-2-2}$$

$$\tau_\alpha \leq \tau_f \tag{3-2-3}$$

由此可知,剪切滑移面的位置与最大主应力面的夹角 $\alpha \leq 45° + \dfrac{\varphi}{2}$。

2）土体抗剪强度的基本概念

（1）砂土类土（粗粒土、无黏性土）

对于非胶结的砂土类土来说,相应于试验结果的极限抗剪切强度和法向应力之间的关系曲线是通过坐标原点的直线,方程为

$$\tau_f = \sigma\tan\varphi = \sigma f$$

这里,类似于固体间的外摩擦,把系数 f 称为砂土类土的内摩擦系数,而 φ 称为内摩擦角。 φ 的数值决定于砂土的密度,变化范围为 25° ~ 45°,而干燥的和完全饱和的砂土的 φ 值相同。

图 3-2-3 为密实砂土和松散砂土的抗剪强度试验曲线,可以看出,随着水平位移的增加,松砂的极限强度是不断增加的,由于密实砂土颗粒相互联锁的作用,抗剪强度先增加,在剪切区的砂土有了一些松动之后,抗剪强度就降低了。试验也表明,剪切时砂粒局部被破坏,表现为表面磨损与棱角破碎等。

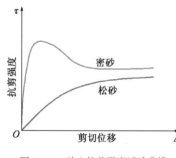

图 3-2-3　砂土抗剪强度试验曲线

当砂类土的一部分沿着另一部分发生位移时,它的抗剪强度取决于移动着的砂粒的滑动和滚动摩擦;对于密砂来说,除此之外,还决定于所谓的联锁力,后者是总的抗剪强度的一部分,为了使砂粒能竖向升高和分开一些,这一部分力是必要的,否则砂粒好像被楔入毗邻砂粒之间,而砂粒间将不可能有相对滚动。砂土的颗粒大,接触点数目少,砂粒又粗糙,以及没有很细的胶体颗粒围绕着粗颗粒而把它们黏结起来,所以砂土类土除了不饱和的湿砂有一些毛细黏结力以外,是没有黏结力的。当砂含水饱和时,像干砂一样,没有任何胶结性连接,完全是松散状态,因此,砂土类土的抗剪强度仅取决于摩擦和联锁现象。

（2）黏性类土

对于黏性类土,根据试验资料所得到的黏性土抗剪强度与法向应力之间的关系常常是曲线。

黏性土的抗剪强度取决于:①土骨架结构本身的胶结性连接(土的结构极限强度);②胶体颗粒的黏合作用,胶体颗粒在分子引力作用下围绕着较大的颗粒,进而把大颗粒连接起来。

如果土的骨架应力超过土的结构极限强度,那么随着应力的增加,将使土的胶结性连接破坏,并发生压密现象,胶结性破坏使土的抗剪强度减小。但同时,法向应力增加,引起抗剪强度的增加,土的结构性破坏导致相应的接触点的数目增加,从而引起抗剪强度的增加。

对于强结构性的、高孔隙率的淤泥质土来说,只有在骨架的附加应力超过极限结构强度时,才会使接触点数目发生重要的变化,而在未超过极限结构强度时,接触点数目基本上没有变化,作为一个初步的近似值,抗剪强度可以写成如下的表达式:

$$\tau_{\mathrm{f}} = c + \sigma\tan\varphi = c + \sigma f$$

为了便于在计算中应用,对于黏土类土,根据抗剪强度 τ 和法向应力 σ 之间的试验关系,常用近似实际曲线的直线或者折线来代替,如图 3-2-4 所示。而对于亚砂土和亚土之间的一般情况下,土在抗剪强度方面具有黏土和砂土之间的中间性质。

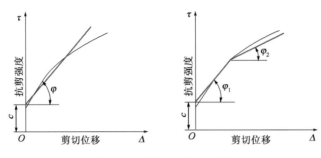

图 3-2-4　黏性土抗剪强度曲线

需要说明的是,将作为抗剪强度参数的摩擦系数和黏聚力赋予直接的物理意义的倾向是错误的。在用折线或任何近似曲线来代替实际的剪切曲线时,可以特别明显地看出这一点。总的抗剪强度 τ 值,才具有直接的物理意义,而剪切曲线方程内的参数并没有直接的物理意义,不能简单地把黏土类的总抗剪强度区分为"内聚力"和"摩擦",尽管在砂土和黏性土中,两者对强度的贡献存在较大差异。因此,应当使试验室测定土的抗剪强度的方法尽可能符合于地基或建筑物中所处的条件。

3)土的抗剪强度指标

莫尔—库仑理论的强度指标 c、φ 反映土的抗剪切强度变化的规律性。通常情况下,对于同一地质环境下的土,它们是作为常数来使用的,但实际上,它们是随着具体试验条件变化的,不完全是常数。

砂土的内摩擦角 φ 值取决于砂粒间的摩擦阻力和联锁作用。一般中砂、粗砂、砾砂的 $\varphi = 32° \sim 40°$、粉砂、细砂的 $\varphi = 28° \sim 36°$。孔隙比越小,φ 越大。但是,含水饱和的粉砂、细砂很容易失去稳定,因此必须采取慎重的态度,有时规定取 $\varphi = 20°$ 左右。

黏性土的抗剪强度,主要是黏聚力 c 的问题。这里包括:①由于土粒间水膜与相邻土粒之间的分子引力所形成的黏聚力,通常称之为"原始黏聚力",当土被压密时(密度增大),土粒间的距离减小,原始黏聚力随之增大。当土的天然结构被破坏,将丧失原始黏聚力的一部分,但亦会恢复其中的一部分,因此,土的黏聚力(强度)在土体破坏后,依然存在。②由于土中化合物的胶结作用而形成的黏聚力,通常称为"固化黏聚力",当土的天然结构被破坏后,即丧失这一部分黏聚力,且不能恢复。

黏性土的抗剪切强度指标变化范围很大,与土的种类有关,并且与土的天然结构是否被破坏、试样在法向压力下的排水固结、试验方法等因素有关。

抗剪强度试验方法很多,目前室内最常用的是直剪试验与三轴试验。其中,直剪试验由于仪器简单,操作方便得到广泛应用。工程实践表明,土的抗剪强度与土受力后的排水固结状态有关,在工程应用中,土的抗剪强度指标的选取应反映工程的实际情况。如软土地基上快速的堆填路堤,由于加荷速度快,地基土体渗透性低,则这种条件下的强度和稳定问题是处于不能排水的条件下的稳定分析问题,它就要求室内的试验条件能模拟实际加荷情况,即在不能排水的条件下进行剪切试验。为了在直剪试验中能考虑这类实际需要,很早以来便通过采用不同的加载速率来达到排水控制的要求,也即直剪试验中的三种不同的试验方法——快剪、固结快剪和慢剪。

(1)快剪。竖向压力施加后立即施加水平剪力进行剪切,而且剪切的速率也很快。一般从加载到剪切破坏只用 3~5min。由于剪切速率快,可认为土样在这样短暂时间内没有排水固结或者说模拟了"不排水"剪切情况。

(2)固结快剪。竖向压力施加后,给以充分时间使土样排水固结。固结终了后再施加水平剪力,快速(3~5min)把土样剪坏,即剪切时模拟不排水条件。

(3)慢剪。竖向压力施加后,让土样排水固结,固结后以慢速施加水平剪力,使土样在受剪过程中一直有充分时间排水和产生体积变形。

以上三种试验仅针对黏性土是有意义的,但效果要视土的渗透性大小而定。对于非黏性土,由于土的渗透性很大,即使快剪也会产生排水固结,所以常只用一种剪切速率进行"排水剪"试验。

不排水强度用于荷载增加所引起的孔隙水压力不消散,土体密度保持不变的情况。具体到工程问题,如在地基极限承载力计算中,若建筑物的施工速度快,地基土的黏性大,透水性小,排水条件差时应采用不排水强度。

土体稳定分析成果的可靠性,在很大程度上取决于对抗剪强度试验方法和强度指标的正确选择,因为试验方法所引起的抗剪强度的差别往往超过不同稳定分析方法之间的差别。

在选用试验仪器方面,直剪仪因其设备简单,易于试验,且已有较长的应用历史,积累了大量的工程数据,仍是目前测定土的抗剪强度所普遍适用的仪器,但应了解其特点和缺点,以便能够按照不同土类和不同的固结排水条件,合理选用指标。由于三轴剪切仪具有前述的诸多优点,在重要工程中,应优先采用。

需要说明的是,土的抗剪强度的分析研究和应用,绝大部分都是孤立进行的,把土看作刚塑性体,而与变形问题截然分开。实际上,土体的强度与变形特征密切相关。

对于土的强度问题,一般采用峰值强度指标进行分析。只有当分析的土体会发生大变形或已受到多次剪切而累积了大变形时才应该选用残余强度。对于天然滑坡的滑动面或断层面,土体往往因多次滑动而经历了相当大的变形,在分析其稳定性时,则应该采用残余强度。在某些裂隙黏土中,常发生渐进性破坏,即部分土体因应力集中,先达到峰值强度,而后应力减退,从而引起四周土体应力增加,也相继达到峰值强度,如此破坏区逐步扩展,在这种情况下,破坏土体的变形都很大,也应该采用残余强度进行分析。

采用固结排水剪(慢剪)强度指标时,实质上进行的是有效应力法的分析。工程中应用于孔隙水压力可全部并及时消散,土体密度不断增加的情况。当建筑物的施工速度较慢,而地基土的黏性小,或无黏性,透水性大,排水条件良好时,在地基极限承载力的计算中可采用由排水试验确定的抗剪强度指标。

4)残余强度

在土的三轴试验中,当剪应变足够大时,将会观察到土样的强度值趋于稳定的终值,故可取这时的强度作为残余强度。试验证明,残余强度也符合库仑定律。对于低塑黏性土,其内摩

擦角 φ_r 可达到 30° 左右;对于高塑性黏土,φ_r 可降低 5°~12°。由于在剪破面上土的天然结构几乎已经全被扰动,所以,φ_r 和土的应力历史无关,故认为若用重塑土样做实验所确定的 φ_r 是有足够精确度的。

残余强度对土体稳定验算有现实意义。例如,对于沿着历史上已经滑动的面重新出现可能的土坡稳定分析,显然应当采用残余强度指标而不能用峰值指标。又如,若挡土墙填土中发生了剪裂面,则亦宜采用残余强度进行核算以及若认为土坡中有可能存在局部剪应力超过峰值强度时,即使土坡尚未出现滑裂面,也应考虑用残余强度进行核算等。

5) 土的结构性与灵敏度

土的强度与土的结构有着密切关系。当土的原有结构受到破坏或扰动时,不仅改变了土粒的排列情况,同时也使土粒间原有的联结受到不同程度的破坏。结构受到扰动或破坏的土的强度会降低,压缩性也增大。土的强度等性质随着土的结构的改变而发生变化的特征称为土的结构性。土的结构性用灵敏度 S_t 来表示:

$$S_t = \frac{原状土的抗剪强度}{扰动后的土的抗剪强度}$$

灵敏度越大,表示结构性对土的强度影响越大。根据灵敏度的大小可将黏性土划分为如下:

(1) $S_t < 2$,不灵敏的黏土。

(2) $S_t = 2 \sim 4$,中等灵敏黏性土或一般黏性土。

(3) $S_t = 4 \sim 8$,灵敏性黏土。

(4) $S_t > 8$,高灵敏性黏土。

高灵敏性黏土具有明显的峰值应力,峰值以后强度显著降低。显然由于结构破坏对强度带来的不利影响,对于结构性强(灵敏度高)的土体,进行稳定性分析时,不宜采用峰值强度指标,同时应避免施工扰动及外在荷载扰动对土体结构性的破坏。杭州地铁 1 号线湘湖站基坑事故原因之一是对淤泥质黏土的欠固结状态和高灵敏度重视不够,车辆运行及施工机械对基坑侧土体的扰动引起土体强度的急剧降低。该工程勘察报告提供的土的灵敏度较低(中等及以下),实际上场地土的灵敏度相当高,属于灵敏性或高灵敏性黏土,基坑西侧的风情大道,白天车水马龙,晚上运土运料,这种扰动已在一个多月前就有了预兆:路面开裂、变形。事故的突发性表明土的结构破坏,强度骤降。因此,对于软土地区,应重视土的结构性破坏导致的土体强度降低,当土体扰动无法避免时,宜采用扰动后的土体强度进行稳定性计算与校核。

3.2.2　刚度

刚度是指结构体系具有能够限制荷载作用下变形的一种性质,是结构抵抗变形的能力,刚度也是综合性的概念。结构的变形不仅与结构几何形状、材料物理力学性能、约束条件相关,与荷载大小及荷载分布也密切相关。结构的基本受力类型有拉、压、弯、剪、扭五种,不同的受力类型,有不同的变形特点,抵抗其变形的刚度也具有不同的性质,如图 3-2-5 所示。

作用在杆件结构上的外力是多种多样的,因此,杆的变形也是各种各样的。总的来说,可以分为四种:

（1）轴向拉伸与压缩[图 3-2-5a）、b）]。

（2）剪切：一般发生剪切变形的同时，杆件还存在其他的变形形式[图 3-2-5c）]。

（3）扭转：在一对转向相反、作用面垂直直杆轴线的外力偶作用下，直杆的相邻横截面将绕轴线发生相对转动，杆件表面纵向将成螺旋线，而轴线仍维持直线图[图 3-2-5d）]。

（4）弯曲：在一对转向相反，作用面在杆件的纵向平面（即包含杆轴线在内的平面）内，在外力偶作用下，直杆的相邻横截面将绕垂直于杆轴线的轴发生相对转动，变形后的杆件轴线将弯成曲线[图 3-2-5e）]。

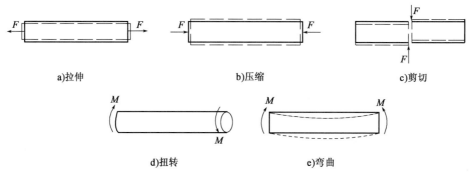

图 3-2-5　基本变形特征示意图

工程中实际上单一的变形出现的很少，大多为上述几种基本变形形式的组合，属于组合变形的问题。下面说明常用到的压缩变形和弯曲变形的特征：

1）拉压刚度

假定材料处于弹性状态，最简单的拉压刚度表现形式是胡克定律，即：

$$\varepsilon = \frac{\sigma}{E} \tag{3-2-4}$$

式中：ε——轴向应变；

　　σ——截面应力（MPa）；

　　E——结构材料弹性模量（MPa）。

将 $\varepsilon = \frac{\Delta l}{l}$、$\sigma = \frac{N}{A}$ 代入式（3-2-4）得：

$$\Delta l = \frac{Nl}{EA} \tag{3-2-5}$$

式（3-2-4）、式（3-2-5）中的比例系数 E 称为弹性模量，显然，弹性压缩（拉伸）变形量与弹性模量成反比。EA 称结构构件为压缩（拉伸）刚度，对于长度相等且受力均匀的构件，截面刚度越大则构件变形越小，在隧道开挖过程中，土柱的压缩变形可以用抗压刚度的基本理念加以分析。土柱的变形模量、土柱的面积，土柱的高度和截面应力等是控制压缩变形的主要因素。

土体的抗拉强度低，极限拉应变小。因此，土的变形主要表现为压缩变形和剪胀变形。本节不考虑与土固结相关的长期变形问题，仅就拓建施工过程的地层压缩变形问题加以论述。

天然土体一般由三相组成，即土骨架和孔隙中填充的水和空气。土体受到外力后，或者因地层应力重新分布而引起的压应力集中，土体变形可认为是孔隙中流体体积变化的结果，也是土颗粒滑动、滚动、挠曲和压碎重布的结果。地层沉降与变形的结果使建筑物各部位发生位移与相对位移,可能影响结构物的正常工作,或因为相对位移而衍生的次应力过大导致结构开裂,甚至破坏,地层的沉降变形计算是地下空间网络化拓建中一项必不可少的内容。土层压缩的概念性判断可以用分层总和法分析,见式(3-2-6)。

$$S = \sum_{i=1}^{n} \sigma_{zi} h_i \frac{\beta_i}{E_i} \tag{3-2-6}$$

式中:n——受压影响范围内土体总层数;

$\quad \sigma_{zi}$——作用在各层上平均附加压力,相当于作用在各层土体上、下面上的附加压力之和的一半(MPa);

$\quad h_i$——各层土的厚度(m);

$\quad \beta_i$——与各层土的泊松比 μ 有关的修正系数,砂土类土用 0.76,黏质砂土用 0.72,砂质黏土为 0.57,黏土用 0.43;

$\quad E_i$——各层土的变形模量(MPa)。

由式(3-2-6)可知,降低压缩变形量的方法,应着力通过地层改良提高变形模量,同时控制应力分布,降低土层附加应力。

2)弯曲刚度

弯曲刚度由结构的几何形状、结构类型、构件截面尺寸和材料性质共同决定。

$$\Delta = \int \frac{M_{q+\lambda q} \overline{M}}{EI} \mathrm{d}s + \int \frac{N_{q+\lambda q} \overline{N}}{EA} \mathrm{d}s + \int \frac{k Q_{q+\lambda q} \overline{Q}}{GA} \mathrm{d}s \tag{3-2-7}$$

式(3-2-7)为杆类结构压弯状态下的变形计算公式,等式右边三项分别表示结构弯曲变形,轴向变形,和剪切变形对总变形量的贡献。当结构形式和荷载模式确定后、变形取决于截面的抗压刚度(EA)、抗剪刚度(GA)和抗弯刚度(EI)。

受弯构件的位移(挠度和转角)除了与结构的支承和荷载条件有关外,还取决于三个因素:

(1)材料方面,受弯构件的变形与材料弹性模量 E 成反比。

(2)截面方面,受弯构件的变形与截面的惯性矩 I 成反比。

(3)跨长方面,受弯构件的变形与跨长 L 的 n 次幂成正比(n 与荷载的作用形式有关)。

基于此,为了提高受弯构件的刚度,减小弯曲变形,可采用下列措施:

(1)增大结构抗弯刚度 EI 。一是提高材料的弹性模量,对钢构(支撑)来说,提高钢材等级对刚度改善意义不大,因为高强度钢和普通低碳钢的 E 相近。因此,增大受弯钢构的刚度,应设法增大 I 值。在截面面积不变的情况下,采用适当形状的截面使截面面积分布在距中性轴较远处,以增大截面的惯性矩 I ,这样不仅可以降低应力,而且能增大梁的弯曲刚度以减小变形,所以工程上常采用工字钢、H 型钢和箱形截面,或者采用空间桁架等网格格构形式。

(2)调整跨长或改变结构形式。由于受弯构件梁的挠度和转角值与其跨长的 n 次幂成正比,因此,设法缩短受弯构件的跨长,将能显著减小其挠度和转角值。此外,改变结构构造,增加超静定次数,以及改直线受弯构件为拱形结构等措施也可提高结构弯曲刚度。

3)软土及其蠕变

软土包括淤泥、泥炭、淤泥质黏性土以及软、流塑状态的黏土等,软土在我国沿海内地均可见到,分布很广。在岩土工程领域,软土是备受关注的对象,软土工程性质中最令工程师不安的是它的"三高三低"特性:高含水率、高灵敏度、高压缩性、低密度、低强度、低渗透性。

土的结构对于土的性质具有巨大的影响,特别是对于工程建设方面很有价值的性质。土的结构可分为松散的粒状结构、紧密的粒状结构、蜂窝状或海绵状结构、絮状结构等。结构的强度,即它对于改变土的固体颗粒间及集合体间相互位置的抵抗力,取决于它们相互连接的强度,而且可以在很大范围内变化。在土力学中,为了叙述方便,广泛采用辅助性的概念,即"土的骨架"这一名称表示土的固体颗粒,结合水以及固体颗粒间的刚性连接的总和。根据对"土的骨架"这一概念的定义,剪应力显然只可以由土骨架来承受,因为土孔隙中的自由水、气体和水蒸气都不能承受剪应力。填充在孔隙中的自由水,在土的每一点都是处于各向相等的压应力或拉应力(毛细带内)的状态。

当某种荷载作用于土上时,土的骨架即发生某种变形,此时这种变形的增加速度,以及土骨架中发生的应力状态将取决于下列因素:

(1)土骨架的黏滞性。这取决于对土的固体颗粒间相对位移的内在抵抗力;因此(由于黏滞性),固体颗粒间相对位移过程的完成需要经过某一段时间。

(2)含水饱和的情况下,在发生变形并且带有孔隙体积变化时,土的孔隙水的流出(或)流入的速度。

(3)胶结性连接的存在和它们的性质。

土骨架的黏滞性对于软土的蠕变现象具有重要意义。古典的弹性、塑性理论认为结构加载后立即产生变形,而不考虑时间因素。而软土的蠕变学着重研究土体应力、应变状态随时间而变化的规律,也就是说在进行软土地层的力学分析时,应考虑时间因素对变形的影响。

蠕变指固体材料在保持应力不变的情况下,应变随时间延长而增加的现象,土的蠕变是十分普遍的现象。在很多情况下,软黏土即使在相当小的剪切荷载作用下,其变形也可能长期发展,因此,尽管土层应力状态不变,土也可以不断蠕动。

对于软土基坑的稳定和基坑回弹变形,由于蠕变效应的存在,可以采用边挖边封闭,分幅分段开挖封闭的支护方案,提高基坑施工安全。在邻近建筑物设施的流塑、软塑黏性土层中的深大基坑,为控制围护结构侧向位移,在基坑开挖前超前一定时间(加固后土体的凝结时间),对围护结构被动区,用水泥搅拌桩、旋喷桩、或分层注浆法进行加固。

在含水率很高的流塑性黏土层中,渗透系数 $<1 \times 10^{-6} \mathrm{cm/s}$,采用电渗排水井点,可降低土层含水率,将土体不排水抗剪强度提高50%以上,以增强地层的稳定性。

3.2.3 稳定性

稳定性包括整个结构或其中一部分作为刚体失去平衡(如滑移、倾覆)、结构转变为机动体系(倒塌)、结构或构件丧失承载能力(屈曲);稳定性是确保结构材料强度充分发挥,保证结构正常使用的前提。

结构失稳(屈曲)是指在外力作用下结构的平衡状态开始丧失,稍有扰动便会引起变形的迅速增大,最后使结构失去承载能力。稳定问题一般分为两类,第一类是理想化的情况,即达到某种荷载时,除结构原来的平衡状态外,还可能出现第二个平衡状态,所以又称为分岔失稳或分支点失稳,此类结构失稳时相应的荷载称为屈曲荷载。分支点失稳揭示了结构最容易发生的失稳模态和最低阶屈曲荷载等本质特征,力学概念明确,数学上转化为求方程最小特征值的问题,计算方法相对简单,在理论分析中仍占有重要地位。

分支点失稳假定材料完全弹性,且结构无缺陷。实际工程中,不可避免地存在安装偏差等初始缺陷,结构的几何非线性和材料非线性对稳定分析的影响也是客观存在的,因此实际结构都属于极值点失稳。结构的极值点失稳与极限承载力是统一的,分析结构的极限承载力实质就是不断求解各种非线性影响下的刚度方程,结构在荷载不断增加的条件下,刚度逐渐降低,直至丧失承载能力而达到极限状态。因此,极值点失稳实际上是结构的非线性稳定问题。

第二类稳定问题,即极值点失稳问题,在数学上归结为一个非线性方程的求解。通常是将临界荷载分为若干级荷载增量。就某一级加载而言,荷载—变形曲线中的响应可近似地认为是直线。于是一个总体表现为非线性的过程可以按若干个线性过程叠加来处理,这种线性化处理的结果也能很好的逼近原来的非线性过程。

对地下工程来说,地层的稳定问题属于典型的第二类稳定问题,表现为地层的极限承载力下的剪切滑移破坏,稳定问题实质上是极限承载力问题,其计算难点归结于荷载的作用效应和地层的承载能力的量化;而支护(围护)结构的稳定性则相对复杂,包括整体稳定的抗倾覆和抗滑移,结构构件中,拱、柱、梁的稳定性各有特点,对于薄壁钢结构构件,还存在局部稳定问题。总之,稳定问题是力学分析的重要内容之一,是结构安全的重要保障。

1)杆结构稳定

中心受压直杆在直线形态下的平衡,由稳定平衡转化为不稳定平衡时所受轴向压力的界限值,称为临界压力,或简称临界力,并用 F_{cr} 表示。历史上率先将结构稳定性问题作为数学、力学问题系统地加以研究的欧拉,提出了著名的压杆稳定理论。不同的杆端约束下细长中心受压直杆的临界力表示为:

$$F_{cr} = \frac{\pi^2 EI}{(\mu l)^2} \qquad (3-2-8)$$

式中: μ——压杆的长度系数,与杆端的约束情况有关;

μl——原压杆的相当长度。中心受压直杆的临界力 F_{cr} 受到杆端约束情况的影响,杆端约束越强,杆的抗压能力就越大,其临界力就越高。当两端铰支时, $\mu = 1$;一端固定一端铰支, $\mu = 0.7$;两端固定, $\mu = 0.5$;一端固定一端自由, $\mu = 2$ 。

应当注意,细长压杆的临界力中, I 是横截面对某一形心主惯性轴的惯性矩。若杆端在各个方向的约束情况相同,则 I 应取最小的形心主惯性矩。若杆端在不同方向的约束情况不同,则 I 应取挠曲时横截面对其中性轴的惯性矩。

同样的,在型钢组成的薄壁受弯构件中,例如实腹式受弯构件或压弯构件的平面外及平面内稳定问题,也应注意截面惯性矩对稳定性及极限承载力的影响,受压构件的长细比,受弯构件的局部稳定也应该给予足够的重视。

结构稳定问题在以下两个方面不同于强度问题:

(1)稳定问题考虑结构变形后的位形和变形对外力效应(即二阶效应)的影响。例如在计算梁弯扭屈曲的临界弯矩时,要分析梁发生侧弯和扭转时的平衡关系,在计算压弯屈曲时,要考虑压力和弯曲变形产生的附加弯矩。

（2）叠加原理不再适用。叠加原理普遍用于应力分析，它的应用需满足下列两个条件为前提：材料服从胡克定律，即应力与应变成正比；结构变形很小，可以用一阶分析来进行计算。也就是说，叠加原理中，既不存在材料非线性，也不存在几何非线性，这与第二类稳定问题（极限承载力状态）是不同的。

随着建筑材料强度的提高，构件向着轻柔、细长以及异形的方向发展，在受压构件或受弯构件中，出现当荷载超过某一界限后，随即发生骤然增加的侧向变位直至丧失稳定而破坏，这种结构或构件在荷载的作用下产生变形迅速增大并丧失承载力的现象，称为极值点失稳。极值点失稳时的荷载称为极限荷载或压溃荷载，此类失稳并不产生新的变形形式，平衡状态无质变，极值点失稳下的承载力即为极限承载力。极值点失稳的核心要素是结构轴线的变化，结构内力变化与变形的发展二者相互影响。

尽管结构的稳定理论研究从线弹性的屈曲开始，但实际工程中发生的都是极值点失稳问题，因此，稳定问题需揭示其实际工程失稳破坏的力学机制及对极限承载能力的影响。杆件结构稳定理论对于明挖基坑的围护支撑体系和暗挖的初期支护体系具有指导作用，例如当型钢拱架在平面（腹板）外具有足够支撑时，在平面内竖向荷载作用下将在面内发生弯曲变形的失稳模式，面外没有支撑或是支撑刚度不足的钢拱架，当面内荷载增加到一定值时，在面外方向将发生挠曲且伴随扭转的空间弯扭失稳。

2）明挖地层稳定

在弹性均质的半无限空间体中，仅有自重应力场条件下，任一竖直面都是对称面，则其上的剪应力为零。因此任一点地面下深度为 z 处的应力为：

$$\begin{cases} \sigma_z = \gamma z \\ \sigma_x = k_0 \gamma z \end{cases} \tag{3-2-9}$$

式中：σ_z——竖向地层应力（MPa）；

σ_x——水平地层应力（MPa）；

k_0——水平应力系数；

γ——地层重度（kN/m³）；

z——地层深度（m）。

如图 3-2-6 所示，在自然状态下，k_0 一般小于 1，$\sigma_z > \sigma_x$。所以，σ_z 为最大主应力 σ_1，σ_x 为小主应力 σ_3。这是基坑或隧道开挖前，对地层初始自重地应力场一个基本的认识。

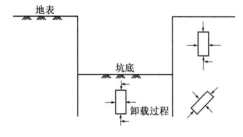

图 3-2-6　基坑应力分布示意图

（1）明挖基坑稳定性

基坑的失稳破坏可能缓慢地或突然地发生，有的有明显的触发原因如振动、暴雨、超载或其他人为因素。有的却没有明显的触发原因，主要由于安全度不够和土的强度逐渐降低造成。

基坑稳定归纳起来可分为无支护基坑和有支护基坑两种情况。无支护基坑的稳定性主要是开挖边坡的稳定性，因此，分析方法可采用边坡稳定的分析方法。对于均质边坡,常用的方法有圆弧滑动面法。图3-2-7为土体圆弧滑动破坏示意图,土坡破坏前一般在坡顶先有张拉裂缝发生,继而沿某一曲面产生整体滑动。随着计算机技术发展,基于强度参数逐步劣化的有限元强度折减法是判识滑动面的有效方法。

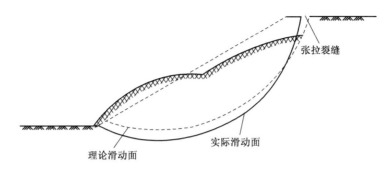

图3-2-7 土体圆弧滑动破坏示意图

有支护基坑进行稳定性分析时,分析中所需地质资料要能反映基坑顶面至少2.3倍基坑开挖深度的工程地质和水文地质条件。对有支护基坑稳定性要做如下分析:①整体抗滑动;②抗倾覆;③抗隆起;④孔隙水压力对基坑稳定性的影响等。

基坑的大面积卸载,使坑底和四周土体中的应力场发生很大变化,坑底土的竖向应力及坑壁土体中的侧向应力逐渐减小,因此不难理解在基坑四周一定范围内的土体可能接近或到达强度破坏,破坏的过程,即地应力转移和卸载的过程。

(2)基坑土层的被动区与主动区

大多数基坑支护结构的稳定性和各种地基的承载力都在一定程度上取决于被动土压力,故这种压力的计算问题在实用上特别重要。

如图3-2-8所示,基坑开挖后,围护结构开始受力变形,当基坑内侧卸去原有的土压力时,墙外侧受到主动土压力,而在坑底的墙内侧则受到全部或部分的被动土压力。墙外侧主动土压力区的土体向坑内水平位移,使背后土体水平应力减小,以致剪应力增大,出现塑性区。而在基坑开挖面以下的墙内侧被动区的土体向坑内水平位移,使坑底土体水平向应力增大,以致坑底土体剪应力增大而发生水平向挤压和竖向隆起的位移,在坑底形成局部塑性区。

拓建工程中,基坑的变形控制要求严格,以前以强度和稳定性控制设计的方式逐渐被以变形控制设计为主的方式所取代,基坑的变形分析成为基坑工程设计和施工中的一个极其重要的组成部分。

(3)基坑变形

基坑开挖的过程是基坑开挖面上卸荷的过程,由于卸荷而引起坑底土体产生以向上为主的位移,同时也引起围护墙在两侧竖向压力差作用下而产生水平向位移和因此而产生的墙外侧土体的位移。

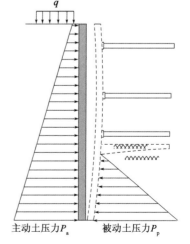

图3-2-8 基坑主动土压区与
被动土压区示意图

基坑隆起是竖向卸荷改变坑底土体初始应力状态的反应,在开挖深度不大时,坑底土体在卸荷后发生竖向的弹性回弹,其特征是坑底中部隆起最高,在非蠕变性地层中,坑底隆起在开挖停止后很快停止,这种坑底隆起不会引起围护结构外侧土体向坑内移动。随着开挖深度的增加,基坑内外土层的高差及地面超载的作用,围护墙外侧土体向坑内移动,是坑底产生向上的塑性隆起,同时在基坑周围产生较大的塑性区,并引起地面沉降。塑性隆起发展到极限状态时,基坑外侧土体便向坑内产生破坏性的滑动,使基坑失稳,基坑周围地层发生大量沉陷。影响基坑稳定的主要相关因素有:

①围护结构的刚度、支撑水平间距与竖向间距。

a. 支撑竖向间距的大小对墙体刚度影响很大(与支撑竖向间距的 4 次方成反比),当围护结构一定时,竖向加密支撑可有效控制位移,减小第一道支撑的开挖深度以及减小最后一道支撑距离坑底的高度,对减小围护结构位移尤为重要。顶端围护结构为悬臂状态,要注意第一道撑的开挖深度,以防止因开挖过深使围护结构外侧土体发生较大水平位移和在较大范围内产生地面裂缝;坑底对围护结构的约束作用弱,最下一道支撑距坑底的高度越大,则插入坑底被动压力区的被动土压力也相应加大,这必增加被动压力区的围护结构和土体位移。

b. 围护结构厚度和插入深度(最危险的滑动面在围护结构底部)。

c. 支撑预应力的大小及施加的及时程度对基坑变形有重要的影响;及时施加预应力,可以增加墙体外侧主动压力区的土体水平应力,而减小开挖面以下墙内侧被动区的土体水平应力,从而增加围护结构内、外侧土体抗剪强度,提高坑底抗隆起的安全系数。

d. 安装支撑的施工方法和质量。包括支撑轴线的偏心距、支撑与墙面的垂直度、支撑连接的可靠性、支撑加预紧力的准确性,都是影响位移的重要因素。

②基坑开挖的分段、土坡坡度及开挖顺序。分层分段开挖,随挖随撑,可以在分步开挖中,充分利用土体结构的空间作用,减小围护墙被动区的压力和变形。

③基坑内土体性能的改善。一般来说,在坑内进行地基加固以提高围护结构被动土压力区的土体强度和刚性,是比较常用的合理方法。

④开挖施工周期和基坑暴露时间。由于黏性土的蠕变性,土体在相对稳定的状态下随暴露时间的延长而产生移动是不可避免的,特别是剪应力水平较高的部位,如在坑底下围护结构内被动区和围护结构底部的土体滑动面,都会因坑底暴露时间过长而产生相当的位移,以致引起地面沉降的增大。

⑤水的影响。围护结构接缝的漏水及水土流失、涌砂,坑底被承压水顶破而发生涌砂、隆起是基坑工程中最大危险事故之一。当坑底基底不能满足抗承压水安全要求时,必须采取安全可靠的地基处理措施。水对地层的作用将在后面做详细论述。

3)暗挖地层稳定性

暗挖洞室周边土体的稳定性也属于极限承载力的问题,主要是由于剪应力超过土体抗剪强度而发生滑移破坏。有些地层开挖后,土体松散脱落,对支护形成松散压力;有些地层开挖后变形受到支护约束,随着蠕变时间效应和开挖空间效应引起的应力重分布,对支护产生形变压力;在一些膨胀性地层,有水赋存时,则会产生膨胀压力。

由于地层地质状况复杂多变,地下结构的空间关系错综复杂,周边工程环境对地层变形的要求也不同,洞室开挖后地层的变形特征也不尽相同,目前还没有一种能全面确切表达各种情况下的地层状况及其与支护系统相互关系的力学解析模型。同时,由于地层的复杂性以及理论上的不完善,无法全面、准确地表达各种情况下的地层性质,物理实验和工程地质判识只能对洞室稳定性做定性的分析,理论计算对物理力学参数的选取依赖性大,其分析结果只能作为施工中洞室稳定性的参考标准。

洞室周围的土体在不同应力条件下,相同的地层材料也会产生不同的失效形式。洞室掌子面不断向前掘进时,将会对洞室轴向和径向周边岩体产生扰动,破坏其初始应力平衡状态。依据地层应力状态,可将地层分为三个区域,即稳定区域、掌子面受影响区域及未受影响区域。掌子面变形由于受到开挖轮廓的约束,其变形表现为稳定、挤出、或滑塌。

3.2.4 拱效应

拱形结构是一种古老的结构形式,其发展历史伴随着人类社会文明的进步。从力学角度看,结构的发展都遵循着一个基本的客观规律——将外荷载产生的弯矩转化为构件的轴向拉力或压力,从而不断地提高结构材料的承载效率。

拱效应的最大特点是利用其曲线拱轴将外荷载产生的弯矩转化为轴向压力,并通过支座水平推力传递给拱端的约束,与梁柱等直杆构件在受力性能上的较大的差别。拱效应对土层或混凝土等脆性材料的受力是有利的,但对钢拱架来说,结构稳定性变差,且拱脚(基础)负担增大。

1)结构拱效应

推力是拱的主要受力特征,拱轴线平面内的竖向荷载尤其是全跨竖向荷载作用下的弯矩远小于同跨度的直梁或曲梁,具有较高的刚度和承载力,尤其当设计轴线接近理想拱轴线时,拱在控制荷载工况下主要承受轴压力,弯矩和剪力的影响很小,可以充分利用抗压强度高而抗拉强度低的圬工材料。

拱的受力与其轴线形式、矢跨比和拱脚边界条件等密切相关,矢跨比是拱设计中的一个重要参数,对拱结构内力的大小和分布的影响很大,拱形结构同时承受轴力和弯矩时(支护),弯矩的分布及变化十分复杂,矢跨比较小时,其分布类似于直梁,随着矢跨比的增大其分布接近于门式刚架,弯矩沿拱轴线出现多次正负变化;固支拱的最大弯矩通常出现在拱脚位置,而铰支拱一般出现在1/4跨或拱顶附近。矢跨比过大或过小,拱轴线内的弯矩值较高,受力较为不利。在半跨荷载作用下,拱形结构中弯矩比全跨荷载时更大。因此,对拱结构应重视荷载(地层压力)的分布问题。

拱脚边界条件也是影响拱受力性能重要因素。相同几何尺寸和荷载条件下,铰支拱和固支拱二者的轴力分布和大小相差不大;但弯矩的大小和分布范围区别很大;从截面强度分析,固支拱承载力较低;但由于固支拱的边界约束更强,超静定次数更多,从结构整体稳定承载力(极限承载力)角度而言,要高于铰支拱。对诸如型钢拱架等拱形结构,由于材料强度高而结构较为细长、板件较薄,在压应力作用下结构的整体稳定性或局部稳定性往往是其承载效率的主要制约因素,因此钢架拱脚的稳定和平面外的稳定应引起特别重视。

拱结构在工程中的广泛应用,证明了这种结构不朽的生命力。其最大的好处就是利用拱作用减小了垂直荷载下的跨中弯矩,付出的代价是地基基础能对拱结构提供足够的水平推力。

拱脚抗推力不足也是拱结构失稳的主要原因。解决方法之一是采用安全系数较大的拱脚,另一个方法是用拉杆去承担部分或全部横推力。

一般来说,拱的矢高越大,则拱的侧推力越小,拱内的局部弯矩越小。综合美观、经济和实用的考虑,拱的跨度与矢高的比值一般为 5 ~ 10 较为理想。拱轴线一般设计为接近竖向均布荷载作用下的固有压力线的二次抛物线形状,这样可以使拱结构在各种不均匀荷载作用下产生较小的局部弯矩。拱轴线表达式为:

$$y = \frac{4Hx(L - x)}{L^2} \qquad (3\text{-}2\text{-}10)$$

式中:x——拱轴的横向坐标(m);

    y——拱矢高方向的竖向坐标(m);

    H——拱的矢高(m);

    L——拱的跨度(m)。

2)土拱效应

无论在工地还是实验室中,拱作用是土体中所遇到的最普遍的现象之一。太沙基关于土拱的内在形成机理做了如下描述:如果土体的一部分移动,而其余部分保持其原来位置不动,这种相对运动受到移动土体与不动土体接触处的抗剪强度的阻止。因为抗剪强度有趋向保持移动土体原来的位置,它使移动部分上的压力减小,而使相邻的不动部分上的压力增加,这种移动土体把压力传递给相邻不动部分的传递作用叫作"土拱效应"。

在地下洞室周围,地层应力重分布的过程中,由于土体具有剪切强度和连续性,地层可以通过"成拱效应"发挥地层的自承载力,支护结构在理论上仅承受未经天然土拱传向邻近地层的那一部分应力。天然拱的效能取决于土体抗剪强度和变形特性,以及洞室施工对地层的扰动程度,以及地层不连续面和水对土体抗剪强度的弱化等。

拱结构作为土木工程中常见的结构形式,其力学特性应被工程技术人员所掌握。把拱结构作为地层结构概念分析的模型,也符合其内部应力调整的结果。隧道的开挖工法、原始地应力情况、隧道断面形状以及地层的物理力学性质均影响地层承载拱的稳定。相应地,隧道的开挖工法及辅助工法的选择和使用,可以结合拱结构的承载能力和稳定性加以研究,采取系统化的控制方法。

隧道的开挖和支护改变了原始岩体的应力状态,应力发生重新分布,由于地层应力分布错综复杂,绕隧道横断面塑性区发展的状况不同,地层的自承载体可以看作由几个不连续的承载拱组成。地层稳定前,拱的位置和形状是动态的,从隧洞表面向深部发展,并趋于合理拱轴。由于拱的不连续性,当某一拱脚处在塑性区内,地层会沿拱脚作用力方向发生剪切滑动,导致拱内地层挤出或垮塌,地层拱结构在动态调整和形成过程中,其结构功能受多种因素的影响。深埋软岩隧道断面形状的选择应防止地层的拉应力破坏,尽量避免隧道轮廓线成直线或带有棱角,隧道断面设计应考虑地应力特征及地层承载拱的形成过程。

图 3-2-9 为地层拱结构分析模型,拱结构的最大特点是利用支座的水平反力来减小跨间的弯矩,将弯曲应力转化为压应力,与软弱地层的强度特性(抗拉强度远低于抗压强度)相一致。从结构概念模型分析图上可以看出,拱结构的稳定是多因素的、系统性的。地层结构拱的

承载力除了和拱的跨度 l、矢高 f、地层压力 q 的大小和分布特点有关外,还受其本身的材料强度特征(黏聚力 c、内摩擦角 φ 和弹性模量 E)的影响。隧道开挖和支护过程中,以及在支护后的应力调整过程中,地层拱结构的几何形状及材料物理力学参数处于动态调整。此外,拱脚的稳定对地层拱结构承载能力有重要影响,拱脚的集中作用力,易造成拱脚处地层的剪切破坏,导致拱脚的失稳。

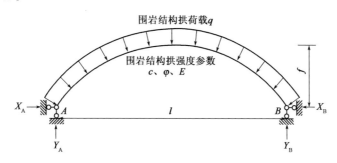

图 3-2-9 地层拱结构概念分析模型

l-地层拱的跨度;f-地层拱的矢高;q-地层压力;c-地层黏聚力;φ-地层内摩擦角;E-地层弹性模量

图 3-2-10 为地层拱分布示意图,外轮廓示意地层拱的分布特征。地层中的拱结构既有横向的,也有纵向的,既有顶部的,也有边墙、底部和掌子面的,地层拱结构的稳定既取决于地层本身特有的力学性质,也受开挖扰动的影响,其影响因素是多方面的。采用小断面分部开挖,以减小横向拱的跨度;使用大锁脚锚管,则是为了稳定横向拱的拱脚;在纵向,控制循环进尺,控制台阶长度等,是为了减小纵向拱的拱跨;掌子面预留核心土或者对掌子面进行加固,则是为了稳定纵向拱的拱脚,并提高掌子面拱壳的稳定性。上述工法及辅助措施的前提条件是地层要具有一定的抗剪强度,在开挖跨度内具备一定的自稳能力(毛洞的自稳能力)。如果地层强度过低,或者地下水发育,地层拱结构难以形成,上述提高地层稳定的措施便无从谈起,这正是隧道进行超前引排水和超前预加固(包括超前旋喷注浆、长大管棚、超前小导管等)的原因。

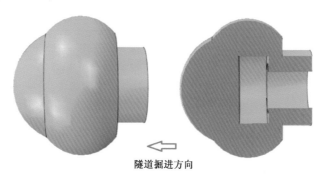

隧道掘进方向

图 3-2-10 地层拱结构分布

软弱地层修建隧道的新意法将隧道的开挖支护过程中的变形分为三种类型,即预收敛变形、挤出变形和收敛变形,如图 3-2-11 所示。基于隧道稳定性与拱效应的密切相关性,建立了以控制掌子面稳定为核心的岩土控制变形方法。

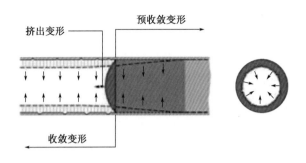

图 3-2-11　隧道变形分类示意图

3.2.5　叠合效应

叠合效应广泛存在于压型钢板与混凝土组合板、预制装配混凝土板与现浇混凝土形成的叠合板结构,以及梁、墙、柱等受弯或压弯的结构中。叠合结构受力特点是二阶段受力,即预制部分(或既有结构)受力与现浇部分(或拓建部分)共同整体受力的两个阶段受力。

叠合不是两层结构的简单叠加,而是要在第二层结构施作后实现两层结构一体化整体受力,组成刚度大,承载力高的叠合结构,达到充分发挥结构力学效应的目的。

对弯曲变形的结构来说,叠合面的抗剪强度是保证两部分结构形成整体工作的关键。图 3-2-12 为叠合结构原理示意图,图 3-2-12a)中,叠合面无抗剪强度(或抗剪强度低),弯曲变形时,叠合面有相互滑动位移,两部分单独工作,接触面仅有传递法向接触压力的作用。图 3-2-12b)中,叠合面有足够的抗剪强度(黏结、抗剪键),实现两部分同步变形,叠合面无相对剪切滑动,实现结构整体工作,结构的刚度和承载得到提高。在叠合面上,如果没有任何水平和垂直分离(即没有滑移和掀起),可以认为是完全剪力黏结,在剪力黏结的研究中,主要考虑黏结滑移的影响。

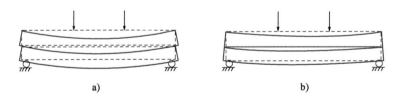

a)　　　　　　　　　　　　　　b)

图 3-2-12　叠合结构原理示意图

叠合结构力学作用发挥的关键是接触面之间的抗剪能力(抗剪刚度和抗剪强度)和叠合体之间物理力学性能的匹配。在城市浅埋地层,洞室开挖变形引起浅表地层劣化、松散,其物理力学性质(强度、弹性模量等)和喷射混凝土相差悬殊;松散体与喷射混凝土的黏结作用差,其主要作用是把挤密体(自承载体)不能承担的地层应力传至支护结构,充当了荷载传递的媒介,松散体的均质性对地层压力分布的均匀性有重要影响;另一方面,支护背面空洞对地层和支护结构接触面的抗剪强度有不利影响,支护体系的叠合作用差。因此,地层和初期支护一体化的关键是提高地层力学性质以及支护和地层接触面的抗剪切能力,可以通过对地层松散体注浆加固改良、支护背面注浆填充,以及利用注浆管提高地层和初期支护接触面的抗剪强度,达到结构叠合的作用效应。

基坑工程的地下连续墙与主体结构外墙做成一个整体,形成复合墙,也是利用了叠合效应原理,即通过把地下连续墙的内侧凿毛或用剪力块将地下连续墙与主体结构外墙连接起来,使之在结合部位能够传递剪力,复合墙的刚度大,防渗性能比单一墙好。但新老混凝土之间因干燥收缩而产生应变差异会使复合墙产生较大的内力,也应加以注意。

3.2.6　土压力

土力学的基本任务是:确定和研究建筑物位移的大小,建筑物地基以及边坡的应力状态、稳定性和强度,作用于各种挡土墙和建筑物地下部分的土压力,土体作用于地上或地下建筑物的基础底面或侧面的反力。

城市地下空间拓建是在以自重应力场为主的初始应力场基础上展开的,土压力的计算是拓建工程设计和施工一个极其重要的工作。在地下工程中,土压力是作用于结构的主要荷载,正确地估计土压力,对于确保工程的顺利施工十分重要。土压力来自泊松比和抗剪强度对剪胀扩容的阻止,是土和挡土结构之间相互作用的结果,它与支护结构的变形和位移有着密切的关系。作用在围护体系和支护结构上的土压大小,需考虑开挖断面、埋深、施工方法、支撑和衬砌的施作时机及地层性质等条件,综合确定。

当确定由于土的自重而引起的初始应力状态时,没有其他荷载作用前,土体并不处于极限平衡状态;否则,任何外荷载都会引起地基强度(稳定性)的破坏。因此,在确定地基的初始自重应力场时,利用弹性理论的解是完全恰当的。即在进行数值分析、构建初始地应力平衡场时,可以假定采用土体及结构的弹性物理力学参数,进行完全弹性分析。

土力学中,土压力一直是重要的课题。早在1766年,法国学者库仑以挡土结构后土楔体处于极限平衡状态时的静力平衡条件(注意极限平衡的状态意味着达到或超过某一临界值,比如挡土结构上端的水平位移),提出了库仑土压力理论,其假定挡土结构是刚性的,其墙后填土为无黏性土,因而用库仑土压力求解黏性土时要采用等效内摩擦角。大量的室内实验和现场实测数据表明,库仑理论计算得到的主动土压力数值与实测结果非常接近,但被动土压力则与实测值差距较大。此后,朗肯于1857年通过假定挡土结构铅直光滑、墙后填土表面水平且结构与填土之间没有摩擦力,进而根据土的极限平衡条件推得朗肯土压力理论,由于朗肯土压力理论忽略了结构与墙后土体存在摩擦力的事实,因此通过该理论计算得到的主动土压力偏大,而计算得到的被动土压力偏小。

经典的库仑和朗肯土压力计算理论,都是通过研究半无限体空间的基础上,根据土的极限平衡条件和楔体的静力平衡条件而得出的,仅适用于支护结构在水平方向上移动一个临界的距离或超过这一距离的情况。因此,经典土压力计算方法有两个严格的前提条件,一是支护的水平位移要使土体产生贯通滑动面,二是在半无限空间内。城市地下空间拓建工程中,由于周边环境对地层变形的严格限制,极限状态常无法达到,既有结构和拓建结构间的有限土体,也不满足半无限空间的条件,与经典土压力理论假设的前提条件并不一致。

图3-2-13为支护结构位移与土压力关系图,可以看出,主动土压力状态(E_a)是土体在水

平方向卸荷直至破坏时的瞬时状态,被动土压力状态(E_p)是土体水平方向上受到压缩直至破坏时的瞬时状态。主动土压力和被动土压力分别是两种极限状态。这两种状态中间,除了未受到土层变形影响、应力状态没有改变的静止土压力状态(E_0)外,还有分布范围更广的土压力。

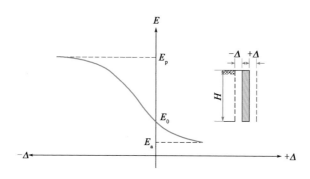

图 3-2-13　支护结构位移与土压力关系

在城市地下空间网络化的拓建施工中,常遇到支护结构仅允许向基坑内侧移动某一很小的位移,土体并没有达到土的滑动破坏极限状态,这时支护结构受到的土压力介于静止土压力和主动土压力之间,应采用有限土体土压力的计算方法。

3.2.7　力流

荷载在结构中传递的几何轨迹构成"力流",有方向和大小两个特征,力流的强度就是应力(内力)的大小,是结构工作状态的显现和表征。结构只要受力,其内部必有力流,并以其承载能力通过力流的方式接受、传递、释放。

力流方向有一个类似"水流"的自然特性,它总是按最短、最流畅的几何路径传递。区别在于,水流绕实体寻空间而流,而力流则绕空间寻实体而传。刚度对荷载分配具有"刚者多劳"的特点,刚度大,意味着分担的荷载大,或者说刚度大则抵抗变形的能力强,更有助于应力的传递,刚度大的结构对应力具有一种"吸引力",应力自然的选择刚度大的传递路线,此时需要的结构强度也越高。因此,强度与刚度在拓建工程的受力转换过程中,相伴相随,缺一不可,其目的,在于设计调整力流传递的大小及路径。

1)地层应力分布

地下工程拓建施工中,无论是地层应力还是结构的内力,传力路径都会发生改变。对于地面建筑来说、结构基本上处于弹性工作状态,混凝土和钢材等建筑材料的物理力学性质相对明确,在结构构件连接及支座约束得到保障的条件下,结构内力依据结构的刚度大小进行传递和分配。

而地下工程的施工与地面建筑施工不同,在大多数情况下,地下工程承受最大荷载并不是在施工的最后阶段,而是在施工的中间阶段。地层初始应力由于洞室开挖而产生偏移和传递,致使洞室周边区域产生应力重分布,而且在不同的洞室断面、不同的地质条件以及不同的开挖工法下,洞室周边区域的应力分布特征也不同。更由于洞室的开挖工法和支护措施要根据围岩应力状态及时调整,对洞室开挖及支护过程中,应力流的大小和传递方向进行分析就显得更为重要了。

地层既是承载结构的一部分,也是构成承载结构的基本建筑材料,它既是承受一定荷载的结构体,又是造成荷载的主要来源,这种三位(荷载、材料、承载单元)一体的特征与地面工程有较大的差别。城市地下空间的初始应力场以重力应力场为主,在均匀弹性地层中,地下结构开挖后地应力分布力学模式如图3-2-14所示。

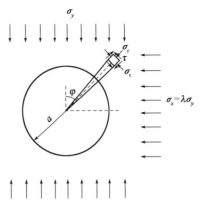

图 3-2-14　地应力分布力学模式

$$\sigma_r = \frac{\sigma_y}{2}\left[(1-\alpha^2)(1+\lambda)+(1-4\alpha^2+3\alpha^4)(1-\lambda)\cos2\varphi\right] \tag{3-2-11}$$

$$\sigma_t = \frac{\sigma_y}{2}\left[(1+\alpha^2)(1+\lambda)-(1+3\alpha^2)(1-\lambda)\cos2\varphi\right] \tag{3-2-12}$$

$$\tau_{rt} = \frac{\sigma_y}{2}(1-\lambda)(1+2\alpha^2-3\alpha^4)\sin2\varphi \tag{3-2-13}$$

式中:α——系数,$\alpha=a/r$,当 $r=a$ 时,表示在洞室壁面周边;

σ_r——径向应力(MPa);

σ_t——切向应力(MPa);

τ_{rt}——剪应力(MPa)。

分别赋予不同的 λ 值,圆形洞室周边地层应力分布如图3-2-15所示。

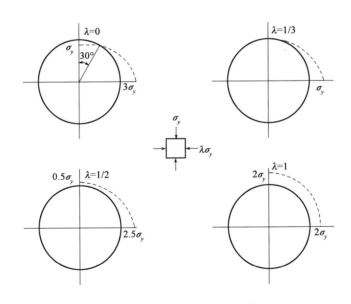

图 3-2-15　圆形洞室周边地层应力分布

从图3-2-15可以得到以下几点认识：①当水平地应力较小时（$0 \leqslant \lambda < 1/3$）时，拱顶范围出现受拉区，由于土体的抗拉强度弱，当切向拉应力超过其抗拉强度时，拱顶发生拉应力破坏，$1/3 < \lambda$后，整个洞室周边的切向应力均为压应力。②λ在$1/3 \sim 1.0$之间时，周边切向应力总是压应力，而且总比拱顶范围的应力值大，说明侧壁处存在较大的应力。当$\lambda = 0$时，侧壁中点的压应力最大等于$3\sigma_y$，随着λ值的增大，侧壁中点的压应力逐渐减小。当$\lambda = 1$（即初始垂直应力与初始水平应力相等）时，隧道周边各点应力皆相同，等于$2\sigma_y$。这种应力状态对圆形隧道稳定最为有利。

进一步分析地层应力向深度变化的规律。图3-2-16为圆形隧道水平、垂直轴上的应力分布。

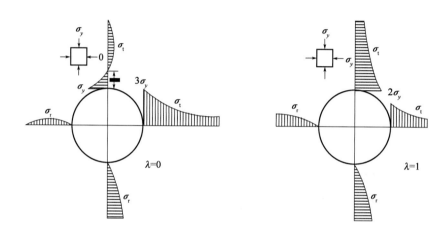

图3-2-16　圆形隧道水平、垂直轴上的应力分布

从图3-2-16可以看出，拱顶拉应力深入地层内部的范围约为$0.58a（\lambda = 0）$，尔后转变为压应力，说明隧道地层内拉应力区域是有限的，而且只有在$\lambda < 1/3$时才出现。拉应力区的存在造成地层的局部破坏（松弛、掉块、落石），尤其是在大跨度隧道的情况下。需要说明的是，侧压力系数的变化意味着地层条件的变化，侧压力系数小说明地层好，侧压力系数大说明地层条件差，侧压力系数是地层条件变化的一个物理力学参数。

上述隧道横断面应力分布假定地层是弹性的，实际隧道开挖形成洞周的应力松弛不可避免，当洞周应力超过地层强度时，洞周发生塑性变形，并使地层向隧道滑移，塑性区使地层变得松弛，其物理力学性质（c、φ、E、μ等）也发生变化，图3-2-17表示不同λ值的圆形隧道塑性区的形状和范围。

2）力的转换

（1）竖向受压构件（柱）的选择是结构设计中极为重要的部分，因为柱的破坏通常具有整体毁坏性的特点。另外，如果柱的长细比很大的话，它可能由于屈曲失稳而失去承载能力，柱效应的发挥也比受弯或受扭困难得多。

在压缩条件下，脆性材料（地层加固体或混凝土）破坏的基本形态是剪切［图3-2-18a)］或受拉剥落［图3-2-18b)］。

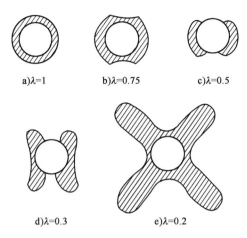

a)λ=1　　　b)λ=0.75　　　c)λ=0.5

d)λ=0.3　　　　　e)λ=0.2

图 3-2-17　不同 λ 值的圆形隧道地层塑性区的形状和范围

图 3-2-18a）脆性材料在单轴压缩试验时，破坏以共轭剪切斜裂缝出现；图 3-2-18b）脆性材料在单轴压缩试验时，破坏以压力方向垂直的拉应力破坏形式，可观察到泊松效应产生的拉裂

剥落是与暴露面平行或几乎平行。受压构件包括柱、桩、暗挖结构承受竖向压力的隧道侧壁都会表现出剪应力或拉应力破坏。因此，为了提高受压结构的承载力，除了提高材料的强度，还可以采用对受压结构的侧面进行约束的办法，以更好发挥竖向荷载传递的作用。

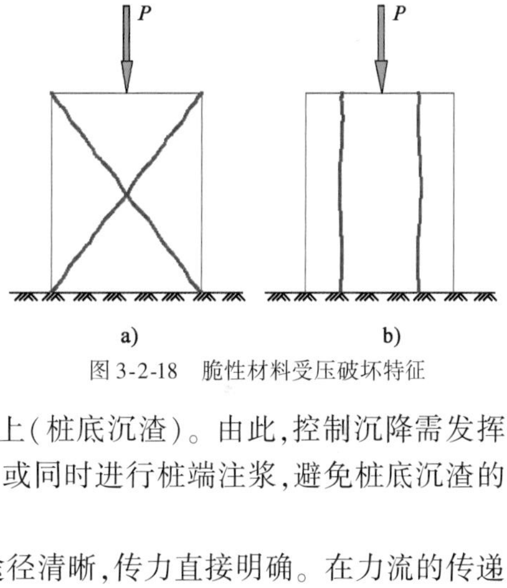

上述分析的前提是桩（柱）的稳定，当利用摩擦端承桩作为竖向力学转换结构时，应当注意，通常情况下桩的极限侧阻力发挥较早，而桩的端阻力完全

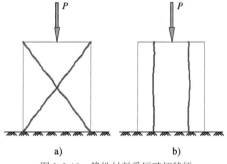

图 3-2-18　脆性材料受压破坏特征

发挥，需要较大的沉降，对大直径桩可达 10～15cm 以上（桩底沉渣）。由此，控制沉降需发挥侧阻力的作用，桩侧面及地面注浆是一个不错的选择，或同时进行桩端注浆，避免桩底沉渣的影响。

（2）梁是一种典型的受弯构件，梁转换结构传力途径清晰，传力直接明确。在力流的传递过程中，梁（或板）效应依靠本身的抗弯和抗剪能力，将竖向荷载通过体内的力流，由钢筋和混凝土分别承受拉应力和压应力。受弯构件的应力特点是在截面高度上的应力分布的不均匀，当跨度大，截面高时，可以将其内部掏空，形成于抗剪和抗弯应力流一致的网格结构模型，也即桁架或空间网架的结构形式。

（3）地下工程开挖后，被挖去的那部分地层所承受的荷载即传递给周围地层，通常情况下通过成拱效应传递给拱脚，拱脚产生塑性区。在成拱空间困难的区域，则需构建梁式的力学转接结构。暗挖结构中，常用的管棚技术、超前小导管注浆技术，也可以认为是梁效应在应力转换过程中的具体应用。

浅埋地层条件下，难以形成地层的自承载拱。因此，在进行概念性的力学分析时，将地层简化为梁 + 柱（墙）的力学模式是合适的。从结构内力和强度上讲，梁作为受弯构件，注浆加固无法提供抗拉强度，因此需配置钢材在受拉区，这是管棚等的作用机理；而柱（墙）作为受压体,其破坏以压剪或受拉剥落为主,注浆提高抗压强度、锚杆提高抗剪强度、侧向约束力恢复三向应力状态等均是要考虑的力学问题。

初期支护和衬砌实施后,应尽快背后灌浆,并全环压注,把地层与初期支护,初期支护与衬砌背后的空隙尽可能填实。压注可能引起结构弯曲变形,因此,应对支护结构强度,注浆压力审慎研究以确定注浆压力(尽可能低)、注浆顺序,尽量采用高位灌注、对称注浆,以达到背后填充,防止地层松动的效果,即可以使因地层受扰动而产生的土压减小,同时也可把作用于支护的一部分强集中荷载散布开,使其近于均布荷载,优化支护受力。此外,空间结构的稳定性好,空间钢桁架、网壳结构、板壳结构均可发挥结构空间效应。

3.2.8 水—土作用

太沙基曾说"如果没有各种水,土力学就没有用处"。因此地下工程拓建施工要考虑地下水对地层及结构变形的影响。

水作为土体的三相成分之一,既是土体的组成部分,又是土体的赋存环境,水—土之间存在复杂的物理—化学作用,且这种作用随着水的含量、形态、赋存方式不同而表现出较大的差异。

地下工程施工中,一方面由于地下水的作用,弱化了地层物理力学参数;另一方面,地层应力场和地下水渗流场重新分布,应力场的改变将导致土体应变的改变,从而引起孔隙水压力的变化,反过来又导致应力场的变化,渗流场与应力场耦合作用的结果将加剧地层变形。

流固耦合是流体力学与固体力学交叉而生成的一门力学分支。按其耦合机理可分为两大类:

(1)部分或全部重叠在一起,难以明显分开。土的渗流与固结以及沙土液化属于第一类流固耦合问题,反映了孔隙水的变化和土体应力—应变性状。

(2)耦合作用仅发生在两相交界面上。水库中水与坝体的耦合,地下结构的抗浮验算、支护结构水土分算时,水压力的作用等属于第二类流固耦合问题。

1)水对土的微观作用

水文地质条件是影响地下工程修建与使用重点考虑的因素之一。不仅水的宏观水力特征(静水压力与动水力)有重要意义,而且水的微观力学作用也同样有重要的意义。

我们知道,当中性原子丧失或获得一个或几个电子时,就使得正的或负的电荷占优势,在这条件下,这种原子称为离子,又分别称为阳离子或阴离子。

土固体颗粒的结晶格子是由化学元素组成的,这些元素在结晶格子中表现为离子,即它们带有某种电荷,在结晶格子内部,不同符号离子的电荷是相互平衡的,但在结晶格子表面,土粒作为一个整体不是中性的,而是带有电荷的物体。把两个电极插入饱和土中,形成直流电场,土中的黏土颗粒由负极移向正极,说明土颗粒表面是带有负电的。

水的分子作为一个整体是中性的,但它是极性分子,一端为正极,而另一端为负极。因此,在距离固体颗粒表面足够远处的水分子排列是无序的,而靠近固体颗粒表面处的水分子定向排列,正极是向着颗粒表面的。

当土骨架的孔隙完全被水充满或孔隙中大部分被水填充,仅有少量气体时,孔隙中的自由水运动称为渗透;而在含水不饱和土的孔隙中,薄膜水由含水率较大的地方移动到含水率较小的地方不能称为渗透,而称为水分的迁移。

土体的渗透性对饱和砂土层的施工成本和难易,或对软黏土层受填土重量作用下的固结速率都具有决定性的作用。水流对它所渗透的有孔物料施加一种压力,这种压力叫作渗透压力,它的数值可能极大,所以未见到渗透流量并不表示无渗透压力存在。在极细石粉中进行开挖时,尽管渗透性极低,但孔隙水的压力情况稍有变化,便可使这种土体大量地变成半液体状态,即我们常说的流砂现象。

土体渗流主要是研究土体中渗流运动的规律及渗流场的分布情况,确定水头、渗流速度、孔隙水压力、渗流力等渗流要素,进而计算渗流量,判断渗流破坏的可能性,并提出相应的防治措施。

如果在饱和的黏土内通过直流电,孔隙中的水将由正极移动到负极。其原因是带正电的阳离子连通并与定向排列的水分子一起,由正极移向负极,同时也吸引着扩散层中的自由水以及和它们相毗邻的自由水一起移动。土中的黏粒含量越大和含水率越高时,则电渗现象越显著。而砂类土中扩散层的体积与孔隙体积相比非常小,电渗现象实际上是不存在的;当黏土类的含水率接近塑限时,电渗现象也不显著。利用电渗现象可以把黏性土中的水排除,达到疏干的目的,也可以利用电渗促使板桩在黏土类土中很容易振动沉入。

黏性土的最主要的物理状态是它的稠度,稠度表示了土的软硬程度或土对外力引起变形或破坏的抵抗能力。黏性土中含水率很低时,水都被颗粒表面的电荷紧紧吸着在颗粒表面,成为强结合水,强结合水的性质接近于固态。图3-2-19表示土中水与稠度状态的关系。

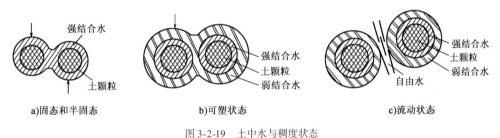

a)固态和半固态   b)可塑状态   c)流动状态

图3-2-19 土中水与稠度状态

2)土的有效应力

众所周知,有效应力原理被看作经典土力学理论的半壁江山,有效应力原理的提出与应用使土力学有了本身区别于一般固体力学的特征性原理。土力学中最基本的两种分析方法是总应力法和有效应力法,总应力法把土体固体、液体、气体三介质视为同质固体来分析;有效应力分析法则区分了分别由土颗粒骨架、孔隙水和孔隙气体传递或承受的应力,并且考虑土骨架变形,孔隙水压力消散和孔隙气体压力消散三者的耦合作用,因而有效应力的分析结果更符合实际情况,更能反映土体抗剪强度的本质。

在饱和软黏土中,土体的抗剪强度有总应力抗剪强度与有效应力抗剪强度之分。

$$\tau_f = c + \sigma\tan\varphi \tag{3-2-14}$$

$$\sigma' = \sigma - u \tag{3-2-15}$$

式(3-2-14)表示总应力下的抗剪强度。所谓总应力与有效应力之差,分别对应总法向应

力 σ、扣除孔隙压力 u 以后的有效法向应力 σ'，其关系为见式(3-2-15)。

土由固体颗粒骨架、孔隙水和孔隙气体组成，总应力为土体整体所受到的荷载作用，由土骨架和孔隙水共同承担(忽略空气承担)。图 3-2-20 为土体有效应力原理示意图。

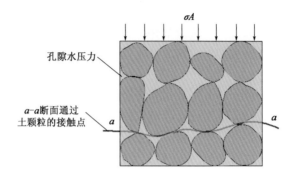

图 3-2-20 土体有效应力原理示意图

假定图中应力作用面积为 A，也即土体单元的 a-a 断面的面积。取通过土颗粒接触点的断面 a-a，根据竖向力平衡可得：

$$\sigma A = \sum P_{sv} + uA_w \tag{3-2-16}$$

式中：A_w——孔隙水的断面积，以上均为水平投影面积；

P_{sv}——分界面上下土颗粒接触力的竖向分力。

$$\sigma = \frac{\sum P_{sv}}{A} + \frac{A_w}{A}u \tag{3-2-17}$$

忽略土颗粒的接触面积，令 $A_w \approx A$，则：

$$\sigma = \frac{\sum P_{sv}}{A} + u \tag{3-2-18}$$

即：

$$\sigma = \sigma' + u \tag{3-2-19}$$

这里，$\sigma' = \sum P_{sv}/A$ 即为土的有效应力，是由土骨架承担，并且通过土骨架传递的截面平均应力，而不是颗粒内部的应力，也不是颗粒间的接触力。当仅有自重作用时，土体在自重作用下某点的竖向有效应力，也是土中骨架所受重力与浮力的合力，即分界面上下土颗粒接触力的竖向分力($\sum P_{sv}$)除以整个土体的横截面积。由此可见，有效应力是一个抽象的概念，是用宏观的力学定义微观的土颗粒状态。有效应力原理可表述为：

$$\tau_f = c' + \sigma' \tan\varphi' = c' + (\sigma - u)\tan\varphi' \tag{3-2-20}$$

式中：c'——土体有效黏聚力(kPa)；

φ'——土体有效内摩擦角(°)。

可以看出，所谓有效应力 σ' 实际上是一个虚拟的物理量，它是土颗粒间接触点力的竖向分量的总和除以土体的总水平截面，所以它比实际接触应力要小得多。

有效应力原理是根据饱和土建立的，是饱和土的重要理论基石，它在分析非饱和土应力分布或破坏状态时却显得无效或不适用。用于描述非饱和土应力和破坏状态的理论需要考虑用吸力来体现孔隙水的热力学特性、颗粒尺寸和分布等材料变量，饱和度等状态变量以及相应的粒间作用力，如有吸力产生的有效应力(吸应力)。对于非饱和土，其工程特性紧密依赖于基质吸力,其在控制非饱和土的力学性状方面起着十分重要的作用,而基质吸力又与土中的含水率密切相关,因此,确定非饱和土变形与强度特性中的一个关键问题是确定土—水特征曲线。土的基质吸力与含水率(或饱和度)之间存在一定的关系,图 3-2-21 为土—水特征曲线示意图,纵坐标表示饱和度,横坐标表示基质吸力的对数值。

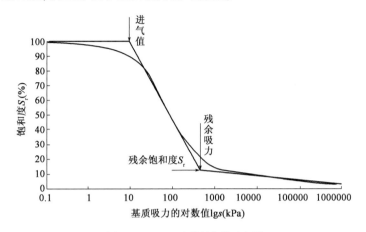

图 3-2-21　土—水特征曲线示意图

图 3-2-21 中,进气值表示土体在脱湿过程中,当吸力增加到一定值时,土体外空气将冲破水膜进入土体,此时的吸力值称为进气值。而残余饱和强度表示随着饱和土基质吸力的增大,其饱和度连续减小,当达到一定值时,饱和度的继续减小需要增加很大的吸力,该吸力定义为残余饱和度。残余饱和度可认为是液相开始变得不连续时的饱和度,此时,土样中的水会越来越难于通过吸力的增大而排出。

3)孔隙水压力对基坑稳定的影响

在饱和的软黏土地基中,应力场的微小变化,就会引起孔隙水压力的变化。根据有效应力原理:

$$\begin{cases} \sigma = \sigma' + u \\ \Delta u = B\left[\Delta\sigma_3 + A(\Delta\sigma_1 - \Delta\sigma_3)\right] \end{cases} \quad (3\text{-}2\text{-}21)$$

式中:　σ——总应力(MPa);

　　　　σ'——有效应力(MPa);

$\Delta\sigma_1$、$\Delta\sigma_3$——分别为大、小主应力的增量(MPa);

　　A、B——孔隙压力系数。

其中 B 与土的饱和度有关,完全饱和时 $B=1$,完全干燥时 $B=0$,A 与土的应力历史有关,可以是正值,也可以是负值,超固结比越高,A 越小。

应力场发生变化后,可以产生正的孔隙水压力,也可能产生负的孔隙水压力,土骨架上有效法向应力等于总应力与孔隙压力两者之差。所以在不排水条件下孔隙压力的变化主要影响骨架上有效法向应力的大小,而对作用在骨架上的剪应力大小无影响,如式(3-2-22)所示。

$$\tau = \frac{\sigma'_1 - \sigma'_3}{2}\sin 2\alpha = \frac{(\sigma_1 - u) - (\sigma_3 - u)}{2}\sin 2\alpha = \frac{\sigma_1 - \sigma_3}{2}\sin 2\alpha \quad (3\text{-}2\text{-}22)$$

图 3-2-22 表示孔隙水压力对抗剪强度的影响。可以看出，如果初始应力状态用莫尔圆 A 表示，在不排水条件下产生某一正孔隙水压力时，有效应力莫尔圆向左移动，靠向强度包络线，土越接近破坏状态，当它相切时，土体就发生破坏，如莫尔圆 B。如果产生负孔隙水压力时，莫尔圆向右移动，离开强度包络线的距离越远，相当于骨架上法向应力增加了 u。产生正或负孔隙水压力的情况，在实践工程中经常遇到，掌握它们的变化规律具有重要的意义。

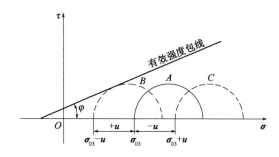

图 3-2-22　孔隙水压力对抗剪强度的影响

基坑工程开挖到设计高程时，坑底经历一个卸载的过程，开挖初期可以认为有效应力仍保持未开挖之前的状态。随着时间增加，土体回弹，孔隙水压力降低，有效应力也减小，强度降低。所以基坑施工时要求坑底尽量加以保护，减少扰动，在最短的时间里铺设垫层和浇筑底板。

土的抗剪强度受到很多因素的影响，除了土本身的性质之外，还受到试验方法、试验条件及数据整理方法等影响，还随着实际工况和环境而不同，因此需谨慎对待。控制土体抗剪强度的是有效应力，而不是总应力，且有效应力强度指标测定和取值比较稳定可靠，一般与应力路径无关，所以应将有效应力分析法作为基本方法。当土体内的孔隙水压力能通过计算或其他方法确定时，宜采用有效应力法。采用总应力指标时，应根据现场土体可能的固结排水情况，选用合适的总应力强度指标，即不固结不排水强度（快剪强度）或固结不排水强度（固结快剪强度）指标。

土体有效应力原理是固结理论得以建立的物理基础。通常论及土体固结均针对饱和的二相土（孔隙中完全充满水）而言，外荷载作用下土中孔隙水逐渐排出，孔隙压力（超静水压力）消散，有效应力增长并终止，有效应力原理解释了固结过程中土的孔隙水压力和有效应力分担外荷载总应力及彼此相互转换的土体固结机理。

4）渗流作用

渗透破坏是指土体骨架由于渗透力作用而发生的破坏现象，主要包括流土和管涌。流土和管涌的区别是：流土发生在颗粒较细而均匀的土中，管涌发生在颗粒粗细不均匀的土中；流土发生时，土颗粒全面悬浮，迅速失去强度；管涌开始流失的是其中的细颗粒，逐渐发展为管状通道。在工程意义上，流土比管涌更危险。在隧道和地下工程中，水对工程的破坏作用是很大的，不均匀沉降、软弱夹层、滑动、超压、渗漏、管涌、液化等，都可能是水害的结果。尤其在砂土地层段，应避免集中的渗流冲刷，这是沿着渗流阻力小的薄弱环节发生的。

渗流控制主要是控制地层的水头破坏和渗透变形，引起破坏的内在因素则是渗流水的作用，包括渗流水头、渗流坡降和渗流量。渗流控制的基本方法是防渗和排渗，并在渗流出口设置滤层保护,砂土层要以防为主。另外,防渗一般难以彻底,必须把渗进来的水引导到预置的排水通道,否则渗流将另找出路,造成危害。渗流控制原则:①放、排相结合,高水压处防渗,低水压处排渗;②控制措施与水文地质条件相结合,渗流控制方案的选择,依赖于工程地质和水文地质条件;③滤层保护,特别是渗流出口,以防止土体渗流变形,造成突砂涌泥。

地下水在土体中流动,受土骨架(土颗粒)的阻力,产生水头损失,按作用和反作用原理,水流必定对土粒施加一种渗透力。渗透力是一种体积力,大小与水力梯度成正比,方向与水流方向一致,可用下式表示:

$$J = \frac{\gamma_w \Delta h}{\Delta L} = \gamma_w i \qquad (3\text{-}2\text{-}23)$$

式中:J——渗透力(kN/m^3);

γ_w——水的重度(kN/m^3);

Δh——水头差(m);

ΔL——水流路径长度(m);

i——水力梯度(m)。

使土开始产生流土现象的水力梯度称为临界水力梯度,用下式表示:

$$i_{cr} = \frac{\gamma'}{\gamma'_w} = (d_s - 1)(1 - n) \qquad (3\text{-}2\text{-}24)$$

式中:i_{cr}——临界水力梯度;

γ'——水的浮重度(kN/m^3);

d_s——土的相对密度;

n——土的孔隙度。

研究表明,临界水力梯度与土的性质有密切关系,孔隙比为 0.75 ~ 0.80、有效粒径 $d_{10} < 0.1mm$、不均匀系数 $C_u < 5$ 的细砂最容易发生流土。

管涌是在渗流力的作用下,土中的细颗粒在粗颗粒形成的骨架孔隙中移动流失,随着土中孔隙扩大,渗流速度不断增加,较粗的颗粒又继续被带走,最后在土体内形成贯通的水流通道,管涌在渗流出口处首先发生,逐渐向内部发展,是一种渐进性破坏。

5)湿陷性黄土

黄土是一种"年轻"的地质土层。从地质年代上看,第四纪早更新世的黄土(Q_1)、中更新世的黄土(Q_2),即所谓的老黄土不具湿陷性;而晚更新世(Q_3)和全新世(Q_4)黄土一般具有湿陷性,马兰黄土和现代堆积黄土是湿陷性黄土的典型代表。

我国的湿陷性黄土分布面积约占全国黄土面积的60%左右,主要分布在黄河中游地区,该区域位于北纬34°~41°,东经102°~114°之间,西起乌鞘岭,东至太行山,北自长城附近,南达秦岭,是我国湿陷性黄土的典型地区。湿陷厚度以六盘山以西地区较大,可达30m,六盘山以东地区稍薄,如汾渭河谷的湿陷性黄土厚度多为几米到十几米。再向东到河南西部的厚度更小,常有非湿陷性黄土夹于湿陷性黄土之间的情况。

湿陷性黄土的特征是低含水率、高孔隙度和碳酸盐含量高的粉土颗粒,具有垂直节理,力学性质主要包括压缩性、湿陷性、抗剪强度和透水性,其中以湿陷性最为重要。根据双目显微镜下的观测表明,黄土有其特殊的结构,它由结构单元(单矿物、集合体和凝块)、胶结物(黏粒、有机质、碳酸钙)和孔隙(大孔隙、架空孔隙和粒间孔隙等)三部分组成。黄土以粗粉粒(0.01~0.05mm)为主体,其干燥状态下有一定结构强度,浸水活动性也强,浸水饱和后结构破坏,黏聚力迅即减小,且变化幅度大,呈现较强的湿陷性。较大砂颗粒(>0.05mm)含量较少,粗粉粒构成黄土的骨架,而细粉砂、黏土和腐殖质等胶结物质附在砂颗粒的表面,它们与易溶盐形成的溶液与沉积在该处的碳酸钙和硫酸钙一起形成了胶结性的联结物,构成黄土的微结构特征。黄土的微结构有明显的区域性变化规律,由西北的粒状、架空接触式结构,逐渐过渡到东南的凝块、镶嵌胶结式结构,这种微结构特征与黄土湿陷性从西北向东南逐渐减弱的趋势相吻合。

黄土微结构特征表明,从空间结构体系的力学强度和稳定性角度分析,构成黄土结构体系的支柱是骨架颗粒。骨架颗粒形态表征传力性能和变形性质,骨架颗粒的连接形式,直接影响黄土结构体系的胶结程度;骨架颗粒的排列方式决定结构体系的稳定性。此外,胶结粒的赋存状态和碳酸钙的存在形式也对黄土的结构特征有重要影响。土体结构性的强弱和显著性是决定各类土力学特性的一个最为根本的内在因素。

黄土胶结物中含有一定量的可溶性盐,遇水后胶结物首先"崩解",进而导致整个土体丧失大部分强度,结构性遭到破坏。黄土湿陷变形后,强度骤降而基坑及地基失稳,局部浸水湿陷性造成地基不均匀沉降。

黄土地区城市浅埋地下空间工程可能会遇到黄土的湿陷性问题。粉状成分是黄土的特征之一,黄土本身的粒径范围很大,多半在 $50~500\mu m$(通常在50%以上),表现出黏性土和砂土的性质,黄土的碳酸盐类主要是极小的粉状颗粒所组成,颗粒相互结合的不够紧密,碳酸盐类的胶结物与黏性质胶结物在水饱和的状态下,在粉状颗粒的接触处是非常弱的。粉状特征给黄土的湿陷性造成了有利的结构性条件。粉状颗粒的强流动性,使饱和的粉砂质地层具有流砂的性质。

我国湿陷性黄土在地域分布上具有以下的总体规律:由西北向东南,黄土的密度 ρ、含水率 w 和强度都是由小变大,而渗透性 k、压缩性 α_{1-2} 和湿陷性 δ_s 都是由大变小,颗粒组成由粗变细,黏粒含量由少变多,易溶盐由多变少。显微结构特征由西北地区的粒状架空接触结构,逐渐过渡到东南地区的凝块镶嵌胶结结构。表3-2-1为我国西部4个主要城市湿陷性黄土的特征指标。

我国西部 4 个主要城市湿陷性黄土的特征指标　　　　　　　　　　　　表3-2-1

城市		兰州	太原	西安	洛阳
年降雨量(mm)		330	500	600	650
相对湿度(%)		60	60	65	71
颗粒组成	<0.005	8~15	18~20	19~25	19~26
	0.005~0.05	58~72	55~65	52~64	53~66
	>0.05	20~29	17~25	11~25	11~18
天然重度(kN/m³)		13.3~16.9	14.5~17.2	15.0~16.7	16.0~18.0
含水率(%)		9.2~18.0	11.0~20.0	15.0~20.0	16.0~24.0

续上表

城市	兰州	太原	西安	洛阳
饱和度(%)	27 ~ 40	25 ~ 46	48 ~ 50	50 ~ 60
孔隙比	0.90 ~ 1.1	0.94 ~ 1.18	0.80 ~ 1.12	0.86 ~ 1.11
液限	23.0 ~ 28.5	25.0 ~ 31.0	26.0 ~ 31.0	26.0 ~ 32.0
塑性指数	8 ~ 11.0	9.5 ~ 11.0	9.5 ~ 12.0	10.0 ~ 13.0
湿陷土层厚度(m)	5 ~ 20	2 ~ 15	5 ~ 12	4 ~ 8
湿陷起始压力(kPa)	25 ~ 50	50	80 ~ 100	100 ~ 120
湿陷系数	0.03 ~ 0.11	0.03 ~ 0.07	0.03 ~ 0.08	0.02 ~ 0.05

　　湿陷性黄土是在一定的压力下受水浸湿,土的结构迅速破坏,并产生显著附加下沉的黄土。黄土的湿陷有两个特征,一是与地基的自重应力和附加应力有关,二是饱和水突发。湿陷性系数 δ_s 是评价黄土湿陷性的主要参考指标。

$$\delta_s = \frac{h_p - h'_p}{h_0} \tag{3-2-25}$$

式中: h_p ——保持天然湿度和结构的试样,加至一定压力,下沉稳定后的高度(mm);

　　　h'_p ——加压下沉稳定后的试样,在浸水饱和条件下,附加下沉稳定后的高度(mm);

　　　h_0 ——试样的原始高度(mm)。

　　当 $0.015 \leq \delta_s \leq 0.030$ 时,为轻微湿陷性;当 $0.030 < \delta_s \leq 0.070$ 时,为中等湿陷性;当 $\delta_s > 0.070$ 时,为强烈湿陷性。

　　湿陷性黄土地基处理一般都要达到消除或减弱场地湿陷性、提高地基承载力和压缩模量的目的。湿陷性黄土地基处理方法包括物理方法和化学方法。在湿陷性黄土地区,地基处理中广泛采用的有水泥土挤密桩法和素土挤密桩 + 水泥粉煤灰碎石桩(CFG)法;还可以利用酸能溶解碳酸钙的特性,迅速有效破坏黄土内部的不良孔隙结构,如预浸水法中添加适量的乙酸可以显著改善处理效果。

　　6)膨胀性黏土

　　膨胀土是在自然地质过程中形成的一种多裂隙并具有显著胀缩性的地质体,土的黏粒成分主要由强亲水矿物蒙脱石与伊利石组成。膨胀土吸水膨胀、失水收缩反复变形的性质,以及土体中杂乱分布的裂隙,对建筑物等都有严重的破坏作用。

　　膨胀土的分布与区域地质背景具有一致性,几乎都是在各种火成建造,尤其是基性火山岩、变质岩建造中的各类变质岩和沉积建造中的黏土岩、泥灰岩和碳酸岩等,是在基岩广泛发育的基础上演化而成。这些岩石在后期的风化作用过程中,经氧化(还原)作用、水合作用、淋滤作用和水解作用等地球化学的演变,在适合于蒙脱土矿物生成的有利气候条件,经过成土作用而最后形成富含蒙脱土矿物的膨胀土。

　　纵观我国膨胀土的分布大致界限,是以东经126°和北纬44°为起点,沿辽河,经太行山麓穿越秦岭,沿四川盆地西缘至云南下关、保山一线的东南内陆,膨胀土十分发育,而且具有片状和带状的连续或断续分布特点。在这一线的西北地区,膨胀土少有分布。表3-2-2为我国部分地区膨胀土的物理力学指标。

我国部分地区膨胀土的物理力学指标

表 3-2-2

地区	天然含水率 w（%）	重度 γ（kN/m³）	孔隙比 e	液限 w_L（%）	塑性指数 I_P（%）	液性指数 I_L	自由膨胀率（%）	膨胀力（kPa）	线缩率（%）
宁明	27.4	19.3	0.79	55	28.9	0.07	68	175	6.44
文山	37.3	17.7	1.13	57	27	0.29	52	62	9.50
平顶山	20.8	20.3	0.61	50	26.4	<0	62	137	—
成都	23.3	19.9	0.61	42.8	20.9	0.01	90	39	5.9
襄阳	22.4	20.0	0.65	55.2	24.3	<0	90	30	—
汉中	22.0	20.1	0.68	42.8	21.3	0.10	58	27	5.8

膨胀土的微观结构特征：①组成膨胀土微结构的物质基础，主要是细小的黏土矿物颗粒，而粉粒和砂粒等粗颗粒则很少，在黏土颗粒的矿物成分中，主要有蒙脱石和伊利石（水云母）及其层间混合矿物，其次是高岭石和蛭石等；②膨胀土中黏土颗粒的形状，大多为片状或扁平状，而且颗粒与颗粒之间彼此相互聚集形成集粒，以微集聚体（或叠聚体）形式赋存于膨胀土中；③膨胀土中颗粒间相互间的接触关系及其联结形式，在微集聚体与微集聚体之间，呈现面—面接触、面—边接触和面—边—角接触等多种形式的组合，形成各种结构类型，有的呈紧密状，有的呈疏松状；④膨胀土普遍发育有微孔隙与微裂隙的多孔隙裂隙黏性土，尤其是微裂隙，它是构成膨胀土特有的微结构特征的重要组成部分，不仅决定膨胀土裂隙介质不连续（孔隙—裂隙介质）的特点，有利于水的渗入与溢出，而且直接影响膨胀土的胀缩性和强度特性等。

一般在天然状态下，含水率很低的、处于干燥状态的膨胀土，具有高的膨胀潜势。而含水率很高的，处于接近饱和状态的膨胀土，则具有高的收缩潜势。膨胀力是膨胀土体在吸水膨胀过程中，伴随体积增大而产生的内部应力。实际工程中，应给予足够的附加荷载以限制地基土的膨胀，或采用具有相应强度的结构，以防止地层的变形。

由于膨胀土含有较多蒙脱石与伊利石等亲水性黏土矿物成分，黏土颗粒不仅含量高，且多为细小鳞片状、板状等扁平颗粒形态。在剪切过程中，一方面剪切面上扁平黏土颗粒（主要是集聚体）容易随剪切力方向产生定向排列；另一方面剪切面上黏土产生膨胀，使颗粒之间距离增大。而且裂隙张开与吸附电位增加都将引起水分转移，使剪切面上的含水率增大，从而导致强度降至充分软化程度。所以，一般非膨胀性黏土的残余强度仅比峰值强度略小，而超固结膨胀性黏土的残余强度，则远远小于峰值强度，两者相差较大。

"蒙脱石"这个名词是因为最初发现于法国的蒙脱城而命名，通常即指除蛭石以外，所有具有膨胀晶架的矿物群，也指一种特定的矿物。黏土矿物具有吸附某些阴离子或阳离子并保持它们处于可交换状态的特性，对阳离子（正离子）的吸附要比对阴离子（负离子）的吸附更容易，因为在黏粒表面负电荷占主导。蒙脱石吸附阳离子的活力是高岭土的 10 倍，这是由于高岭土和伊利土相比，蒙脱石颗粒所带的净负电荷强而且比表面积也更大。

在细粒土中，毛细管力是水分转移的主要手段，膨胀土在没有自由水的情况下也可以发生膨胀。水汽转移在膨胀土的体积变化中起着重要的作用，温度较高的水汽将向其周围较冷的地方转移以形成热能均匀。就水的转移能力而言,温差1℃至少相当于1m的水头。气态和液态水分在热梯度下的转移是引起缺水的土发生膨胀的重要原因。

影响膨胀土变形的主要因素有:

(1)膨胀土的矿物成分主要是次生黏土矿物蒙脱石(微晶高岭土)和伊利石(水云母),具有较高的亲水性,当失水时土体即收缩,甚至出现干裂,遇水即膨胀隆起。

(2)膨胀土的化学成分则以SiO_2、Al_2O_3和Fe_2O_3为主,黏土粒的硅铝分子比SiO_2/Al_2O_3的比值越小,胀缩量越小,反之则大。

(3)黏土矿物中,水不仅与晶胞离子相结合,而且还与颗粒表面上的交换阳离子相结合。这些离子随与其结合的水分子进入土中,使土发生膨胀,因此,离子交换力越大,土的胀缩性就越大。

(4)黏粒含量愈高,比表面积大,吸水能力愈强,胀缩变形就大。

(5)土的密度大,孔隙比就小,反之则孔隙比大,前者浸水膨胀强烈,失水收缩小,后者浸水膨胀小失水收缩大。

(6)膨胀土含水率变化,易产生胀缩变形,当初始含水率与胀后含水率越接近,土的膨胀就越小,收缩的可能性和收缩值就越大;两者差值越大,土膨胀可能性及膨胀值就越大,收缩就越小。

(7)膨胀土的微观结构与其膨胀性关系密切,一般膨胀土的微观结构属于面—面叠聚体,膨胀土微结构单元体聚集体中叠聚体越多其膨胀就越大。

膨胀土地区地下结构的设计与施工宜预先采取措施,以保证其稳定性和正常使用。制定这些措施时应考虑地基土膨胀与其发展过程的特点以及土体膨胀的规律性。对这些特点估计不足,则所规定的措施将收效甚微,或毫无效果。

地下工程中,膨胀土常见以下病害:①隧道开挖后,由于开挖面应力释放产生胀裂和表层土体风干脱水产生收缩裂缝;②导洞下沉,一是下部土体承载力低,二是上部土压力大;③由于应力释放卸载臌胀和底部积水膨胀产生的底鼓。

膨胀土中地下工程产生的变形病害,主要是由于膨胀土特性所决定的,防治膨胀土地下工程病害的产生,首先必须查明膨胀土地层的工程地质条件,特别是胀缩程度、膨胀压力,以及土体结构特性和水文地质条件等。在此基础上采取防地层松弛,防地下水浸湿引起的鼓胀变形。膨胀土场地上进行基坑或隧道开挖时,应对开挖面(掌子面)采取严格的保护措施,防止土体遭受长时间的暴晒、风干、浸湿或充水。

实践证明,水患是城市地下工程的第一大敌,由于城市地下水位相对较低,浅层土以非饱和土为主,对水的敏感性强,包括连续降雨、大雨、暴雨、水管渗漏和爆裂,以及污水管、化粪池等引起的非饱和土力学问题,应特别注意。

3.2.9　车—隧道耦合

随着城市交通网络的加密及地下基础设施建设规模的扩大,使得下穿运营线、建筑物的工程显著增加,下穿类型涵盖的高速铁路、普速铁路、市域铁路、城市轨道交通、建筑群等;穿越工法包括顶进(管)法、矿山法、管幕法、盾构法等,穿越已经成为地下空间开发利用的重要方式,安全风险也比较高,尤其下穿运营线时,车辆和地层、支护结构的耦合作用是力学分析要考虑的重点内容之一。

当穿越运营铁路线时,存在列车—轨道—地层—结构的动力相互作用,涉及车辆系统振动、轨道结构振动、地层动力扰动和隧道结构振动四个大的方面。当穿越运营公路线时,存在车辆—地层—结构的动力学相互作用。动力耦合力学分析的目的是确保列车过隧道时运行的安全性、平稳性及地层和支护结构的动力安全性。

当隧道下穿运营线施工时,车辆对地层产生动力冲击,在地层中诱发应力波,应力波向深度传播引起隧道支护结构振动,车辆荷载对隧道支护结构的作用与上覆地层的厚度和动力特性相关;同时,隧道结构的动力响应,又反过来影响地层变形及运行车辆的安全性和舒适性。可见,车辆、地层和隧道支护结构是相互作用、相互影响的,并且这种相互作用与行车速度、地层性质、地层厚度、支护结构的动力特性相关。

对于下穿运营铁路线的情况,列车和隧道支护结构的动态相互作用是通过轮轨和地层的传导作用实现的。因为列车首先作用于钢轨,钢轨通过支点将作用力传递至轨枕(或轨道板),再通过地层(近似将路基视为地层的组成部分)传递至隧道支护结构。隧道结构上受到的车辆动力荷载与轮轨关系密切相关,其大小、方向在很大程度上取决于轮轨接触几何状态(轮轨型面及表面几何不平顺)和轮轨的振动状况(轮轨接触点压缩变形量及运动速度);同时,这种动力荷载又和地层的性质密切相关,包括影响应力波传递强度和传递方向的地层性质。对高灵敏度软土地层,还存在振动荷载对土体强度的弱化问题,都应加以重视;城市地下空间网络化拓建穿越运行线的车—隧道耦合问题,相关成果还较少,需要花大力气加以研究。

3.3 网络化拓建力学分析方法

上节对城市地下空间网络化拓建施工中用到的一些基础性的力学理论进行总结阐述,本章将介绍网络化计算模型的构建方法和常用的力学分析方法,包括结构概念分析法、地层—结构法和荷载—结构法。地下空间网络化拓建的力学分析是指地层和结构在荷载和其他因素作用下以及地层或结构本身属性(刚度、质量、强度)改变时,地层和结构的反应和设计分析过程。力学分析有以下两个目的:

(1)了解地层和结构在已知荷载、温度改变、地基沉降以及其他因素的影响下,地层应力和结构的内力(弯矩、轴力、剪力、扭矩)状态是否满足强度要求,同时,还需要检验是否满足刚度(位移或变形)和稳定性的要求。

(2)通过力学分析,可以获知设计的结果是否与设计意图(即设计要求)相符,还可以通过对分析结果的研究,了解并掌握各项参数对地层和结构响应(如位移、应力、固有频率等)的影响和敏感程度,从而能主动调节控制各参数以达到预期的目标。

对任何一项实际工程的受力分析,首先要建立相应的计算模型,其次需要输入恰当的参数,还需对输出的计算结果做正确的判断,并对有关参数进行修改以期得到一个合理的受力状态,并据此状态设计或校核所采取的工程措施。

3.3.1　力学分析模型的构建

1）力学分析的要点

网络化拓建的力学分析是进行地层稳定性判断以及采取措施的依据。城市地下空间网络化拓建首要任务是确保地层的稳定,并以此作为既有结构和拓建结构安全的首要条件。目前,城市地下空间开发利用基本位于浅表地层,既有地下工程的建造以及城市地下管道的施工均对地层有一定程度的扰动,导致地层性质,应力分布复杂。因此,力学计算应特别慎重选择地层物理力学参数,明了地层破坏的力学机理及强度准则,选择合适的力学分析方法,既能反映工程实际,又满足不同建造阶段对力学分析的需要。

土体弹塑性有限元法是土力学中常用的一种分析手段之一,建立在试验和增量塑性理论基础上的弹塑本构模型,能够体现土体应力—应变的非线性关系。土体材料塑性阶段的本构关系与变形历史、加载和卸载状态有关,因此,非线性本构关系需采用增量塑性理论,将荷载分成若干个增量,然后对每一荷载增量,将弹塑性方程线性化,从而使弹塑性分析的非线性问题分解为一系列线性问题。

通过分阶段施工模拟,对拓建工程中地层的塑性区、应力场、位移场、初期支护及二次衬砌内力等物理量的施工过程演变规律进行分析研判,反映施工工艺先后(或地层蠕变)造成的时间效应、空间位置不同引起的空间效应,以及不同施工方法导致的加载效应、卸载效应等。

工程类比法是地下工程拓建施工的一种重要方法,鉴于地层性质的复杂性和地下工程面临的诸多随机因素,经验判断难以全面考虑。因此,力学计算分析必不可少。常用的力学分析方法有结构概念分析法、结构—荷载分析法和地层—结构分析法,三种力学分析方法均要考虑三个方面的条件:

(1)力系的平衡条件或运动条件。

(2)变形的几何连续条件。

(3)应力和变形间的物理条件(或称为本构方程)。

上述三种力学分析方法各有优点,也各有自身的局限性,工程实践中,要根据研究分析对象的特点和工程实际需要选用。

2）力学模型的构建

实际工程结构是复杂的,完全按照结构的实际情况进行力学分析不但无法实现,也没必要。因此,对实际结构进行力学计算以前,必须加以简化,略去不重要的细节,彰显其基本特点,用一个简化的图形来代替实际结构,这种经过简化的图形称为结构的计算模型(也称计算简图、分析模型)。

构建计算模型的过程,简称建模,是对原型的理想化。建模的要点是:善于抓住原型中起主要作用的因素,摈弃或暂时摈弃一些次要因素。也就是说要分清主次(分析),抓大放小(综合),达到简化和逼真的双重目的。

按照几何特征,工程结构的计算模型可分为三大类,即杆系模型、板壳模型和实体模型;按受力轴与荷载的空间关系,又可分为平面模型和空间模型。杆系结构可分为连续梁、平面桁架、平面刚架、交叉梁系、空间桁架和空间刚架等六种基本类型。

由弹性力学可知,通常存在两类平面问题,即平面应力问题和平面应变问题。平面应力问题中只有平面内的正应力(σ_x、σ_y)和剪应力(τ_{xy}),忽略其他应力分量,适用于平面内受力的薄板;平面应变问题适应于结构在平面正交方向上无限延伸,而在该方向未发生应变的情况,如重力式挡土墙以及忽略纵向变形的隧道等。实际工程中,当结构形体复杂并且三个方向应力和应力的变化都不能忽略时,则需要构建三维空间模型,比如:

(1)覆土厚度沿隧道纵向有较大变化时。

(2)结构直接承受建、构筑物等较大局部荷载时。

(3)地质条件沿地下结构纵向变化较大,软硬不均,地基、基础有显著差异时。

(4)地基沿纵向产生不均匀沉降时。

(5)地下结构纵向的断面变化较大或在横向有结构连接。空间受力作用明显处宜按空间结构进行计算分析。

地下工程无论进行整体计算还是局部计算,都面对一个计算范围的选取以及边界约束条件的设置问题。圣维南原理是进行边界确定的基本原则,由圣维南原理可知,若在物体上任意部分作用一个平衡力系,则该平衡力系在受力体所产生的应力分布只限于平衡力系作用的附近地区,在距离该区域相当远的区域,这种影响便急剧减小。可以期望,物体一小部分上的荷载所引起的应力或应变,将由于"几何发散"而随着距离衰减。圣维南原理无论对地下工程地层—结构法计算,还是对结构局部及节点计算的边界范围取值,有重要的意义。

对于从事地下工程拓建的科研和工程技术人员,力学分析必备的四种能力如下。

(1)选择计算简图的能力:如何对实际结构进行"删繁就简",确定计算简图,这是进行力学分析的第一步。

(2)力系平衡分析的能力:对结构的受力状态要进行平衡分析。

(3)变形协调分析的能力:对结构的变形和位移状态要进行结点变形协调分析。

(4)动态演化分析的能力:对施工过程的多步序要进行动态演化的非线性分析。

当构建计算简图时,需要在以下几个方面对实际结构进行简化:

(1)结构体系的简化

一般结构实际上是空间结构,各部分相互连接成为一个整体,以承受各个方向可能出现的荷载。但在多数情况下,常可忽略一些次要的空间约束而将实际结构分解为平面结构,使计算得以简化。也有一些结构具有明显的空间特征而不能简化成平面结构,必须按空间结构计算。

(2)杆件的简化

杆件的截面尺寸(宽度、厚度)通常比杆件长度小得多,截面上的应力根据截面的内力(弯矩、轴力、剪力)来确定。因此,在计算简图中,杆件用其轴线表示,杆件之间的连接区用结点表示,杆长用结点的间距表示,而荷载的作用点也转移到轴线上。但当截面尺寸增大时(例如超过长度的1/4),杆件用其轴线进行简化,将引起较大的误差。

(3)节点的简化

单元与单元的连接区称为节点。节点可分为铰节点、刚节点和组合节点。铰节点的特性是被连接的单元在连接处不能相对移动,但可作相对转动,因此,铰节点可传递轴力和剪力,不能传递力矩;刚节点的特征是被连接单元在连接处既不能相对移动,又不能相对转动,即可传递轴力、剪力,也可传递力矩;组合节点是在同一个节点上同时出现刚节点和铰节点的连接方式的节点,因此它具有上述两个节点类型的性质。

(4)支座的简化

结构与基础间的连接部分称为支座。支座分为刚性支座和弹性支座。刚性支座是指支座本身不产生变形,包括活动铰支座、固定铰支座、固定支座;弹性支座是指支座本身能够变形,包括抗移弹性支座和抗转弹性支座。

(5)材料性质的简化

在土木工程结构中所用的建筑材料通常有钢、混凝土、砖、石、木料等。在结构计算中,为了简化计算,对组成各构件的材料一般都假设为连续的、均匀的、各向同性的、完全弹性或弹塑性的。上述假设对于金属材料在一定受力范围内是符合实际情况的,对于混凝土、钢筋混凝土、砖、石等材料则带有一定程度的近似性;土体材料本质上是一种非连续介质,城市地下空间拓建工程大多处于浅层松软地层,常采用弹塑性(或黏弹塑性)的连续介质力学模型,由于土体的抗拉强度低,因此还要模拟为低抗拉强度或无抗拉强度的材料。

(6)荷载的简化

结构承受的荷载可分为体积力和表面力两大类。体积力指的是结构的自重或惯性力等;表面力则是其他物体通过接触面而传递给结构的作用力,如土压力、车辆的轮压力等。在杆件结构中把杆件简化为轴线,因此,不管是体积力还是表面力都可以简化为作用杆件轴线上的力。荷载按其分布情况可简化为集中荷载和分布荷载,荷载的简化与确定比较复杂,需符合实际作用效应。

3.3.2　结构概念分析法

所谓结构概念分析,是在对基础力学的共同特点进行抽象、概括与总结的基础上,着重从概念上分析各类结构的构造和受力特点。

结构概念分析本质上是工程力学的深度应用,是根据力学原理研究在外力和其他外界因素作用下结构的内力和变形,研究结构的强度、刚度、稳定性和动力反应问题,其简洁明了、通俗易懂的特点在建筑、桥梁、地质和隧道工程中得到广泛应用。结构概念分析将复杂的工程构造高度抽象化为简单的力学模型,通过基础性的力学分析来判断结构的力学状态。因此,对于城市地下空间网络化拓建来说,以地质学、岩体力学、建筑力学为基础,应用结构概念分析方法进行定性研究,进而探求网络化拓建的结构化实现方法,具有重要理论意义和实用价值。

概念设计的思路主要来源于设计者对结构性态的感悟性和对基本力学概念的应用。提倡用最简单的方法来处理复杂的问题,通过对结构的感悟性,用简单的基本力学方法正确设计结构的组成和传力路径。其方法的特点和贡献就是将复杂的结构力学分析隐藏起来,而将其实质表达为简单的静力学进行处理,这就很容易被工程师们所理解并付诸应用。

概念分析可帮助人们分清主次,抓住关键,更为重要的是,在进行工程设计和处理工程实践问题时,需要技术人员对结构的合理形式以及相应的结构变形和内力等具有总体的概念和定性分析的能力,还需具有对工程中发生的现象、所得的数据和计算结果能够做出迅速、科学判断的能力,这就是所谓的概念分析理念。

城市地下空间网络化拓建结构概念分析应抓住以下三个特点:

1)超静定

城市地下空间工程多为超静定结构,在提高结构冗余度及防连续倒塌方面,发挥着重要作用。超静定结构有如下主要性质:

(1)在几何不变体系中,多余联系的存在是超静定的必要和充分条件。所谓多余联系,即将之除去后仍能保持体系几何不变,故超静定结构比静定结构有较多的安全储备。

(2)在超静定结构中,温度改变、支座沉降、装配尺寸不准确等因素都会在体系中产生内力,而静定结构的内力则不受温度、支座沉降等影响。

(3)超静定结构的内力与构件的横截面尺寸有关,而且一般也与材料的弹性模量有关。只有当整个结构的材料具有同一的弹性模量时,外力产生的内力才与弹性模量无关,但温度改变及支座沉降引起的内力仍与弹性模量有关。

(4)静定结构通过力的平衡条件求得结构内力,超静定结构求解时,除了力的平衡条件之外,还必须计及节点的变形协调条件。

(5)超静定结构的缺点是变形引起内力调整的范围较大,内力(应力)对变形的敏感性高,其优点是增加了结构的冗余度,提高了结构安全度、节点承载力和结构刚度。

(6)与静定结构相比,超静定结构内力分布更趋于均匀,杆件得到合理使用;超静定结构中,刚度越大的构件承担越大的内力,且内力分布与刚度的相对值有关,和绝对值无关。

超静定(多冗余度)是防止结构某些构件意外破坏引起结构整体破坏的有效方法,也是提高结构鲁棒性的方法之一。鲁棒性是在外界突发因素的作用下,结构的破坏反应较迟钝,结构只发生局部破坏。结构的冗余度提供结构在超载情况下更多的内力调整余地,是结构安全的一道重要防线。一个好的结构体系要求考虑某些构件可能发生意外破坏,以及正确评估这些破坏可能对结构体系整体承载力带来的影响。

2)分阶段施工的力学转换

拓建结构采用多步序施工,其施工安全主要体现在开挖和支护的中间过程,尤其是支撑、支护的力学转换前后,大部分非最终状态。因此,动态演化的非线性力学分析成为必要选择。

传统的分析方法主要以竣工后的结构作为计算对象,将荷载一次性施加在结构上,计算后经常得到与实际情况不符的结果。对城市地下空间的拓建工程来说,传统方法存在以下不足:①忽略了隧道施工过程中地层—结构接触关系的动态变化过程;②忽略了施工过程中地层应力重分布的影响;③忽略了施工过程中变形对超静定结构内力的影响。

对于城市地下空间工程,施工阶段是必要的分析工况。随着地下空间的形态日趋多样化,结构方案更加复杂,体量逐渐增大,传统的一次性加载分析不能满足对施工过程的优化,以获得最佳的结构内力状态。因此,在城市地下空间网络化拓建施工中,分阶段施工力学分析的重要性和必要性更加突出。

分阶段施工是一个特殊类型的非线性静力分析,其本质是非线性分析方法的阶段性增量理论。定义一个阶段序列,在里面能够增加或去除部分结构,模拟开挖和支护的过程。阶段施工也被称为逐步施工、顺序施工或分段施工。

3）地层稳定性

地层稳定一直是地下工程力学研究热点,针对地层稳定性也提出了很多计算方法,不过由于地下工程自身的不确定性,岩土工程理论不像其他学科那么严密,导致无论是解析方法还是数值解法,都很难对其进行准确的分析与评价。因此,基于结构概念分析方法的定性分析和估算,对城市地下空间网络化拓建来说显得尤其重要。

地层应力的分布和传递,需要相应的载体,地层掏空或支护撤撑后,阻断了地层应力流或者支撑内力的传递路径,荷载将绕行最简洁的临近刚度较大的传力途径。深刻理解及应用地层的刚度、强度、稳定性理论,地层的拱效应原理,土压力的形成机理及影响因素,地应力重分布的特征和水对地层强度和稳定性的影响等基本的力学知识,是对地下空间网络化拓建进行结构概念分析的理论基础。图3-3-1为拓建施工力学概念分析图。

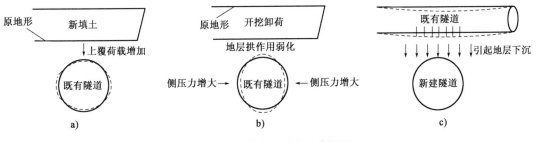

图 3-3-1　拓建施工力学概念分析图

3.3.3　地层—结构法

地下工程力学分析中,由于地层土体应力—应变关系的非线性,以及荷载及边界条件的复杂性,用解析法求解难度很大,通常需采用数值方法进行分析计算。地层—结构法建立地层和地下结构的共同作用模型,要取得好的结果,一是要熟悉所用分析软件的功能及特点,二是要掌握软件背后的数学、力学理论。

地层—结构分析法既是一种方法,又是一种工具,其理论基础是单元节点力的平衡和单元节点位移的协调。无论是地基承载力计算,挡土结构土压力分析,土的渗流固结、非饱和土的力学问题,还是桩基工作状态、地层开挖和地面堆载问题以及边坡稳定分析等,都基于力平衡和变形协调的基本力学机理。

在地层—结构模型中,将地下结构和地层土体作为一个整体,地层不再仅视为荷载,而是作为承载体和地下结构共同承担地应力和外部作用力。与荷载—结构模型相比,地层—结构模型不仅考虑了土体、还直接研究土体和地下结构之间的相互作用关系,虽然增加了模拟的复杂性,但计算更科学,更符合地下结构真实的应力状态,随着地层和支护结构的变形,结构与地层接触力的大小及分布是动态的。

通常情况下,隧道开挖使地层应力变化范围大致在 2D 左右(D 为隧道直径)。因此,作为地层—结构法的区域要至少确保隧道外侧最小 2D 的范围。一般在水平方向取(4~5)D,垂直方向下部取(2~3)D,上部取至自然地面,上述取值范围的目标是既能完整反映地层—结构的相互作用,又尽量减小计算工作量。对地层差异大和既有结构影响范围大的拓建工程,模型范围的选取以能够真实模拟边界条件和初始应力场为原则。

城市地下空间网络化拓建的初始应力场为自重应力场,当用地应力平衡法构建初始地应力场时,同时建立影响范围内的既有地下结构模型,共同考虑初始地应力状态,包括地层和既有结构的物理力学参数选取,既有结构与拓建结构与地层的接触力学参数设置(接触面的刚度、接触面的法向和切向强度准则等);地应力平衡时可以假定地层和既有结构均为线弹性材料,解决初始地应力平衡过程中地层强度破坏引起的不收敛问题;对开挖和支护的施工阶段分析,应结合结构概念分析的方法和实际施工步序,抓住应力转换的关键工序,合理设定分析步骤。

强度折减法是极限分析法中的一种,用于基坑及地层稳定的分析计算。极限分析法研究材料在极限状态下力学状态的方法,即解决材料在整体破坏下的力学问题,因而可求得材料整体破坏的承载力(即极限荷载)或安全系数。

极限荷载对应材料进入破坏状态,此时荷载不变,应变(变形)不断增大,直至材料沿滑面达到破坏状态,对应的荷载即为极限荷载;稳定安全系数对应滑动面上材料的抗滑力(与材料强度有关)与滑动力之比:

$$F_\text{S} = \frac{抗滑力}{下滑力} = \frac{\int_0^l (c + \sigma\tan\varphi)\,\mathrm{d}l}{\int_0^l \tau\,\mathrm{d}l} \tag{3-3-1}$$

有限元强度折减法实质是采用数值方法求解极限分析问题,当采用莫尔—库仑强度理论时,通过对地层剪切强度代表值(c、φ)进行不断折减直至地层达到极限破坏状态为止。

$$\tau = \frac{c + \sigma\tan\varphi}{\omega} = c' + \sigma\tan\varphi' \tag{3-3-2}$$

$$c' = \frac{c}{\omega}, \tan\varphi' = \frac{\tan\varphi}{\omega} \tag{3-3-3}$$

采用强度折减法求解基坑或地层的稳定性时,不需要假定滑面的形状与位置,而是由程序自动生成滑面。

强度折减法的力学基础是将土体视为理想的弹塑性材料并达到极限平衡状态,此状态下,土体中每一点的剪应力恰好等于土体的抗剪强度。这种方法与传统的极限方法不同,在求解过程中,可以不必事先知道滑移面的形状和位置,也无需求解破移面上的抗剪强度,而直接得到岩土材料应力、变形等信息,以及破坏时的极限荷载和稳定系数。

3.3.4　荷载—结构法

荷载—结构法是结构力学的方法,其研究内容包括外力和其他外界因素作用下结构的内力和变形,结构的强度、刚度、稳定性和动力反应,以及结构的组成规律等。具体地说,包括以下几个方面:

(1)讨论结构的组成规律和合理形式,以及结构计算简图的合理选择。

(2)讨论结构内力和变形的计算方法,进行结构的强度和刚度的验算。

（3）讨论结构的稳定性以及动力荷载作用下的结构反应。

结构—荷载模式是结构力学解析方法,沿用地面结构的设计方法进行结构设计时,结构的作用效应基本上是由荷载产生的。在计算方法中,最关键的问题是荷载的处理。

荷载—结构法的原理认为,隧道开挖后地层对支护结构产生荷载,支护结构应能安全可靠地承受地层压力等荷载的作用,计算时先确定地层压力,然后按弹性地基梁上结构物的计算方法计算支护内力,并进行结构截面设计。

按《铁路隧道设计规范》(TB 10003—2016),当覆盖层厚度小于深埋垂直荷载的计算高度2.5倍时,见式(3-3-4),应按浅埋隧道设计。作用在结构上的偏压力,尚应考虑地形偏压和构造偏压,以及既有建(构)筑物引起的偏压。

$$H < 2.5h_a \tag{3-3-4}$$

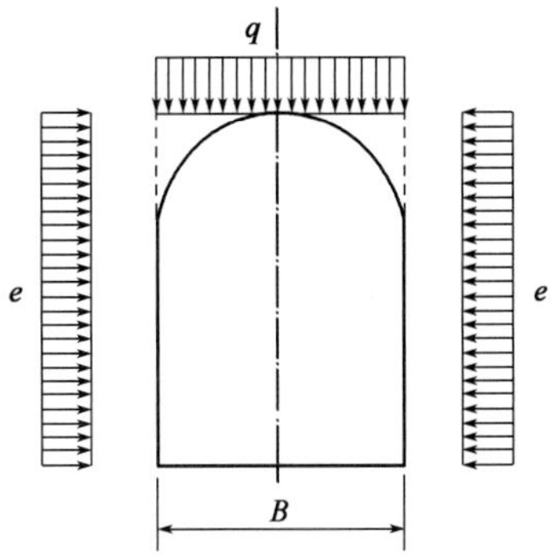

图 3-3-2　深埋隧道荷载—结构法计算模型

式中:H——隧道拱顶以上覆盖层厚度(m);

　　　h_a——深埋隧道垂直计算高度(m)。

（1）荷载—结构法的地层压力假定为松散压力,深埋隧道荷载—结构法计算模型如图3-3-2所示,地层的垂直及水平的压力按下述方法计算。

①地层垂直均布压力按下式计算:

$$q < \gamma h \tag{3-3-5}$$

$$h = 0.45 \times 2^{s-1} \omega$$

式中:s——地层级别;

　　　ω——宽度影响系数,$\omega = 1 + i(B - 5)$;

　　　B——隧道宽度(m);

　　　i——B 每增减1m 时的地层压力增减率。当 $B < 5m$ 时,取 $i = 0.2$;$B > 5m$ 时,可取 $i = 0.1$。

②地层水平均布压力可按表3-3-1 计算。

地层水平均布压力 　　　　　　　　　　　　　　　　　　　　　　表 3-3-1

地层级别	Ⅰ～Ⅱ	Ⅲ	Ⅳ	Ⅴ	Ⅵ
水平均布压力	0	$<0.15q$	$(0.15 \sim 0.30)q$	$(0.30 \sim 0.50)q$	$(0.50 \sim 1.00)q$

（2）对于浅埋隧道,荷载—结构法计算模型如图3-3-3所示,应按下式计算。

①垂直压力可按式(3-3-6)计算:

$$q < \gamma h \left(1 - \frac{\lambda h \tan\theta}{B}\right) \tag{3-3-6}$$

$$\lambda = \frac{\tan\beta - \tan\varphi_c}{\tan\beta \left[1 + \tan\beta(\tan\varphi_c - \tan\theta) + \tan\varphi_c \tan\theta\right]}$$

$$\tan\beta = \tan\varphi_c + \sqrt{\frac{(\tan^2\varphi_c + 1)\tan\varphi_c}{\tan\varphi_c - \tan\theta}}$$

式中:γ——地层重度(kN/m^3);

$\quad h$——洞顶离地面的高度(m);

$\quad \theta$——顶板土柱两侧摩擦角(°),取经验值;

$\quad B$——隧道宽度(m);

$\quad \lambda$——侧压力系数;

$\quad \varphi_c$——地层计算摩擦角(°);

$\quad \beta$——产生最大推力时的破裂角(°)。

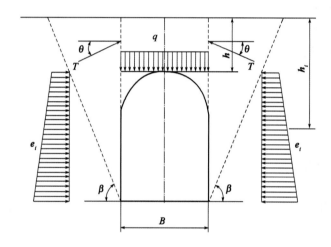

图 3-3-3 浅埋隧道荷载—结构法计算模型

②水平压力可按式(3-3-7)计算:

$$e_i = \gamma h_i \lambda \tag{3-3-7}$$

式中:h_i——任意点至地面的距离(m)。

注意:a. 当 $h < h_a$(h_a 为深埋隧道垂直荷载计算高度)时,取 $\theta = 0$,属于超浅埋隧道,不考虑隧道顶部的拱效应,按全土柱高度重力计算;b. 当 $h \geq 2.5h_a$ 时,则应按深埋隧道计算。

在荷载—结构模式下,荷载是实地量测或计算的,如果实地量测的荷载是动态的,则可以基本上反映结构与地层全面的相互作用特征。

简单来说,荷载—结构模型就是通过人为计算出地层对结构的作用力,然后变为荷载直接作用在结构的等效位置上,这种荷载由两种作用力组成:第一种为水土压力,由所筑结构周围的土体产生,且直接作用在主体结构上;第二种为地基反力,主要是由土体对结构的约束作用产生的弹性地基反力。

当地层非水平时,存在土层压力非对称的情况。另外,当采用注浆抬升控制变形时,应判断底板刚度是否满足结构整体变形的条件,避免结构整体抬升发生前,由于底板弯曲刚度小,而发生底板弯曲变形,或底板弯曲开裂的现象。

3.4 网络化拓建力学机理应用

前面简述了城市地下空间网络化拓建的力学基础及其常用的力学分析方法,是力学理论在工程实际中应用的前提条件,也有助于阅读者理解本书关键技术中蕴含的力学机制问题。

城市地下空间网络化拓建的类型、工法、工程环境各异,面对错综复杂的工程地质条件和变形控制要求,需要熟练掌握相关力学理论。针对具体工程,除了借鉴类似工程经验外,还需要开展有针对性的力学分析和计算。本节将结合具体工程案例,以解决问题和满足工程需求为导向,针对城市地下空间网络化拓建施工中遇到的有限土压力问题、近接既有结构的深大基坑隆起问题、密贴下穿既有运营车站变形控制问题及地下空间网络化拓建连通接驳问题等开展力学分析,在总结前人研究成果的基础上,对相关力学机理进行深入的剖析和概念性的应用。

3.4.1 网络化拓建力学机理研究意义

城市地下空间网络化拓建的力学机理,为控制地层变形和施工方案选择提供依据。这意味着,必须掌握地层影响区内应力、变形场发生和发展规律,通过刚度设计控制应力重分布的方向和大小,达到控制变形的目的,满足稳定和强度的力学要求,保证施工安全。

本章从基础的力学理论出发,简要论述了城市地下空间网络化拓建施工力学的基本内容,分析了拓建施工的力学特征。从网络化拓建的工程实际需要出发,总结归纳了技术人员需要熟悉的力学基础,尤其是关于地层和结构的"强度、刚度、稳定性"三大力学问题,是力学分析和力学控制的核心内容。力流在地层及结构中的传递和分配机理主要取决于相对刚度,而刚度本身是一个复合性的概念;另一方面,土力学区别于传统固体力学的一个最大特点是水的作用,因此,应十分重视水—土的相互作用问题,包括有效应力、渗流、管涌、水对地层强度的劣化等均对地层的稳定构成威胁。

为了更利于读者理解与应用基本的力学基础,从结构概念分析的角度,本章论述了网络化拓建常用的力学分析方法,专注于模型的构建和方法的应用,最后举例说明城市地下空间网络化拓建施工中特殊的力学现象。

工程地质的不确定性、水文地质的复杂性以及动力荷载下软土的灵敏度问题等,都给地下空间网络化拓建带来风险控制的挑战。要实现安全建造,务必要熟练掌握相关的力学理论,并在此基础上制订切实可行的拓建方案,细化施工工艺流程,并付诸严格实施,作为控制城市地下空间网络化拓建风险控制的重要方法。

一切理论机理都是考察实际情形的工具,有理论作参考,可使我们懂得所考察的情形,容易明白某种情形的具体意义,应该采取的具体方法。有了理论作指导,遇到具体的问题才能寻出具体的解决方法。城市地下空间网络化拓建力学机理研究的目的在于探寻一种工具,并努力使这种工具在工程实践中得到应用和完善,用来分析问题、拟订工程措施、改进工法和防控施工风险。

3.4.2 城市近接地下空间有限土体土压力

随着城市建设的日新月异,既有地下空间的网络化拓建成为城市发展的必然趋势。由于既有地下结构及周边环境对地层变形的强敏感性,地层及结构变形控制成为拓建施工的重点管控内容之一。如图 3-4-1a)所示的地下污水、燃气等市政管线和图 3-4-1b)所示的既有地下结构均对邻近基坑变形有严格的控制。目前,经典的朗肯(Rankine)或库仑(Coulomb)土压力理论广泛应用于基坑支护的土压力计算,其适用条件是土体在半无限空间中延伸,需基于一定程度的位移且形成了极限平衡状态。城市地下拓建工程中大量存在有限土体宽度与经典土压力理论的半无限空间假定之间的较大差别,且拓建施工对变形的控制严格,不一定能达到地层破坏的极限状态所需的位移,土压力计算不能直接采用经典土压力理论,需要采用新的有限土体土压力计算方法。

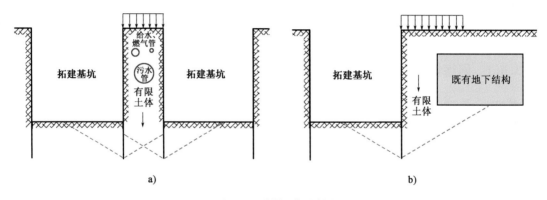

图 3-4-1　有限土体示意图

在有限土体土压力研究方面,国内外一些学者做了大量的研究工作。Fang Y S、Tang Y 研究了不同位移模式对有限土体土压力的影响,提出支护结构运动方式的不同导致土压力分布模式不同;党发宁等引入邓肯—张(Duncan-Chang)非线性弹性模型中的切线模量来反映土体模量随土压力的变化,并依据线弹性本构理论建立了有限位移条件下支护结构的土压力计算方法;汪来等基于 U 形槽结构对称性特征,采用两段折线型滑面假设,通过极限平衡方法推导出有限土压力计算公式,所计算的有限土压力明显小于半无限土体的库仑主动土压力;杨明辉等分析了在墙后填土宽度较小情况下,土拱效应的形成机理,考虑挡土墙与土体摩擦的极限平衡条件,结合水平微分单元法,建立了曲线破坏模式下相应的主动土压力计算方法,并通过模型试验对破坏模式及土压力分布规律进行了研究;王洪亮等通过对挡土墙与既有建筑基础间的有限土体进行完整的受力分析,假定滑动面为平面,根据有限土体达到主动状态时的平衡方程,建立了求解有限土体主动土压力的计算公式;刘冬等引入离散单元法(Discrete Element Method),研究了挡土墙后无黏性填土在平动模式下的破坏模式,结果表明墙后填土的破裂面为通过墙踵的局部直线形破裂面,由上矩形部分和下三角形部分组成梯形截面,并基于极限平衡分析,建立了梯形滑动面有限宽度填土的主动土压力计算方法。

方焘等自主设计的自动控制模型箱,开展了墙后有限宽度浸水无黏性土体不同位移模式下的主动土压力试验,并通过 ABAQUS 软件进行数值模拟分析,研究表明当土体宽度小于临界宽度时,有限土体的破裂面被建筑物截断,滑动土体为梯形,不再是经典土压力理论中的三角形滑动体。此外,王闫超、岳树桥、刘忠玉采用薄层单元法推导出极限平衡下有限土压力的解析公式;朱彦鹏、马平等基于极限平衡理论和平面滑动面假定,建立了有限土体主动土压力计算公式;肖昕迪等用离散元方法、Take W A 等通过一系列离心试验论证土拱效应对有限土体土压力的影响。

从对以上既有研究成果的分析可以看出,目前有关有限土体土压力的计算主要基于土体破坏极限状态的平衡理论,并充分利用了土体的极限抗剪强度。但对于城市地下空间拓建工程来说,地层变形控制更加严格,有限范围内土体可能无法达到滑动面贯通破坏的极限状态,土体的抗剪强度并未充分发挥,以假想滑动面上的抗剪强度作为剪应力建立平衡方程,求得的土压力与实际情况存在一定差别。

为更好地满足拓建工程有限土体情况下,基坑支护结构的设计和施工对土压力计算和变形控制的需要,有必要进一步深入研究有限土体土压力的计算方法。本节基于力学平衡理论和土拱效应原理,考虑支护结构位移与有限土体的相互影响,介绍非极限状态下的有限土体土压力计算方法,为土压力研究和城市地下空间拓展建造提供参考。

1) 无侧移有限土体土压力计算

(1) 经典土压力理论的应用条件

当采用经典的库仑和朗肯土压力理论计算土压力时,半无限空间体和滑动破坏面的产生是两个前提条件,主动土压力和被动土压力分别是两种极限状态。当支护结构的水平位移有严格限制时,无法用经典土压力计算方法,且不能用楔体的极限平衡方法推求有限土体的土压力。

静止土压力是支护无侧向变位或侧向变位微小时,土体作用于支护结构上的土压力。欧洲岩土设计规范 Eurocode 7(BS EN1997-1 :2004)规定当挡土结构的位移 $y_a \leq 0.05\% h$ 时(h 为墙高),土体作用于墙面上的土压力为静止土压力。研究表明,对于密实砂土层,达到主动土压力的极限状态时支护结构的位移 y_a 为 $0.1\% h$;对于松散砂土, y_a 为 $0.5\% h$。

当支护结构近似于静止状态时,可采用静止土压力,随着支护结构远离土体,土压力逐渐过渡到极限主动土压力状态。Bang 给出了"中间主动土压力状态"的概念,提出了在不同位移条件下土体内剪切强度发挥程度是不同的观点。

(2) 有限土体拱效应形成机理

水在静止状态下没有抗剪强度,所以水向任何方向的压力都相等;相反地,因为土体有抗剪强度,所以具有在不同的方向上,或者根据变形的不同,土压力的大小也不同。

由于一部分土体相对于另外一部分土体的移动而形成的剪切应力,使得土的强度被破坏,是建筑物地基和土坡毁坏的主要的、最常见的形式。在土体小变形条件下,在有限土体内部,如果土体的一部分移动,而其余部分保持其原来位置不动,土体中这种相对运动受到移动土体与不动土体接触面的抗剪强度的阻抗,因为抗剪强度有趋向保持移动土体原来的位置,故它使移动部分土体上的压力减小,而使不动部分土体上的压力增加。这种移动土体把压力传递给相邻不动部分的传递作用叫作拱作用,即所说的土拱效应。可以看出,土拱效应的发生有两个前提条件,一是抗剪强度的存在,且并不需要土的抗剪强度完全发挥出来;二是土体中有变形发生(或者有变形的趋势),且土体的变形不需要达到破坏的极限状态。无论在施工现场还是实验室中,土拱效应是土体中所遇到的最普遍的现象之一,即便土体处于弹性变形状态,只要有土体中有位移或者有发生位移的趋势,土拱效应便随之发生。

根据有关研究,有限土体变形从支护底部开始发生,且过程中表现为整体下沉。基于此,为了说明有限土体内部拱效应的形成机理,做如下假设:①支护体系刚度足够大,不发生水平位移和变形;②墙体和有限土体接触面粗糙;③有限土体底部具有向下的位移或具有向下移动的趋势。图3-4-2为有限土体土压力计算模型。

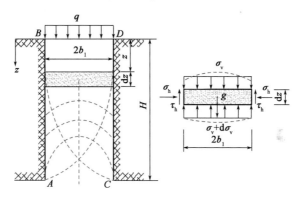

图 3-4-2　有限土体土压力计算模型

图 3-4-2 中,两垂直而平行的墙 AB 和 CD 间土体宽度为 $2b_1$。如果两墙间土体宽度满足墙下部 A 点(或 C 点)的滑动边线与土体的自由面(顶面)相交,则挡土墙上的土压力按正常情况考虑,如果被墙体所阻断,则中间土体在下沉时所产生的墙表面的摩擦力,将承受一部分土体重量,土体主应力发生偏转,内部形成上凸的土拱。由此可见,墙与有限土体间的摩擦阻力,是土拱效应形成的前提。

(3)无侧移有限土体受力分析

下面利用水平薄层单元竖向静力平衡的方法,研究无侧移有限土体土压力的计算问题。

用两个垂直于墙的方向的水平面划分出一个厚度为 dz 的土体单元(图3-4-2),σ_v 为垂直方向应力,σ_h 为墙—土水平接触应力,δ 为土与墙的摩擦角,γ 为土的重度,b_1 为有限土体的一半宽度。沿墙的厚度取单位长度,水平薄层单元所受的力,表示如下:

①单元土体的自重:$g = 2b_1\gamma dz$。

②单元上部垂直压力:$2b_1\sigma_v$。

③单元下部垂直压力:$2b_1(\sigma_v + d\sigma_v)$。

④墙体对单元侧面的水平压力:$\sigma_h dz$。

⑤墙体对单元侧面的垂直摩阻力:$\sigma_h \tan\delta dz$。

土中的水平(侧向)压力经常为垂直压力的一部分,取为静止侧压力系数 k_0,则:

$$\sigma_h = k_0\sigma_v \tag{3-4-1}$$

(4)微分方程及其求解

建立薄层单元的竖向力的平衡方程:

$$2b_1\gamma dz + 2b_1\sigma_v - 2b_1(\sigma_v + d\sigma_v) - 2k_0\sigma_v\tan\delta dz = 0 \tag{3-4-2}$$

即：

$$\mathrm{d}z\left(\gamma - \frac{k_0\tan\delta}{b_1}\sigma_\mathrm{v}\right) = \mathrm{d}\sigma_\mathrm{v} \tag{3-4-3}$$

令

$$\frac{k_0\tan\delta}{b_1} = C \tag{3-4-4}$$

当土与墙的摩擦角 δ 为非零的常数时，C 也为常数，则式(3-4-3)可写成：

$$\mathrm{d}z = \frac{\mathrm{d}\sigma_\mathrm{v}}{\gamma - C\sigma_\mathrm{v}} \tag{3-4-5}$$

解式(3-4-5)，得：

$$z = -\frac{1}{C}\left|\ln(\gamma - C\sigma_\mathrm{v})\right|_0^z \tag{3-4-6}$$

由 $z=0$、$\sigma_\mathrm{v}=q$，可得：

$$\mathrm{e}^{-Cz} = -\frac{\gamma - C\sigma_\mathrm{v}}{\gamma - Cq} \tag{3-4-7}$$

由此可得：

$$\sigma_\mathrm{v} = \frac{1}{C}\left[\gamma - (\gamma - Cq)\mathrm{e}^{-Cz}\right] \tag{3-4-8}$$

$$\sigma_\mathrm{h} = \frac{k_0}{C}\left[\gamma - (\gamma - Cq)\mathrm{e}^{-Cz}\right] \tag{3-4-9}$$

当无地面超载，即 $q=0$ 时，有：

$$\sigma_\mathrm{v} = \frac{\gamma}{C}(1 - \mathrm{e}^{-Cz}) \tag{3-4-10}$$

$$\sigma_\mathrm{h} = \frac{k_0\gamma}{C}(1 - \mathrm{e}^{-Cz}) \tag{3-4-11}$$

上述公式推导表明，随着深度 z 的增加，垂直压力 σ_v 的增量及墙上侧向压力 σ_h 的增量将越来越小，并趋于稳定，并非经典土压力呈线性增加的特点；地面超载、墙—土摩擦角和土体宽度对有限土体的土压力也有重要影响。当深度到达一定程度时，e^{-Cz} 数值在大多数情况下都可以忽略不计，此时的垂直压力将等于常数：

$$\sigma_\mathrm{v} = \frac{\gamma}{C} \tag{3-4-12}$$

(5)有限土体土压力合力及作用位置

对式(3-4-11)在深度 z 方向积分，求高度为 H 的无侧移有限土体土压力的合力 $E_{\mathrm{L}0}$。

$$\begin{aligned}
E_{\mathrm{L}0} &= \int_0^H \sigma_\mathrm{h}\mathrm{d}z = \int_0^H \frac{k_0}{C}\left[\gamma - (\gamma - Cq)\mathrm{e}^{-Cz}\right]\mathrm{d}z \\
&= \frac{k_0}{C^2}\left[C\gamma H + (\gamma - Cq)(\mathrm{e}^{-CH} - 1)\right]
\end{aligned} \tag{3-4-13}$$

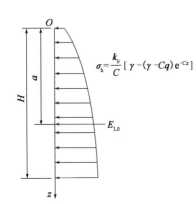

图 3-4-3 无侧移有限土体土压力分布图

下面求 E_{L0} 作用点位置。如图 3-4-3 所示,有限土体土压力的合力 E_{L0} 对 O 点的力矩为:

$$M_{E} = E_{L0} \times a \qquad (3-4-14)$$

有限土体土压力 σ_{h} 对 O 点的力矩为:

$$M_{\sigma} = \int_{0}^{H} \sigma_{h} z \mathrm{d}z = \int_{0}^{H} \frac{k_{0}}{C} [\gamma - (\gamma - Cq) \mathrm{e}^{-Cz}] z \mathrm{d}z$$

$$= \frac{k_{0}}{2C^{3}} [C^{2}\gamma H^{2} + 2(\gamma - Cq) \mathrm{e}^{-CH}(CH + 1) - 2(\gamma - Cq)]$$

$$(3-4-15)$$

令 $M_{E} = M_{\sigma}$,则有限土体土压力合力作用点到 O 点的距离 a 为:

$$a = \frac{\int_{0}^{H} \sigma_{h} z \mathrm{d}z}{E_{L0}} = \frac{C^{2}\gamma H^{2} + 2(\gamma - Cq) \mathrm{e}^{-CH}(CH + 1) - 2(\gamma - Cq)}{2C[C\gamma H + (\gamma - Cq)(\mathrm{e}^{-CH} - 1)]} \qquad (3-4-16)$$

(6)无侧移有限土体土压力的分布特点

下面举例分析无侧移有限土体土压力的分布特点,假定某砂土层重度 $\gamma = 21\mathrm{kN/m^3}$,变形模量 $E_s = 120\mathrm{MPa}$,黏聚力 $c = 0\mathrm{MPa}$,泊松比 $\mu = 0.3$,内摩擦角 $\varphi = 35°$,墙—土摩擦角 $\delta = 15°$,静止侧压力系数 $k_0 = 0.57$,地面超载 $q = 20\mathrm{kPa}$,有限土体宽度 $2b_1 = 2.6\mathrm{m}$。

将相关参数代入式(3-4-4)可得:

$$C = \frac{k_{0}\tan\delta}{b_{1}} = \frac{0.57 \times \tan 15°}{1.8} = 0.08485$$

由式(3-4-8)得有限土体竖向土压力分布为:

$$\sigma_{v} = \frac{\gamma}{C} - \left(\frac{\gamma}{C} - q\right) \mathrm{e}^{-Cz} = \frac{21}{0.08485} - \left(\frac{21}{0.08485} - 20\right) \mathrm{e}^{-0.08485z} = 247.5 - 227.5 \times 0.92^{z}$$

由式(3-4-9)得有限土体水平土压力分布为:

$$\sigma_{h} = k_{0}\sigma_{v} = 141.075 - 129.675 \times 0.92^{z}$$

图 3-4-4 为无侧向有限土体的土压力及半无限土体静止土压力计算结果,可以看出,在 10m 深度处,静止土压力为 131.1kPa,有限土体的土压力为 84.75kPa,为静止土压力的64.6%;当基坑深度20m 时,静止土压力为 250.8kPa,有限土体的土压力为 116.6kPa,仅为静止土压力的 46.5%。计算分析证明,有限土体情况下,由于土拱效应的存在,有限土体土压力随着深度的增加而增加,但增量表现出非线性递减的特征。

改变土与墙的摩擦角,分别取 $\delta = 0°$、$10°$、$15°$、$20°$、$25°$五种情况,保持其他参数不变,计算有限土体水平土压力与深度关系,计算结果如图 3-4-5

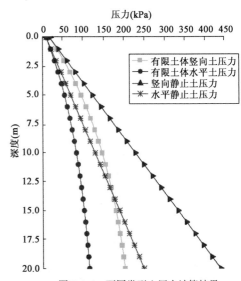

图 3-4-4 不同类型土压力计算结果

所示。可以看出,当墙背光滑,即 $\delta = 0°$ 时,无土拱效应现象,有限土体水平压力为静止土压力;当 $\delta \neq 0°$ 时,有限土体土压力非线性增加,δ 越大,增幅越低,且更快的接近收敛值。以深度方向每增加 0.1m,水平土压力增量 0.5% 作为水平压力的收敛的分界值,$\delta = 10°$、$15°$、$20°$、$25°$ 的分界深度分别是 8.3m、9.4m、10.7m 和 12.5m。

假设仅改变有限土体宽度,分别取 $2b_1 = 1.6m$、$2.6m$、$3.6m$、$4.6m$ 和 5.6m 五种情况,保持其他参数不变,计算土压力与深度的关系,计算结果如图 3-4-6 所示。随着有限土体宽度 $2b_1$ 增大,有限土体土压力非线性增加(增量降低),且宽度越小,拱效应越明显,有限土体土压力收敛越快;且随着深宽比的增大,有限土体土压力的增量逐渐降低。

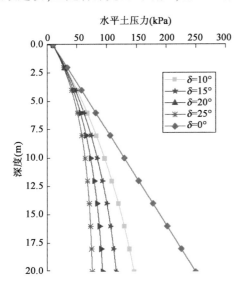

图 3-4-5　不同墙—土摩擦角的压力计算结果　　　图 3-4-6　不同有限土体宽度的土压力计算结果

假定墙高 $H = 10m$,将所给参数代入式(3-4-13)得有限土体土压力的合力为:

$$E_{L0} = \frac{k_0}{C^2}\left[C\gamma H + (\gamma - Cq)(e^{-CH} - 1) \right] = 536.59\text{kPa}$$

代入式(3-4-16)得有限土体压力的合力到有限土体顶部的距离为:

$$a = \frac{C^2\gamma H^2 + 2(\gamma - Cq)e^{-CH}(CH + 1) - 2(\gamma - Cq)}{2C\left[C\gamma H + (\gamma - Cq)(e^{-CH} - 1) \right]} = 6.138m$$

2)限定侧移有限土体土压力的计算

(1)土力学的弹性分析

弹性平衡理论和极限破坏平衡理论是完全相反的两种计算假定。前者假定土体中的任何点都不处于极限平衡状态;后者则相反的假定土体具有贯通的破坏面,且破坏面上各点处于极限平衡状态。

从绝对的弹性来讲,主要视胡克定律能否适用而定,即取决于是否存在弹性理论所依据的应力和应变的线性关系。

为此,首先考虑当土介质的应力状态与极限应力状态相差甚远的情况,所谓极限应力状态,是用库仑抗剪强度关系式确定的。当土体应力状态的变化(应力增量)受到限制时,可将此范围的直线关系来代替应力和应变间的非线性关系。由此可见,是否容许采用弹性理论的解来确定土体应力的状态,主要取决于极限应力状态范围的大小。假如完全无极限应力状态区,或者极限应力状态范围与有限土体及支护结构的尺寸比较,可以略去不计时,应用弹性理论是可行的。对于严格意义上的土体材料来说,"弹性状态"意味着无穷小的应力增量仅产生无穷小的应变增量。城市地下空间网络化拓建施工有限土体的土压力计算,由于对土层变形的严格控制,可以近似地认为有限土体处于"弹性状态"。

(2)渐近法计算的力学机制

为了更清楚地论述渐近法的力学机制,计算模型不考虑支撑的作用,以简单的悬臂支护结构为例,说明渐近法计算限定侧移时有限土体土压力的计算方法。图 3-4-7 为渐近法土压力计算原理示意图。

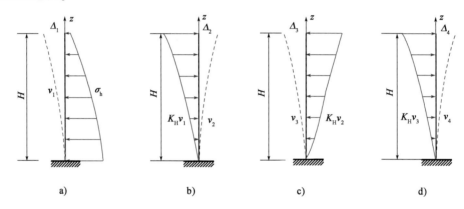

图 3-4-7　渐近法土压力计算原理示意图

如图 3-4-7a)所示,悬臂支护结构的高度为 H,无侧移有限土体水平土压力为 σ_h,σ_h 作用下支护结构位移为 v_1,顶端位移为 Δ_1。显然,σ_h 与 v_1 实际上不可能达到,因为支护结构变形后,原本压缩的有限土体水平方向松弛,土压力减小,小于 σ_h;同样地,支护结构在小于 σ_h 的实际水平压力下,位移也会小于 v_1。

假定水平位移受到严格限制,将土体视为理想弹性材料,其水平压缩弹簧刚度假设为 K_H;图 3-4-7a)中,当支护结构变形 v_1,可以看作原来压缩的有限土体伸长了 v_1,相应地其土压力减小了 $K_H v_1$,因此,可以假想给支护结构一个相反的作用力 $K_H v_1$,并产生偏向土体侧的位移 v_2,如图 3-4-7b)所示。

如前所述,v_2 实际上也是不可能达到的,因为向土体侧位移时,土体会受到压缩,支护结构受到土压力 $K_H v_2$ 的作用,如图 3-4-7c)所示,将产生变形 v_3。依次地,在 $K_H v_3$ 作用下,支护结构变形 v_4,依此规律,交替出现不同方向的土压力增减和支护结构变形,由于支护结构本身的抗弯刚度,交替计算下的量值逐渐降低,可以在某循环截断,求得有限土体土压力结构的变形(v)及土压力分布(σ_L)近似解。即:

$$v = v_1 - v_2 + v_3 - v_4 + \cdots \tag{3-4-17}$$

$$\Delta = \Delta_1 - \Delta_2 + \Delta_3 - \Delta_4 + \cdots \tag{3-4-18}$$

$$\sigma_L = \sigma_h - K_H v_1 + K_H v_2 - K_H v_3 + \cdots \tag{3-4-19}$$

（3）有限土体土压力渐近法求解方法

仍以上述悬臂支护结构为例，说明有限土体土压力渐近法求解的具体过程。下面的推导公式中，E 为支护结构弹性模量，I 为支护结构（取 1m 长度）的横截面惯性矩。

①求解图 3-4-7a）中 σ_h、v_1、Δ_1

$$\sigma_h = \frac{k_0}{C}\left[\gamma - (\gamma - Cq)e^{-C(H-z)}\right]$$

$$M_1 = \int_z^H \sigma_h z dz$$

建立支护结构挠曲线微分方程：

$$\frac{d^2 v_1}{dz^2} = \frac{M_1}{EI} = \frac{\sigma_h z}{EI} = \frac{k_0 \gamma}{EIC}\left[ze^{-C(H-z)} - z\right]$$

对支护结构的挠曲线微分方程一次积分得：

$$\frac{dv_1}{dz} = \int \frac{M_1}{EI}dz$$

根据 $z = 0$ 时，$\dfrac{dv_1}{dz} = 0$，可求得积分常数。

对支护结构的挠曲线微分方程二次积分得：

$$v_1 = \iint \frac{M_1}{EI}d^2 z$$

根据 $z = 0$ 时，$v_1 = 0$，可求得积分常数。

当 $z = H$ 时，$\Delta_1 = v_1$

②求解图 3-4-7b）中 v_2、Δ_2

$$K_H v_1 = K_H \iint \frac{M_1}{EI}d^2 z$$

$$M_2 = \int_z^H K_H v_1 z dz$$

建立支护结构挠曲线微分方程：

$$\frac{d^2 v_2}{dz^2} = \frac{M_2}{EI} = \frac{\int_z^H K_H v_1 z dz}{EI}$$

对支护结构的挠曲线微分方程一次积分得：

$$\frac{dv_2}{dz} = \int \frac{M_2}{EI}dz$$

根据 $z = 0$ 时，$\dfrac{dv_1}{dz} = 0$，可求得积分常数。

对支护结构的挠曲线微分方程二次积分得：

$$v_2 = \iint \frac{M_2}{EI}d^2 z$$

根据 $z = 0$ 时，$v_2 = 0$，可求得积分常数。当 $z = H$ 时，$\Delta_2 = v_2$。

③求解图3-4-7c)中 v_3、Δ_3

$$K_H v_2 = K_H \iint \frac{M_2}{EI} d^2 z$$

$$M = \int_z^H K_H v_2 z dz$$

建立支护结构挠曲线微分方程：

$$\frac{d^2 v_3}{dz^2} = \frac{M_3}{EI} = \frac{\int_z^H K_H v_2 z dz}{EI}$$

对支护结构的挠曲线微分方程一次积分得：

$$\frac{dv_3}{dz} = \int \frac{M_3}{EI} dz$$

根据 $z = 0$ 时，$\frac{dv_3}{dz} = 0$，可求得积分常数。

对支护结构的挠曲线微分方程二次积分得：

$$v_3 = \iint \frac{M_3}{EI} d^2 z$$

根据 $z = 0$ 时，$v_2 = 0$，可求得积分常数。当 $z = H$ 时，$\Delta_3 = v_3$。同理，可求得后续的 v_i、Δ_i。代入式(3-4-17)，则：

$$v = \frac{1}{EI} \left(\iint M_1 d^2 z - \iint M_2 d^2 z + \iint M_3 d^2 z + \cdots \right) \tag{3-4-20}$$

令 $f(z) = \iint M_1 d^2 z - \iint M_2 d^2 z + \iint M_3 d^2 z + \cdots$

则式(3-4-20)可转化为：

$$v = \frac{1}{EI} f(z) \tag{3-4-21}$$

假设支护结构墙厚为 h 纵向长度取 1m，则 $I = \frac{1}{12} h^3$，代入式(3-4-21)得：

$$h = \sqrt[3]{\frac{12 f(z)}{vE}} \tag{3-4-22}$$

当给定基坑支护结构顶部最大水平位移限值 Δ_{max}，则可根据式(3-4-22)得出支护结构的最小厚度，并根据式(3-4-19)求得限定侧移有限土体的土压力。

上面推导了限定侧移情况下的有限土体土压力和支护结构厚度的确定方法，可以作为基坑稳定性校核和支护结构断面设计的基础。

3)特殊情况有限土体土压力

(1)饱和静水场有限土体土压力

土力学是固体力学和水力学的定律在工程问题中的应用，地下水对基坑的安全有重要影响。

下面分析饱和静水场状态下,无黏性有限土体土压力的计算问题。采用水土分算,做如下假定:

①有限土体受到水的浮力,计算土压力时采用浮重度 γ' 。

②忽略水对无黏性土强度指标 φ 值的影响。

③忽略静止土压力系数 k_0 的变化。

④地下水使墙—土间摩擦角减小,摩阻力降低。

仍以图 3-4-3 为例,按水土分算,由于水无抗剪强度,因此由水体产生的水平压力系数为 1,且在墙面无剪应力发生,墙—土间摩阻力由有效重度产生的水平侧压力产生。

水平土压力:

$$\sigma'_h = k_0 \gamma' h \qquad (3-4-23)$$

墙—土摩阻力:

$$\tau = \sigma'_h \tan\delta_w = k_0 \gamma' h \tan\delta_w \qquad (3-4-24)$$

水平水压力:

$$\sigma_{hw} = \gamma_w h \qquad (3-4-25)$$

总水平压力:

$$\sigma_h = \sigma'_h + \sigma_{hw} = k_0 \gamma' h + \gamma_w h \qquad (3-4-26)$$

式中: γ' ——土的浮重度(kN/m^3);

　　　γ_w ——水的重度(kN/m^3)。

根据土拱效应的水平薄层竖向力平衡方程,可求得:

$$\sigma_h = \frac{k_0}{C_w}\left[(\gamma' - \gamma_w) - (\gamma' - C_w q - \gamma_w)e^{-C_w z}\right] + \gamma_w z \qquad (3-4-27)$$

$$C_w = \frac{k_0 \tan\delta_w}{b_1} \qquad (3-4-28)$$

式(3-4-27)右边第一项为浮重度产生的水平侧压力,第二项为地下水产生的侧压力。式(3-4-28) C_w 为与墙—土的摩擦角 δ_w (非零)有关的常数。

选取砂土层重度 $\gamma' = 11kN/m^3$,水重度 $\gamma_w = 10kN/m^3$,墙—土摩擦角 $\delta_w = 10°$,静止侧压力系数 $k_0 = 0.57$,有限土体宽度 $2b_1 = 3.6m$,地面超载 $q = 20kPa$,假定水位位于 $z = 0m$ 处。

根据式(3-4-27),可得饱和静水场状态下有限土体的土压力为:

$$\sigma_h = 10.2 + 1.2e^{-0.05584z} + 10z \qquad (3-4-29)$$

图 3-4-8 为饱和有限土体压力和非饱和有限土体压力计算结果。计算表明,当深度小于 5m 时,饱和情况下土压力和非饱和情况土压力接近;当深度大于 5m 后,随着深度的增加,饱和土的土压力大于非饱和情况,这是由于饱和状态下,墙—土间的摩阻力仅由浮重度产生的侧压力贡献,摩阻力小,弱化了土拱效应;另一方面,饱和土水土分算时,侧压力等于浮重度产生

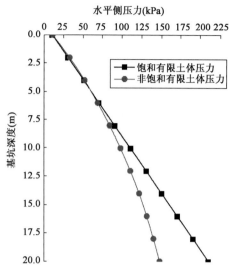

图 3-4-8 饱和有限土体压力和非饱和有限土体土压力计算结果

的侧压力和水产生的侧压力之和,由于水无抗剪强度,水产生的侧压力系数为1,总的侧压力增大。

（2）群坑效应

随着城市地下空间拓建规模的扩大和拓建形式的多样化,越来越多的工程项目涉及多个相邻基坑组成的基坑群,基坑群之间的有限土体也随着基坑支护体系的不同,表现出不同的力学特征,需要针对性地采取变形控制措施,图3-4-9为基坑群对有限土体的变形影响示意图。

图3-4-9a)中,基坑支护采用内支撑体系,当两侧对称开挖时,基坑间有限土体的侧压力可能会小于外侧无限土体的压力,两边基坑的支护体系整体向有限土体挤压,有限土体向上隆起;此时,隆起变形受到支护墙体向下的摩阻力,有限土体处于被动区,水平应力高于自重应力。为减小有限土体变形,可对有限土体采取旋喷加固等措施,以提高其抗压刚度和承载力。

图3-4-9b)中,基坑支护采用锚拉式支撑体系,有限土体处于主动区,水平应力小于自重应力,土体向基坑侧变形,有限土体在自重或上覆荷载作用下向下沉降,土体受到支护墙体向上的摩阻力。为减小有限土体变形,可以对有限土体进行加固,提高其抗剪强度,降低泊松比,减小土体变形;此外,还可以对土体两侧的支护采用对拉连接,并给予一定的预紧力,以此降低土体中剪应力。

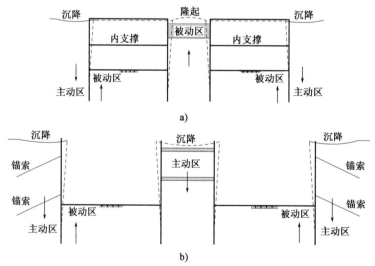

图 3-4-9 基坑群对有限土体的变形影响示意图

4）结论

本节基于有限土体的拱效应原理,给出了有限土体无侧移条件下的土压力计算公式,分析了影响土压力分布的主要因素,并采用渐近法推导了限定侧移条件下土压力和支护断面确定

的计算方法。通过研究,得出以下结论:

(1)经典土压力计算基于一定土体位移下的极限破坏平衡理论,土体的抗剪强度得到了充分、完全的发挥。城市地下空间拓建施工受到周围环境的制约,土体变形受到严格控制,限定侧向位移条件下的有限土体不能满足极限破坏的平衡条件,经典土压力计算方法不能直接套用。

(2)由于土拱效应的存在,有限土体土压力随深度呈非线性增加,且增加的幅度呈递减趋势,并趋于收敛;地面超载、墙—土摩擦角和土体宽度对有限土体的土压力有重要影响。

(3)墙—土间的摩擦阻力是产生土拱效应的前提条件,基于土拱效应的有限土体土压力渐近法计算方法为拓建工程基坑支护结构初始截面的确定和土压力计算提供了新方法,为基坑稳定验算和强度校核奠定了基础。

(4)地下工程施工的很多重大事故,与没有预料到的水的作用有关,无论是静水场还是渗流场,均会增大总应力,降低土拱效应,需特别注意。

3.4.3　近接既有结构深大基坑隆起变形控制

稳定是基坑工程的一条底线,地层失稳根本原因是土的强度降低、地层应力增加,或两者相互影响后强度应力比降低所致。

目前,基坑抗隆起稳定验算的主要方法有围护结构底部地基承载力抗隆起稳定分析法和圆弧滑动抗隆起稳定分析法两种。《建筑基坑支护技术规程》(JGJ 120—2012)、上海市《基坑工程技术标准》(DG/TJ 08-61—2018)和浙江省《建筑基坑工程技术规程》(DB33/T 1096—2014)等多部规范规程的基坑抗隆起计算都基于上述两种分析方法。上述计算方法在控制基坑稳定方面发挥着重要作用,但稳定性分析中聚焦于基坑支护的稳定性,未考虑基坑宽度的影响,也未涉及隆起量的控制问题,不能满足既有结构对坑底隆起量的控制要求。

基坑的宽度和坑底加固对坑底隆起变形和稳定有显著影响,Hong 等采用数值模拟的方法,分析了不同基坑宽度下抗承压水稳定的破坏特征;Liu G B 等通过对上海某深大基坑变形特征的研究,分析了狭长型基坑变形差异的原因;王洪新等开展了考虑基坑的尺寸效应及考虑开挖宽度的抗隆起稳定性研究,提出了考虑基坑宽度的支护结构插入比分类方法;徐芫蕾研究了基坑宽度对坑底隆起的影响,研究认为,坑底隆起值和形状随开挖宽度的变化并非完全一致,当基坑宽深比不小于 5 时,最大隆起发生位置由基坑中间移到坑边。童星等以杭州火车站东西广场粉土地层基坑工程为例,研究了坑底加固对回弹变形的影响,研究发现随着加固体回弹模量或厚度的增大,最大回弹变形相应减小,但变形减小的幅度逐渐降低;将加固体回弹模量提高至原状土的 4 倍,加固厚度取 4~6m 时,变形控制效果提升较为显著。

目前,对深大基坑坑底回弹变形及隆起的研究已经取得不小的进步,但如何构建合理的力学计算模型,研判基坑坑底隆起变形的成因机理,正确并且有效采取措施,减小对近接既有结构的影响,有待进一步的探索。因此,开展近接既有结构深大基坑隆起变形的力学机理研究,并提出相应的隆起荷载计算方法和抗隆起变形的措施,具有重要的理论和现实意义。

1)常规基坑抗隆起验算与隆起变形特征

(1)常规基坑抗隆起验算

图 3-4-10 为支护结构底部地基承载力破坏模式验算基坑抗隆起稳定性计算简图。该方

法以支护结构底作为基准面,按墙底以下的地基土的承载力来判别坑底的抗隆起稳定性。

图3-4-11为圆弧滑动破坏模式验算绕最下道内支撑(或锚拉)点的抗隆起稳定性计算简图。该方法假定坑底隆起破坏面为圆弧形且滑动面通过墙底;取最下道支撑以下、圆弧滑动面以上的土体及对应的支护结构为脱离体,同时假设基坑的隆起破坏只发生在最下道支撑以下的土体,最下道支撑不产生破坏;利用力矩平衡法进行分析,见式(3-4-30)。

$$\gamma_s M_{SLK} \leqslant \frac{M_{RLK}}{\gamma_{RL}} \tag{3-4-30}$$

式中:M_{SLK}——隆起力矩标准值($kN \cdot m$);

M_{RLK}——抗隆起力矩标准值($kN \cdot m$);

γ_{RL}——抗隆起分项系数,一级安全等级基坑取2.5,二级安全等级基坑取1.9,三级安全等级基坑取1.7。

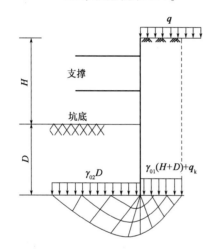

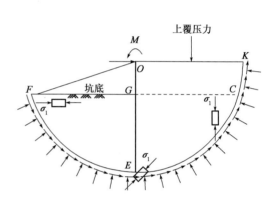

图3-4-10 支护结构底部地基承载力破坏模式
验算基坑抗隆起稳定性计算简图

图3-4-11 圆弧滑动破坏模式验算绕最下道内支撑
(或锚拉)点的抗隆起稳定性计算简图

从上述验算方法可知,常规基坑抗隆起验算是以支护结构的稳定性来确保基坑的安全,因此,在新建深大基坑工程中,常采用"中心岛"工法,在基坑内侧(被动土压区)沿坑脚预留反压土体,增强基坑的抗隆起稳定性,先行放坡开挖中心区域并施作中心区域主体结构,再以中心区域结构为支撑,开挖基坑周边。

可以看出,常规基坑抗隆起验算未对基坑隆起量进行严格控制,不能有效控制拓建工程中基坑隆起对既有结构的影响。因此,有必要进一步研究坑底隆起的特征和控制坑底隆起的方法,并通过坑底隆起变形的严格控制来确保既有结构的安全。

(2)深大基坑的坑底隆起变形特征

基坑开挖时,开挖面卸荷,打破了土体原有的应力平衡。在开挖初始阶段,开挖卸荷使坑底土体产生向上的弹性变形,这一阶段基坑开挖面的形状特点为中间竖向位移最大,距离中心越远的地方,回弹隆起量越小,而且开挖停止后,坑底回弹隆起会很快停止。基坑变形量计算常用的分层总和法,未考虑支护结构对基坑隆起的牵制作用,回弹模量误差也较大,无法判断对拓建工程既有结构的影响。

基坑隆起破坏的根本原因是坑底隆起应力超过土体强度极限值。基坑开挖前,支护结构对基坑应力的分布影响很小,最大应力方向为垂直方向,基坑开挖打破了天然土体原始的应力平衡状态,使土体中的应力重新分布,形成二次应力场。基坑底部(被动区)最大应力方向变为水平,基坑外侧则发生旋转。土的这种相对运动受到移动土体与不动土体间接触处的抗剪强度的阻抗,抗剪强度趋向于保持土体原来的位置,从而使得移动部分的土体应力降低,而不动部分的应力增加,当部分土体应力水平超过强度极限而向压力较小的基坑内侧发生塑性流动,则导致基坑隆起。从基坑隆起的机理来看,基坑隆起量的状态与基坑宽度有密切的关系。

王洪新研究认为,宽、窄的基坑开挖引起的变形形式和变形机制是不同的;孙晓科根据PLAXIS 数值模拟结果,认为基坑开挖存在两个临界宽度(图 3-4-12),第一临界宽度与第二临界宽度约为 2 倍关系。这里,将超过第二临界宽度的称为超临界宽度。

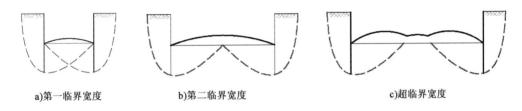

a)第一临界宽度　　　　　b)第二临界宽度　　　　　　　　c)超临界宽度

图 3-4-12　深大基坑隆起变形特征

当基坑开挖宽度小于第一临界宽度时,基坑对侧土体具有抗隆起作用(处于被动区),同时两侧支护结构间存在土拱效应,限制了基坑坑底的隆起。当基坑宽度超过第二临界宽度时,两侧支护结构滑移体不重合,基坑两侧土体不会相互影响,此时,坑底隆起将出现中间比两边小的情况。当基坑开挖宽度处于第一临界宽度和第二临界宽度之间时,基坑中点的隆起量最大,且隆起量随着基坑宽度的增加而增加。既有结构近接深大基坑时,假定既有结构发挥抗隆起的作用。

2)深大基坑隆起荷载的计算

(1)基坑隆起荷载的计算

基于弹性椭圆法,根据太沙基计算隧道仰拱压力的原理,提出一种确定深基坑底部隆起荷载的计算方法,为类似研究提供新的途径。计算隆起荷载时,采用德国西蒙推荐的主动压力系数 λ',见表 3-4-1。

西蒙主动压力系数

表 3-4-1

内摩擦角 φ(°)	主动压力系数 λ'	内摩擦角 φ(°)	主动压力系数 λ'
35	0.00	20	0.54
30	0.12	10	1.00
25	0.28		

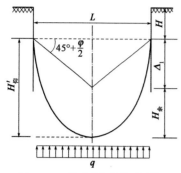

图 3-4-13　坑底隆起荷载计算模型

为了确定作用在基坑底部的隆起压力，引入一个荷载椭圆，见图 3-4-13。其作用宽度等于基坑的宽度（隆起荷载计算宽度），按太沙基拱的计算方法，可得式（3-4-31）：

$$H'_{仰} = \alpha(L + H) \tag{3-4-31}$$

式中：α——太沙基系数，当为黏性土时，$\alpha = 0.6$；

　　　　L——基坑宽度（m）；

　　　　H——基坑深度（m）。

从高度为 $H'_{仰}$ 的减去松散锥体的高度 V_1（自重方向与隆起荷载方向相反），得到椭圆形土体的高度。松散锥体的高度 V_1 由倾角 $\pi/4 + \varphi/2$ 的滑动面交切来确定，见式（3-4-33）、式（3-4-34）；再乘以西蒙主动压力系数 λ' 予以折减，见式（3-4-35）。

$$V_1 = \frac{L}{2}\tan\left(\frac{\pi}{4} + \frac{\varphi}{2}\right) \tag{3-4-32}$$

$$H_{余} = H'_{仰} - V_1 \tag{3-4-33}$$

$$H_{仰} = \lambda' H_{余} \tag{3-4-34}$$

取 1m 纵向基坑宽度，则最大值隆起荷载为：

$$q_{max} = \gamma H_{仰} \tag{3-4-35}$$

式中：γ——基坑范围内平均土体重度。

假若坑底有一层刚性结构体，则坑底各点的变形将产生一种使隆起荷载平均化的倾向，由此可以认为隆起荷载（椭圆形高度 $H_{余}$）沿坑底均匀分布，并按下式计算：

$$q = \frac{2}{3}\gamma\lambda'\left[\alpha(L + H) - \frac{L}{2}\tan\left(\frac{\pi}{4} + \frac{\varphi}{2}\right)\right] \tag{3-4-36}$$

式中：q——基坑底部的隆起荷载。

（2）基坑隆起荷载计算宽度

上述隆起荷载的计算方法假定基坑中心点隆起量最大，前述分析可知，当基坑宽度大于第二临界宽度时，并非基坑中心点隆起最大，与隆起荷载的计算假定不完全一致，因此，需要确定基坑隆起荷载的计算宽度。图 3-4-14 为隆起荷载计算宽度分析模型。

根据经典土压力理论，支护结构外侧主动区土体破坏时形成与水平方向成 $\pi/4 + \varphi/2$ 的滑裂面，支护结构内侧被动区土体破坏时形成与水平方向成 $\pi/4 - \varphi/2$ 的滑裂面。其中 AB 和 CD 为直线，滑裂面 BC 可假定为对数螺线，其方程为：

$$r = e^{\theta\tan\varphi} \tag{3-4-37}$$

式中：r——极半径（m）；

　　　　θ——极角，即螺线上任一法线与 x 轴的夹角（°）；

　　　　φ——压力角，即极径与螺线上任一点法向的夹角（为固定值，取土体内摩擦角）（°）。

如图 3-4-12 所示，基坑第一临界宽度计算公式为：

$$\delta = 2e^{\left(\frac{\varphi}{2} + \frac{3\pi}{4}\right)\tan\varphi}\cos\left(\frac{\pi}{4} - \frac{\varphi}{2}\right) = 2He^{\left(\frac{\varphi}{2} + \frac{\pi}{4}\right)\tan\varphi}\cos\left(\frac{\pi}{4} - \frac{\varphi}{2}\right) \tag{3-4-38}$$

式中:δ——基坑第一临界宽度;

　　H——支护结构插入深度;

　　φ——坑底土的内摩擦角。

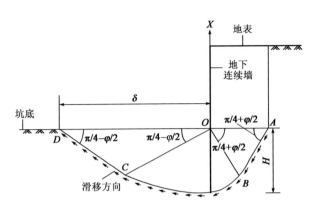

图 3-4-14　隆起荷载计算宽度分析模型

基坑第二临界宽度即基坑隆起荷载计算的极限宽度为 2δ,当基坑宽度大于极限宽度(超临界宽度)时,采用极限宽度作为基坑隆起荷载的计算宽度($L \leq 2\delta$)。

(3)坑底竖向荷载平衡法

以上推导了基坑隆起荷载的计算方法及隆起计算宽度取值方法,下面介绍基底隆起控制的坑底竖向荷载平衡法。该方法基于坑底竖向荷载平衡的基本原理,通过设置坑底高抗弯刚度($EI = \infty$)的加固层,利用主体结构基础桩(或另设置)和支护结构的抗拔作用,构建坑底加固体的竖向平衡力系。主体结构桩(抗压、抗拔桩)发挥在基坑开挖过中的压拔作用,使坑底竖向变形转换为压拔桩的桩身轴向变形。由于钢筋混凝土的弹性模量高,控制桩顶位移即可控制坑底的隆起变形,由此将坑底隆起变形控制问题转化为力的平衡问题。

结构平衡法假定基坑开挖前,通过抗隆起的设计与施工,使坑底平面在竖向满足平衡条件。通过坑底土体的改良构建刚性加固体,抗拔桩与加固土体实现刚性连接,基坑开挖过程中的隆起荷载通过坑底加固体与抗拔桩构建平衡的力学体系。

图 3-4-15 为基坑竖向变形控制的坑底竖向荷载平衡法力学模型,需满足式(3-4-39)的要求:

$$\sum_{i=1}^{n} N_i \geq \sum q \qquad (3-4-39)$$

式中:N_i——抗拔桩、支护结构等提供的抗隆起承载力(kN);

　　q——坑底隆起荷载(kN)。

竖向荷载平衡法要在基坑开挖前对坑底进行 3~5m 厚度的土层加固,形成刚性受荷体,基坑土体加固可采用深层搅拌法、注浆或高压喷射注浆法等,加固方法的选择应综合考虑土质条件、加固深度、环境要求、场地条件及工期要求等因素。

竖向荷载平衡法控制竖向变形的另一项重要措施是设置抗拔桩。其应结合主体结构桩基,满足抗拔承载力和刚度的要求,并在基坑开挖前实施。

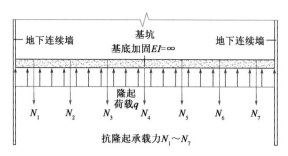

图 3-4-15　坑底竖向荷载平衡法力学模型

3）工程应用

（1）工程概况

天津地铁思源道站拓建工程深大基坑岛式开挖法见图 3-4-16。拓建工程分布于既有运营地铁思源道站主体结构两侧，为地下三层空间结构，上盖物业为地面三层裙房 + 6 栋高层建筑；基坑为不规则形状，东侧基坑沿思源道站长 191.08m，垂直方向最宽 107.57m，基坑开挖面积约 1.25 万 m²；西侧基坑沿思源道站长 145.113m，垂直方向最宽 95.778m，开挖面积约 0.85 万 m²。基坑底为黏性土，拓建工程基坑深 $H = 16$m，地下连续墙厚 800mm，深度 32m，地层平均重度 $\gamma = 20$kN/m³，内摩擦角 $\varphi = 13°$。

与新建工程基坑不同的是，拓建结构基坑工程除了要满足基坑稳定与安全外，应严格控制基坑隆起变形对既有结构的影响。思源道站基坑隆起变形如图 3-4-17 所示。在软土地区的深大基坑工程中，采用环形支撑岛式开挖法，保留基坑中心土体，以降低软土深大基坑隆起变形的时空效应。

近接拓建的深大基坑工程对既有结构变形的影响是基坑工程设计和施工控制的重点，以城市轨道交通隧道结构的变形控制为例，《城市轨道交通工程监测技术规范》（GB 50911—2013）给出既有隧道变形位移控制值，隧道结构上浮累计值控制在 5mm 以内，见表 3-4-2。

下面以天津地铁思源道站拓建地下工程为例，论述基于坑底竖向荷载平衡法抗隆起措施的具体应用。

（2）思源道站隆起荷载计算

思源道站基坑深度为 $H = 16$m、土层内摩擦角为 $\varphi = 13°$，代入式（3-4-38）得第一临界宽度 $\delta = 25$m；当基坑宽度大于 50m 时，基坑两侧对隆起相互无影响。思源道站两侧基坑宽度均大于 50m，因此采用第二临界计算宽度 50m 作为隆起荷载的计算宽度。

基坑纵向取 1m 宽度，将 $\gamma = 20$、$\varphi = 13°$、$\lambda' = 0.95$、$\alpha = 0.6$、$H = 16$、$L = 50$ 代入式（3-4-36），计算思源道站隆起荷载为：

$$q = \frac{2}{3}\gamma\lambda'\left[\alpha(L + H) - \frac{L}{2}\tan\left(45° + \frac{\varphi}{2}\right)\right]$$
$$= \frac{2}{3} \times 20 \times 0.95 \times \left[0.6 \times (50 + 16) - \frac{50}{2}\tan\left(45° + \frac{13°}{2}\right)\right]$$
$$= 103\text{kN/m}^2$$

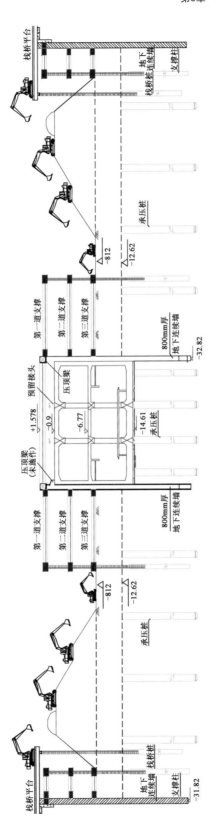

图3-4-16　岛式开挖法示意图（高程单位：m）

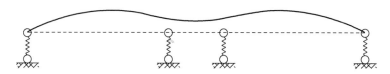

图 3-4-17　地铁思源道站基坑隆起变形示意图

隧道结构监测数据控制值　　　　　　　　　　　　　　表 3-4-2

监 测 项 目	累计值（mm）	变形速率（mm/d）
隧道结构沉降	$3 \sim 10$	1
隧道结构上浮	5	1
隧道结构水平位移	$3 \sim 5$	1
隧道差异沉降	$0.04\% L_s$	—
隧道结构变形缝差异沉降	$2 \sim 4$	1
隧道结构变形缝开合度	$1 \sim 2$	—

注：L_s 为沿隧道轴向两监测点间距。

故转换为平面隆起荷载为 $103 \mathrm{kN/m^2}$。

（3）深大基坑隆起变形控制措施

思源道站拓建工程主体结构采用钢筋混凝土钻孔灌注桩基础，桩径 700mm，基坑底以下有效桩长 27m，单桩竖向极限承载力标准值为 4000kN，单桩抗拔极限承载力标准值为 2800kN。

图 3-4-18 为天津地铁思源道站拓建工程局部桩基布置图，取图中填充区域为研究对象，填充区面积 103.9m²，共有 9 根桩，计算如下。

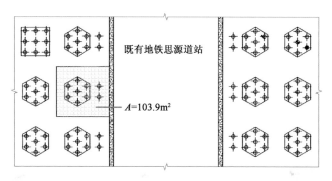

图 3-4-18　拓建工程局部桩基布置图

①隆起荷载：$103 \mathrm{kN/m^2} \times 103.9 \mathrm{m^2} = 10702 \mathrm{kN}$。

②抗拔桩抗隆起承载力：$2800 \mathrm{kN} \times 9 = 25200 \mathrm{kN}$。

③抗隆起承载力安全系数：$25200/10702 = 2.355$。

假定桩底端锚固较好，竖向变形为零，则基坑开挖过程中，坑底的隆起量等于桩身轴向的弹性伸长。本工程桩径 700mm，配筋 19 ⌀ 25，C35 混凝土，单根钢筋截面面积 490.9mm²，钢筋弹性模量为 $2.00 \times 10^5 \mathrm{N/mm^2}$，C35 混凝土弹性模量为 $3.15 \times 10^4 \mathrm{N/mm^2}$，单根桩受到的隆起荷载为 1189 kN，根据式（3-4-40）计算得出桩身最大轴向拉应变为 1.4×10^{-5}，即便桩全长受拉，则坑底最大隆起变形仅为 0.189mm。

$$\varepsilon = \frac{N}{E_1 A_1 + E_2 A_2}$$　　　　　　　　(3-4-40)

式中: N——单根桩承受的隆起荷载 $N = 10702/9 = 1189(kN)$;

　　A_1、A_2——分别为桩横截面纵向钢筋和混凝土的截面面积;

　　E_1、E_2——分别为钢筋和混凝土的弹性模量。

　　与工程实践不同的是,上述计算假定坑底有加固刚性土层,同时假定桩底可靠锚固。因此,基坑隆起量计算结果远小于思源道站轨道结构实测最大隆起量(4mm)。为了进一步提高桩基的抗拔能力,软土地区可采用扩底抗拔桩,形成桩身与土体的"摩擦剪切"和扩大头附近土体"压缩冲剪"共同控制的破坏模式,以提高抗隆起能力。

　　4) 结论

　　针对近接既有结构深大基坑拓建工程,研究基坑隆起变形的力学机理,并提出相应的隆起荷载及抗隆起变形的计算方法和控制措施,得出如下结论:

　　(1) 拓建工程的深大基坑隆起变形控制是保证既有结构运营安全的重要保障,常规的基坑抗隆起稳定性验算针对的是支护结构的稳定,无法满足既有结构对隆起变形的严格要求,必须在保证基坑支护安全的基础上采用新的抗隆起变形的计算方法和措施。

　　(2) 坑底竖向荷载平衡法将坑底隆起变形控制问题转化为力的平衡问题,可实现对基坑隆起变形的有效控制,采用坑底刚性加固体和抗拔桩是控制基坑隆起的重要措施。

　　(3) 控制坑底隆起的抗拔桩应结合拓建结构的桩基础进行设计(永临结合),并加强邻近既有结构第一临界宽度内的抗隆起措施,抗拔桩和坑底土体加固均应在基坑开挖前实施。

　　(4) 基于弹性椭圆法的基坑隆起荷载的计算方法和相关计算公式,为拓建工程基坑隆起荷载的计算方法和隆起变形控制提供了一个新方法,相关计算参数有待进一步在实践过程中修订完善。

3.4.4　密贴下穿既有地下工程施工力学转换

　　隧道密贴下穿既有地铁站是以城市轨道交通站点为中心进行网络化拓建的重要方式之一,也是地下空间网络化拓建施工中风险最高、技术难度最大的拓建方式。相对于新建工程,拓建工程在既有地下工程建造和运营后的应力平衡状态下进行,初始地应力条件更加复杂。拓建开挖改变了既有结构的边界约束状态,影响既有结构的结构安全和运营安全;同时,既有结构也会影响地层应力的分配和传递,反作用于拓建结构。拓建结构、既有结构、地层相互作用成为地下空间拓建施工的重要特征。

　　暗挖法是密贴穿越工程中普遍采用的开挖方式,其中以小扩大为特征的交叉中隔壁法(CRD 法)和洞桩法(PBA 法)是较常用的两种工法,尤以洞桩法在大断面隧道拓建中应用广泛,相关专家学者也做了大量的洞桩法穿越既有隧道的变形规律及安全控制研究。Jun Liu、陈嘉、张成平、王剑晨等通过对洞桩法施工过程的变形规律研究,提出由于群洞效应的影响,导洞施工阶段是沉降变形的主要阶段,其次为扣拱阶段和土体开挖阶段;牛晓凯和赵江涛等以北京地铁 15 号线奥林匹克公园站密贴下穿大屯路隧道为例,比较分析了洞桩法多导洞施工的差别,指出采用暗挖4导洞且边导洞先开挖为最优施工方案。孟令志通过试验分析、数值计算与现场监测相互验证的方法,研究了"超前深孔注浆 + 6导洞PBA + 边桩顶升"密贴下穿既有隧道的施工方法。张振波和李骥研究了北京地铁6号线西延工程苹果园站8导洞PBA工法密贴下穿既有车站的变形特征,分析了提升注浆和丝杠支顶的作用效果。杜文等对长春地铁1号线卫星广场站下穿轻轨3号线工程进行了研究,认为下穿段负一层顶板与轻轨隧道底板密贴接触,既有车站变形通常表现为块体刚性,下穿施工过程中,结构最危险截面位于顶升千斤顶处和变形缝处。张钦喜、寇鼎涛、李泽钧等研究了土层深孔注浆预加固在拓建工程密贴下穿中的应用效果。Thayanan等针对城市地下空间拓建施工对既有结构的影响,进行了一系列三维离心试验,提出并讨论了新建隧道开挖对既有隧道的影响范围。陶连金等针对平顶直墙结构形式在密贴下穿工程中的大量出现,提出了变形分配与受力转换、施工的沉降机理和地震响应等有待进一步研究的问题。

以上隧道下穿既有地下工程的研究方法,主要基于连续介质力学构建数值模型,重点研究不同的导洞施工顺序、注浆加固等施工措施对既有结构和地表沉降的影响,侧重对既有设计及施工方案进行数值计算并加以分析讨论;另外,数值方法的弱点是就事论事,且计算机程序对应用者而言具有黑箱效应,需要应用者具有对地层的结构性态进行概念分析和近似估算、对数值成果可靠性给出判断的能力。本书采用结构概念分析的方法,研究密贴下穿施工中应力传递路径和变形控制,对洞悉拓建施工过程中的力学机理并灵活应用,具有重要的指导作用。

1)隧道密贴下穿既有结构分析要点

(1)工程概况

北京地铁6号线西延拓建现有北京地铁1号线苹果园站,新建主体结构下穿段全长52.4m,为两层三跨箱形框架结构,斜向70°角密贴下穿既有1号线苹果园站主体,为一级安全风险源,拓建下穿段上层为站厅层,下层为站台层,顶板覆土(含既有1号线)约11.759m,底板埋深约27.029m。既有1号线苹果园站建于20世纪60年代,为地下侧式站台,穿越段为单层四跨和五跨框架结构,层高6.8m,明挖法施工,覆土约4.9m。新建结构与既有地铁1号线苹果园站位置关系如图3-4-19所示。

勘察资料表明,新建车站结构位于第四纪晚更新世冲洪积层(Q_3^{al+pl}),为砂卵石地层,黏性土填充,局部含砾石;地下水位位于拓建车站底板以下10.4m左右。

该拓建工程下穿段采用洞桩法(8导洞)施工,导洞采用"先上后下,先边后中,对称开挖"的方法;为减小对既有地铁1号线苹果园站的影响,采用小导洞周边深孔注浆、丝杠支顶、CD法开挖上层导洞之间土体等工程措施。

(2)结构概念分析的意义

结构概念分析是最为实质性的,其特点是使用最简单的力学基础知识来进行结构概念分析。将结构复杂的力学现象隐藏起来,而将其表达为简单的静力学问题,这就很容易被工程师们理解并付诸应用。顾宝和也认为,概念是客观规律的科学概括,是本质、是理性,有深刻的内涵。掌握基本概念是岩土工程从业人员必备的素质,是贯彻岩土工程科学性的集中体现。

岩土工程理论不像其他学科那么严密,它是一门实践性很强,需要采用概念分析理念的学科。对从事地下工程的技术和科技工作者而言,定性分析和估算更是必备的基本技能。下面依托北京地铁 6 号线密贴下穿 1 号线苹果园站工程,就拓建施工力学转换相关的几个关键问题,进行概念性的示例探讨。

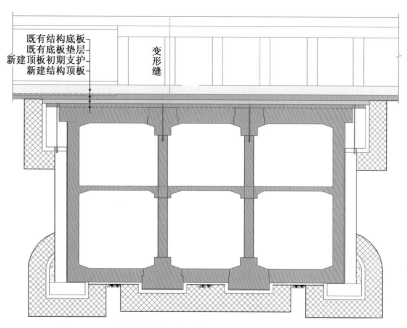

图3-4-19　新建结构与既有地铁 1 号线苹果园站结构位置关系图

(3)力流与支撑刚度

土层既是荷载又是结构,荷载在结构中传递的几何轨迹构成"力流",有方向和大小两个特征。它总是按最短、最流畅的几何路径传递,刚度越大,力流传递越强。下面基于刚度理论研究洞桩法导洞开挖过程中,拓建结构平顶密贴既有车站结构底板时,控制竖向应力分配大小和方向的方法。

浅埋砂卵石地层几无蠕变效应,可以认为开挖循环时应力释放具有瞬时性。地层和导洞支护刚度对荷载分配具有"刚者多劳"的特点,刚度大,意味着分担的荷载大,需要的支护强度也越高。因此,强度与刚度在拓建工程的受力转换过程中,相伴相随,缺一不可。

图 3-4-20 为导洞上覆荷载分布示意图。假定既有结构为刚性体,忽略其弯曲变形对内力分配的影响。图中 q 为来自既有结构的竖向压力,K_1 表示导洞两侧土体对既有结构底板的支撑刚度,K_2 表示导洞初期支护对底板的支撑刚度,K_3 表示导洞掌子面前方土体对底板的支撑刚度。B 表示导洞开挖宽度,L 表示导洞开挖循环进尺(是指封闭成环初期支护到掌子面的距离)。

假定既有结构为刚性体,当上导洞单循环毛洞四周对结构底板的支撑刚度呈双向对称时,导洞顶部荷载将根据周边支撑刚度(K_1、K_2、K_3)的大小分配。通常情况下,导洞的开挖宽度 B 要大于进尺 L,假定周边支撑刚度相等($K_1 = K_2 = K_3$),从几何上判断,上覆荷载 q 主要向毛洞的前后(纵向跨度小、刚度大)传递,导洞两侧土体分担荷载小。若上述假定成立,下面分析导洞上覆荷载分配对后续开挖的影响。

导洞上覆荷载 q 向毛洞的前后传递,主要分配给支护结构和掌子面核心土,需要初期支护满足相对较高的承载能力和支护刚度(K_2)。然而,喷射混凝土强度和刚度的形成需要时间,初期支护的支撑刚度也受到初期支护背后填充密实性和连续性的影响,这些显然不能在开挖和支护的单次循环中实现;掌子面前方核心土分担的荷载大,不利于掌子面的稳定,往往要采用台阶法施工,这无疑会增加初期支护封闭的循环进尺 L;上层导洞形成后,导洞初期支护传递的荷载大,则开挖下层导洞时的群洞效应更显著;人工开挖边桩和中柱孔时,需要在导洞下方继续开挖卸载。因此,如果导洞形成过程中,将导洞上下作为主要竖向承载体,不利于控制既有结构竖向变形。洞桩法密贴下穿施工中,应控制上部既有结构荷载传向导洞两侧土体,避免将上覆荷载过多的分配至导洞初期支护和掌子面区域,可以充分利用砂卵石地层便于注浆改良的特点,超前加固导洞两侧土体,形成高强和高刚的受力传力体,提高其对既有结构的支撑刚度,降低洞群效应对沉降控制的不利影响。

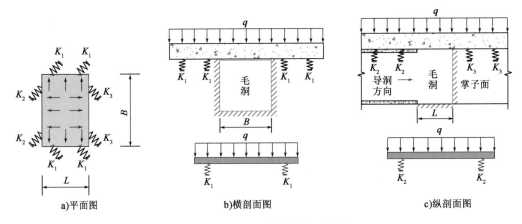

图 3-4-20　导洞上覆荷载分布示意图

（4）土层破坏强度

图 3-4-21 为莫尔—库仑强度破坏示意图,最简单的包络线是线性的,其表达式为:

$$\tau_f = c + \sigma \tan\varphi$$

或表示为:

$$\frac{\sigma_1 - \sigma_3}{2} - \frac{\sigma_1 + \sigma_3}{2}\sin\varphi - c\cos\varphi = 0 \qquad (3\text{-}4\text{-}41)$$

式中:c——土体的黏聚力(kPa);

　　　φ——土体的内摩擦角(°);

　　　σ——主应力(MPa),$\sigma_1 > \sigma_2 > \sigma_3$。

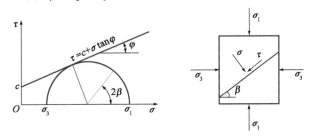

图 3-4-21　莫尔—库仑强度破坏示意图

莫尔—库仑屈服准则适用于均质各向同性土体,其物理意义在于,当某个剪切面上的剪应力与主应力之比达到最大时,材料就发生剪切破坏,同时,该准则解释了土层在三向等压时不会破坏的原因。

显然,预防土层的剪切破坏一方面要提高结构的抗剪强度(c、φ 值),另一方面要降低土层的剪应力。实践证明,对于砂卵石地层,注浆加固是提高土层稳定性和自身强度的最有效途径之一。导洞开挖后,上覆荷载向导洞两侧分配集中,导洞间所夹土柱承受的竖向应力(σ_1)增加。因此,导洞支护应及时施作,并同步进行支护背后的回填灌浆,或者采用土柱两侧对拉预紧力,提高对土柱的侧向阻力(σ_3),以降低土层的剪应力。

有效应力原理占经典土力学理论的"半壁江山"。土的抗剪强度有总应力抗剪强度与有效应力抗剪强度之分。式(3-4-41)所表述是总应力抗剪强度。总应力与有效应力之差,即在于对法向应力采用总法向应力 σ,还是采用扣除孔隙压力 u 以后的有效法向应力 σ',其关系为:

$$\sigma' = \sigma - u \tag{3-4-42}$$

在有水的情况下,应重视有效应力抗剪强度,因为它更能反映土抗剪强度的本质。

$$\tau_f = c' + \sigma'\tan\varphi' = c' + (\sigma - u)\tan\varphi' \tag{3-4-43}$$

式中:c'、φ'——有效黏聚力和有效内摩擦角,它们与 c、φ 值是不同的。

在给定的总应力下,土体中形成正孔隙水压力将降低其抗剪能力。

土的抗剪强度受到很多因素的影响,除了土本身的性质之外,还受到试验方法、试验条件及数据整理方法等影响,因此,在测定和应用土的抗剪强度时应十分审慎,务使其尽量符合土体实际运用情况,工程实践中应特别重视水对施工安全的危害。

(5)弯曲变形

对于洞桩法密贴下穿工程中,既有结构底板、导洞的支护结构、边桩及车站边墙均具有弯曲变形的特征。因此,对杆件弯曲刚度效应的深刻理解是施工转换力学分析的重要基础理论。下面结合单跨梁的挠曲问题,分析结构弯曲刚度属性及其工程应用。

图3-4-22为梁弯曲变形示意图。不同的梁端约束条件和不同的荷载类型下,梁跨中挠度计算表述为式(3-4-44)~式(3-4-47)。

简支梁均布荷载:

$$V_1 = \frac{5qL^4}{384EI} \tag{3-4-44}$$

固端梁均布荷载:

$$V_2 = \frac{qL^4}{384EI} \tag{3-4-45}$$

简支梁集中荷载:

$$V_3 = \frac{PL^3}{48EI} \tag{3-4-46}$$

固端梁集中荷载:

$$V_4 = \frac{PL^3}{192EI} \qquad (3\text{-}4\text{-}47)$$

式中:q——作用在梁上的均布荷载;

$\quad\quad P$——作用在梁跨中的集中荷载(kN);

$\quad\quad L$——梁的跨度(m);

$\quad\quad E$——梁材料弹性模量(MPa);

$\quad\quad I$——梁截面弯曲方向惯性矩(m^4)。

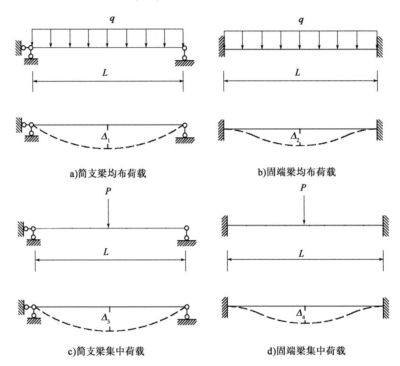

图 3-4-22　梁弯曲变形示意图

　　比较上述公式可知,受弯构件的变形除了与梁端约束和荷载分布状态及大小有关外,与其弯曲刚度 EI 成反比,而与跨度 L 的 n 次幂成正比。在相同的梁截面和材料条件下(EI 相同),均布荷载作用下简支梁的挠度为固端梁的 5 倍($V_1 = 5V_2$),集中荷载作用下简支梁的挠度为固端梁的 4 倍($V_3 = 4V_4$),说明了梁端部的约束刚度对其挠曲变形的影响;假定梁受到的总荷载相同($P = qL$),简支—集中荷载下的挠度是简支—均布荷载下的 1.6 倍($V_3 = 1.6V_1$),固端—集中荷载作用下的挠度是固端—均布荷载下的 2 倍($V_4 = 2V_2$),说明荷载的分布对其挠曲变形的影响。实际工程中,初期支护与土层和既有结构底板的密贴,及支护背后的回填灌浆,均可避免支护压力集中,受弯构件的端部采用刚性构造,可降低支护的弯曲变形。

　　式(3-4-44)~式(3-4-47)还表明,提高 EI,尤其是提高结构截面惯性矩 I 可以提高梁的刚度,在截面面积不变的情况下,采用面积分布远离中性轴的形状,通过增大截面惯性矩,从而提高弯曲刚度、降低弯曲应力。工程实践上,可以增大构件弯曲方向的截面高度,采用工字钢、箱形截面等;由于梁的挠度与其跨度的 n 次幂成正比,设法缩短梁的跨度,能显著提高其刚度,工程实践上采用小断面开挖、设置临时中隔壁或水平撑杆、降低循环进尺等均是通过减小跨度降低弯曲变形的具体措施。此外,改变结构形式是提高刚度的重要方式,例如梁结构改拱结构,其弯曲变形会显著减小,密贴下穿工程中,采用平顶直墙,与常规拱形导洞相比,顶部支撑刚度小,需要通过增加支护断面等方面提高刚度;对导洞侧墙来说,降低土压力亦具有减小变形的作用,导洞间土柱改良,提高土层的刚度,降低侧压力系数。

(6)压杆稳定

上述分析表明受弯杆件的杆端约束越强,杆的抗弯能力就越大。同样的,轴心受压直杆的临界压力 F_{cr} 也受到杆端约束情况的影响,杆端约束越强,其临界力也越高。对于各种杆端约束的情况,细长中心受压等截面直杆临界力的欧拉公式为:

$$F_{cr} = \frac{\pi^2 EI}{(\mu L)^2} \tag{3-4-48}$$

式中:EI——截面的抗弯刚度(N·m²);

　　　L——杆的几何长度(m);

　　　μ——压杆的长度因数。

μ 根据杆端约束情况取值,一端固定一端自由时 $\mu = 2$,两端铰支时 $\mu = 1$,一端固定一端铰支时 $\mu = 0.7$,两端固定时 $\mu = 0.5$。可以看出,在压杆几何、物理力学参数不变,两端固定时的临界荷载是两端铰支时的4倍,是悬臂状态下的16倍。临界力的欧拉公式中,I 为横截面对某一形心主惯性轴的惯性矩,若杆端在不同方向的约束情况不同,应取不同方向的约束及惯性矩进行计算。洞桩法密贴下穿既有结构时,钢管混凝土柱和支撑丝杠均具有压杆的受力特征,应重视杆端约束对其临界荷载的影响。例如,丝杠在顶纵梁未浇筑,且未顶紧的情况下,可以近似的看作底端固定,上部自由;当丝杠顶紧时,可以近似的看作底端固定,上部铰支。对于钢管混凝土柱来说,当竖向体系形成,而横向结构(顶板,底板)未施工时,此时底纵梁和顶纵梁在横向均可看作对钢管柱端的固定铰支,在纵向则可看作对钢管柱端的固支,钢管柱的几何长度为钢管柱的全高,构件的长细比比最终状态大,杆端约束比最终状态弱,降低了结构的稳定性和极限承载力。

以上欧拉压杆的临界荷载假定压杆中心受压,材料均匀无缺陷且未考虑材料的强度,实际工程中,不可避免存在结构材料初始缺陷、安装的垂直偏差、荷载的偏心以及由此引起的 $P\text{-}\Delta$ 效应(几何非线性效应),这些均可降低压杆的极限承载力,在竖向受力构件及水平支撑等受压杆件施工时,应重视上述影响压杆稳定和极限承载力的因素。

(7)既有结构的竖向位移控制

既有结构竖向位移是开挖引起土层竖向应力集中产生的压缩变形,并由于不均匀沉降而导致的结构倾斜或者沉降缝两侧差异沉降变形。既有结构竖向沉降的力学转换包括两个主要阶段:一是导洞形成过程中,导洞间土柱的压缩变形;二是竖向承载结构形成后,开挖导洞间土柱过程中,竖向承载体系稳定性以及既有结构与新建承载体系间的密贴性。

在对力流和支撑刚度分析中,建议对导洞间土体提前预加固,使得导洞开挖之前,导洞间土形成竖向高刚高强的土柱结构,作为抵抗导洞开挖过程既有结构变形的主要承载体。土柱的变形包括压缩和剪切两种,相应注浆加固分别提高土柱的压缩模量(E_s)和剪切模量(G_s)。

均质土柱压缩变形量计算可简化为：

$$\Delta_{\mathrm{S}} = \frac{\Delta\sigma_1}{E_{\mathrm{S}}}H \tag{3-4-49}$$

式中：Δ_{S}——导洞间土柱的压缩变形量(m)；

$\quad\quad\Delta\sigma_1$——导洞开挖前后土柱应力增量(MPa)；

$\quad\quad E_{\mathrm{S}}$——加固后土柱压缩模量(MPa)；

$\quad\quad H$——土柱高度(m)。

该式表明,降低压缩变形量的有效方法是降低土柱的应力增量 $\Delta\sigma_1$(土柱全宽加固),提高土柱加固后的平均压缩模量 E_{S}(全高加固)。

当桩和柱的竖向承载构件形成后,由于桩、柱本身的结构刚度大,随着导洞间土柱的开挖,其力学分析重点是既有结构底板荷载由丝杠传递至钢混凝土柱及边桩,既有结构和新建结构竖向传力构件的上下贯通性差,丝杠顶部工字钢与结构接触面小,这种情况下,混凝土板的抗剪切(冲切)及局部受压验算、钢管混凝土柱在两层净高下的稳定性、钢管混凝土柱的安装的垂直度,以及边桩在侧压力作用下的弯曲变形,应作为竖向变形控制重点考虑的力学问题。

对于砂卵石地层,注浆加固作为控制竖向变形的有效举措,其作用:一是改变土层的物理力学性能;二是改变土的应力状态,使剪应力达到抗剪强度的区域最小,甚至没有,以增加土体的稳定性。下穿工程顶板施工完后,应适时对既有结构底板进行回填压注抬升,以控制既有结构过大沉降变形,改善新旧结构接触状态,常规采用的水灰比 0.8 ~ 1.0 的水泥浆液凝固后收缩大,后期再补充注浆不易实施且效果不易保障,因此,回填压注应采用高强无收缩浆液。

2) 密贴下穿既有结构力学转换分析

对任何一项工程来说,其结构所受的荷载可以分解为水平向和竖直向,与之对应,结构承载体系可以划分为水平抗力体系和竖向抗力体系。拓建结构采用多步序施工,其施工安全主要是控制好抗力体系(土层和支撑结构)在开挖和支护阶段的强度破坏和刚度变形,尤其是在支护的力学转换前后,施工力学分析的重要性和必要性更加突出。因此,需要反映施工的动态演化过程,找出关键工序的受力薄弱点,采取相应措施,尽量减轻对既有结构的边界条件改变。下面用结构概念分析的图示方法(表 3-4-3),研究密贴下穿既有结构施工过程中的力学转换特征。

洞桩法密贴下穿既有结构施工阶段概念分析　　　　　　　　　　　　表 3-4-3

序号	施工步骤	结构概念分析图	力学特征
1	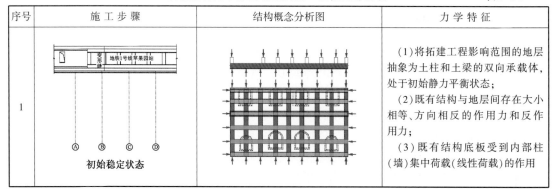 初始稳定状态		(1)将拓建工程影响范围的地层抽象为土柱和土梁的双向承载体,处于初始静力平衡状态; (2)既有结构与地层间存在大小相等、方向相反的作用力和反作用力; (3)既有结构底板受到内部柱(墙)集中荷载(线性荷载)的作用

序号	施 工 步 骤	结构概念分析图	力 学 特 征
2	上层边导洞施工		（1）上层边导洞开挖，隔断了上导洞区域上层竖向土柱和水平土梁的传力路径，上覆荷载和水平侧压力绕过导洞向大刚度实体传递，导洞周围土层应力增大； （2）平顶初期支护无拱效应，注意弯曲刚度及弯曲应力的影响，支护截面宜适当加大，跨度宜小； （3）在导洞开挖前，将两侧土体注浆加固，形成高刚高强的竖向土柱，主动承接开挖引起的应力分配，并控制压缩变形量
3	上层中导洞施工		（1）上层中导洞施工，进一步阻断部分土柱的竖向承载体，使导洞间土柱的竖向应力进一步增加； （2）导洞间土柱应全高全宽加固，形成上下连续的大刚度承载体； （3）为了提高初期支护对土柱的侧向约束，导洞初期支护背后应及时回填灌浆，亦可设置预应力拉杆加强，或设置临时横撑； （4）随着土柱发挥支撑作用，既有结构底板的支撑反力位置和大小同步发生改变
4	下层边导洞施工		（1）下层边导洞施工阻断了下部水平传力路径，上下层导洞间的水平土梁起到重要的水平支撑作用，出现水平方向的应力集中； （2）假定通过上层导洞初期支护传下的竖向荷载大，则下导洞开挖对沉降变形影响大，群柱效应显著； （3）土柱底部出现应力集中，应重视底部地基的加固问题
5	下层中导洞施工		（1）下层中导洞施工后，导洞间土柱成为竖向承载的主体，其刚度和承载力是决定导洞施工引起竖向变形的主要因素； （2）导洞间土柱刚度的形成必须在导洞开挖前完成，以便承接导洞开挖阶段应力分配至导洞间土柱，降低下导洞开挖引起的群洞效应

序号	施 工 步 骤	结构概念分析图	力 学 特 征
6	 边桩及中柱的施工		（1）边桩和中柱施工，应注意防止塌孔； （2）将导洞间土柱作为主要竖向承载体，避免边桩和中柱的人工成孔区域应力过大； （3）注意边桩冠梁、边桩基础与外侧初期支护之间填充密实； （4）尽管桩、柱尚未开始承担竖向荷载，但要与既有结构底部密贴； （5）注意桩、柱的安装垂直度，避免二阶效应（P-Δ 效应）； （6）注意桩基及柱基地基的承载力问题
7	 上层土体开挖，顶板施工		（1）上层土体开挖，原有导洞间土柱承担的竖向荷载转移至结构桩、柱； （2）丝杠—工字钢对既有结构底板局部应力集中，既有结构底板的支撑位置再次发生改变； （3）围护桩开始承担抗侧向土压力的作用； （4）此阶段钢管混凝土柱承担的竖向荷载大，长细比大，结构顶、底板施工前，柱两端约束弱，注意钢管柱的稳定性和桩、柱的临时水平支撑设置的必要性研判
8	 结构中板施工		（1）结构中板施工，提供了桩、柱的水平支撑，改变了桩的弯曲应力分布，降低了柱的长细比，提高了柱的稳定性； （2）注意待中板达到一定强度后，方可继续土方开挖或拆除临时横撑； （3）适时对既有结构底板进行无收缩浆液的压注填充，根据既有地铁运营对沉降监测的要求，压注抬升既有结构底板； （4）压注抬升应考虑既有结构底板的承载能力和裂缝控制要求

序号	施 工 步 骤	结构概念分析图	力 学 特 征
9	下层土体开挖		(1)边桩承受较大的侧压力,注意中板结构发挥水平支撑作用的时机; (2)注意桩、柱条形基础的地基承载力问题; (3)注意下层桩、柱底部稳定性问题,是否需要临时支撑; (4)顶板、中板和边墙为压弯结构、中间柱为轴压或偏压结构、纵向梁则为受弯或弯扭结构,主体结构施工应考虑此基本受力状态
10	结构底板施工		(1)结构底板施工前,注意基底的加固、清除虚渣等; (2)注意底板结构施工缝的防水及结构强度和整体刚度的连续性; (3)施工过程,监测既有结构变形缝两侧的不均匀变形问题; (4)信息化设计和施工在拓建工程中具有重中之重的地位,应配合施工阶段的力学判断和监控量测资料,适时调整变形控制措施,保护既有结构安全

3)结论

本节以洞桩法密贴下穿既有地铁站为例,阐述施工阶段概念分析的方法及其基本的力学要点,以期在地下空间网络化安全拓建的设计和施工时有一个比较清晰的认识基础,并对有关结构概念分析的知识应用到实际问题上去的技术加以发展。主要结论如下:

(1)洞桩法密贴下穿既有结构的施工力学转换应遵循"先替代,后转换"的原则,导洞开挖前构建高刚度的支撑转换系统,通过调整支撑刚度控制应力传递路径,控制地层变形对既有结构的影响。

(2)隧道工程施工风险在于开挖和支护过程的力学转换阶段,而非最终状态。可以将受到拓建施工影响范围的土层简化为梁、柱或桁架的杆系模型,运用结构概念分析法对密贴下穿施工过程中的力学转换进行定性分析,判断和控制应力流的流动方向,用于指导隧道设计和施工,并可以对数值计算模型构建的合理性及计算结果的正确性进行研判。

(3)地下空间的网络化拓建存在新旧结构的相互作用,力学关系复杂,既有地铁站的结构安全和运营安全提高了对施工变形控制的要求,这些都需要通过力学分析加以保障,探寻其蕴含的力学机理,作为施工方案选择和风险识别、评估和控制的依据。

3.4.5 连通接驳等效刚度加固机理及方法

随着人口向大城市聚集,在有限的城市地表空间前提下,向地下空间发展成为未来大城市发展的唯一选择。目前,以城市商业中心为核心和以轨道交通站点为核心的地下商业街、地下停车、地下餐饮等物业形态越来越多,但由于建造时空的不连续,地下空间的连通性和系统性差,有必要进行基于既有结构的城市地下空间拓建改造,实现不同区域和不同时期建造的地下设施互连互通、消隐扩能、功能整合。

在既有地下空间的基础上,建设多维度、网络化、一体化的城市地下空间,新旧结构接驳必然要解决既有结构开洞的问题,如北京地铁王府井站、苹果园站、宣武门站,天津地铁思源道站等都存在大量的地下结构侧墙开洞加固与凿除难题。地下空间结构具有高次超静定的特征,既有结构墙、板开洞后,导致原结构外部和内部约束条件和荷载传递路径发生变化,进而改变局部结构的受力状态,可能对结构的长期安全构成威胁。

甘露结合西安地铁换乘站的改造,研究了侧墙结构不同开洞方式对结构内力分布的影响,结果表明,侧墙开洞对临近跨的梁柱及楼板内力影响较大;薛建阳等研究了轨排井侧墙开洞改造时,侧墙内侧增设壁柱和拱形结构方案的受力特点。在工程实践中,侧墙开洞常采用"边开洞、边加固"的方式,其主要施工步序如图 3-4-23 所示。

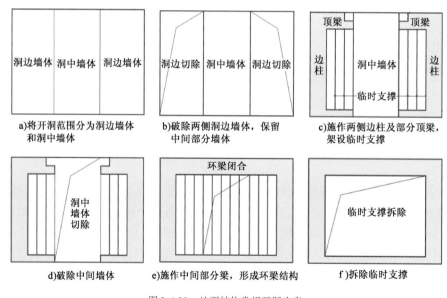

图 3-4-23　地下结构常规开洞步序

张长泰、李储军等研究了侧墙开洞的力学状态,侧墙开洞后洞顶结构由受压区转变为受拉区,洞口两边竖向压力突增,且随着墙体开洞跨度的增加,既有结构变形和内力均显著增大。侧墙开洞应遵循"化整为零、随开随支"的原则,即洞口加固应封闭成环,以抵抗由于侧墙开洞引发的洞口周边结构复杂的内力变化。

目前,建筑结构的加固侧重强度的校核,对以结构刚度控制为中心的加固方法研究较少。

对于拓建工程连通接驳来说,结构强度满足开洞时的即时安全,并不代表既有结构的永久安全;更重要的是,开洞改变了结构的刚度属性,结构动力特性和内力分配因而也受到刚度的影响。《混凝土结构加固设计规范》(GB 50367—2013)提出避免对未加固部分,相关的结构、构件和地基基础造成不利影响,从力学上讲,正是从"刚度"层面提出对结构加固的要求。由于针对结构开洞加固的刚度问题的研究较少,在进行结构强度校核时,加固环梁截面往往凭经验设定,缺乏力学依据。

图 3-4-24 为网络化拓建连通接驳开洞加固的两阶段两状态结构设计评估方法,图中加固是指洞口的永久性加固,不加固是指无永久加固(有或无临时加固);开洞阶段是指按开洞时实际荷载验算,极限状态是指按结构的极限荷载条件验算;正常使用是指变形及裂缝等影响使用功能的验算,承载能力指影响结构安全的强度验算。在既有结构开洞前先进行开洞阶段的安全评估,第一种为开洞阶段不安全的需先进行加固,第二种为开洞阶段安全的需进一步进行极限状态评估。开洞阶段影响结构安全的,需在开洞前进行加固,采用等效刚度法,将开洞前墙的抗弯刚度等效为加固梁的抗扭刚度和加固柱的抗弯刚度,为加固环梁断面设计提供依据,为开洞加固提供理论支撑。开洞阶段不影响结构安全,但经极限状态评估影响安全的,可采用先开洞后加固的方法。

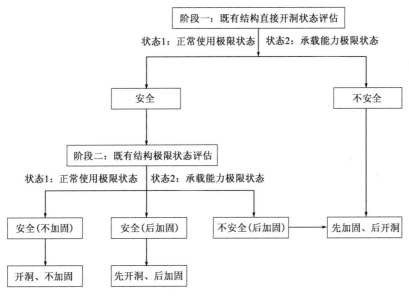

图 3-4-24 连通接驳开洞加固评估方法

实践中常见"先开洞、后加固"的方式,则是利用超静定结构在正常使用状态下的结构冗余度,降低了结构在极限状态下的承载力。因此,为最大限度减小开洞对既有结构极限承载能力的不利影响,有必要开展城市地下空间网络化拓建中既有结构开洞加固方法的研究。本节从结构"刚度"层面研究地下拓建工程连通接驳洞周加固环梁截面尺寸设置的原则和方法,并以此作为结构承载能力极限状态和正常使用极限状态设计的基础。

1) 等效刚度加固的力学机理

拓建工程连通接驳的安全风险之一来自接驳凿除对既有结构的破坏,包括对洞周既有结构开洞的工艺性损伤和结构内力的增加。地下工程属于典型的高次超静定结构,具有防倒塌的高冗余度(鲁棒性);另外,地下工程极限承载能力远高于正常状况下的荷载效应,具有较高的安全储备。以上两点的地下工程力学特性,为大量的在既有结构上直接开洞提供了即时状态的安全,并未造成开洞过程中结构的坍塌和破坏。

超静定结构的冗余度为结构开洞提供更多的内力调整空间,是结构安全的一道防线。但这种冗余度是结构在极限承载条件下的冗余,拓建连通接驳直接开洞利用结构极限荷载状态下的这种安全冗余,显然降低了既有结构的安全储备。因此,连通接驳要确保洞周既有结构的安全,通过加固环梁控制开洞过程应力的重新分配,确保既有结构保持原受力状态,采用"先加固、后开洞"的方法。

等效刚度法是利用结构的刚度控制开洞过程中应力分配路径的方法。其原则是:在开洞改变既有结构内力传递路径的情况下,构造明确简洁的内力传递结构,在内力承担方面,最大限度地实现新增结构对原有结构的力学功能替代;同时,既有结构的位移场尽量与原状态保持一致,确保洞周既有结构的内力不超过开洞前状态。

图 3-4-25 为地下空间拓建工程连通接驳力学机理图。以侧墙开洞为例,原结构的墙转换为梁柱(环梁)结构,其受力状态转换由墙的受压、单向弯剪转换为梁的扭、双向弯剪和柱的压、双向弯、剪;加固设计首先要根据等效刚度法确定加固环梁(梁、柱)的截面,墙的压(弯)刚度转变为柱的压(弯)刚度,墙的抗弯(单向)刚度变为梁的抗弯(双向)和抗扭刚度,即先进行刚度计算确定初步截面,再进行极限承载力的强度校核。

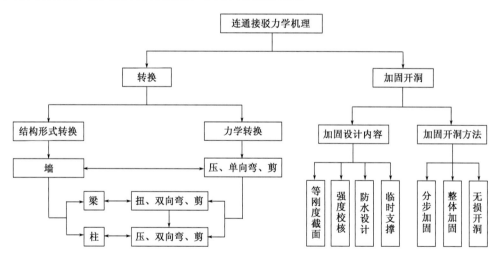

图 3-4-25　连通接驳力学机理图

2)等效刚度加固的计算方法

图 3-4-26 为既有结构侧墙开洞加固示意图。为了简化计算,不考虑结构的复合受力状态,以纯扭、纯弯研究等效刚度确定加固环梁初始截面。

(1)墙—梁等效刚度转换

将墙的抗弯刚度等效为加固梁的抗扭刚度。假定开洞部分墙体端部的弯矩为:

$$M_m = ni\theta \tag{3-4-50}$$

$$i = \frac{EI}{H} \tag{3-4-51}$$

式中：M_m——单位宽度墙体的弯矩（kN·m）；

　　　n——待定系数；

　　　θ——弯曲转角（°）；

　　　i——开洞部分墙体的线刚度（N·m）；

　　　E——材料弹性模量（MPa）；

　　　H——墙体高度（m）；

　　　I——墙体截面惯性矩（m^4）。

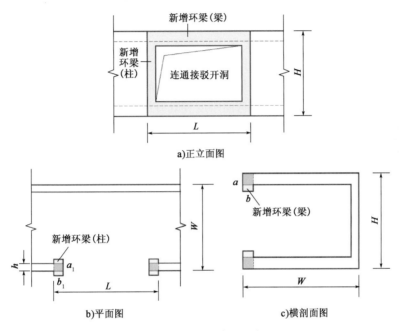

图 3-4-26　侧墙开洞加固示意图

　　假定洞口加固环梁（梁）最大扭角（θ_{max}）和开洞前墙端转角（θ）相同。图 3-4-27 为加固梁扭矩图，则加固梁截面最大扭角为：

$$\theta_{max} = \int_0^{L/2} \frac{M_t}{k_1 Ga^3 b} dx \tag{3-4-52}$$

$$M_t = M_m x \tag{3-4-53}$$

$$\theta_{max} = \int_0^{L/2} \frac{M_m x}{k_1 Ga^3 b} dx = \frac{M_m l^2}{8 k_1 Ga^3 b} \tag{3-4-54}$$

式中：M_t——加固梁的扭矩（kN·m）；

　　　k_1——矩形杆扭转常数，其取值见表 3-4-4；

　　　G——材料剪切模量（MPa）；

　　　a——梁截面高度（m）；

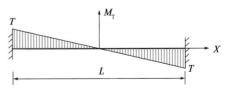

图 3-4-27　加固梁扭矩图

b——梁截面宽度（m）；

θ_{max}——梁最大扭角（°）。

矩形杆扭转常数　　　　　　　　　　　　　　　　　　　　表3-4-4

b/a	0.4	0.5	0.6	0.7	0.8
k_1	0.04	0.058	0.074	0.092	0.111
b/a	0.9	1.0	1.2	1.5	2.0
k_1	0.125	0.141	0.166	0.196	0.229

联立式（3-4-50）、式（3-4-51）、式（3-4-54），可得：

$$a^3 b = \frac{niL^2}{8k_1 G} \tag{3-4-55}$$

以上根据弯—扭等效刚度的原则推导了加固环梁（梁）截面高度（a）和宽度（b）的关系，由此可以初步确定加固环梁（梁）的最小截面尺寸。

需要说明的是，加固梁无论竖向还是横向放置，对抗扭的贡献是一样的，但对抗弯的贡献则差别较大，实际加固梁的截面要结合弯曲刚度和既有结构的空间条件适当确定。

（2）墙—柱等效刚度转换

将墙的抗弯刚度等效为柱的抗弯刚度，假定墙的截面抗弯刚度为 $E_1 I_1$，柱的截面抗弯刚度为 $E_2 I_2$。

令
$$E_1 I_1 = 2 E_2 I_2$$

$$\frac{E_1 L h^3}{12} = \frac{2 E_2 b_1 a_1^3}{12}$$

得到：

$$a_1^3 b_1 = \frac{E_1 L h^3}{2 E_2} \tag{3-4-56}$$

式中：a_1——加固柱的高度（m）；

b_1——柱的宽度（m）；

h——原结构墙厚（m）；

E_1——既有结构弹性模量（MPa）；

E_2——加固环柱弹性模量（MPa）；

L——开洞宽度（m）。

以上根据弯—弯等效刚度的原则推导了加固柱截面高度（a_1）和宽度（b_1）的关系，由此可以初步确定加固环梁（柱）的最小截面尺寸。

3）等效刚度加固法的应用

（1）加固环梁截面计算

仍以图 3-4-26 的结构为研究对象，纵向取 1m，建立开洞前结构平面应变模型，忽略结构刚域的影响，且近似取结构外包线为计算宽度和高度，既有结构计算模型如图 3-4-28

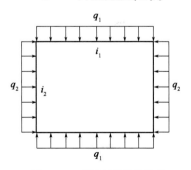

图 3-4-28　既有结构计算模型

所示。图中, i_1 为板的线抗弯刚度, i_2 为墙的线抗弯刚度。计算参数如下:竖向压力 $q_1 =$ 100kN/m,水平压力 $q_2 = 40$kN/m,洞高 $H = 6.6$m,洞宽 $L = 5$m,墙厚 $h = 0.6$m;板跨度 $W =$ 8.2m,板厚 $h_1 = 0.8$m。

①计算加固梁的初始截面高度

根据结构位移法可求得墙体的转角为:

$$\theta = \frac{q_1 \times W^2 - q_2 \times H^2}{12(i_1 + i_2)} = 8.333 \times 10^{-4}$$

$$i_2 = \frac{EI}{H} = \frac{E\frac{1}{12} \times 1 \times 0.6^3}{5} = 0.0036E$$

$$n = \frac{M}{i_2\theta} = 2.96$$

代入式(3-4-55)得:

$$k_1 a^3 b = 0.08325 \tag{3-4-57}$$

将式(3-4-57)确定的加固梁截面扭转计算结果列于表3-4-5。

设 $a = b$,则 $k_1 = 0.1406$。查表3-4-5,最小断面可取梁高 $a = 0.9$m,梁宽 $b = 0.9$m。

扭 转 计 算 结 果　　　　　　　　　　　　　　　表3-4-5

b/a	k_1	a(mm)	b(mm)
0.4	0.04	1510.31	604.12
0.5	0.058	1301.66	650.83
0.6	0.074	1170.17	702.10
0.7	0.092	1066.29	746.40
0.8	0.111	983.99	787.20
0.9	0.125	927.49	834.74
1.0	0.1406	877.20	877.20
1.2	0.166	804.03	964.84
1.5	0.196	729.47	1094.21
2.0	0.229	652.95	1305.90

②计算加固柱的初始截面高度

根据式(3-4-56)得到: $a_1^3 b_1 = \frac{Lh^3}{2} = \frac{5 \times 0.6^3}{2} = 0.54$m^4。取柱高 $a_1 = 1.1$m,柱宽 $b_1 = 0.5$m。

加固环梁通过既有结构墙、板加厚实现,结合既有结构空间状况和加固梁的抗弯刚度需要,加固环梁截面初定为:梁高1m,梁宽1.1m;柱高1.1m,柱宽0.5m。下面利用有限元软件ABAQUS分析等效刚度法确定的加固截面对开洞应力分布的影响。

(2)连通接驳数值分析

计算模型以图3-4-26为对象,纵向长度取6倍开洞宽度,洞口居中。为简化分析,假定初始荷载竖向压力200kPa,侧压系数0.4,既有结构为C30混凝土($E = 3 \times 10^4$MPa),新增结构为C35混凝土($E = 3.15 \times 10^4$MPa),不考虑内置钢材影响,假定混凝土材料为弹性,有限元分析采用C3D8R单元,单元网格0.25m,采用先加固、后开洞的分析方法。力单位为N,长度单位为m,质量单位为kg。

按实际施工过程开展施工阶段分析,共包括 5 个施工阶段:

①结构开洞前的初始应力平衡状态,竖向荷载 200kPa,水平荷载 80kPa。

②结构开洞及加固范围荷载的解除。

③结构加固。

④结构开洞。

⑤外荷载增加,竖向荷载及水平荷载均增加 100kPa。

计算模型网格划分如图 3-4-29 所示,数值分析计算结果如图 3-4-30 ~ 图 3-4-33 所示。

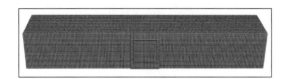

图 3-4-29　计算模型网格划分

　　图 3-4-30a) 为开洞前既有结构水平应力云图,用于分析板的正应力,最大应力出现在跨中,外部为压应力,内部为拉应力。图 3-4-30b) 为竖向应力云图,用于分析墙的正应力,最大应力出现在墙端部,外部为拉应力,内部为压应力。应力分布沿结构纵向分布规律一致,符合平面应变受力体系的特征。

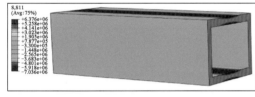

a)水平应力云图

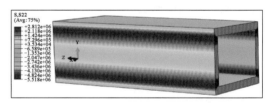

b)竖向应力云图

图 3-4-30　初始状态应力分布图(单位:Pa)

　　图 3-4-31 为先加固后开洞的应力云图,图 3-4-31a) 表明,开洞未改变板的应力分布,说明加固梁的抗弯刚度和抗扭刚度大,起到与拆除墙体一样的对板的支撑作用;图 3-4-31b) 表明,先加固后开洞条件下,加固柱承担了应力重分布的主要内力,既有结构仅在叠合加固梁内部受压侧出现压应力集中现象(洞口角部宜做倒角,以降低压应力集中的不利影响);洞口周边既有结构应力低于开洞前应力状态,由此说明,等效刚度加固法对加固环梁的初始断面计算是可行的。

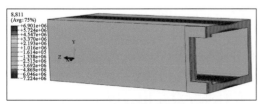

a)水平应力云图

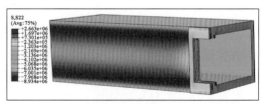

b)垂直应力云图

图 3-4-31　加固开洞后应力分布图(单位:Pa)

图 3-4-32 为加固开洞后,荷载(地震或地下水)继续增加下(假定水平及垂直均布压力均增加 100kPa)的应力云图,与图 3-4-31 相比可以看出,除了应力增大外,分布规律及状态与开洞前未发生改变,说明加固环梁结构刚度的可靠性、等效性。

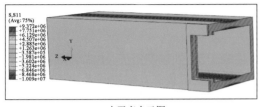

a)水平应力云图

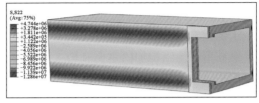

b)垂直应力云图

图 3-4-32　增加荷载后应力分布图(单位:Pa)

图 3-4-33 为开洞区域局部竖向应力随施工过程变化的云图。从图 3-4-33a)、b)可以看出,结构开洞前,随着局部地层压力的解除,墙体竖向应力减小,但分布规律变化不大。图 3-4-33b)、c)比较表明,不开洞的情况下,增大截面法加固环梁后,结构应力状态并未调整,新增叠合部分未分配内力;直到图 3-4-33d)开洞后,应力开始重新分布,加固环梁承担大部分应力转移;图 3-4-33e)荷载继续增加情况下,加固环梁的叠合结构整体工作,从图中可以看出,侧墙开洞后,紧邻洞口既有结构受开洞的影响范围很小,且影响区应力小于原应力,说明采用先加固后开洞措施后,由于加固环梁刚度大,承担了墙体开洞的应力重新分布。加固环梁(柱)的受压区和受拉区突出既有墙设置,使原有墙体处于加固柱的中性轴区域,有效降低了开洞对洞口既有结构的不利影响。

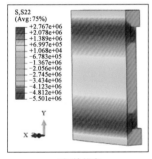

a)初始状态

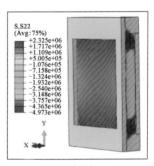

b)局部荷载解除

c)加固

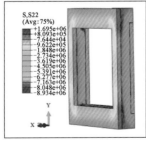

d)开洞

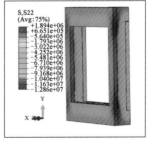

e)增加荷载

图 3-4-33　洞口应力分布图(单位:Pa)

上述分析表明,采用等效刚度的方法确定加固环梁截面,无论是在开洞过程中,还是开洞后的受力阶段,均可以实现对洞周既有结构的保护,提高结构的安全储备,说明设定合理的加固环梁刚度可以控制开洞引起的内力分配路径和范围,可以作为拓建工程连通接驳开洞加固的一个思路。

(3)连通接驳加固开洞方法

①加固

钢筋混凝土结构加固主要有增大截面法、置换混凝土法、外包型钢法、外粘钢板法、外粘复合纤维法等。上述利用等效刚度法确定截面后,应按新的荷载状态及结构形式,进行承载能力极限状态和正常使用极限状态进行配筋设计及验算,并对截面进行校核。

等效刚度加固法是以结构构件的"刚度"为研究重点,钢筋混凝土结构各种加固方法均对结构刚度有影响,但在同跨(高)情况下,影响结构刚度最重要的参数是截面的大小。因此,对于连通接驳墙体开洞加固的方法,建议以"增大截面法"为主设定结构刚度,并辅以其他方法来满足强度的要求。

增大截面法又称为加大截面法、外包混凝土加固法,采用叠浇新的混凝土,增大构件的截面面积和配筋,达到提高截面承载能力和构件刚度的目的。其力学性能发挥的关键是新旧结合面的抗剪切能力。图 3-4-34 为增大截面法构造示意图,新增受力钢筋(箍筋和纵筋)根据承载能力计算确定,为了保证新旧混凝土截面整体工作的能力,设置一定数量的贯串结合面的抗剪筋,结合面原结构应进行凿毛处理,浇筑新增混凝土前刷界面结合剂。新增结构应采用高一个等级的混凝土。为了提高加固刚度和承载力,而不过大增加截面,也可以考虑采用型钢混凝土结构。

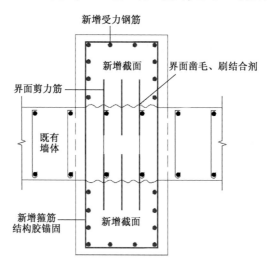

图 3-4-34　增大截面法构造示意图

②无损开洞

拓建工程与既有结构连通接驳时,开洞范围内的钢筋混凝土主体墙、板需采用静力无损切割技术完成,比如金刚石工具(绳、锯片、钻头)可以实现在高速运动的作用下,按指定位置和路径对钢筋混凝土进行磨削切割。加固环梁在未开洞条件下先行加固,使得开洞施工的重点转移到如何降低对加固环梁和洞周既有结构的工艺性损伤和切割的工艺便利性方面。

4) 结论

本节基于超静定结构的力学特性,从结构安全的角度,提出拓建工程连通接驳的等效刚度加固机理及方法,主要得出如下结论:

(1) 揭示了既有地铁车站结构开洞力学转化机理,提出了连通接驳等效刚度加固力学分析方法及等效刚度加固结构形式,充分发挥加固体对既有结构的变形约束作用,最大限度地实现对原有结构的力学功能替代,确保既有结构的承载安全。

(2) 地下工程连通接驳常规采用的先开洞、后加固的方式,利用了超静定结构的冗余度,降低了结构极限状态下的安全储备,应予以避免。

(3) 等效刚度法依据结构内力随结构刚度分配的机理,将开洞前墙的抗弯刚度等效为加固梁的抗扭刚度和加固柱的抗弯刚度,作为确定加固环梁初始断面的依据。

(4) 连通接驳洞口加固环梁可以采用增大截面法设置,确保新旧结构界面的黏结强度和抗剪切强度,提高加固质量,且必须采用"先加固、后开洞、重连接"的方法,实现开洞过程中加固环梁能承接主要的应力分配,洞口拆除应采用无损技术,避免对加固环梁的破坏。

(5) 城市地下结构拓建的空间关系多种多样,可能在结构顶板,也可能在结构底板或侧墙,既可能在直墙(平板)上接驳,也可能在曲墙(弧形板)上接驳,洞口的加固开口方式和轨迹都应进行详尽的力学分析,并做好接驳区域结构防水的控制。

3.4.6　盾构隧道扩挖拓建车站施工力学

以小扩大工程案例形式多样,如两车道市政公路隧道扩挖拓建三车道或四车道公路隧道、人防隧道扩挖拓建地铁区间隧道、盾构隧道扩挖拓建地铁车站等。扩挖拓建破坏了既有结构和地层的应力平衡状态,动态相互作用复杂。近年来国内外工程实践中涌现出越来越多的城市地下空间以小扩大的拓建案例,国内外针对具体工程,针对扩挖拓建力学机理及施工技术开展了大量研究,形成了很多有益的研究成果。

我国在市政公路隧道及人防隧道(矿山法隧道)拓建方面均有成功案例,在盾构隧道拓建车站方面,一般情况下盾构隧道先行通过车站时,多采用明挖法将盾构管片全部拆除再修建车站;北京地铁 14 号线将台站、高家园站及广州地铁东山口站实现了大直径盾构隧道暗挖拓建车站,但最终盾构管片全部或绝大部分拆除;与国外先进技术相比,我国在双线盾构隧道拓建车站方面还有待进一步的研究。本节在典型矿山法隧道及盾构法隧道扩挖拓建施工力学特性分析基础上,重点研究盾构区间隧道扩挖拓建方案对比,并对双线盾构隧道拓建车站设计和施工进行深入讨论。

1) 盾构区间隧道扩挖拓建车站典型结构类型

(1) 小直径盾构连拱结构

这种结构是在两条小直径盾构隧道的基础上,用普通暗挖法开挖中间土体最终形成三连拱岛式车站,车站结构一般跨度不大,适用于人流量较小的车站。双线盾构连拱结构断面相对位置如图 3-4-35 所示。

（2）大直径盾构连拱结构

这种结构是在大直径盾构隧道的基础上，用PBA工法或其他暗挖法开挖两侧土体形成两连拱或三连拱侧式车站。大直径盾构连拱结构断面相对位置如图3-4-36所示。

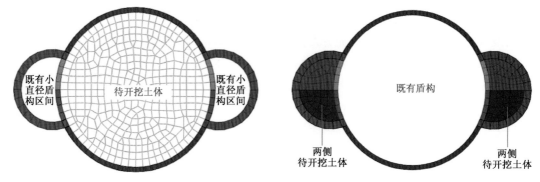

图3-4-35　双线盾构连拱结构断面相对位置　　　　图3-4-36　大直径盾构连拱结构断面相对位置

（3）三线平行结构

这种结构是在两条盾构隧道的基础上，用盾构法或普通暗挖法在两条盾构隧道之间再开挖一个隧道，然后在中间隧道与两侧隧道间修建联络横通道，最终形成三线平行岛式车站。中间隧道的两个端头作为站厅，而中间部分作为站台，这种车站一般跨度较大，能容纳的客流较多，但施工工期长，工程造价相对较高。三线平行结构断面相对位置如图3-4-37所示。

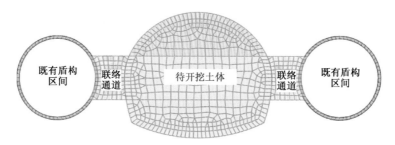

图3-4-37　三线平行结构断面相对位置

2）双线盾构区间隧道扩挖拓建车站设计施工优化研究

（1）车站力学模型

利用荷载—结构模型同时结合管片衬砌结构设计曲梁—弹簧模型，对小盾构三连拱车站主体结构力学模型进行简化，其力学模型如图3-4-38所示。大盾构车站和三线平行车站的拓建简化力学模型，分别如图3-4-39和图3-4-40所示。图中，W_1为车站结构上覆荷载之和，W_2为车站结构底部的作用反力，W_g为车站结构自重，e_1、e_2为水土侧压力，K为地层弹簧抗力系数，$k_{抗拉}$为弹簧抗拉压刚度，$k_{抗剪}$为弹簧抗剪切刚度，$k_{抗弯}$为弹簧抗弯刚度。

严格来说，水压力计算应采用孔隙水压力，但孔隙水压力的确定比较困难，所以一般按静水压力计算，而计算静水压力有两种方法，分别为水土分算和水土合算。水土分算时，地下水位以上的土采用天然重度，地下水位以下的土采用浮重度，另外再计算静水压力。水土合算时，地下水位以上的土与分算时相同，地下水位以下的土采用饱和重度，不计算静水压力。

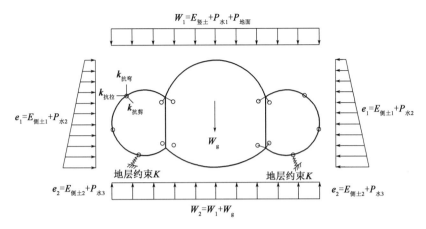

图 3-4-38　小盾构三连拱车站简化力学模型

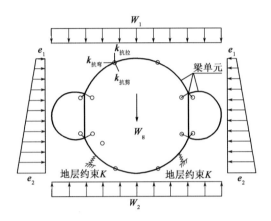

图 3-4-39　大盾构车站简化力学模型

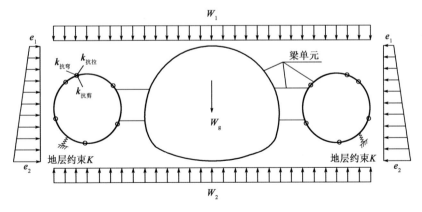

图 3-4-40　三线平行车站简化力学模型

（2）立柱参数优化

立柱的尺寸参数设计需根据列车型号、编组等因素确定,应尽量避免列车开门时阻碍下客通道,造成拥堵。为此,以 A 型车初期标准针对两种立柱参数进行对比分析,A 型车长约

22.5m,每节车厢5对车门,车门宽1.5m,高2m,车门中心间距4.5m;Ⅰ型立柱纵向长度为1.5m,间距为3.0m;Ⅱ型立柱纵向长度为1.0m,间距为3.5m。A型车及立柱如图3-4-41所示。

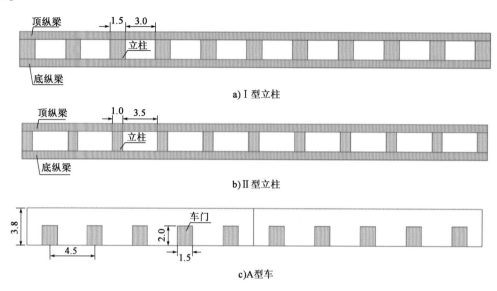

图3-4-41 A型车及立柱示意图(尺寸单位:m)

车站拓建后地表沉降曲线如图3-4-42所示,Ⅰ型立柱车站最终地表沉降最大值为-18.50mm,Ⅱ型立柱车站最终地表沉降最大值为-21.66mm,由此可见,增加立柱纵向长度或缩小立柱间距能有效减小地表变形。

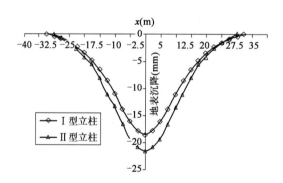

图3-4-42 车站拓建后地表沉降曲线

图3-4-43为盾构竖向位移云图,由图可知,Ⅰ型立柱车站盾构隧道最大竖向位移为-1.17cm,Ⅱ型立柱车站盾构隧道最大竖向位移为-1.34cm,都出现在顶部位置。

图3-4-44为纵梁、立柱竖向位移云图,由图可知,Ⅰ型立柱车站梁柱体系最大竖向位移为-1.09cm,Ⅱ型立柱车站梁柱体系最大竖向位移为-1.39cm,最大位移都分布在顶纵梁前端位置,最小位移都分布在底纵梁后端位置。

由上述分析可知,Ⅰ型立柱车站比Ⅱ型立柱车站更优,在满足行车和上下客流的情况下,增大立柱的纵向长度或减小立柱间距能减小拓建施工后的地表沉降、既有结构变形和梁柱体系本身的变形。

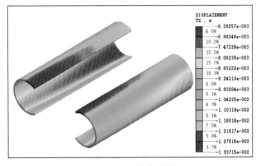

a) Ⅰ型立柱车站　　　　　　　　　　b) Ⅱ型立柱车站

图 3-4-43　盾构竖向位移云图(单位:m)

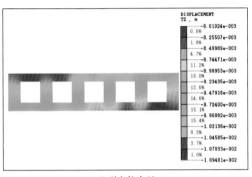
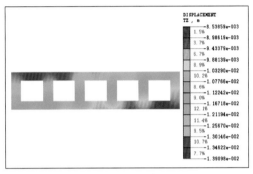

a) Ⅰ型立柱车站　　　　　　　　　　b) Ⅱ型立柱车站

图 3-4-44　立柱竖向位移云图(单位:m)

(3)施工方法优化

①台阶法和 CRD 法对比

针对双线盾构区间拓建车站所用施工方法[四导洞 CRD 法(本节简称"CRD 法")和三台阶法]进行对比分析,选出较优的施工方法,并对其开挖步序进行优化。图 3-4-45 为台阶法和 CRD 法施工小盾构车站地表沉降曲线,由图可知,台阶法沉降槽曲线极值点较低,开口较小,而 CRD 法沉降槽曲线极值比台阶法略高,开口略大。台阶法开挖最大地表沉降值为 −18.50mm,沉降槽宽度约65m;CRD 法开挖最大地表沉降值为 −15.46mm,沉降槽宽度约60m。因此对比可知 CRD 法施工最大地表沉降值比台阶法减小了 3.04mm,减小约 16.4%。

图 3-4-46 为车站衬砌竖向位移云图,由图可知,台阶法最后拱顶沉降和底部隆起沿纵向较为均匀,而前后两端位移较大,分析是由于边界效应的作用,而 CRD 法最终拱顶沉降和底部隆起沿纵向呈逐渐增加的趋势。台阶法最大拱顶沉降为 −4.43cm,底部最大隆起为 3.48cm,CRD 法最大拱顶沉降为 −4.14cm,底部最大隆起为 3.32cm。因此对比可知,CRD 法施工衬砌竖向位移比台阶法略小,拱顶下沉量减小 6.5%,而底部隆起量减小 4.6%。

图 3-4-47 为车站衬砌水平位移云图,由图可知,台阶法开挖衬砌水平位移分布基本对称,而 CRD 法由于其本身开挖步序的原因开挖后车站衬砌水平位移分布并非对称,车站前端衬砌左侧水平位移大于右侧,车站后端衬砌右侧水平位移大于左侧。车站衬砌拱腰附近局部位移较大,有向内挤的趋势,施工中可设置横梁限制此处的变形。

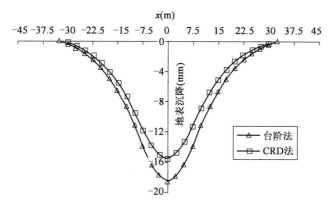

图 3-4-45　地表沉降曲线

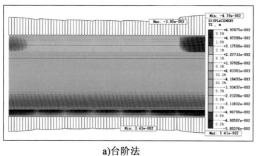

a)台阶法

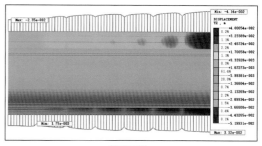

b)CRD法

图 3-4-46　车站衬砌竖向位移云图(单位:m)

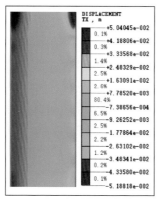

a)台阶法

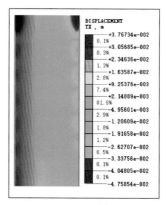

b)CRD法

图 3-4-47　车站衬砌水平位移云图(单位:m)

图 3-4-48 为车站衬砌最大主应力云图,由图可知,台阶法开挖和 CRD 法开挖车站衬砌拉应力较大处主要分布在衬砌拱腰外侧,其他部位拉应力较小。台阶法开挖衬砌最大拉应力为 0.72MPa,CRD 法开挖衬砌最大拉应力为 0.62MPa,数值分析可知,CRD 法开挖衬砌拉应力相对较小。

图 3-4-49 为车站衬砌最小主应力云图,由图可以看出两种方法开挖完成后车站衬砌最小主应力主要为压应力,衬砌压应力较大处主要集中在最左端和最右端衬砌内侧,且出现局部压

应力集中。台阶法开挖衬砌压应力较大，CRD法开挖衬砌压应力相对较小，台阶法压应力最大为 -3.06MPa，CRD法压应力最大为 -2.90MPa。

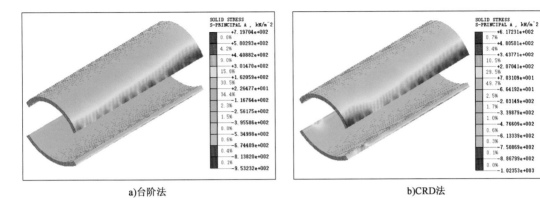

图 3-4-48　车站衬砌最大主应力云图（单位：kPa）

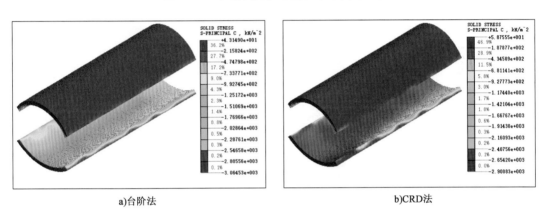

图 3-4-49　车站衬砌最小主应力云图（单位：kPa）

图 3-4-50 为盾构隧道竖向位移云图，由图可知，两种施工方法最后得到的盾构竖向位移分布特征相似，又各有其特点。无论是台阶法还是 CRD 法，既有盾构竖向位移都是顶部最大、底部最小，台阶法开挖左右两盾构位移基本相同，而 CRD 法开挖左侧盾构隧道的竖向位移比右侧盾构隧道大，这是由工法本身的开挖顺序引起的。台阶法盾构顶部和底部竖向位移沿隧道纵向分布较均匀，而 CRD 法盾构顶部竖向位移沿隧道纵向逐渐增大，底部竖向位移沿隧道纵向逐渐减小。

由位移云图可知，台阶法开挖左侧盾构顶部竖向位移最大为 -1.16cm，底部最大为 5.18mm，右侧盾构顶部竖向位移为 -11.6mm，底部最大为 -5.16mm。CRD 法开挖左侧盾构顶部竖向位移最大为 -9.54mm，底部最大为 -4.56mm，右侧盾构顶部竖向位移最大为 -8.83mm，底部最大为 -3.53mm。对比可知，与台阶法相比，CRD 法施工左侧盾构顶部竖向位移减小了 17.8%，底部减小了 12.0%，右侧盾构顶部竖向位移减小了 23.9%，底部减小了 31.6%。

图 3-4-51 为盾构隧道水平位移云图，由图可知，台阶法开挖后两侧盾构隧道水平位移对称，且沿盾构隧道纵向基本呈现均匀分布，位移最大值出现在左侧隧道最左端和右侧隧道最右

端,约接近车站中轴线,水平位移越小。左侧盾构隧道整体向左移动,右侧盾构隧道整体向右移动,呈现出一种向外挤的趋势,最大水平位移为 $-7.15mm$,最小水平位移为 $-6.86mm$。

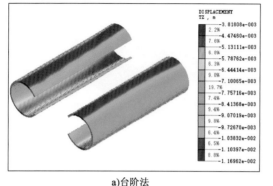 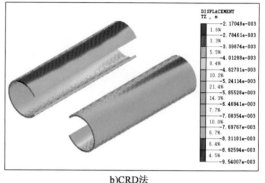

a)台阶法   b)CRD法

图 3-4-50 盾构隧道竖向位移云图(单位:m)

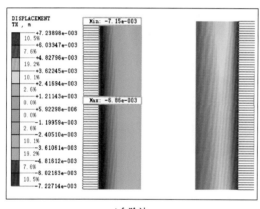 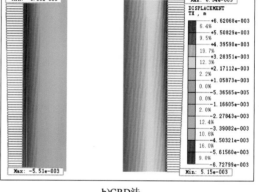

a)台阶法   b)CRD法

图 3-4-51 盾构隧道水平位移云图(单位:m)

CRD 法开挖后两侧盾构隧道水平位移也基本对称,但沿整个隧道纵向呈非均匀分布,隧道前端位移小,沿纵向水平位移逐渐增大。与台阶法相同,CRD 法施工水平位移最大值也分布在左侧隧道最左端和右侧隧道最右端,接近车站中轴线,水平位移越小,左侧盾构隧道整体向左移动,右侧盾构隧道整体向右移动,呈现出一种向外挤的趋势,最大水平位移为 6.59mm,最小水平位移为 5.51mm,最大值比台阶法小了 7.8%。

图 3-4-52 为盾构隧道最大主应力云图,可以看出,台阶法和 CRD 法开挖后盾构隧道拉应力较大处集中在盾构隧道顶部和底部管片的内侧,且底部拉应力最大。对于每环管片来说,中间部分拉应力较大,接头附近管片拉应力较小,随着土体开挖,接近土体一侧的管片拉应力区域沿环向逐渐扩大,但应力增幅都较小,而上下两端拉应力增幅较大。台阶法开挖盾构最大拉应力为 16.7MPa,CRD 法开挖盾构最大拉应力为 14.5MPa,拉应力数值皆超过限值,因此施工中应对管片配筋进行合理设计,以防混凝土管片拉裂。

图 3-4-53 为纵梁和立柱竖向位移云图,台阶法施工左侧纵梁顶部最大竖向位移为 $-1.05cm$,底部最大竖向位移为 $-9.06mm$,右侧纵梁顶部最大竖向位移为 $-1.04cm$,底部最

大竖向位移为 -9.03mm。CRD 法施工左侧纵梁顶部最大竖向位移为 -8.11mm,底部最大竖向位移为 -6.61mm,右侧纵梁顶部最大竖向位移为 -6.48mm,底部最大竖向位移为 -5.44mm。对比可知,CRD 法相对于台阶法左侧顶纵梁竖向位移减小了 22.8%,底纵梁减小了 27.0%,右侧顶纵梁竖向位移减小了 37.7%,底纵梁减小了 39.8%。

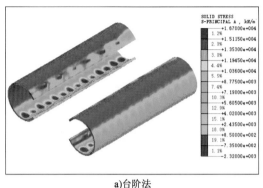
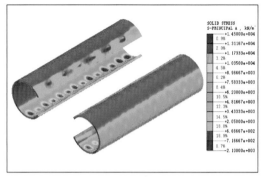

a)台阶法　　　　　　　　　　　　　　　　b)CRD法

图 3-4-52　盾构隧道最大主应力云图(单位:kPa)

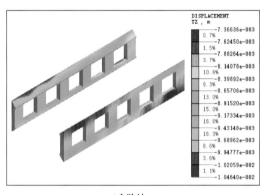
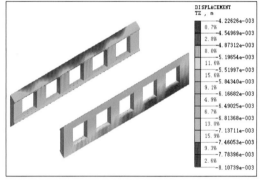

a)台阶法　　　　　　　　　　　　　　　　b)CRD法

图 3-4-53　纵梁和立柱竖向位移云图(单位:m)

图 3-4-54 为纵梁和立柱最大主应力云图,由图可以看出,台阶法开挖后立柱间隔处的纵梁出现拉应力集中,第一个及最后一个立柱底端也出现了拉应力集中,最大拉应力出现在最后一个间隔的顶纵梁底部,最大拉应力值为 5.37MPa。CRD 法开挖立柱间隔处纵梁出现拉应力集中的现象更为明显,但压应力值与台阶法相比相对较小,最大拉应力也出现在最后一个间隔的顶纵梁底部,最大拉应力值为 4.37MPa。由数值可知,拉应力超过限值,因此施工中应加强纵梁内配筋,防止混凝土拉裂。

综上所述,双线盾构区间拓建车站时采用 CRD 法开挖能够在一定程度上减小盾构隧道、车站衬砌、纵梁和立柱等结构的应力与变形,因此,与台阶法相比推荐 CRD 法施工。

②CRD 法不同开挖步序分析

开挖步序 1:如图 3-4-55a)所示,具体的开挖过程如下:a. 开挖左上导洞①,施作初期支护和中隔墙;b. 开挖左下导洞②,施作初期支护和中隔墙;c. 开挖右上导洞③,施作初期支护和中隔墙;d. 开挖右下导洞④,施作初期支护。

开挖步序2：如图3-4-55b)所示，具体的开挖过程如下：a.开挖左上导洞①，施作初期支护和中隔墙；b.开挖右上导洞②，施作初期支护和中隔墙；c.开挖左下导洞③，施作初期支护和中隔墙；d.开挖右下导洞④，施作初期支护。

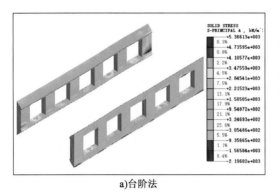

a)台阶法　　　　　　　　　　　　　　　　　b)CRD法

图3-4-54　纵梁和立柱最大主应力云图（单位：kPa）

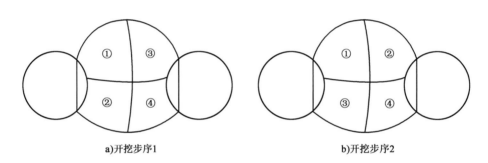

a)开挖步序1　　　　　　　　　　　　　　　b)开挖步序2

图3-4-55　CRD法开挖步序示意图

（4）竖向变形分析

图3-4-56为地层竖向位移云图，由图可知，各开挖步序在小盾构车站拓建完成后均表现为底部隆起和拱顶下沉，且下沉量大于隆起量，竖向变形最大值位于车站拱部。

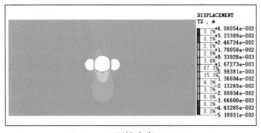
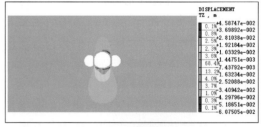

a)开挖步序1　　　　　　　　　　　　　　　b)开挖步序2

图3-4-56　地层竖向位移云图（单位：m）

车站拓建完成后，各开挖步序地表沉降最大值、拱顶下沉最大值及拱底隆起最大值见表3-4-6。开挖步序1所引起的拱部最大下沉量小于开挖步序2，减小值为0.88mm，减小百分比为 14.47%，开挖步序 1 所引起的底部隆起量小于开挖步序 2，减小值为 0.59mm，减小百分比为 12.85%，开挖步序 1 所引起的地表沉降量小于开挖步序 2，减小值为 2.91mm，减小15.76%。从数值可知，两种开挖步序所引起的拱部下沉量最大值都略超过限值，因此，在小盾构车站拓建施工中应超前加固，以减小车站拱部下沉。

各部位竖向位移最大值 　　　　　　　　　　　　　　　　　　　　表 3-4-6

开挖步序	地表沉降（mm）	拱部下沉（mm）	底部隆起（mm）
步序 1	− 15.46	− 5.20	4.00
步序 2	− 18.37	− 6.08	4.59

两种开挖步序形成的地表沉降曲线如图 3-4-57 所示，由图可知，两种开挖步序造成的地表沉降相差不大，且最大沉降量都小于 − 20mm，在其预警值范围内。其中开挖步序 2 所造成的地表沉降值大于开挖步序 1。因此，从地层变形和车站拱、底部竖向位移考虑，开挖步序 1 较为合理。

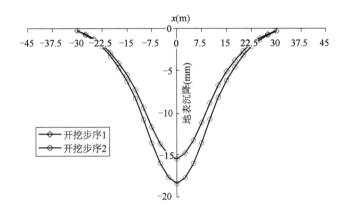

图 3-4-57　各开挖步序地表沉降曲线

（5）地层应力分析

图 3-4-58、图 3-4-59 分别为地层最大、最小主应力云图，由图可知，最大主应力和最小主应力基本上关于车站中心线呈对称分布，各开挖步序均在车站拱底位置出现压应力，在车站的拱顶位置出现拉应力。各开挖步序拓建施工后地层应力结果见表 3-4-7。

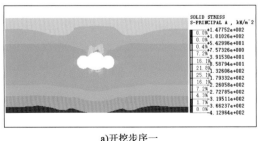

a)开挖步序一

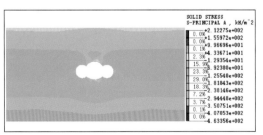

b)开挖步序二

图 3-4-58　地层最大主应力云图（单位:kPa）

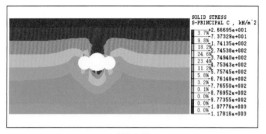
a)开挖步序一

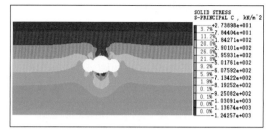
b)开挖步序二

图 3-4-59 车站拓建完成后地层最小主应力云图(单位:kPa)

各开挖步序拓建施工后地层最大、最小主应力值　　　　　　　　　表 3-4-7

开 挖 步 序	最大主应力(MPa)	最小主应力(MPa)
步序 1	− 0.41 ~ 0.14	− 1.18 ~ 0.03
步序 2	− 0.46 ~ 0.21	− 1.24 ~ 0.02

由表 3-4-7 可以看出,开挖步序 1 的应力极值在两种开挖步序中较小,因此,从控制地层应力变化考虑,开挖步序 1 较为合理。

综上所述,开挖步序 1 拓建施工后的地表最大沉降量和拱部最大下沉量在两种开挖步序中均为最小,且其底部最大隆起量和地层应力在两种开挖步序中也相对较小,故综合考虑,两种开挖步序中步序 1 为最优开挖方案。

3)典型地层拓建车站对比分析

典型地层条件下拓建车站地表沉降曲线如图 3-4-60 所示,分析结果符合 Peck 曲线分布,车站中部对应的地表沉降最大,越远离中部,地表沉降越小。从图 3-4-61 中可以看出,黄土和软硬互层地层地表沉降线相近,某些范围几乎重合,黄土地层地表沉降最大值为 − 18.50mm,软硬互层地层地表沉降最大值为 − 15.38mm。软土地层中整体沉降较大,最大沉降值为 − 28.50mm,远大于黄土地层和软硬互层地层,且沉降槽宽度也明显大于另两种地层,对周边环境影响较大。

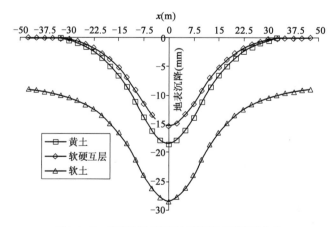

图 3-4-60 典型地层条件下拓建车站地表沉降曲线

盾构隧道竖向位移云图如图 3-4-61 所示,不同典型地层条件下既有盾构隧道竖向位移分布差异不大。黄土地层下盾构顶部最大下沉量为 -11.7mm,底部最大下沉量为 -3.82mm;软土地层下盾构顶部最大下沉量为 -13.8mm,底部最大下沉量为 -6.29mm;软硬互层地层下盾构顶部最大隆起量为 8.72mm,底部最大隆起量为 2.19mm。数值分析表明,软土地层中盾构位移最大,软硬互层地层中盾构位移较小。

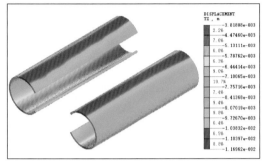
a)黄土地层

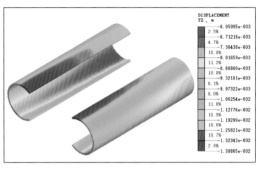
b)软土地层

c)软硬互层地层

图 3-4-61　盾构隧道竖向位移云图(单位:m)

车站顶纵梁竖向位移如图 3-4-62 所示,在施工步骤 4 阶段立柱和纵梁施作完成后,3 种地层下纵梁初始竖向位移是相近的,软土地层中为 -1.51mm,软硬互层地层中为 -0.81mm,黄土中为 -1.03mm,且后续位移变化规律较为相似。地层加固注浆对各地层中纵梁竖向位移都有较大的影响,其中软土中影响最大,顶纵梁竖向位移在注浆加固后迅速增加,从原来的 -1.51mm 增加到 -6.01mm。

软硬互层地层中前两次土体开挖(施工步骤 6 和施工步骤 8)后,纵梁竖向位移无明显变化,而剩余部分土体开挖对纵梁竖向位移影响较大,在部分管片拆除和施作二次衬砌(施工步骤 24 和施工步骤 25)后,纵梁竖向位移都有一个较大的增幅;黄土地层中前两次土体开挖后,纵梁竖向位移虽然有所增加,但是幅度微小,剩余部分土体开挖对纵梁竖向位移影响较大,纵梁竖向位移增长较快,在管片拆除和施作二次衬砌后,纵梁竖向位移都有一个较大的增幅;软土地层中土体开挖、管片拆除和二次衬砌施作都对纵梁竖向位移有明显影响。从最终的数值来看,软土中位移最大,为 -13.50mm;软硬互层地层中位移最小,为 -7.60mm。

管片最大主应力随施工步骤变化如图 3-4-63 所示,由图可知,3 种典型地层中管片最大主应力增加都集中在前三次土体开挖(施工步骤 6、施工步骤 8 和施工步骤 10),而之后的增幅较小,在管片拆除后(施工步骤23)最大主应力都略微增加,衬砌施作完成后最大主应力又有略微减小,软土中最大主应力较小,黄土中最大主应力较大。

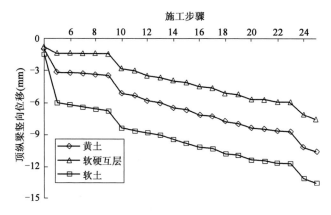

图 3-4-62　车站顶纵梁竖向位移随施工步骤变化曲线

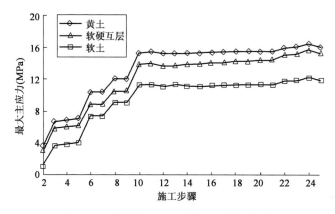

图 3-4-63　管片最大主应力随施工步骤变化曲线

第4章
城市地下空间网络化拓建施工风险分析

　　随着城市的快速发展,面对人口压力、交通压力和环境压力的不断加大,发展城市地下空间成为解决"城市病"的重要方式,传统地下空间分散、碎片化的设置无法满足人民对美好生活的向往。在城市更新过程中,有些地下空间需要消隐扩能、空间重构、智能升级和品质提升,有些地下空间存在规划调整、接续建设需求,这些需求都提出了城市地下空间的网络化拓建技术问题。在城市地下空间建设规模迅速扩大的同时,我们也看到,建造过程的风险事故不断出现,有些甚至造成大量人员伤亡和财产损失。

　　第3章着重论述了城市地下空间网络化拓建的力学机理,揭示了网络化拓建中,地层位移传导及应力转换方式、结构内力及变形发展变化规律;提出了刚度控制应力转换趋势的分析方法。地层及结构的变形控制是整个建造的核心目标,这一点是区别于新建地下工程最重要的特征,传统以强度指标为标准的极限承载状态转变为以变形指标为标准的正常使用状态。

　　目前,城市土地资源日趋紧张,地下空间开发正由点—线—面向区块化、网络化发展,表现出空间多维化、尺度大型化、结构复杂化等特点。由于工程规模大、地质和周边环境复杂、施工难度大等特点,施工安全风险急剧增大。

　　网络化拓建风险除了用水、用电等管理因素外,主要是拓建施工力学机理认识不清、技术措施针对性不强或者技术措施未起到应有作用的情况下,增大风险事故发生概率。

　　与新建地下工程相比,拓建工程发生事故造成的危害和影响更大,对工程风险分析、评估和控制的要求更高;从规划设计阶段的施工安全前置、到施工过程的安全控制,以及运营期间的安全监控等诸多方面,都离不开能反映工程实际工况的力学分析。

　　本章将在第3章网络化拓建力学机理的基础上,结合地质条件和施工力学机制,厘清事故发生的根本原因,着重从地下空间施工遇到的工程地质风险出发,针对拓建施工过程中风险控制应关注的重点内容进行网络化拓建的风险分析,并提出风险防控的方法。

4.1 网络化拓建施工力学风险特征

4.1.1 风险源及风险因素

城市地下空间网络化拓建具有施工扰动范围广、地质和工程环境多变、致险因素多、风险防控难度大的特点。风险事件的产生其实是一系列事件连锁反应的结果,这一系列事件构成一个"事故树",以基坑围护结构失稳为例,事故树的顶部事件即为风险事件,而事故树中的其他事件即可以视为风险因素(图 4-1-1)。

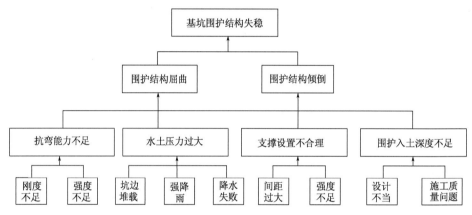

图 4-1-1 风险事故树

风险源可理解为一个具体存在的事物,也可以指某个事物存在的状态。风险源是风险存在的根本,风险源决定了风险事件的类型、风险因素的存在状况及致险路径。例如,对于修建隧道工程,修建隧道这一行为自身是首要的风险源,其决定了该行动的风险有冒顶、掌子面失稳、支护破坏、瓦斯爆炸等,而风险因素则可能包括地层条件差、高涌水量、支护封闭不及时、注浆质量不达标等。若在此基础上又存在其他风险源,例如隧道上方存在建筑物,那么该行动的风险会相应增加建筑物倾斜、建筑物开裂、施工振动扰民等,风险因素也会随之增加。因此,风险源的识别是风险分析工作的第一步,风险事件、致险路径及风险因素都可根据风险源的状态通过相应阶段的力学分析得到。

针对某一风险事件而言,关键风险因素是导致风险事件的关键性因素。通过工程调研和典型案例分析,城市地下工程施工风险事件关键致险因素见表 4-1-1。

城市地下工程施工风险事件关键致险因素 表 4-1-1

风 险 事 件		事 件 类 型	关键致险因素
工程自身风险	围护结构失稳	结构局部破坏、锚索锚杆失效、围护结构滑移失稳、围护结构倾覆失稳等	围护结构本身强度低、刚度小;被动土压力过大,踢脚破坏;围护结构嵌入深度不足;结构与土体整体滑动失稳
	支撑体系失稳	结构局部破坏、支撑整体失稳	支撑结构体系本身强度低、刚度不足;外荷载导致支撑体系失稳

	风险事件	事件类型	关键致险因素
工程自身风险	坑底变形破坏	坑底隆起变形过大而破坏	基底隆起,管涌流砂
	支护体系失稳	结构变形过大或侵限、支撑结构破坏	支护体系刚度低,强度不足
	既有结构破坏	结构破坏、变形过大、失稳	既有结构受荷载作用,超出必要限度
	新建结构破坏	结构开裂、不均匀变形等	地基与基础变形导致结构变形
地质风险	土体滑塌	放坡开挖滑移、整体失稳等	开挖步序、方法不当
	突泥突水	坑壁流土流砂、坑底突涌、坑底管涌等	止水帷幕失效;承压水降水不当;未设置降水井或降水井失效
	地层失稳	片帮、掉块、溜坍、冒顶、坍塌	地层荷载导致应力集中
	突泥突水	淹溺、掩埋	高承压水,基坑内外高水头差
周边环境风险	邻近建(构)筑物破坏	地上建筑物倾斜、不均匀沉降、地下结构上浮、开裂等	开挖、降水等导致周边土体出现不均匀沉降
	邻近道路、铁路破坏	路面变形、开裂、塌陷等	开挖、降水等导致周边土体出现不均匀沉降
	邻近桥梁破坏	桥梁倾斜、沉降移位、垮塌等	开挖、降水等导致周边土体出现不均匀沉降
	邻近管线破坏	管线破裂	管线周围地层土体强烈变形
		管线渗漏	管线周围土体变形

4.1.2　施工力学风险耦合

城市地下空间工程发生施工风险事件,归根结底是地层或结构的刚度、强度、稳定性被破坏;风险事件发生,是通过相应力学作用方式体现的,变形、沉降、坍塌、突涌水等是力作用的结果。

风险耦合作用是风险因素产生的力学作用耦合的结果。各种风险因素产生的作用力,作用于岩土体、结构、地下水等对象,产生不同的具有耦合效应的力学响应,具有非线性特征。研究风险耦合效应,就可以转化成为研究风险引起力学的耦合效应。

流体与固体之间的相互作用称为流固耦合,是流体场与固体变形场间的相互作用:若场间不相互重叠,其耦合作用通过界面力(包括多相流的相间作用力等)起作用;若场间相互重叠,其耦合特征是固体和流体部分或全部重叠在一起,难以明显分开。城市地下空间网络化拓建工程在地下水的作用下,存在明显的流固耦合效应,表现形式包括地下水水压、浮力、地表变形及沉降、特殊岩土体性能劣化、流砂和管涌等。

城市地下空间网络化拓建施工中,车辆、施工机械及爆破振动对既有结构、地层及周边环境的影响是一个十分复杂的多体系耦合动力学问题,有诱发施工安全风险发生的风险因素。动力作用效应不仅与动力荷载本身的性质有关,还受到动力荷载的受力体(地层及结构)的力学特性的影响,包括地层的重度、摩擦角、黏聚力、弹性模量及动力衰减特性,结构的自振频率等。对于高灵敏度软土地层,应重视动力荷载对软土强度的劣化作用;对于节理、层理等结构面强发育的岩体和砂卵石地层,应重视动力荷载对岩体的松动劣化作用;对围护桩和既有结构局部开洞破除的动力施工荷载,应重视对结构和周边环境的扰动破坏;对处于吊装施工范围内的结构,应具有抵抗高空坠物冲击荷载作用的安全储备。

随着城市地下空间的发展,基坑工程向更大、更深的方向发展。在深基坑工程中大幅降低基坑及周边地区地下水位,坑内外巨大的水头差使深基坑开挖区域附近地下水发生渗流作用,从而影响深基坑的整体稳定性并对邻近建筑物产生不良影响;在暗挖法施工中,常存在地下水与地层相互作用,包括土体应力状态改变和土体抗剪强度降低等。

4.1.3 施工力学风险特征

近年来,随着城市地下工程越来越多,由于技术新颖、操作难度大,风险也随之变得很大。城市地下空间工程施工风险具有如下特征:

(1)普遍性

风险的普遍性是一切工程或研究对象都具有的特征,从更广意义上说人类历史就是与各种风险相伴的历史,从风险的普遍性研究城市地下工程施工风险的特殊性,不断提高对风险规律性的认识,采取相应的管理措施,以规避风险或者尽可能降低风险。

(2)不确定性

从国内外大量地下工程施工总结来看,地下工程特别是城市地下工程施工风险具有很大的不确定性,即使条件相同,风险发展方向也可能不一致。

(3)风险的可测性

尽管城市地下空间工程施工风险具有不确定性,可能发生也可能不发生,但也具有一定的规律性和可预测性,但由于工程环境及地质的不确定性,又具有难以预测的特征。

(4)动态发展演变性

由于城市地下空间工程跨度和规模的增大,使得整个工程很难一次成型,存在时间和空间的不同步问题,开挖支护步序多,风险的演变更加复杂,风险随整个施工的全过程不断发生动态演变。

(5)耦合放大性

城市地下空间施工过程影响的因素众多,风险事件的形成,必然是各风险因素之间相互叠加、彼此影响,且具有耦合放大作用,这种风险因素之间的耦合也增加了风险发生概率或者扩大风险损失。

(6)高危性

城市地下空间网络化拓建新旧工程总体规模大,周边环境复杂,施工过程对周边环境的影响与一般地下空间工程相比范围更广,一旦发生风险,影响更恶劣,后果更严重。

4.2 网络化拓建地质风险分析

4.2.1 地质风险事故

城市地下空间施工风险包含风险因素、风险事故(事件)和风险损失三个要素,其中风险事故起到中间连接桥梁作用。通过分析风险事故可以找到引起事故的风险因素。

通过对不同城市的地质构造、地层特性、地形地貌、水文气象条件等地下空间工程资料进行分析,将全国分为软土地区、冲洪积土层地区、黄土地区、膨胀土地区、基岩或地质单元复杂地区五类区域。软土地区主要包括宁波、杭州、上海、无锡、天津等,地层以海相沉积和河湖淤积的淤泥、淤泥质土为主;冲洪积土层地区主要包括北京、石家庄、郑州、长春、沈阳、成都、呼和浩特等,地层以砂土、卵石、粉土、黏土为主;黄土地区主要包括西安、兰州、太原等城市,地层以风积黄土为主;膨胀土地区主要包括南宁、合肥等;基岩或地质单元复杂地区包括广州、深圳、重庆、大连、青岛、南京、济南、乌鲁木齐等。

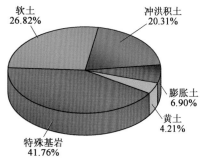

图 4-2-1　事故按地质区域统计饼状图

事故按地质区域统计如图 4-2-1 所示。由图可以看出,基岩或地质单元复杂地区的事故占总事故比例最高,事故数为 109 起,占比达到 41.76%。在基岩地区修筑城市地下空间工程主要受岩体完整程度和岩石强度的影响,各城市基岩岩性不同,岩体完整程度不同,带来的工程问题也不同。比如,大连的板岩遇水会崩解,强度急剧降低。另外,大连还分布石灰岩,石灰岩的岩溶水突涌会给城市地下空间施工带来灾难。

其次是软土地区发生事故 70 起,所占比例为 26.82%。这是因为软土地区土体力学性质较差,同时地下水丰富,地层中含有多层地下水,其中承压水对工程影响较大。

冲洪积土层地区发生事故为 53 起,所占比例为 20.31%。由于北方部分地区缺水,地下水位埋藏深,土层颗粒由粗到细、渗透性差异大、力学指标变异大。比如,北京西部漂石地层对于一般房屋建筑来说是良好的地基,但是对于修筑城市地下空间来说,会带来成孔成桩困难、盾构刀具磨损等一系列的施工难题。

膨胀土地区和黄土地区分别有 18 起事故和 11 起事故,占比分别为 6.90% 和 4.21%。黄土地区和膨胀土地区事故案例较少,这与地区经济发展缓慢、土建工程数量较少、统计案例不足有关。黄土地区土层直立性和稳定性较好,对于工程建设十分有利,但黄土具有遇水湿陷的特点,容易诱发明挖基坑失稳和暗挖围岩失稳。另外,黄土地区的地裂缝会对地下空间结构产生影响;膨胀土地区膨胀土有吸水膨胀和失水收缩双重性能,开挖面遇大气降水易膨胀,使抗剪强度降低,物理力学性质发生较大改变,从而影响地基土的稳定性。

4.2.2　地质风险分析

城市地下空间拓建工程涉及拓建结构、既有结构与地层、周边环境的相互作用,而地层即是工程的载体,也是工程与周边环境相互作用的媒介。另外,地层也是拓建施工改造的对象。我国幅员辽阔,水文气象等基础地质条件不同,工程地质和水文地质具有明显的地域特征,表现出较大的复杂性和差异性。

工程地质条件是一个综合性的概念,综合了与工程建设有关的地质要素,包括地形地貌条件、岩土类型及其工程地质性质,水文地质条件等。

工程地质和水文地质是专业性很强的学科,除了必要的理论基础外,更多的则是来自实践的经验。近年来,地下工程建设与地质条件相关的问题不断出现,在各类地质条件引发的工程事故中,基本都与设计人员和施工人员对地质条件的认识程度不够、采取控制措施缺乏针对性或技术操作不当等有关。

太沙基提出了土力学的三个基本内涵:①地层材料;②力学与水力学的基本原理;③工程问题。水文地质条件是决定工程地质条件优劣的重要因素,包括土体的承载力、固结和沉降、基坑和隧道的稳定、侧向土压力,以及与渗流相关的问题。

地下工程与水相关的应力问题主要有:

(1)气候变化诱发的斜坡稳定和滑坡问题。

(2)支护结构的侧向土压力与稳定性。

(3)开挖和钻孔的稳定性。

(4)水分变化条件下基础的承载力。

(5)非饱和土力学。

地下工程与水相关的变形问题有:

(1)膨胀土的胀缩现象。

(2)黏土的干裂现象。

(3)黄土的湿陷性。

(4)土的固结与沉降。

(5)土体压实。

地质风险分析的目的是进行科学评价,利用地质力学的基本原理和方法,对具体问题进行具体分析与评价,并提供恰当的处理措施。实践经验证明,地下空间结构因地质原因产生问题主要是分析判断失误造成的。

隧道开挖挖出的土的重量一般大于地下结构本身的重量,其地基承载力能够满足结构荷载要求,但地基不仅是强度问题,还包括变形问题,包括不均匀沉降和过大沉降,可导致结构的变形错位、隧道开裂、防水破坏、结构渗水,严重时影响行车安全。因此,在软土地层和结构断面变化较大的地层施工应重视地基处理和基础的选择。此外,地质体是工程结构的载体,同时也是工程施工改造的对象。工法工艺的选择应充分考虑地层、地质构造、不良地质作用、特殊性岩土等地质条件。

在地下工程建设过程中经常会遇到不良工程地质,如人工杂填土、淤泥质土、富水粉细砂层、湿陷性黄土、膨胀性土、季节性冻土、岩溶溶洞、地裂缝及断层破碎带等,在这些不良地层中修建地下工程极易引起土体塌方、滑坡,引发工程灾害。不良地层多伴随地下水的侵蚀,地下水的浸泡会使岩土抗剪强度降低,变形加大,在施工过程中,随地下水向基坑和洞身的涌出,砂土中细颗粒也随水流失,造成砂层结构更加松散,渗透性加强,地下水和细颗粒土流失加剧,造成基坑隆起、管涌和隧道地层变形、失稳、坍塌。

(1)明(盖)挖法拓建施工的主要地质风险

因地质条件带来的基坑围护结构主要质量问题包括:①地下水的作用,包括渗漏、突水、涌水、流砂及承压水引起的地层底鼓等;②止水帷幕的渗漏问题,如卵石地层中旋喷桩难以咬合,难以保证成桩直径,搅拌桩在软土地层出现夹砂、夹泥,抗渗性能达不到要求;③桩墙施工质量问题,包括软土地区缩孔、缩颈,粉细砂层出现塌孔、扩径,卵砾石等坚硬地层成孔困难,特殊地层导致桩墙倾斜等问题;④格构柱变形问题,即由于基坑底回弹隆起或承压水的作用,导致格构柱上浮;⑤土钉、锚杆质量问题,即由于不良地层导致缩孔、塌孔,软土地区还会出现锚杆的蠕变,导致锚杆松弛或失效。

（2）暗挖法施工的主要地质风险

因地质条件而影响洞室稳定的主要质量问题包括:①填土、软土等造成的掌子面失稳、过量沉降和变断面等特殊部位的坍塌,卵石地层管棚施作困难、小导管注浆效果不良,粉土、砂卵石地层的地层坍塌和地面塌陷,人工空洞的地面塌陷等;②地下水的作用,包括饱和砂土层的流砂,上层滞水的突水及承压水的底鼓等;③地层条件影响开挖方法和支护措施;④影响暗挖法小导管施工质量的问题,如卵石、漂石地层小导管难以打入,黏性土注浆困难,含水砂层在施打过程中出现涌水、流砂等。

（3）盾构法施工的主要地质风险

因地质条件带来的影响盾构法施工的主要质量问题包括:①地层问题,包括填土、软土等造成的过量沉降,高黏性地层形成泥饼,卵石地层盾构机刀具磨损和异常停机,硬质地层的掘进困难,复合地层造成的盾构偏移,饱和粉细砂、土砂相间地层、人工空洞造成的地面塌陷;②地下水的作用,包括高承压水造成的盾构螺旋输送机喷涌,上层滞水的突水、涌水等。

表4-2-1 给出了城市地下工程常见的地质风险因素分类,可以看出,工程地质条件的复杂性给工程的风险控制带来挑战,从前期的工程环境调查到地质勘察,需要明确地层的形成条件和地下水的赋存状态,选用合适的力学试验,以获取满足力学计算所需的物理力学参数,尤其注意对人工填土、软土、地下空洞和地下管线等特殊地质条件的探查,为工程设计和施工提供可靠的地质信息。

城市地下工程常见的地质风险因素　　　　表4-2-1

序号	类　别	地　质　风　险
1	人工填土	填土由于其松散性和不均匀性,往往给地基、基坑边坡和地层稳定性带来风险
2	人工空洞	城市地区浅表层受人类工程活动影响,易形成人工空洞,对地下工程的施工带来潜在风险。容易形成空洞的地段一般包括:雨污水管线周边、深基坑工程附近、地下水位动态变化较大地段,原有空洞部位（菜窖、墓穴、鼠洞等）,管线渗漏地段,砂土复合地层结构地段等
3	卵石、漂石地层	卵石、漂石地层中漂石会给围护桩施工、管棚和小导管施工,以及盾构施工带来困难和风险;卵石、漂石地层的高渗透性也会给工程降水和注浆带来困难
4	饱水砂层透镜体	由于饱和砂层透镜体分布的随机性,详细勘察阶段不容易被发现,施工时,隧道开挖范围遇到会造成隧道涌水和流砂
5	上层滞水	由于上层滞水分布的随机性和不稳定性,又因详细勘察距离施工的时间较长,造成其不容易被查清,给施工带来一定风险
6	岩溶和溶洞	在熔岩地区岩溶和溶洞的分布无规律,且不易勘察,给后期施工带来难以预见的风险。饱水的大型溶洞还易造成施工中的地下水突涌
7	断层破碎带	隧道在断层破碎带中施工增加塌方风险,基坑开挖施工易受到断裂带中沿岩体结构面滑动的不利影响
8	活动地裂缝	在黄土地区存在的活动地裂缝上下盘升沉速率快,地裂缝内易涵养地下水（上层滞水或其他水层）,对工程的影响较大,易造成后期的工程建设风险
9	高承压水、高压裂隙水	软土地层的高承压水易导致地下工程涌水和失稳等风险,岩石地层的高压裂隙水会造成地下工程的突水风险
10	有害气体	赋存于地层中可燃或有毒气体易造成隧道施工中的爆燃或施工人员中毒等风险

续上表

序号	类 别	地质风险
11	膨胀地层	膨胀地层在开挖或遇水后的膨胀会造成地下结构受力和变形超标等风险
12	湿陷性地层	湿陷性地层在不同含水率时的承载能力和变形特性差异较大,其所采用的加固方式和措施的有效性等风险
13	高灵敏度淤泥质地层	此类地层对工程活动的扰动敏感,稳定性差,易出现基坑等工程的失稳等风险
14	活动地震断裂带	活动地震断裂带活动变形错动风险
15	液化地层	液化地层中的城市轨道交通结构易在地震和列车运行振动作用下出现基底变形下沉风险
16	高硬度岩层	高硬度岩层在采用掘进机类设备施工时存在设备适用风险
17	粉细砂地层	含水的粉细砂地层易产生流砂等风险
18	不明水源	由于地下(废弃)水管、化粪池等渗漏引起的建设风险

 ## 4.3 网络化拓建施工风险分析与控制

城市地下空间网络化拓建施工的工程地质和水文地质复杂、周边环境敏感性强、施工周期长、影响因素多,施工风险的分析与控制是工程建设的重要内容。

图4-3-1为工程风险管理制度框架体系。施工阶段的风险控制,主要包括:①施工风险管理专项实施细则;②建立风险预报、预警、预案体系;③风险控制措施的实施与记录;④工程施工风险的动态跟踪与监控;⑤风险控制的快速决策与有效管理。

城市地下空间网络化拓建施工以控制地层和结构变形为核心的力学机理,是由其工程环境对变形的高敏感性这一特殊的条件所决定的。因此,应做好拓建施工对邻近建(构)筑物影响风险分析。

地铁及地下工程施工都可能会对邻近的各类建(构)筑物产生一定程度的影响。风险分析的目的是通过建立工程施工引起地层变形与邻近建(构)筑物损坏之间的关系,完成施工风险分析的经济损失评估,建立风险控制对策。

图4-3-2为既有建(构)筑物施工风险控制框图。现状调查包括结构形式、建造时间、重要性程度、服务年限与状态,以及与工程邻近距离及周边区域环境等;判断邻近建(构)筑物的破坏形式,用可以衡量的指标(如裂缝宽度、倾斜率、差异沉降等)定义各破坏阶段;采用工程施工地层变形计算分析,结合现场监测数据,得到周围地面沉降值,并分析影响地层变形的因素;通过力学计算和统计分析,得到建(构)筑物发生破坏的概率,计算建(构)筑物与破坏衡量指标的关系;得到不同施工工况下建(构)筑物的损失评估,提出工程施工风险控制对策与处置措施。城市地下空间网络化拓建施工必须实施动态风险管理,利用现场监测数据和风险记录,实施施工风险动态跟踪与控制。

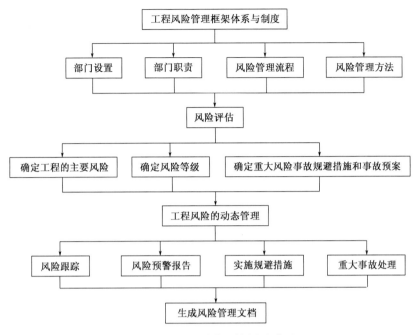

图 4-3-1 工程风险管理制度框架体系

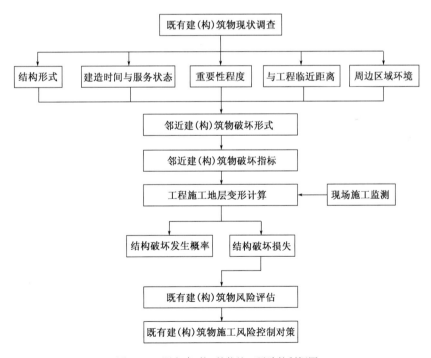

图 4-3-2 既有建(构)筑物施工风险控制框图

编制安全专项施工方案时,应根据设计文件、现场实践情况和施工经验等,重点针对地质风险与环境风险因素、安全技术措施的可靠性、可实施性等方面进行施工安全风险分析,包括但不限于下列情况:①明(盖)挖法工程的围护结构施工设备工艺与地层适应性,异形基坑支护体系,基坑阳角、基坑收口段、不同支护体系接合处等重点部位,地下水控制措施等;②矿山法工程的开挖范围内存在影响工程安全的不良工程地质和水文地质条件,地下水控制措施,采用大管棚施工、深孔注浆等重要工法等的适用性,斜坡段、大断面、变断面、明暗挖接口段、平顶直墙段、转弯处等特殊部位,马头门施工,交叠隧道、小间距隧道等;③盾构法工程的盾构适应性,盾构设备状况,始发、接收端头加固,开仓检修及换刀,联络通道开口及泵房施工等。另外,当工程施工影响范围内存在既有运营线路、铁路、主干道路、桥梁、河湖、重要建(构)筑物、有水(压)及其他重要管线和在建其他工程时,应对环境安全风险进行重点分析。

地下空间网络化拓建施工风险管理中的主要风险因素还包括:①邻近或穿越既有或保护性建(构)筑物、军事区、地下管线设施区施工;②穿越地下障碍物段施工;③浅覆土层施工;④小曲率区段施工;⑤大坡度地段施工;⑥小净距隧道施工;⑦穿越江河段施工;⑧特殊地质条件或复杂地段施工。在工程施工阶段,应建立有效的风险管理机制和工作流程,及时了解、沟通工程风险信息。在现场应建立完备的风险管理制度,明确岗位及部门的设定、权限和工作流程,使风险处理方案在施工各方迅速达成共识并及时实施。需要强调的是,无论是风险管理办法的制定,或者是对施工阶段风险的预警、判识、评估、管理及采取措施的过程中,都离不开对网络化拓建力学机理的深刻认识和对关键技术的掌握。

信息化是城市地下空间网络化拓建风险防控的主要依据之一,对存在环境风险的工程,施工中应重点检查验证施工参数的合理性和环境保护措施的可靠性,严格执行施工工艺,根据设计文件和工程监测情况进行信息化施工。当环境对象监测值达到控制值,且监测数据有进一步发展趋势时,应组织开展环境风险评价,判断环境对象安全状态,提出风险处置方案并落实。施工中应及时分析工程监测数据及其变化情况,根据监测预警等级判定标准对监测项目进行预警。施工中应根据施工进度、工程监测数据、现场巡视信息及其监测、巡视预警等级、数量及分布范围等情况,并通过现场核查、工程经验判定和专家咨询等综合分析,对在建工程进行定期安全风险状态评价。

4.3.1 明挖法深基坑施工风险分析

明挖法工程施工应重点对土方开挖、支护体系施作、结构施工及支撑拆除等进行工程自身风险控制,并符合下列规定:①对围护结构轴线施工放线及围护结构施工设备垂直度进行控制,防止侵限。②土方开挖应分层分段进行,侧壁及时挂网喷护,当侧壁发生渗漏水或流沙现象时,应及时采取措施,按照设计要求控制坑边荷载。③钢围檩纵向连接并与侧壁密贴,钢支撑应及时架设和施加预应力并与围檩密贴,支撑及钢围檩的防坠落装置、斜撑钢围檩后的抗剪蹬应按照设计要求进行安装;锚索施作应及时拉拔锁定。④结构施工及支撑拆除应按照设计要求实施。

深基坑施工风险因素包括:①支护结构施工质量及整体效应;②基坑降水、排水控制;③基坑土方开挖方法与进度;④支护结构渗漏水处置;⑤基坑内勘探孔的封堵;⑥基底的隆起;⑦基底管涌;⑧基坑周边建筑物的保护;⑨基坑周边地下管线、地表的变形、位移、开裂、塌陷;⑩坑内、外地下水位的影响;⑪支护结构应力、变形、位移过大或变化速率较大;⑫基坑周边的堆载和振动荷载超过允许荷载;⑬结构混凝土及防水的质量缺陷。

针对深基坑工程施工的风险因素,其施工质量安全风险控制应结合基坑支护措施、基坑降水、基坑开挖和结构施工的方案编制,并强化风险管控的时效性。

4.3.2　矿山法施工风险分析

矿山法工程施工应重点对超前支护、土方开挖、初期支护架设、初期支护背后回填注浆、马头门、临时支撑拆除等进行工程自身风险控制,并符合下列规定:①土方开挖应加强对开挖面地质情况观察,必要时进行超前地质预探测;严格按设计要求进行超前支护施工;核心土留设尺寸、台阶长度、合理设置台阶开挖高度;合理安排各分部开挖顺序及纵向间距。②初期支护应确保拱架架设、挂网施工、锁脚锚管施工和节点连接的质量;对上台阶拱脚应进行处理;喷射混凝土厚度及密实度应符合要求;封闭成环后应及时回填注浆;存在开裂变形情况时应及时处理。③斜坡段、大断面、变截面、明暗接口部位、平顶直墙段、转弯处等风险较大部位施工时,应确保超前支护质量;加强开挖面观察及超前探查,确保开挖面稳定性;施工受力复杂部位应确保节点连接质量;施工步序应严格按方案实施,确保施工工艺规范性;应根据设计参数和监测结果指导临时支撑的架设与拆除。

矿山法施工风险因素包括:①竖井开挖井壁坍塌;②竖井和隧道开挖过程中的涌水涌砂③马头门开挖坍塌;④软土、膨胀土等特殊地层;⑤降水问题;⑥拱顶及开挖面坍塌;⑦导洞初期支护失稳;⑧小导管施作困难;⑨大管棚施作地层沉陷;⑩管棚施工角度偏差过大;⑪地层加固质量;⑫冻结法施工质量;⑬结构混凝土及防水的质量缺陷。

城市地下空间工程往往埋深较浅,应根据地质条件贯彻"管超前、严注浆、短开挖、强支护、快封闭、勤量测"的方针,选择合适的工法工艺。尤其在网络化拓建施工中,应重视地层改良和支护的刚度设计,采用微扰动开挖和精细化物探技术,协调既有结构、拓建结构、工程环境和地层间的相互作用。

4.3.3　盾构法施工风险分析

盾构法工程施工应重点对盾构始发和接收、盾构开仓检修与换刀、盾构掘进参数控制、盾构姿态控制等风险进行控制,并符合下列规定:①始发和接收施工应安装止水橡胶帘布、扇形压板,并严格控制反力架质量;合理控制土压力及施工参数;盾构始发和接收后应及时封闭洞门。②盾构开仓方式应符合方案要求,特殊地层应提前对开仓位置进行筹划。③盾构掘进应合理控制土压力和出土量,同步注浆和二次补浆参数应满足相应的浆液质量标准和周边环境变形控制要求;卵砾石地层应加强土体改良。④盾构姿态纠偏应遵循长距离缓慢修正原则,根据导向控制点和管片位移稳定时间,合理控制推进速度。

盾构施工风险因素包括:①路面、地下管线、邻近建筑物等周边环境运营安全;②盾构始发与到达进出洞加固质量;③联络通道施工;④壁后注浆质量;⑤盾构掘进;⑥管片拼装;⑦动荷载条件下穿越地铁线路;⑧穿越河流;⑨穿越建筑物、管线;⑩掘进停机。

城市地下空间交通工程、管廊工程、管道工程等采用盾构法施工越来越多,盾构施工的机械化选型主要根据地质条件确定,施工中土体改良效果欠佳、盾构施工参数不合理、密封防漏效果差、软硬互层、不明障碍物、地下空洞及地下水的不良影响等均对地层的变形有重要影响,应引起高度重视。

4.3.4 施工风险控制

施工风险控制预案应按工程施工的主要工序、工艺、施工分项的控制等级要求进行。根据施工工况对每个施工阶段进行分析研究,查找安全隐患因素,制定各分项工程的安全风险控制措施和险情应急处置措施。综合考虑各类方法的特点后,将城市地下空间网络化拓建风险分为三类:明挖地下空间风险、暗挖地下空间风险、拓建工程施工风险。

1)明挖地下空间风险

结合明挖工程施工特点,将明挖工程风险事件分为围护结构失稳风险、支撑体系失稳风险、坑底变形破坏风险、土体滑塌风险、突水突泥风险、邻近建(构)筑物破坏风险、邻近道路、铁路、桥梁破坏风险和邻近地下管线破坏风险等。具体风险事件类型及事件说明见表4-3-1。

明挖地下空间工程风险统计　　　　　　　　　　　　　　　表4-3-1

风险事件		事件类型	事件说明
工程自身风险	围护结构失稳	结构局部破坏、锚索锚杆失效、围护结构滑移失稳、围护结构倾覆失稳等	结构本身开裂渗漏、折断、剪断;结构底面压力过大引起踢脚破坏,土体中形成了滑动面;结构连同基坑外侧土体一起丧失稳定性等
	支撑体系失稳	结构局部破坏、支撑整体失稳	结构出现折断、弯曲压屈,导致结构承载力不足,或支撑整体变形失效
	坑底变形破坏	坑底隆起变形过大破坏	当软弱地基隆起幅度超过一定范围,易造成基坑整体失稳
地质风险	土体滑塌	放坡开挖滑移、整体失稳等	基坑放坡开挖出现滑坡;土体形成滑移面,同围护结构一同丧失稳定性而滑塌
	突泥突水	坑壁流土流砂、坑底突涌、坑底管涌等	止水帷幕失效,导致大量水、砂土涌入坑内,造成水土流失;承压水降水不当;未设置降水井或降水井失效导致坑底出现冒水、翻砂等
周边环境风险	邻近建(构)筑物破坏	地上建筑物倾斜、不均匀沉降、地下结构上浮、开裂等	基坑开挖、降水等导致周边土体出现不均匀沉降,致使建(构)筑物出现破坏
	邻近道路、铁路破坏	路面变形、开裂、塌陷等	基坑开挖、降水等导致周边土体出现不均匀沉降,致使周边道路出现破坏
	邻近桥梁破坏	桥梁倾斜、沉降移位、垮塌等	基坑开挖、降水等导致周边土体出现不均匀沉降,致使邻近桥梁出现破坏
	邻近地下管线破坏	管线破裂	管线受土体变形影响,出现结构性破裂,无法继续使用
		管线渗漏	污水管、油气管等开裂,导致内部气体、液体溢出,引发次生环境事件

（1）工程自身风险

明挖工程自身风险主要包括围护结构失稳、支撑体系失稳及坑底变形破坏三类。围护结构失稳是指当基坑开挖时，围护结构的强度、刚度或者稳定性不足引起的破坏，从而导致边坡坍塌的事故，事故类型包括围护结构的结构性破坏、围护结构滑移性失稳及围护结构倾覆失稳。图4-3-3为武汉光谷广场综合体支撑体系示意图，其中广场中区沿基坑深度方向设置六道支撑，圆盘中区地下二层大基坑深约21m，局部地下三层11号线基坑深约32.8m，以坑中坑的形式施工，采用两道钢筋混凝土对撑＋一道钢支撑（换撑）。可以看出，该工程支护体系异常复杂，坑中坑区围护结构支撑、换撑均需考虑基坑支护体系力学转换关系，如处理不当极易产生围护结构破坏风险，甚至发生基坑坍塌事故。

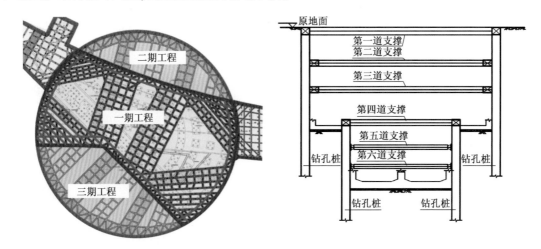

图4-3-3　武汉光谷广场综合体支撑体系示意图

武汉光谷广场中区基坑土方开挖量约43万m^3，基坑开挖充分利用"时空效应"作用，遵循"从上到下、分区、分段、分块、先撑后挖"的原则，结合各区段具体地质情况和现场实际情况，采用放坡开挖及分层台阶后退式接力开挖。武汉光谷广场综合体土方开挖纵向布置示意图如图4-3-4所示。

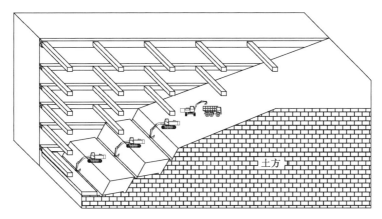

图4-3-4　武汉光谷广场综合体土方开挖纵向布置示意图

（2）周边环境风险

基坑施工对邻近建筑物的影响主要体现在建筑物的近接程度及建筑物的自身重要等级上。武汉光谷广场周边现状有鲁巷广场购物中心、光谷国际广场、光谷世界城、光谷资本大厦及光谷广场等。与广场衔接的道路有鲁磨路、民族大道、珞瑜路、珞瑜东路、虎泉街、光谷街，形成一个六路相交的交叉路口。武汉光谷广场周边规划为东湖高新开发区重要的商业中心，均为高容积率的商业开发地块。武汉光谷广场综合体周边建筑物如图4-3-5所示。

图4-3-5　武汉光谷广场综合体周边建筑物

邻近道路、铁路破坏及邻近桥梁破坏包括开裂、塌陷等多种形式，为避免此类事件的发生，武汉光谷广场综合体施工中首先将圆盘道路由200m扩展240m直径环岛。该工程周边交通异常繁忙，如何降低施工对周边交通的影响，确保周边道路畅通是本工程的难点。武汉光谷广场综合体周边道路情况如图4-3-6所示。

对于受影响的地下管线，施工时需对影响施工的管线进行必要的改迁或悬吊保护，但悬吊管线仍然是施工中的重大风险源。武汉光谷广场综合体工程施工范围内管线类型多，珞瑜东路南北两侧施工范围内现状管有电力（含110kV高压）、自来水、排水、天然气、电信等多达16家产权单位的管线，布置关系复杂。由在平面上和空间上需要处理好与这些管线的关系。

2）暗挖地下空间风险

根据暗挖工程施工特点，按风险事件类型将暗挖工程风险事件分为支护体系失稳、地层失稳、突水突泥、邻近建（构）筑物破坏风险、邻近道路、铁路、桥梁破坏风险、邻近地下管线破坏风险等。具体风险事件类型及说明见表4-3-2。

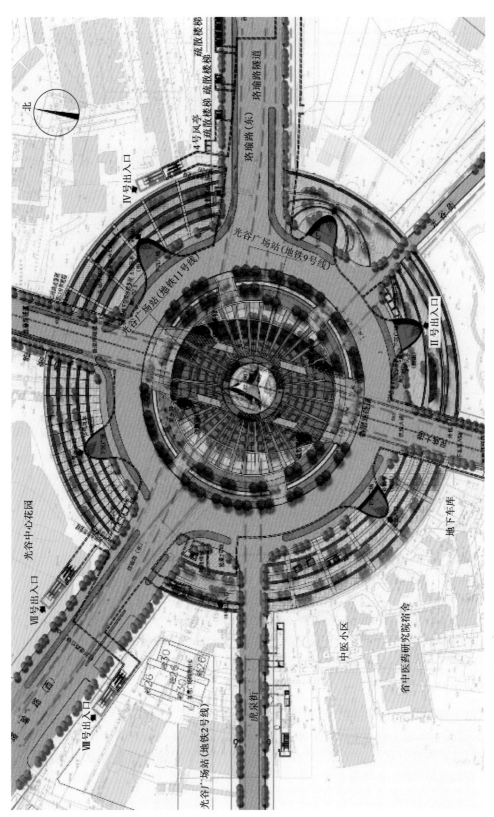

图4-3-6　光谷广场综合体周边道路情况

暗挖工程风险统计表 表4-3-2

风 险 事 件		事件表现形式	事 件 说 明
工程自身风险	支护体系失稳	结构变形过大或侵限、支撑结构破坏	拱顶下沉、钢支撑扭曲变形、支撑间混凝土开裂剥落、连接螺栓剪断等
地质风险	地层失稳	片帮、掉块、溜坍、冒顶、坍塌	原先平衡的地层遭到破坏，作业面在压力作用下变形、破坏而掉块垮塌
	突泥突水	淹溺、掩埋	突发突水事件导致大量水体涌入，大量泥沙涌入
周边环境风险	邻近建(构)筑物破坏	建筑物倾斜、不均匀沉降、地下结构上浮、开裂等	施工导致周边土体出现不均匀沉降，致使建(构)筑物出现破坏
	邻近道路、铁路破坏	路面变形、开裂、塌陷等	施工导致周边土体出现不均匀沉降，致使周边道路出现破坏
	邻近桥梁破坏	桥梁倾斜、沉降移位、垮塌等	施工导致周边土体出现不均匀沉降，致使周边桥梁出现破坏
	邻近地下管线破坏	管线破裂	管线受土体变形影响，出现结构性破裂，无法继续使用
		管线渗漏	污水管、油气管等开裂，导致内部液体、气体溢出，对工程造成影响，引发次生环境事件

（1）工程自身风险

暗挖工程自身风险主要是指暗挖工程存在的支护体系破坏。初期支护失稳导致沉降、收敛急剧加大，进而可能诱发严重的地面沉降或坍塌。图4-3-7为太原迎泽大街下穿火车站工程管幕段横断面示意图，本工程南北通道管幕段各需顶进直径2000mm、壁厚20mm钢管20根，管间距为165~235mm，钢管顶进完成后进行钢管切割支护焊接、结构钢筋绑扎、混凝土浇筑施工，管幕段结构全宽18.2m，全高10.5m。该工程提出支护结构一体化的建造理念：首先施作集支护及结构主体于一体的永久结构，然后在一体化结构的保护下进行土方开挖。这种建造方式改变了传统暗挖法先加固后支护，最后施作主体结构的施工步序的理念，将加固、支护、主体结构合为一体并一次建造成型。由于工法新颖，在工程建造中存在一定风险。

（2）周边环境风险

邻近道路、铁路及桥梁破坏一般发生在隧道开挖阶段及支护体系的转换阶段，太原迎泽大街下穿高速铁路车站，沉降控制严格、精度高，路基最大允许沉降值为10mm，变形控制是风险控制的主要内容。图4-3-8为太原迎泽大街下穿太原火车站工程南通道纵断面图和工程环境状况。

3）拓建工程施工风险

城市地下空间网络化拓建施工风险事件分为既有结构破坏和危及运营安全、新建结构破坏、地层失稳等。拓建工程具体风险事件类型及风险说明见表4-3-3。对于拓建工程的风险事件的研究以北京地铁宣武门站改造工程作为依据，对拓建工程的自身风险进行论证说明。对于拓建工程的地质风险，其风险类型、周边环境风险与上述明（暗）挖工程类似，故本节不再赘述。

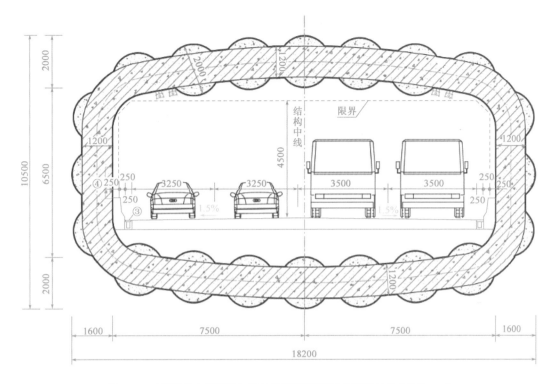

图4-3-7 太原迎泽大街下穿火车站工程管幕段横断面示意图(尺寸单位:mm)

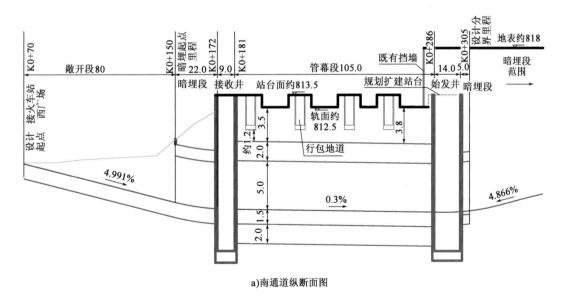

a)南通道纵断面图

图 4-3-8

b)工程环境状况

图 4-3-8　太原迎泽大街下穿太原火车站工程(尺寸单位:m;高程单位:m)

拓建工程风险统计表　　　　　　　　　　　　　　　　　　表 4-3-3

风险事件		事件类型	风险说明
工程自身风险	既有结构破坏	结构破坏、变形过大、失稳	既有结构受施工扰动作用出现不同程度的破坏
	新建结构破坏	结构开裂、不均匀变形等	既有结构的变形也会导致新建结构出现一定程度的破坏
地质风险	土体滑塌	放坡开挖滑移、整体失稳等	基坑放坡开挖出现滑坡;土体形成滑移面,与围护结构一同丧失稳定性而滑塌
	地层失稳	片帮、掉块、溜坍、冒顶等	原先平衡的岩土遭到破坏,作业面在压力作用下出现变形、破坏而掉块垮塌的现象
	突泥突水	坑壁流土流砂、坑底突涌、坑底管涌、淹溺、掩埋等	大量水、砂土涌入坑内造成水土流失;承压水降水不当、未设置降水井导致坑底出现冒水、翻砂等
周边环境风险	邻近建(构)筑物破坏	地上建筑物倾斜、不均匀沉降、地下结构上浮、开裂等	基坑开挖、降水等导致周边土体出现不均匀沉降,致使建(构)筑物出现破坏
	邻近道路、铁路破坏	路面变形开裂、路面塌陷等	基坑开挖、降水等导致周边土体出现不均匀沉降,致使周边道路出现破坏
	邻近桥梁破坏	桥梁倾斜、沉降移位、垮塌等	基坑开挖、降水等导致周边土体出现不均匀沉降,致使邻近桥梁出现破坏
	邻近管线破坏	管线破裂	管线受土体变形影响,出现结构性破裂,无法继续使用
		管线渗漏	污水管、油气管等开裂导致内部气体、液体溢出,引发次生环境事件

以北京地铁 4 号线宣武门站新增换乘通道工程为例,该工程主要建设内容为:新建 4 号线宣武门站东北出入口及西南和西北地下厅,并在东北、西北、西南三个区域各增建一条换乘通道,同时对东南 2 号线地下厅及其相关系统设备进行改造,总平面图如图 6-2-1b) 所示。该工程主要风险包括既有车站结构侧墙破除风险、近接运营地铁车站施工风险、管线风险及文物保护等,其特级和一级风险状况的描述见表 6-2-2 ~ 表 6-2-5。

地下空间网络化拓建施工应根据拓建结构特点并结合工程地质和水文地质条件、既有结构物、管线及道路交通等具体情况,通过对技术、经济、工期、环境影响和使用效果等方面综合评价,选择合理的施工方法和结构形式。在含水地层中,应采取可靠的地下水处理和防治措施,并充分考虑后续城市建设可能造成的不利影响;在具有高灵敏度的软土地区,应考虑动力荷载对软土的劣化作用,控制动力荷载作用的范围、频率及大小。

地下空间工程风险管理应遵循"分阶段、分等级、分对象"的基本原则,结合工程自身及周边环境等多方面综合考虑,从规划阶段的安全前置、设计阶段的变形控制到网络化拓建施工的关键技术等方面,将工程建设风险降低至可接受的程度。

第5章
城市地下空间网络化拓建关键技术与装备

5.1 精细化探测技术

精细化探测的目的是通过地质调查、钻探、物探等手段,进行地层条件、地下水、地下建(构)筑物、地下障碍物的勘探,详细查明地下三维地层分布、地下水位及变化规律、地下管线分布及使用状态、既有地下结构现状以及可能存在的其他地下障碍物。结合既有地下探测数据、区域性城市建设资料,形成基于地理信息系统(GIS)+建筑信息模型(BIM)创建的地上地下一体化、信息化、可视化的多维探测数字化应用成果。

应用成果包含地理数据、地层数据、地下水相关数据、地下管线数据、既有地下建(构)筑物数据、其他地下障碍物数据,也可以包括与地下空间相关的规划数据。

5.1.1 基础数据

基础数据包括城市地下空间拓建影响范围内或影响拓建工程的基础地理数据、基础地质数据(既有地质资料)、地下管线数据、地下建(构)筑物数据、市政设施数据等几大类。基础数据的来源包括:

(1)基础地理数据

基础地理数据最直接的表现形式为数字化、信息化地形图。国内主要城市基本已覆盖向外部开放的高清卫星地图、航拍地图、高精度数字地形图,并且时常会结合城市建设实施修测或重测;部分城市或区域甚至已搭建完成信息化地形图、三维(3D)城市模型。小比例数字地形图经处理能够用于创建较精细的地表模型,而信息化地形图、3D城市模型更可以直观描述复杂的地形、地貌、地面建筑、市政设施、交通设施、行政区划及地名地籍等,数字化、信息化地形图是城市区域工程建设的最基础数据之一。

（2）城市建设档案数据

城市建设档案也是重要的基础数据来源。与拓建工程相关的主要为以下几种类型：

①城市规划档案，包括城市各发展阶段的总体规划、片区详细规划、各项专业规划（比如道路网、轨道交通网、主要管线网等）文件等。

②城市勘测档案，包括修测、补测的地形、地貌勘测文件和地形图、矿藏资料、工程地质资料、水文地质及变化情况、地震、气象等。

③城市建设管理档案，包括城市土地征用划拨、用地调整、土地性质沿革、土地规划整理等，可以了解城市区域具体地块的地形、用途等变化过程，为地下空间建设规划用地提供辅助信息。

④市政工程档案和公用设施档案，包括轨道交通、城市道路、桥梁、涵洞、隧道、排水、防洪等市政工程档案，给水、燃气、供热、供电城市与照明、通信信息类、公共交通等公用设施档案。

⑤交通运输工程档案，包括铁路、公路、水运、航空等设施档案。

⑥工业建筑及场区工程，主要包括现状工业区和已拆迁工业区档案，用于了解可能遗留的地下障碍物、土地污染等。

⑦民用建筑及用地档案，包括老城区建筑变革、新建城区用地记录等。

⑧园林绿化及环境保护档案，包括古树木、环境整治等档案。

⑨河道、水系档案，包括河道水文、河床演变、河道流向变化以及湖泊淤积变化等档案。

⑩特种档案，包括人防工程、文物分布等。

整合的城市建设档案数据不只是局限于现状和规划信息，还应包括城市发展过程中，地表挖填、拆改搬迁、区域改造等信息，目的是为编制精细探测提供基础性和指导性依据。

（3）城市地质调查信息

2003—2009年，上海、北京、杭州、天津、南京、广州等六座城市开展了城市三维地质调查试点工作，在城市不同区域完成了高精度三维立体地质探测，建立了工程地质、水文地质三维结构真实场景，能够准确定位地层、活动断裂、工程建设桩基持力层与软弱层、地下含水层与隔水层的地下展布和空间变化特征，并系统反映地面沉降、地裂缝、岩溶土洞等地质灾害；调查成果在城市土地规划、城市减灾防灾、工程建设适宜性评价、地下空间开发评价等方面发挥着重要作用。2017年11月发布的"城市地质调查总体方案（2017—2025年）"提出，到2025年，城市地质调查工作要覆盖全国地级以上城市，在此期间，一些阶段性成果能够在城市地下工程建设前期研究中起到指导作用。

（4）城市地下管线普查信息

2014年6月，国内主要城市均全面启动了地下管线普查工作，多数大中城市在城市建设档案的基础上完成了城市建成区或城市规划区的地下管线探测、管线图绘制，建立了地下管线综合管理信息系统，且编制完成地下管线（管廊）综合规划，正在逐步改造升级老旧管网，新建、改建管线能够实现动态更新。地下管线普查涵盖了给水、排水、燃气、热力、工业、电力、电信、综合管沟等类型，成果中包含了地下管线的空间数据（管线、管段、管件以及地面设施的空间位置和形状信息）、属性数据（管线类别、管线尺寸、管线材质、连接关系、埋设年代、权属单位、施工时间、雨污水管线流向、给水管线压力、燃气管线压力、电信电缆孔数、电力电缆根数/

电压/截面积等)。地下管线普查成果是地下建(构)筑物探测最直接的基础之一。

(5)城市地下空间普查信息

根据住房和城乡建设部发布的《城市地下空间开发利用"十三五"规划》中的规划目标,至2020年底,不低于50%的城市完成了地下空间设施普查工作,并初步建立了地下空间综合管理系统。很多城市为了掌握更加精准和适时的地下空间建筑物设施数据,正在开展已竣工建设项目地下空间和人防工程的实测工作,同步升级已有的地下空间信息管理系统,实现城市地下空间可视化大数据应用管理。城市地下空间普查数据可应用于既有地下空间检测维修、升级改造以及安全拓建。

5.1.2 精细化地质勘探

1)区域地质

城市地质调查成果中包含了城市所在区的三维地层结构(工程地质结构、水文地质结构)、地质灾害(活动断层、地裂缝、地震活动、地面沉降、岩溶、黄土湿陷性)等资料,以及岩土工程地质条件、地下水对工程的影响、地下空间开发适宜性等方面的评价资料。在此基础上开展的精细化地质勘探,更具有针对性和补充性。

2)历史数据的应用

城市地下空间拓建工程可以利用既有地下工程实施期间勘察钻孔、施工揭露的地质资料,以及邻近建(构)筑物建造期间完成的勘察资料,一般包含:

(1)场地范围内岩土层的类型、年代、成因、分布范围、工程特性,地基的稳定性、均匀性和承载力分析与评价,天然地基、地基处理或桩基等地基基础方案的建议。

(2)不良地质作用的工程特征、成因、分布范围、发展趋势和危害程度,治理方案建议。

(3)地下工程围岩的稳定性,围岩分级、岩土施工工程分级,对地下工程有不利影响的工程地质问题及防治措施的建议。

(4)基坑(边坡)的稳定性分析,基坑防护、边坡治理的工程措施建议。

(5)用于地基变形计算、基坑支护设计、隧道初期支护和衬砌设计、施工方案及设备配套所需的岩土参数等。

这些资料内容详尽可靠,最接近拓建工程场地情况,具有很高的参照和对比价值。

3)精细物理探测技术

地质雷达法、瞬变电磁法、浅层地震法、高密度电阻率法等常用的物理探测技术,受城市区域地层浮游电流、地面交通振动、地下管线等因素的干扰,探测准确性难以保证。城市地下工程尤其是周边环境复杂的拓建工程,要求采用更高精度的物理勘探手段。

(1)微动勘探技术

微动勘探技术是利用勘探点四周的人员活动、交通振动、施工振动等日常活动产生的微动信号,通过专用设备接收并分析地层介质信息的一种无损、经济、高效的物理探测方法。设备从微动信号垂直分量中提取面波频散曲线,获取地层及障碍物的剪切波速,依据剪切波速的差异对地层岩性、地层空间分布、地质构造等进行判释。

微动勘探技术在城市区域的主要优势包括:

①实施便捷:能够有效利用城市区域丰富的环境噪声(高频信号源),大幅度减少专门设置的人工震源,非常适合在交通繁忙的城市环境中应用,在钻探难以实施的建筑、交通密集区优势更加明显。

②利用面波频散曲线推断地层横波速度结构,由于速度小,分辨率更高。

③受城市复杂场地环境和电磁环境影响非常小,特别适宜城市繁忙区域探测。

④面波对地层横向的速度变化极其敏感,探测暗浜、孤石、地下空洞、岩土分界、岩层风化程度等地层特征。

⑤充分利用自然振动源中的低频振动,可以显著加大勘探深度,完全满足城市地下空间拓建需求。

⑥微动勘探技术与钻孔结合,可以得到精确的地下构造剖面。

⑦微动探测几乎不受场地条件限制,实施期间对城市交通、居民活动影响很小。

(2)陆地声呐法

陆地声呐法即"极小超宽频带弹性波反射单点连续剖面法",采用新型的激振方式,可以激发 10~15000Hz 的高宽频波,接收 10~4000Hz 的波。在城市区域使用 500~1000Hz 以上的较高频率,可以避开常见的 300Hz 以下的行人、交通等振动源干扰。陆地声呐法可以在城市区域精确探测浅层岩溶溶洞、地层透镜体、地下障碍物等。

4)设计阶段的地质钻探

设计阶段的钻探(井探、槽探)工作除了精准确定工程区域的地层类别、厚度分布之外,还需要同步取样或原位试验取得各层岩土的物理力学性质数据,获得有关地下水水位、地层含水性、透水性、水质等水文地质资料。

(1)钻探孔布置

在精细物理探测成果基础上,确定合理的勘探孔布置方式;利用小比例地形图、管线图、或高精度三维地形图准确布置勘探孔;充分利用既有钻探孔、施工揭露地质素描资料;勘探孔密度足够修正物理探测成果,可以准确区分地层三维分布情况、地下水位变化;能够揭示有害气体、污染土壤等情况。钻孔深度满足拓建工程地基及基础设计、基坑稳定性分析、地下水控制(降水)、不良地质评价、邻近既有建(构)筑物影响评价等要求。

(2)智能化钻探及原位测试设备

根据地质调查、物理探测结果,综合选择钻进方法和设备,满足取样、原位测试、水文试验等要求。为了适应自动数字化、三维可视化探测、BIM 应用等发展需求,需要将传统的钻探设备、作业管理信息化系统逐渐向一体化、智能化升级,形成内外业一体化智能化钻探设备,自动记录钻探数据及参数,自动调节钻探速度,有助于提高勘探效率,保证勘探质量。

在钻探过程中配套智能原位测试技术与装备,比如自动控制旁压仪、钻探数据记录仪、自动标贯分析仪、十字板剪切仪、重力触探仪等,与计算机信息化数据采集技术相结合,可以形成具有数字化采集、自动化数据处理的智能原位测试技术。

智能钻探、智能原位测试、智能数字成像与识别技术、数据高速传输技术相结合,将勘探数据适时输入相配套的内外业一体化智能化作业系统,就可以实现物探超前、钻探验证、及时调整的高效精确勘探。

5) 施工阶段的补充勘察

施工阶段的补充勘察主要针对以下情况开展:

(1) 受地面条件限制,前期物探、钻探未能完全探明的施工区域。

(2) 施工揭示的地层分布与探测结果差别较大时。

(3) 地层变化频繁,前期勘探没能揭示细节时。

(4) 前期原位测试或岩土试验获得的地层物理参数与施工反馈差异大时。

(5) 局部出现地下管线渗漏、局部土体污染、不明气体等突发情况时。

(6) 因其他因素需要补充勘察验证的情况。

大多数情况下,施工阶段补充勘察工作利用已开挖的基坑、洞室进行,比如基坑内补充钻探、洞内水平钻探、水平探洞、红外线探水、地质雷达等,同时也可以现场补充完成原位测试以及取样工作,补充勘察资料主要以数字化成果为主,有条件快速补充或修订三维可视化地质模型。

5.1.3 地下管线精细化探测

地下建(构)筑物探测包括地下管线、地下建筑物、结构基础等,作为生命线的地下管线在城市生活与建设中至关重要,但因城市发展过程中存在的重视地上、忽视地下的建设理念,缺少科学和严格的地下管线管理制度,同时各类管线和管理权属涉及多个部门且时有调整,管线往往分布杂乱,病害潜伏,档案资料存在缺漏不全、定位偏差、精度不高、格式不统一、更新不及时、与现状不符等问题。城市地下工程勘察或施工过程中,时常因对地下管线的分布情况摸查不清,发生挖断或破坏事故,造成停气、停水、停暖、停电、通信中断、污水四溢甚至管线爆炸等严重后果。

1) 城市地下管线普查

2014 年国务院办公厅、住房和城乡建设部下发通知,启动城市地下管线普查工作,普查范围包括城市范围内的供水、排水、燃气、热力、电力、通信、广播电视、工业(不包括油气管线)等管线及其附属设施,还包括各类综合管廊。普查内容包括地下管线的种类、数量、功能属性、材质、管径、平面位置、埋设方式、埋深、高程、走向、连接方式、权属单位、建设时间、运行时间、管线特征、沿线地形以及相关场站等基础信息;以及可能存在的管线事故隐患排查。

随着全国范围的地下管线普查工作告一段落,国内主要城市已经完成了资料调绘和管线实测工作,形成了管线图库、管线数据库。部分城市已经建设了综合管线管理信息系统,系统中能够反映基础地理数据、管线空间及几何数据、管线属性数据,能够实现管线三维浏览、三维场景显示等功能。

综合管线管理信息系统能够满足地下管线规划建设、运行维护、应急防灾及公共服务需求,是城市规划、建设工程规划、施工许可管理的重要依据。但在城市繁华区域,尤其是重大管线或敏感管线分布区域,新建地下工程和拓建地下工程的勘察和施工对管线的精确定位和运营状态有更高的要求,一方面要防止勘探、施工过程影响重要管线的安全,另一方面要考虑管线病害或隐患(比如给排水类管线的接头渗漏)带来的工程风险。因此此类地下工程在现场施工前甚至方案规划阶段实施精细化管线探测是最重要的前期工作之一。

2)地下管线精细化探测

大多城市地下管线是与所处道路、地块建设、公共区域开发共同实施完成的,较浅的管线在地基(路基)填筑处理过程中同步铺设;而埋深较大的管线、成熟市区改造或新铺设地下管线多以非开挖方式施工。城市建设中埋设的地下管线分为两种,一种是含金属管线,一种是非金属管线,且非金属管线的使用越来越多。管线交叉、多层管线、非金属管材、较大埋深都对精细化探测作业带来了更大的难题。城市地下空间网络化拓建工程在方案研究阶段,必须在管线普查成果的基础上,对限定区域内的重要管线进行精细化探测。

(1)人工精细化测绘

人工精细化测绘主要用于管线的精确定位,利用城市测绘控制网、传统测量设备或全球定位系统(GPS)测量设备,测绘管线控制点地面投影位置及其埋深,最终形成管线数据库、绘制出管线图,并修正综合管线管理信息系统中的既有管线成果。人工测绘过程中,管道检修井、检查井、工作井以及其他出露地面标识点均可用于直接探测,既有标识点无法满足精度要求时,采用挖探/钎探方式等方式揭示控制点后完成精确测绘。人工精细化测绘同时可用于验证和修正管线物探成果。

(2)物理探测

物理探测技术是利用埋置于地层中的管线引起物理异常的原理,通过测量各种物理场分布的特征来确定地下管线位置。物理探测技术主要有以下几类:

①电磁法:包括直连法、夹钳法、感应法、示踪电磁法、电磁波法(地质雷达法)等,利用电磁感应原理,判断地下管线的位置,是目前最常用、最便捷、最高效的探测方法。

②直流电法:包括充电法、电阻率法等。

③磁法:包括磁场强度法、磁梯度法等。

④地震波法:主要包括面波法、地震映像法。

⑤红外辐射法。

管线探测时除了根据探测对象、探测条件选择最佳的探测方法外,选择先进的仪器是保证探测精度的重要条件。

①直连法:在被测管线两端接线与信号发射机(管线仪)连接,通过直接加载到管线上的信号,精确定位管线。主要用于金属管线(尤其是有出露点、方便连接的金属管线)、不通电电缆的精确探测。

②夹钳法:将专用夹钳夹套在管线上,并与发射机(管线仪)连接,夹钳上的感应线圈将信号耦合于被测管线上,通过管线上的信号实现精确定位。主要适用于通信、电力等管线,可以根据周围干扰情况和管线导电性能选择使用频率。该方法施加信号较为方便,但传输距离与信号的稳定性不如直连法。

③感应法:利用发射机内置的辐射线圈向外辐射高频电磁场(一次场),金属管线—大地回路耦合出感生电流,感生电流再辐射电磁场(二次场),接收机接收二次场进行管线探测。主要用于埋深较浅(一般小于2m)的金属管线探测,发射机无须与管线连接,使用方便,但管

线需要连续接地(比如不绝缘管道)或两端接地;周围环境有辐射源时,容易受干扰。

④示踪电磁法:将可以发射电磁信号的探头或示踪线送入非金属管道内,在地面上通过追踪信号实现管线准确定位。本方法应用时,非金属管道必须有便于放置探头或示踪线的出入口,还需要有良好的接地条件。

⑤电磁波法:也称地质雷达法或探地雷达法。发射天线向地表以下发射宽频带短脉冲高频电磁波,由于介质的介电性、导电性及导磁性等物理特性有差异,对电磁波具有不同的波阻抗,电磁波在穿过地下管线时,由于界面两侧的波阻抗不同,会发生反射和折射,反射回地面的电磁波脉冲随之发生变化,通过接收到的电磁波走时、幅度及波形等,判断地下管线的埋深与类型。电磁波法具有分辨率高(数厘米)、抗干扰能力强、探测深度大、效率高等优点,应用比较广泛,主要用于金属管线、口径较大的预制管道等探测,目前探测设备正在向图像三维可视化、智能解释等方面发展。

⑥充电法:将直流电源一端接金属管线,另一端接地,通过测量金属管线产生的电场追踪定位,需要管线有出露点和接地条件,探测深度大,精度比较高。

⑦高密度电阻率法:以目标管线与周围地层之间的电性差异为基础进行探测的一种物探方法。通过不同的电极排列形式测量电位差和供电电流,得到地下管线与周围地层的视电阻率;根据视电阻率的分布规律了解地下电性变化,从而达到识别地下管线的目的。与其他物探方法配合,可用于直径较大的金属管线、非金属管线探测。

⑧磁梯度法:利用磁场强度分布规律,在均匀无铁磁性物质的地层中上为均匀场;有金属管道、钢筋混凝土预制管道等铁磁性物质存在时,会在周围分布较强的磁场,从而产生磁异常,且磁异常强度由近及远逐渐衰减,通过观测磁异常的变化,来判定地下金属管线的平面及埋深位置。该方法主要用于探测金属类管线。

⑨地震映像法:工作原理与地质雷达法类似,主要利用弹性波,穿透力强,地下水影响小,但分辨率较低;适用于探测埋深较大(大于3m)、管径较大(一般大于1m)的金属及非金属管线。

⑩红外辐射法:管线内外存在温差时,通过探测管线与周围地层之间的热特性差异,确定管线位置或渗漏点。该方法主要用于探测供热管线、高温输油管线,或探查给排水管线渗漏点。

(3)重要管线精细化物理探测

①有源声波探测定位技术

城市区域燃气管道有金属和非金属两种,因其特殊性,通常需要采用多种方法联合实现精细化探测。对于最常见的燃气聚乙烯(PE)管线,最有效的方式是采用有源声波探测定位技术。该技术通过对燃气管线中的燃气施加特定声波振动信号,利用接收系统在远端接收此振动信号并量化分析,依据信号强度判断管线位置。

②孔中磁梯度法

孔中磁梯度法探测原理与地面磁梯度法一致,通过观测强铁磁性物体的磁异常变化,判断金属管线平面及埋深位置。为了避免外部因素影响及埋深对探测精度的影响,在管线附近实施钻孔,并在孔内采用磁力梯度仪实施精确定位探测。主要探测步骤为:收集深埋管线资料或用其他物探方法(电磁法或地震波)初步确定管线大致位置及走向→在目标管线一侧设置钻孔(或冲孔),孔深大于管线埋深 3~5m,放入聚氯乙烯管(PVC 管)护壁→孔中下放井中磁测仪,在接近管线处按 0.1m 左右等间隔采集各深度的磁场值→观测磁场值的变化情况,根据磁异常的形态、磁场值大小确定下一个钻孔(或冲孔)的位置,采用逐渐逼近的方式准确探测管线位置→结合钻孔位置及高程,完成管线定位。孔中磁梯度法可以直接探测给水、燃气、输油等铁磁性管道及含铁磁性的混凝土管道;孔径较大且方便穿入的非金属管线,可以将强铁磁性杆件或发射器送入待测管线内进行探测。

③陀螺仪法精确定位

定位原理:在管道中送入定位设备,利用定位设备的陀螺仪和加速度计分别测量设备的相对惯性空间的 3 个转角速度和 3 个线加速度,通过坐标转换和信息转化,计算出定位设备的位置、速度、姿态及行进方向,最终通过轨迹确定管线位置。陀螺仪法探测不受管道材质限制,定位精度高,但在运行管道中不便使用。

④既有地下空间内物理勘探

对于城市地下空间拓建工程或分阶段实施的地下工程,既有地下空间内或先期完成的地下空间(比如暗挖导洞、一期基坑)内可以为近距离或深部管线物理勘探提供便利的实施条件,在拟近接拓建部位采用电磁波法、水平孔磁梯度法等方式探测临近管线,能够显著提高定位精度;与地面勘探等其他探测成果对照分析,更有利于保证探测的准确定

3)地下管线健康状况检测

受城市地下工程施工影响比较大的城市地下管线主要为有压供水干管、雨污水排水干管、中高压燃气管以及高压供电管廊(管沟)等。超过使用年限的供水管道、供热管道,管材劣化、配件老化、接口技术落后,管线抗压强度降低,经常出现爆漏事故;排水主管道中,预制混凝土管占有相当高的比例,因地基不均匀沉降、临近工程施工、地面超载等影响,经常出现接头严重破损渗漏甚至混凝土管破裂等情况;燃气用钢管接近或达到寿命期限时,因管壁腐蚀穿孔事故频发。此类重要管线抵抗变形能力很弱,容易受邻近地下工程施工影响状况恶化,出现严重破损会影响邻近地下工程安全。因此城市地下工程涉及管线勘察时,对重要管线进行健康状况检测是非常必要的。

(1)漏水声波检测和探测技术

供水管线主要检测渗漏点,除了通过流量差、压力下降、环境观察等方法直接判断外,在不破坏管线、不中断管线正常运行的情况下,最有效的方式为漏水声波检测和探测技术。

管道声波检测:利用漏水声波检测设备,通过检测声波相关特性和传播特性进行漏水点定位,定位误差小于 1m。漏水点确认:将声波检测传感器送入距漏水点 3m 范围内的管道,在 0.5~1m 的空间范围,利用漏水点在近距离内其噪声声波高频及高强度的特性,进行漏水确认和定位检测。

(2)管道检测机器人

管道检测机器人通过管线检查井等出入口进入管道,自主行走,利用配备的高清摄像头、灯光照明、实时视频录制及传输、实时定位等功能,遥控操作机器人行进及摄像头方向,视频等信息通过拖拽电缆与地面计算机系统连接,能够快速检测直径 300mm 以上的管道内部病害及接头状况,适用于雨污水管道检测。

（3）管道潜望镜

管道潜望镜主要用于检查井内检测管线。通过连接的计算机应用界面操作机头方向，获得一定范围管道内部缺陷位置处的清晰图像信息，通过有线或无线信号将视频图像及缺陷位置等信息传输至控制终端，实现排水管道快速高效检测。

（4）氢气示踪法检测燃气管线

氢气示踪法是将5%氢气与95%氮气混合形成所谓的"示踪气体"，按工作压力注入管道，利用氢气密度小、黏度小、能够快速泄漏渗透至地面且在地表面横向扩散范围小的特点，通过氢气检测仪探头准确定位泄漏点。

（5）光学甲烷探测技术

不同气体具有自己的特征红外吸收频率，红外光入射混合气体时，每种气体吸收各自对应的特征频率光谱，不受其他气体吸收峰的干扰，吸收的能量与气体在红外光区内的浓度有关，气体吸收自己特征频率红外光的能量后，使出射光能量减弱。采用该原理研发的光学甲烷检测仪，利用甲烷气体的特征红外吸收频率，可以在地面上安全、快速检测到泄漏位置。

5.1.4 既有地下结构探测及检测

既有地下结构既包括既有地下建筑，也包括各种建（构）筑物基础以及遗留在地下的不明障碍物。大多数既有地下建筑保存有建筑档案；但年代久远、权属单位不明、城市更新过程中被废弃、突破设计方案修建甚至非法修建的地下建（构）筑物，缺少竣工图等相关资料，此类地下建筑能够通过上方接建的地面建筑物、出露的出入口、通风口等结构粗略估计平面位置，但缺少基础形式、结构形式、埋深等其他关键信息，可能影响到地下拓建工程方案及施工安全。使用中的既有地下结构若存在严重缺陷或病害，或因环境发生较大变化而安全储备不足，都可能被拓建工程施工扰动后出现状态恶化甚至影响正常使用。地下拓建工程在设计阶段准确探测既有地下结构位置，详细查明结构尺寸及构造、健康状况，科学评估既有结构使用状态，是十分必要的。

1）既有地下建（构）筑物定位探测

（1）人工测量定位

方式一：在地面通过挖探、钎探等方式揭露既有地下结构外轮廓，通过城市测绘控制网，利用全站仪、GPS等设备绘制投影平面、高程。

方式二：首先在地面完成控制测量，通过出入口进行地面和地下的联系测量，将坐标及高程引到地下建筑内部空间，然后在地下进行导线测量，在导线点基础上，利用全站仪采集各方位内轮廓控制点数据，获取地下空间特征点的三维坐标信息，再通过其他方式探测获取的结构厚度尺寸，推算既有地下结构外轮廓坐标。

由于地下建筑往往存在梁柱结构，内部结构复杂、细部构造特征多，采用传统的人工测量定位方式效率低、有时实施非常困难。

（2）探地雷达探测

沿地表面向下发射电磁波，接收既有地下结构的反射波；等步长移动发射电线，重复电磁波发射和接收过程，可以得到探测剖面图，依次推测平面位置、顶底板高程；高频率探地雷达，探测分辨率可达数厘米,对埋深50m以浅的地下结构均可覆盖。

（3）三维激光扫描技术

三维激光扫描技术又称为实景复制技术,是利用激光测距的原理,通过高速激光扫描测量的方法,大面积、高分辨率地快速获取物体表面各个点的坐标、反射率、颜色等信息,由这些大量、密集的点云信息可快速构造出1:1的真彩色三维点云模型。

地下建筑内部空间采用三维激光扫描技术之前,首先在地面完成控制测量,并在出入口处布设控制点,通过出入口进行地面和地下的联系测量,在地面控制点基础上,完成地下空间内导线网的布设和测量,然后在导线网节点上安置设备站点进行扫描作业。

三维激光扫描能够大面积、高效率地获取到地下建筑内部空间的三维坐标和色彩、质地等数据,具有高效率、高密度、高精度、数字化、自动化、无接触等优点,采集的大量点云数据可直接为后续建造模型、数据分析等工作提供准确依据。

2）地下建（构）筑物基础及地下障碍物探测

（1）探地雷达探测

在既有地下建筑底板上,利用探地雷达可以探测出相对较浅的条形基础、筏板基础、扩大基础等基础形式、埋深、位置,也可以判断出桩基等深基础平面位置。

（2）磁感应法探测桩长

桩基钢筋笼属铁磁性物质,磁化率和磁性很强,而桩基桩身混凝土和桩侧岩土体属于无磁性物质,磁化率和磁性很弱,它们之间存在明显的磁性差异分界面,在桩基钢筋笼被磁化后,在分界界面上会形成强烈的磁异常,直接反映为桩基磁场垂直分量不连续,产生突变。根据实测桩基附近磁场垂直分量突变点位置判别磁性介质的分界面,可以判断出桩基长度。磁感应法检测桩长理论曲线如图5-1-1所示。

利用磁感应法探测桩基前,在既有地下空间底板上,尽量接近桩侧（0.5m范围内）平行钻取直径不小于100mm的测试孔,钻孔深度至少比待探测桩基埋深长3m;把磁探头放在测试孔中从上到下（或从下到上）按0.1m点距逐点采样,测量并实时记录不同深度的磁场参数值,计算并绘制垂直磁场分量—深度及磁梯度—深度曲线,根据实测曲线突变特征,判定桩基钢筋笼长度,并推算桩底高程。磁感应法桩旁测试孔示意图如图5-1-2所示。

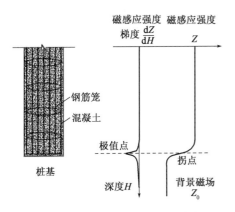

图5-1-1　磁感应法检测桩长理论曲线

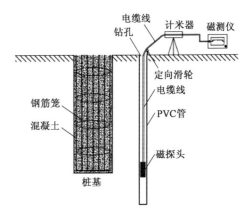

图5-1-2　磁感应法桩旁测试孔示意图

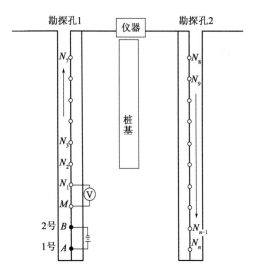

图 5-1-3　跨孔超高密度电阻率法工作示意图

（3）跨孔超高密度电阻率 CT 法

电阻率法是利用人工直流电场穿越地层及障碍物时的分布规律与特征,探测地层变化及障碍物的物理勘探方法。跨孔超高密度电阻率 CT 法(图 5-1-3)是在被探测物体附近钻孔,一次布置多个电极,电流穿透被测物体,利用观测到的电位值与其相应射线在成像单元内所经路径,通过反演运算,得到成像物体内部的电阻率分布,最后经技术处理绘制等值线图或色谱像素图,根据图像判断地层中被侧体位置。

采用跨孔超高密度电阻率 CT 法探测桩基深度时,在推测桩基的两侧钻取两个钻孔,每个钻孔中布设多个电极形成电极阵,选取其中 2 个电极作为供电电极,其他电极作为测量电极组合,充分利用电极阵多观测次数和多观测角度优势,消除随机干扰造成的误差,同时提高探测分辨率。通过程序化控制电极变换,优化数据采集方式,经高效数据处理完成真正的联合反演,实现桩基础的高精度探测。

探测既有地下建筑桩基础时,钻孔可在地面沿建筑物角部布置,也可以在既有地下空间内布置,均能有效避开近地表干扰,提高数据信噪比。

3）既有地下建筑健康检测

既有地下建筑健康监测内容主要包括结构厚度、渗漏水、结构混凝土密实性、结构裂缝及破损、钢筋出露及锈蚀、结构变形情况、结构背后空洞、混凝土腐蚀劣化等。既有地下建筑物健康普查工作通常采用无损监测技术完成,局部严重部位通过人工观察、钻孔取样等方式验证。

（1）地质雷达无损探测技术

探地雷达无损探测技术是利用雷达的超强穿透效果和电磁波反射原理,大面积快速扫测地下结构物,并记录结构物内部、结构物及密贴地层之间的电磁脉冲反射波差异,对比有缺陷结构与良好结构或地层之间的差异,判断混凝土结构厚度、背后空洞、钢筋分布、内部缺陷以及紧贴结构的地层状态。

地质雷达无损检测精度与天线选择、测线布置、雷达波速有关。频率高的天线发射雷达波主频高、分辨率高,精度较高,能量衰减较快,探测深度较浅;频率低的天线发射雷达波主频低、分辨率低,精度相对较低,能量衰减较慢,探测的深度较深;大多情况下,既有结构检测选择频率较高的天线,容易保证精度,深度也能满足要求。测线布置按由疏渐密的原则进行,对大范围检测发现疑似异常的部位加密测线;为了能够准确探测结构厚度,在待检测空间内选取已知厚度的结构部位测试,反求合适的雷达波速。

（2）激光扫描自动检测技术

激光扫描测量技术是伴随激光技术而发展起来的一种集光、机、电等技术为一体的精密测量技术。激光扫描技术的工作过程实际上是不断重复的数据采集和处理过程,通过具有一定分辨率的空间点所组成的点云图来表达系统对目标物体表面的采样结果。每扫描一个云点后，图像传感器将云点信息转换成数字电信号并直接传送给计算机系统进行计算，进而得到被测点的三维坐标数据，并形成视频图像。

基于激光扫描的自动检测技术主要采用激光扫描仪对地下建筑内表面及内部结构进行连续扫描，通过反馈回来的激光信号得到内轮廓、梁柱信息和内部空间表面影像。高精度设备可识别结构裂缝、渗漏等外观病害。

（3）摄像测量自动检测技术

摄像测量是利用拍摄的图像来计算三维空间中被测物体几何参数的一种测量手段。图像上的每个像素点通过灰度值来反映出空间物体表面点反射光的强度，像素点在图像上的位置与空间物体表面对应点的几何位置有关。在既有地下建筑内，通过电荷耦合器件（Charge Coupled Device，CCD）工业相机对地下建筑内部结构表面进行连续扫描，得到结构表面灰度图，再采用图像处理及识别算法提取裂缝、破损等病害信息。

（4）超声脉冲法检测内部缺陷

超声脉冲法检测内部缺陷分为穿透法和反射法。

①穿透法：根据超声脉冲穿过混凝土时，在缺陷区的声时、波高、波形、接收信号主频率等参数所发生的变化来判断缺陷，只能在结构物的两个相对面上进行或在同一面上平测，可检测梁、柱、内部墙板等结构。

②反射法：声波振幅随其传播距离的增大而减弱；声波遇到空洞、裂缝时，界面产生波的折射、反射，边缘产生波的绕射，使接收的声波振幅减小，传播时间读数加长，产生畸形波等；根据超声脉冲在缺陷表面产生反射波的异常现象进行缺陷判断。

（5）混凝土强度无损检测

混凝土强度无损检测是根据混凝土应力应变性质与强度的关系，将声速、回弹、衰减等物理量换算成混凝土标准强度推算值的监测方法，包括回弹法、超声脉冲法、超声回弹综合法、声速衰减综合法等。

①回弹法检测：利用回弹仪在结构或构件混凝土测得回弹值和碳化深度，以此评定结构或构件混凝土强度。回弹检测反映的主要为构件表面或浅层的强度状况，回弹值受构件表面影响较大。

②超声脉冲法：在干燥的混凝土表面涂耦合剂（常用黄油），利用超声波检测仪探头发射声波、接收反射波；根据声波在混凝土中的传播特征判断混凝土的强度和质量；超声波在混凝土中传播时，其纵波速度的平方与混凝土的弹性模量成正比，与混凝土的密度成反比。超声波法检测反映的是构件内部的强度状况，声波速度值受骨料粒径、砂浆等影响较大。

③超声回弹综合法：在同一测区内先进行回弹测量，再进行超声测量，基于这两种检测方法进行综合分析，能更全面和真实地反映混凝土材料强度，同时提高测量精度。

5.1.5　三维可视化探测成果及应用

随着计算机技术、信息化技术的高速发展，从数字城市向智慧城市的发展进程越来越快，三维地形图、三维城市、三维地质、三维地下管线、三维地下空间模型以及可视化技术已日趋成熟，应用也越来越广泛。三维可视化模型在城市地下空间科学规划、合理设计、安全建造以及可靠运维中逐渐显现出强大的空间分析功能,尤其是在环境复杂的城市地下空间拓建工程中更能发挥其独特优势。

1)城市三维模型

城市三维模型(图5-1-4)分为地形模型、建筑模型、交通设施模型、植被模型以及其他模型,通过各种三维地理信息系统(3D-GIS)软件以及其他辅助软件实现。根据数据来源和建模方法,城市三维模型一般通过以下方式构建:

(1)基于既有二维数字化地形图建模:平面精度、地形高程取决于地形图比例尺,建(构)筑物高度根据外业照片楼层数预估或通过外业量测获取。适用于小范围建模,通过现场补充测绘、采集数据、更新资料,可以保证精度。

(2)基于数字立体航空摄影影像建模:在高分辨率原始影像基础上,结合地面像控测量、空中三角加密处理,提取建(构)筑物平面、高程数据,使用软件形成三维模型数据。适用于大规模建模,精度高,灵活性好,可以生成数字正射影像以及数字高程模型。

(3)基于三维激光扫描成果建模:在建模区域测设站点,在各站点处利用三维激光扫描仪采集三维点云数据,利用数据处理软件构件模型。适用于小范围建模,精度非常高,数据能反映实时状态。

(4)基于倾斜摄影测量成果建模:使用无人机搭载多台摄影传感器,预先设计并确定航线坐标和每个摄影传感器曝光点坐标,同时在低空从垂直及多个倾斜角度采集影像,快速获得地面及建(构)筑物的外观、位置、高度属性,利用近地高分辨率航测影像建模。适用于大小各种范围建模,精度高,效率高。

(5)基于车载移动测量系统建模:利用车载移动测量系统的全景相机、多重激光扫描设备,快速、精准扫描采集空间信息以及视频影像,通过软件将信息集成至GIS数据库内,利用可量测全景影像提取模型。建模精度较高,适用于带状范围建模。

图5-1-4 地理信息系统(GIS)城市三维模型

城市三维模型按表现细节的不同可分为LOD1、LOD2、LOD3、LOD4四个层次,见表5-1-1。对于城市地下工程,地形模型、影响范围内的建筑模型必须达到精细程度(LOD4),即能够准确反映地形起伏特征、地表形态、建筑物外轮廓尺寸、建筑物顶面高程及详细特征。通常采用基于城市1∶500(1∶1000、1∶2000)地形图、倾斜摄影测量、三维激光扫描成果构建的模型。

城市三维模型分类与细节层次　　　　　　　　　　表 5-1-1

模 型 类 型	LOD1	LOD2	LOD3	LOD4
地形模型	DEM	DEM + DOM	高精度 DEM + 高精度 DOM	精细模型
建筑模型	体块模型	基础模型	标准模型	精细模型
交通设施模型	道路中心线	道路面	道路面 + 附属设施	精细模型
植被模型	通用符号	基础模型	标准模型	精细模型
其他模型	通用符号	基础模型	标准模型	精细模型

2）三维地下管线模型

城市管网三维模型是与城市三维模型（地面）融合在一起的，主要功能是为地下管线的日常管理、快速查询、规划设计、施工定位、分析统计、发展预测、规划决策提供全面、直观的基础资料。由于管网种类繁多、数量庞杂，为满足快速应用需求，管线模型一般用二次开发的 3D-GIS 类软件构建或导入 BIM 模型成果后轻量化处理形成。城市地下管线三维模型源数据主要来自管线普查、管线精细探测等方式获取的二维数字化成果（通常为 1∶500 的 CAD 图）及管线数据库，管线三维坐标精度一般比较高。城市主要管线通常沿道路、绿化带布置，所以管线三维模型与地形模型、交通设施模型、植被模型集成时，要求城市地面以上的模型精度尽量与其保持一致，方可实现地上、地下的无缝衔接。

城市地下工程，尤其是在成熟片区实施的地下拓建工程，经常与既有地下管线相互干扰，进行管线安全评估、管线迁改或保护方案研究时，不仅要求管线与拓建工程之间有准确的相对位置关系，部分重大管线还需要了解管线接头形式、管体结构等详细信息。此类管线需要利用既有资料和实测资料建立较高精度的 BIM 模型（图 5-1-5），该模型可以直接用于管线迁改方案、管线保护方案三维正向设计，也可以导入更新城市管线 GIS 模型。

图 5-1-5　BIM 管线模型

3）三维地下建筑模型

三维地下建筑模型的基础数据来源于地下空间普查成果（包括设计图、竣工图）、既有地下结构探测及检测成果、拟建地下工程规划（建设）方案等，内容包括拓建工程方案研究范围及影响范围内的既有地下建筑及基础、地面建（构）筑物基础以及其他结构物。

由于地下建筑及基础的形状、构造、位置、材料等千差万别，且与拓建工程存在近接影响、空间冲突、接驳融合等关系，一般采用 BIM 技术构建较高精度的既有地下建筑模型，尽可能准确反映定位及高程、结构尺寸、材料性能，甚至真实表现钢筋、预埋件等细部构造，便于拓建工程三维正向设计、指导施工,最终成果可用于后续网络化地下空间的智能运维,并纳入城市信息模型(City Information Modelling,CIM)。采用 BIM 技术构建的地铁车站模型见图 5-1-6。

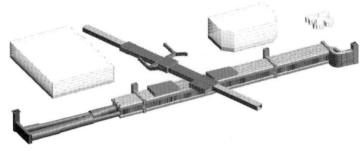

图 5-1-6　采用 BIM 技术构建的地铁车站模型

4)三维地质模型

城市三维地质模型是基于地形数据、各类勘探手段获取的地质数据、地下工程和基础工程施工揭示的地质资料,利用专家知识和经验对地质资料进行解译和调整,经耦合集成,形成能够还原并体现地层三维分布情况的可视化三维模型,同时能够反映各地层的物理、化学参数、地下水等信息。在勘察设计、施工建造、运营维护的过程中,可以通过三维地质模型直观精准地了解地质条件,完成地质评价,辅助优化设计方案,调整施工组织及措施,减少工程风险。

目前北京、杭州、广州、成都、青岛等首批开展全要素城市地质调查的示范城市,均已完成或开始构建区域城市三维地质模型,此类地质模型是基于 1∶10000～1∶50000 地质调查成果完成的,主要应用于城市地质综合评价、地下空间资源管理、地下水分析与预测、地学统计、地质灾害评估管理、工程建设适宜性分区、地质环境监测等工作。区域级的城市三维地质模型在城市地下空间规划、重大地下空间项目前期研究中能起到很好的支撑作用;但在地下工程方案论证和建造阶段,模型精度很难满足工程设计和施工需求,尤其对于地层分布杂乱、地质条件复杂的区域,无法准确反映地质风险和工程应对措施。

城市地下空间网络化拓建工程的地质模型一般采用 BIM 技术构建(图 5-1-7),精度与对应范围内的地形模型、地下管线模型、既有地下建筑模型相匹配。以城市三维地质模型或区域三维地质模型为基础,利用大量既有地下空间、邻近建设工程的原始地质钻孔、地质平面、地质剖面、测试数据以及新设勘探孔数据修正地层分布,便于与地下管线、地下建筑模型融合,直接用于三维正向设计、模拟可施工性、推演施工过程和施工进度。

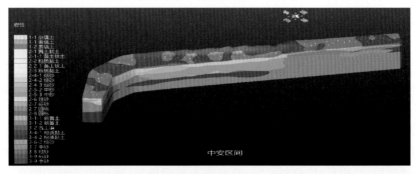

图 5-1-7　采用 BIM 技术构建的带状三维地质模型

目前多个 BIM 核心建模软件经二次开发已具有强大的数据交互能力,能够将构建的三维地质模型数据导入该 BIM 系列其他软件和部分数值模拟分析软件,实现模型之间和不同软件环境之间的信息共享。

5)三维可视化探测成果综合应用

城市地下空间网络化拓建工程不仅与城市规划、地理环境、地质环境、既有地下空间密切相关,也经常受周边建筑环境、地下建(构)筑物环境制约,规划需要从宏观和微观两方面对工程进行信息化管理,需要应用包含全要素的高效、精细、可视化三维模型。

GIS 技术的主要优势为:一是能处理海量的地形数据和宏观尺度的地理空间信息,用于城市管理、城市规划、涉及范围较大的市政道路、轨道交通项目规划等;二是通过获取准确的地理信息,能够还原真实的周边场景,直观了解地面建设条件,比如用于城市地下空间项目平面布置、出地面建筑及景观三维可视化设计。GIS 主要侧重于表达地面、室外信息,无法反映精细化的建筑物细节以及内部信息,很难适应建设项目设计及建造所需的三维表达需求,对地下空间项目更是如此。

BIM 是对建(构)筑物的物理和功能特征的数字化表达,其基于三维信息技术,集成了建筑、工程、施工和设施管理所需的必要信息,建立建筑工程各种相关信息的工程模型。BIM 技术在城市地下空间工程中的优势是通过三维模型体现地下空间结构及内部设施设计的精确尺寸、高程及相对关系信息,能够精确模拟出建设完成后地下空间真实场景以及与周边环境的位置及连接关系;通过链接全生命期(勘察设计、施工建造到运营维护)各阶段的数据、过程和资源,对拟建地下空间工程实现完整动态的描述,支持工程信息的创建、管理、共享。BIM 技术一般参照相对坐标系创建模型,多用于单体地下建筑、建筑内部设施等小尺度信息的管理,对于地理位置等空间方面的处理能力有限。

在城市地下空间拓建工程项目中,融合 BIM 与 GIS 技术(图 5-1-8),使微观领域的 BIM 信息与宏观领域的 GIS 信息实现交换和互操作,发挥各自的优缺点,创建出相互补充的三维模型。首先采用 BIM 技术合并拓建工程研究范围内的管线模型、地质模型、地下建(构)筑物模型以及可能影响到的地面建筑及市政设施模型,然后将 BIM 模型整合到 GIS 模型中,实现拓建工程在周边建设环境中的精准定位,核查拓建工程的可施工性、出入口等地面建筑物与环境

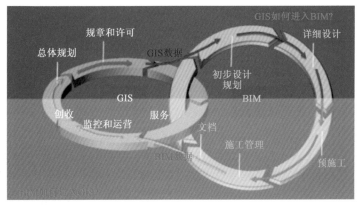

图 5-1-8　BIM 与 GIS 技术融合

的协调性、拓建工程内部管线与市政设施的可接驳性。不同阶段的 BIM 模型经轻量化处理后,导入 GIS 城市三维模型中,即可满足数字与智慧城市建设的需要。使用 GIS 与 BIM 技术创建的地下空间三维模型见图 5-1-9。

图 5-1-9　使用 GIS 与 BIM 技术创建的地下空间三维模型

5.2　加固与保护技术

5.2.1　既有结构加固与保护

拓建工程施工时,需要局部破除既有地下结构或对既有地下结构产生不均匀扰动,均会不同程度打破既有结构的受力平衡状态,需要对既有结构进行临时性或永久性加固和保护。

1)临时加固与保护

临时加固与保护方式主要采用便于安装拆卸的钢结构、钢—混凝土组合结构,也可以使用混凝土结构。

(1)如图 5-2-1 所示,增加钢管立柱、型钢支撑、脚手架等临时支点,缓解既有地下结构墙、板开洞接驳过程中的应力集中、局部开裂等现象,增加既有结构的抗变形能力。

(2)浇筑临时承力墙、加强柱和临时梁如图 5-2-2 ~ 图 5-2-4 所示,一方面改善施工过程中既有结构的受力状态;另一方面为快速施工提供条件,加快施工进度,缩短对既有结构的干扰时间。

2)永久加固与保护

起因一:既有城市地下结构以连通接驳、以小扩大、上下增层方式拓建时,需要部分破除既有结构侧墙及顶(底)板,破除孔洞后原结构整体性及承载能力削弱,甚至影响到相邻梁、柱的受力状态,必须对破除后的孔洞周边及破除影响范围内的结构加固处理,满足受力、抗震、耐久性的要求。

起因二:既有城市地下结构修建年代相差很大,因材料性能、施工质量、使用维护期间破坏、地下水侵蚀、混凝土碳化等原因,原结构性能可能无法满足拓建要求。所以拓建施工前或施工过程中,需要结合缺陷整治,对既有结构进行修补或加强,甚至局部重新拆除置换。

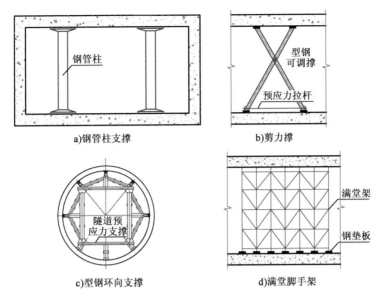

图 5-2-1　既有结构加固方案

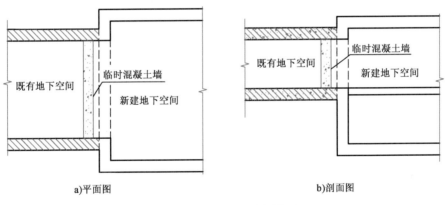

图 5-2-2　临时混凝土封堵墙加固

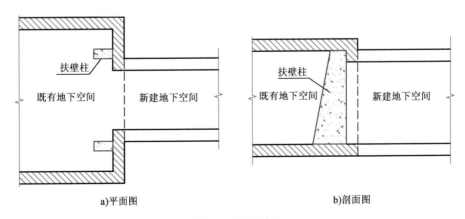

图 5-2-3　扶壁柱加固

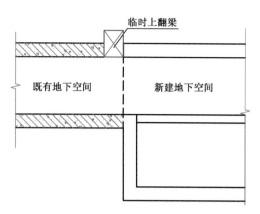

图 5-2-4 临时上翻梁加固剖面图

拓建施工引起的既有结构加固和保护措施主要集中于基础加固、结构加固(加大截面、结构材料置换、结构构件更换)、增加立柱、孔洞周边加强、增加抗浮措施等;侧墙大面积开洞时,钢管(型钢)混凝土梁柱、钢纤维混凝土、高强混凝土等材料具有很大的优势;拓建需改造既有结构时,预应力技术的应用也日益增多。既有地下结构加固主要措施见图 5-2-5。

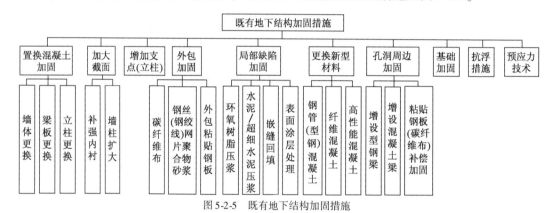

图 5-2-5 既有地下结构加固措施

(1)板体开洞加固技术

板体开洞明显削弱原有刚度;开洞局部切断原有传力路径和配筋,一方面促使洞口周边板的内力增大,会出现较大的应力集中,另一方面板面筋的减少,导致承载力降低。参照新建钢筋混凝土结构板上预留开洞时的加强要求:

①当垂直于板受力方向的洞口宽度 $b \leqslant 300mm$ 或孔洞直径 $D \leqslant 300mm$,且切断钢筋数量比例 $\leqslant 5\%$ 时,可不做处理。

②当 $b \leqslant 1000mm$ 或 $D \leqslant 1000mm$ 时,切断钢筋数量比例 $\leqslant 20\%$ 且开洞后对板的受力影响小,可仅按构造加固,采用补偿配筋法,将板中切断的钢筋,补设于洞口周边;为便于施工,常采用粘钢或碳纤维布补偿截断的受力钢筋。

拓建施工时,板体开洞尺寸一般都超出以上情况,则需要采用增加边梁的方法进行加固,最常用的方式为现浇混凝土边梁、现浇混凝土暗梁、增加型钢边梁;也可以采用粘贴钢板(槽钢、角钢)、粘贴碳纤维布、增设或组合加固方式。板体开洞后采取的加固方案与拓建前板的设计承载模式、开洞位置、加固实施条件密切相关。钢筋混凝土结构板加固见图 5-2-6。

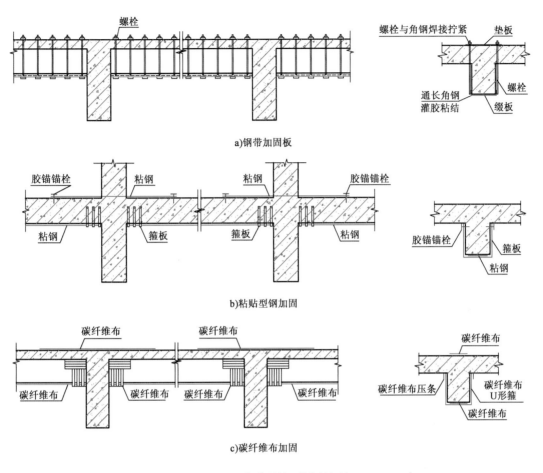

a)钢带加固板

b)粘贴型钢加固

c)碳纤维布加固

图 5-2-6　钢筋混凝土结构板加固

①增设混凝土边梁

a. 作用:通过改变传力路径,减少应力集中对板体受力的不利影响。

b. 控制关键点:新增梁的可靠支撑、既有结构框架梁、柱的承载能力、新旧结构的抗剪性能。

②增设混凝土暗梁

a. 作用:一般为构造加强作用,同时改善板开孔部位的应力分布,抗弯、抗冲切,增加结构的整体受力性能及延性。

b. 控制关键点:暗梁宽度、与板的共同作用、钢筋锚固长度。

③增设混凝土叠合梁

a. 作用:增加板的整体刚度,加固相邻板体,满足新的受力工况。

b. 控制关键点:梁与既有板叠合面的抗剪性能和黏结强度、梁高控制、浇筑工艺。

④增设型钢梁

a. 作用:通过增加支点减小板跨度、型钢梁与混凝土板协调受力,改变板的受力状态。

b. 控制关键点:混凝土面层处理、型钢除锈、锚固质量、灌胶质量。

⑤粘贴钢板

a. 作用：增加既有板的抗弯性能、增加板的整体刚度。

b. 控制关键点：双向粘结钢板的次序、开槽厚度及质量、粘结基面处理、锚栓间距、灌胶，见图5-2-7。

c. 要求：补偿钢板面积不小于需补充受力钢筋等效截面面积的1.2倍。

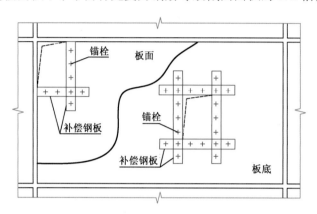

图5-2-7 粘钢补偿加固现浇板开洞

⑥碳纤维布

a. 作用：提高既有板的抗弯性能、抗剪性能，提高既有结构耐久性。

b. 控制关键点：既有结构表面清理及缺陷修补（打磨）、施工环境温度、纤维粘贴方向、粘贴平整度及气泡排除，见图5-2-8。

c. 要求：补偿碳纤维布最大拉力值不得小于所需等效拉力值的1.2倍。

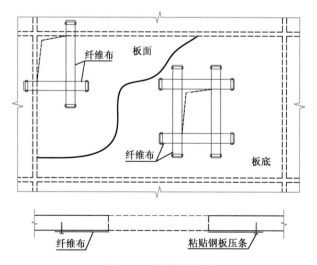

图5-2-8 碳纤维布加固

（2）板体加固技术应用场景

常见的既有地下工程顶、底板结构计算模型及开洞方案包括：

①矩形闭合箱形结构。一般为箱形、连箱形断面，连箱形断面中间为连续钢筋混凝土结构

墙或局部开洞的结构墙。设计时一般按平面计算模型考虑,取单位长度的结构,按单向受力构件计算,环向布置受力钢筋,纵向布置分布钢筋。此类结构顶、底板开洞时应考虑沿原设计受力方向孔洞边缘增设加强主梁,梁端锚入墙体;必要时在垂直主梁方向设置次梁,如图 5-2-9 所示。

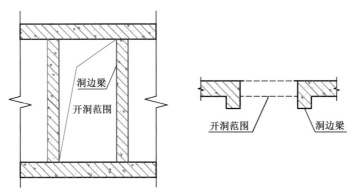

图 5-2-9　通道顶板洞口加固方案

　　②矩形闭合框架结构。通常为长条形布置,类似于两跨或多跨的矩形闭合连箱形结构,各跨之间采用纵梁、立柱体系。设计时一般按平面计算模型考虑,纵向取单位长度的结构或均匀布置的相邻柱间结构为计算单元,按单向受力构件计算,计算墙、板结构时,将中间立柱等刚度简化为墙体,墙板环向布置受力钢筋,纵向布置分布钢筋;纵梁按承担均布荷载的连续梁计算,跨度分布不均匀的立柱同时考虑轴向荷载、扭矩作用。此类结构顶、底板开洞后,沿原设计受力方向孔洞边缘增设加强横梁,梁端锚入侧墙,如图 5-2-10 所示;垂直横梁方向设置次梁(暗梁);邻近开洞位置的原有梁、柱受力可能发生较大变化,应按空间计算模型重新验算并采取必要的加固措施。

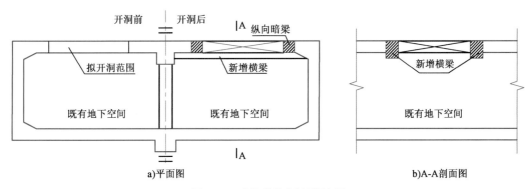

a)平面图　　　　　　　　　　　　　　　　　　　b)A-A剖面图

图 5-2-10　框架结构中板开洞加固

　　③整体现浇梁板式结构。平面两个方向均为多跨梁柱方式布置,顶底板多为双向板肋梁结构、双向板井式梁结构,部分为单向板肋梁结构。设计时一般按空间计算模型考虑,各部分板面受力简化为双向板带或单向板带计算,荷载传递到周边双向梁或主次梁中,按空间框架模型或连续梁模型验算梁、柱结构及配筋。此类结构顶、底板开洞后,一般根据孔洞尺寸边缘增设加强梁,梁端锚入支撑既有梁、柱系统,如图 5-2-11 所示;由于开洞改变了原有肋梁、立柱的受力和支承状态,尤其是可能产生边跨效应,需要重新验算开洞周边的原梁、柱体系并采取必要的加固措施。

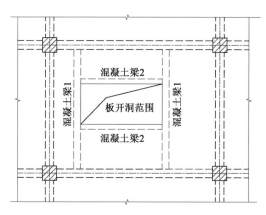

图 5-2-11　双向板开洞加固方案

④整体现浇无梁顶盖结构。平面两个方向均为多跨方式布置，双向受力的顶底板荷载直接或通过柱帽传递至立柱中。此类结构一般采用较厚的等厚度顶、底板或双向密肋板。设计时将顶、底板视为支承在柱上的等代梁，等代梁与侧墙、立柱视为连续结构，形成平面等代框架，分别计算平面两个方向的柱上板带、跨中板带、支承柱的受力。此类结构顶、底板开洞后，原有结构往往不满足承载、抗震需求，通常需要在原柱网之间增加叠合梁，形成局部梁板结构，或者叠合密肋梁，局部加强板的刚度；然后以新增梁为支承点，在开洞周边设置加强梁，如图 5-2-12 所示；除板结构加强外，需要重新验算开洞周边的立柱、柱帽体系的受力并采取必要的加固措施。

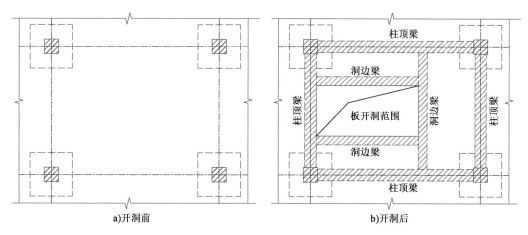

图 5-2-12　无梁顶盖结构板开洞加固方案

⑤预制拼装梁板式结构。预制拼装式结构主要用于埋深较浅的地下工程、通道类地下工程中，板结构单向承载，跨度较大时通常结合预应力技术应用。预制梁板结构必须开洞时，需要整幅拆除原预制单元构件，根据拓建开洞大小重新现浇拆除部位的结构。

（3）墙体开洞加固技术

地下结构外墙作为板结构边跨的支承构件，竖向承担上部结构、各层板传递的荷载，同时承担水土传递的侧向压力（水土侧压力、超载引起的侧向压力、邻近建构筑物产生的侧向压力、人防荷载等）。根据实际工程不同，外墙一般按压弯构件设计，部分工程按受弯构件考虑。

拓建工程主体完成后,接驳部位的外墙水平荷载卸除,墙体应力有所减小,而开洞后,洞口宽度范围内原墙体承担的轴力及弯矩重新分配由洞口两侧的墙体、洞口上下的墙板承担,随着开洞尺寸(宽度)加大,洞口周边会出现明显的应力集中、变形增大甚至开裂破坏等现象;需要对洞口或邻近结构增设加固措施。

加固措施与开洞尺寸(宽度)、开洞位置、原受力状态、实施条件等有关,主要加固方式包括:孔洞周边梁柱、增设扶壁柱、置换高性能材料、外包型钢、外粘纤维复合材料、钢丝网聚合物砂浆加厚墙体等。

①洞周增设梁柱

墙体开洞后,作为压弯构件承担的轴力及弯矩会重新分配给洞口周围的墙、板,并使洞口边缘形成复杂的拉、压、弯、剪、扭受力状态,影响既有结构的整体性能。在洞口周边设置边柱、顶梁、底梁或闭合环框结构,增加压(弯)刚度、抗弯(双向)刚度和抗扭刚度,并与周边墙体可靠连接,共同承载。

开洞大小和位置不同,洞口加固梁、柱构件的功能及作用不同,可分为构造边缘构件和约束边缘构件两类,其中约束边缘构件可参照等效刚度法原理初步确定截面尺寸并进行计算校核。

根据布置方式,洞口加固梁、柱构件可组合应用:比如顶梁、底梁为约束边缘构件,边柱为构造边缘构件;顶梁、底梁为构造边缘构件,边柱为约束边缘构件;梁、柱均为构造边缘构件或约束边缘构件。

根据实施条件和布置位置,常用的洞口加固梁、柱构件可分为暗藏式梁柱、外置式梁柱、异形梁柱。暗藏式梁、柱宽度与既有墙体厚度一致,浇筑后与既有墙体融为一体;外置式梁柱一般紧贴洞口周边墙面布置,形成凸出原墙面的环框结构,新旧结构接触面通过植入箍筋及连接钢筋保证抗剪性能;异形梁柱是在洞口周边、内侧、外侧布置的 C 形、L 形、梯形截面环框结构,详见图 5-2-13。

洞口加固梁柱以普通钢筋混凝土材料为主,当截面尺寸受限时,也可采用高强混凝土、纤维混凝土、型钢混凝土以及钢结构。

②增设扶壁柱

增设扶壁柱是指为了增加地下结构墙面的刚度和强度,紧靠原墙面补充浇筑的结构柱,与原墙体共同作用。扶壁柱设置于开洞两侧的墙体上,柱体上下两端锚入结构板,有条件时增加柱端扩大腋角;扶壁柱一般单面浇筑,U 形箍筋采用植筋的办法锚入既有墙体,墙体厚度较小且有实施条件时,箍筋可穿透墙体并封闭,双侧浇筑形成夹裹式构造。详见图 5-2-14。

控制关键点:既有墙面钢筋保护层凿除及界面处理,保证新旧混凝土共同受力;箍筋(连接筋)植筋,纵向钢筋植入既有顶、底板形成锚固;混凝土浇筑。

③置换高性能材料

置换高性能材料方法主要针对拓建影响范围内既有地下结构墙体破损、混凝土强度不足或存在酥松、蜂窝等严重缺陷时使用,全部或局部剔除原不满足要求的混凝土,重新浇筑或嵌固高性能混凝土材料,如更高等级的混凝土、纤维混凝土等,最小置换厚度不小于 6cm。全截面置换或较大范围置换时,需要对墙体按条带状分区,逐条剔除置换;或者在既有地下空间内临近置换墙体位置提前施加临时支顶结构,分担部分荷载后,一次性凿除替换。

控制关键点:新旧混凝土结合面强度及整体性受力性能;墙后土体临时止水及外包防水层接缝处理;原结构钢筋保护、除锈处理或更换。

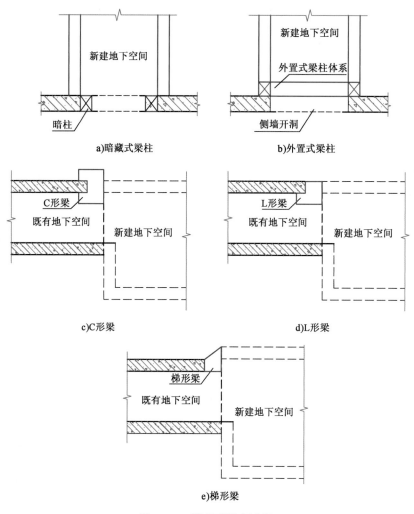

图 5-2-13　侧墙开洞加固方案

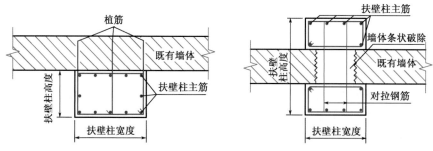

图 5-2-14　侧墙增设扶壁柱

④外粘/镶嵌钢加固

外粘/镶嵌钢加固包括外包型钢加固、粘贴钢板加固两种方式,见图 5-2-15。

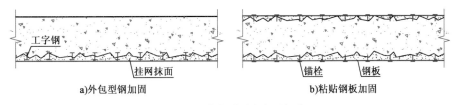

a)外包型钢加固　　　　　　　　　b)粘贴钢板加固

图 5-2-15　外粘/镶嵌钢加固侧墙

外包型钢加固是在钢筋混凝土柱四周包裹、锚固型钢(角钢、槽钢、钢板等),横向用箍板或螺栓套箍将型钢与既有构件连接成整体,形成附着于构件的钢构架,提高截面承载能力和抗震能力,或部分替代原构件工作,达到加固的目的。对于中柱、边柱、壁柱等矩形构件,大多在构件角部包裹角钢,横向用箍板连接;对于圆形柱等构件,多用扁钢加套箍的办法加固。

粘贴钢板加固(粘钢)是指用胶粘剂把薄钢板、W 钢带粘贴于混凝土构件表面,使薄钢板与混凝土整体协同工作的一种加固方法。主要应用于墙体、暗柱、壁柱等加固,提高大偏心受压、弯压墙体的承载能力。

镶嵌钢加固主要结合墙体病害治理使用,局部凿除墙体,利用锚栓、细石混凝土、胶粘材料等将工字钢等全部或部分嵌入墙体,提高墙体承载能力。

控制关键点:混凝土和型钢表面清理打磨处理,混凝土露出粗骨料,清去粉尘,丙酮擦拭表面,型钢粘结面打磨出现金属光泽且有粗糙度,丙酮擦拭干净,接触表面干燥处理;粘结剂选择、配比;粘结剂涂刷饱满、密实,粘结面排气;加压固定凝固;成品保护及防腐防火保护。

⑤外粘纤维复合材料

通过将高强度碳纤维(CFRP)织物或预成型碳纤维板材用改性环氧树脂等胶粘材料粘贴于墙体表面,改善拓建后承受较大弯矩的墙体的受力性能,通常用于墙板结合部位、高净空墙体跨中等部位。

控制关键点:基面处理(墙面凿除装修层、油渍、污垢,打磨除去 1~2mm 厚表层露出新鲜混凝土面,吹净浮灰,丙酮擦拭表面并完全干燥);表面裂缝处理(环氧树脂或灌缝胶修补);墙面平整度(凹陷部件用混凝土加固找平胶或环氧砂浆找平);浸渍胶厚度控制(完全覆盖纤维材料,厚度 2~3mm);施工时的环境温度(零度以上);粘贴平整度(避免鼓包、气泡);固化养护(不小于 2h)。

⑥加厚墙体

加厚墙体类似于建筑物加固中采用的增大截面加固法,在开洞周边一定范围的既有墙面一侧或两侧通过叠浇新的混凝土或喷涂高性能砂浆等方式,通过增加墙体厚度,提高承载力,同时消除原墙面劣化、开裂及钢筋保护层不足等缺陷,如图 5-2-16 所示。可以采用普通混凝土浇筑,也可以采用钢丝网聚合物砂浆面层、钢筋网喷混凝土等方式;加厚层钢筋网通过锚筋(锚栓)固定于既有墙面,锚固间距不大于 30cm;采用混凝土浇筑时,为保证新浇墙体浇筑质量及耐久性,钢筋网与凿除面之间的最小近距不宜小于 5cm,钢筋保护层厚度不小于 3cm。

控制关键点:加固层与基层墙面的可靠粘结(表层凿毛清理与界面处理、锚筋间距、混凝土或砂浆的密实性);新浇混凝土配比时掺入一定的微膨胀剂,防止新混凝土收缩在新旧混凝土界面形成缝隙。

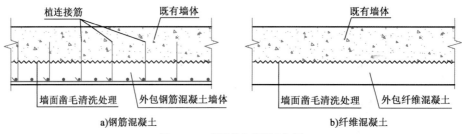

a)钢筋混凝土　　　　　　　　　　　　　b)纤维混凝土

图 5-2-16　侧墙外包混凝土加固

5.2.2　既有结构基础加固与托换技术

城市地下空间拓建施工与既有地下结构紧密相关,会不同程度扰动甚至破坏既有地下结构基础,引起沉降、变形、开裂,甚至影响到正常使用和安全。其中下穿增层、近接增建拓建以及下穿穿越施工对既有地下结构的沉降及变形影响更大,拓建过程中对既有地下结构的基础进行加固或托换处理是经常面临的技术难题。拓建施工基础加固与托换方式如图 5-2-17 所示。

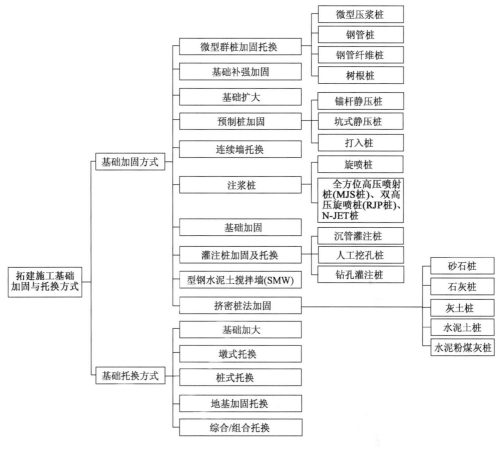

图 5-2-17　拓建施工基础加固与托换方式

1）基础加固技术

基础加固是指通过改善地层参数、增加基础构件等方式对既有地下结构原有基础进行加强处理,以增加既有结构的抗沉降变形能力。基础加固一般不废弃原有基础,通过加固地基、改变原基础形式和外观尺寸提高基础承载能力,加固技术分为地基加固、基础补强、组合加固三类。通常用于近接增建、连通接驳、多维拓展方式拓建施工以及近距离穿越施工时控制既有结构的不均匀沉降。

基础加固方案根据实施时机和条件可分为提前加固、过程加固和工后加固三类,其中拓建施工主要采取提前加固和过程加固方式。

（1）地基加固

地基加固是不改变既有基础,只对地基进行加固补强的基础加固方法,拓建工程中地基加固常用挤密桩、注浆桩、搅拌桩等技术改善地层参数,使桩体与原有地层形成复合地基共同承载。

（2）基础补强

基础补强方式比较灵活,可以扩大原基础的外形尺寸,也可以采用增加基础构件的方式补强加固,包括增设微型压浆桩、钢管桩、钢管纤维桩、组合锚杆桩、树根桩、预制桩、小直径钻孔桩、沉管桩等,新增构件与地层共同形成复合地基。若增加的基础构件形成独立承载体系而不考虑原基础（地基）承载能力时,则按基础托换考虑。常见基础补强方式见图5-2-18。

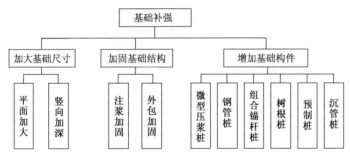

图5-2-18　常用基础补强方式

①微型预压桩基础加固

利用上部结构自重,采用专用液压加载设备将钢筋混凝土预制短桩或预制钢管桩自基础或底板底面逐根压入基底土层内,对原地基土层起到挤密效果,由桩身与桩周土的摩擦力和端承力形成桩的承载力,桩顶浇筑混凝土承台并与既有结构连在一起,将原地基基础的部分荷载转由预压桩承担,达到对原地基基础加固补强的目的,如图5-2-19所示。预压桩设备小巧,移动方便,可不大规模破除既有地下空间的情况下实施,同时施工质量易于保证。

②锚杆静压桩加固

锚杆静压桩是将锚杆和预压桩两项技术相结合的一种桩基施工技术,拓建工程中可用于基础加固处理。其加固机理与预压桩基本相同,施工工艺为:通过在既有结构基础或底板上埋设锚杆固定压桩架,并开凿压桩孔,钻设锚杆孔,以既有结构的自重和上覆荷载作为压桩反力,通过压桩反力架用千斤顶将桩段从由桩孔逐节压入地基土中,达到设计要求后,设置锚固钢筋并浇筑封桩混凝土,如图5-2-20所示。

③树根桩加固

树根桩类似于小直径的钻孔灌注桩,直径一般为150～200mm,最大为300mm,桩长一般小于30m。利用小型钻机按设计直径,钻进至设计深度,然后分段放入钢筋笼,同时放入灌浆管,注入水泥浆或水泥砂浆,结合碎石骨料成桩,如图5-2-21所示。根据加固需要,树根桩可以垂直布置,可以倾斜布置;可以单根应用,也可以是成束应用;可以是端承桩,也可以是摩擦桩。树根桩使用小型钻机施工,所需场地小,操作方便,振动及噪声小,施工组织快速灵活;桩孔孔径小,对土体扰动小,对既有结构影响小;桩与地基土体结合紧密,单桩承载力高。

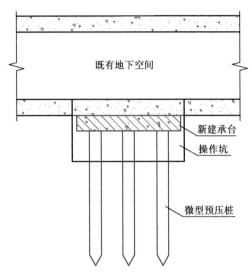

图5-2-19　微型预压桩基础加固

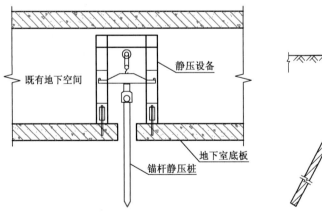

图5-2-20　锚杆静压桩加固

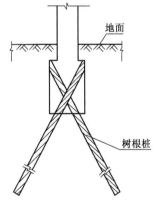

图5-2-21　树根桩加固基础

(3)组合加固

组合加固是同时采用地基加固、基础补强方式加固基础的方式,或组合采用不同的基础补强措施的加固方式。

(4)基础加固关键技术

提前加固措施主要在既有地下空间内实施,涉及快速施工、低净空设备、既有空间保护等关键技术和装备,高压旋喷注浆、全方位高压喷射注浆(MJS注浆)、各类微型桩、锚杆静压桩、坑式静压桩应用比较广泛,图5-2-22为基础加固技术的典型应用场景。

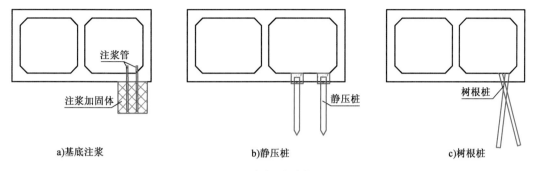

a)基底注浆　　　　　　b)静压桩　　　　　　c)树根桩

图5-2-22　既有小空间内加固基础

基础加固技术的关键点:小空间施工装备、加固后新增措施与原基础形成复合地基、新增基础构件与原基础构件共同承载。

2)基础托换技术

基础托换技术是为满足拓建后地下工程基础承载力、安全使用要求,或为控制拓建过程中既有地下工程沉降变形、保证施工安全,对既有地下结构原基础采用加强、加深、置换等方式进行处理的技术总称。

(1)基础托换技术分类

常用的基础托换方式包括:基础扩大托换,坑式托换,桩式托换[静压桩、锚杆静压桩、预试桩、打入桩、灌注桩、灰土桩(井墩)、树根桩],柱式托换(钢管柱、型钢组合柱),注浆(灌浆)托换(水泥注浆、高压喷射注浆),支撑式托换以及特殊托换等。向下增层拓建施工主要采用桩式托换、支撑式托换和注浆(灌浆)托换,将既有地下结构基础加深至开挖施工影响区以下,达到控制既有地下结构沉降变形的目的;而向上增层施工,主要采用桩式托换,利用新设桩桩身与地层的摩擦力限制上方卸载可能导致的既有结构上浮变形。

根据使用性质和目的,基础托换技术可分为:预防性托换、维持性托换、补救性托换。预防性托换是指上下增层或近接增建、连通接驳拓建施工过程中,需要破坏原有地下结构基础或预测原有地下结构基础会被严重扰动,在拓建前采取的预防性基础处理设施,采用桩式托换技术居多,也是最为常见的类型。维持性托换是指拓建施工时,在既有地下结构基础上或新增的托换基础上预留顶升条件(比如安装千斤顶、预埋可重复注浆袖阀管),在拓建施工过程中根据监测数据实施顶升或注浆抬升,以满足既有结构沉降变形控制的需要。补救性托换是指既有地下结构基础的承载力不符合要求、变形已超限或接近报警值,拓建施工时可能会进一步使之恶化,在拓建施工前或施工过程中采取的基础处理措施,通常与基础加固措施统筹考虑。

根据基础托换的作用可分为临时性托换和永久性托换。如图5-2-23所示,临时性基础托换主要在施工过程中发挥作用,施工完成后可不再考虑托换基础的承载作用,托换基础一般不与原地下结构锚固连接;常用托换方法包括:注浆(灌浆)托换、桩(柱)式托换、冻结托换、组合方式托换。永久性基础托换除了在施工过程中控制沉降外,施工完成后作为结构的永久基础承担竖向荷载并提高拓建后结构的抗震性能,永久性托换基础通常与地下结构底板形成刚性连接;常用托换方法为桩式托换、桩基+置换柱等组合方式托换。

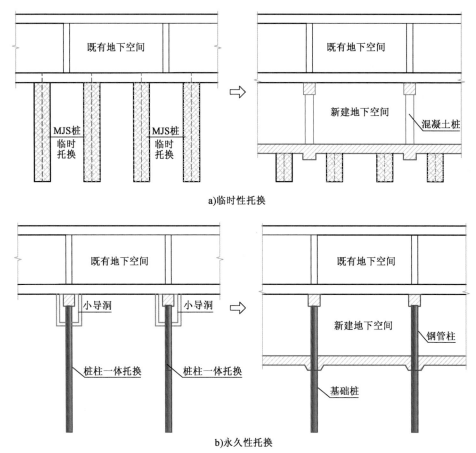

图 5-2-23　临时性托换和永久性托换

　　根据基础托换原理的不同,可分为主动托换和被动托换。主动托换是利用安装于托换基础上的千斤顶等加载装置,在受力转换前通过分级加载预顶升方式主动消除因托换结构刚度不足、新增基础加载后下沉引起的既有地下结构沉降变形,从而满足既有地下结构的沉降控制要求;主动托换主要用于托换荷载较大、变形控制要求严格的托换工程,属于预防性事前控制措施。被动托换是将既有结构原基础承担的荷载直接作用于新建基础上,既有地下结构与新建基础之间可能产生的变形、新建基础下沉变形不能进行调节,既有结构的沉降由托换系统承受变形的能力和新建基础的沉降所控制,很容易导致既有结构变形超限甚至开裂;被动托换主要用于托换荷载较小、变形控制要求不太高的托换工程,在向下增层拓建中应用很少,近接增建、连通接驳拓建施工时,可配合基础加固使用。图 5-2-24 为常见基础托换方式。

　　(2)桩(柱)式托换及关键技术

　　桩(柱)式托换法是以桩(柱)为关键构件进行基础托换方法的总称。在既有地下结构基础下方设置各类桩或者结构柱,桩(柱)顶设托梁、承台或直接与原结构或基础锚固,形成新的承载基础系统。桩(柱)式托换主要适用于软弱黏性土、松散砂土、饱和黄土、湿陷性黄土、填土、风化岩层、较软的岩层等。

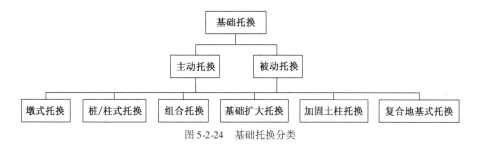

图 5-2-24 基础托换分类

①灌注桩(挖孔桩)托换

如图 5-2-25 所示,在既有空间内(如既有地下室或既有建筑地面层)或者在新建小空间内(施工通道、小导洞等),利用低净空成桩设备、人工挖孔等方式施工桩基础,与承台、托换梁柱等形成完整的承载体系,并引入千斤顶消除承载体系自身变形。此类托换技术因受力关系明确,变形控制可控,适用于托换荷载较大或者沉降变形与应力要求较高的拓建工程。多数情况下,拓换基础与既有结构锚固为一体;部分工程也采用结构—桩基分离式布置。根据地基承载能力,托换桩基可以采用摩擦桩、摩擦端承桩、端承桩或嵌岩桩,多采用较大刚度的单桩形式布置;托换梁受实施条件限制,采用大刚度普通钢筋混凝土结构、预应力混凝土结构或拱形结构。

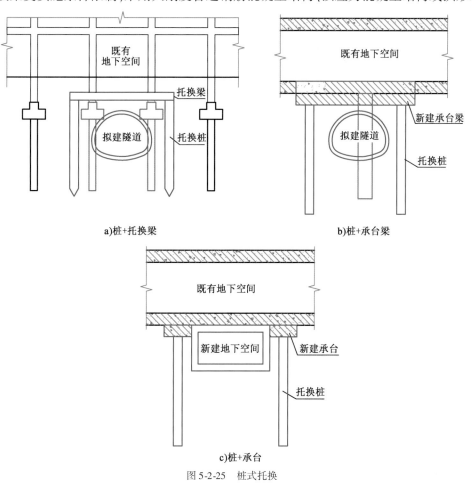

图 5-2-25 桩式托换

②柱式托换

如图5-2-26所示,在既有空间内(如既有地下室或既有建筑地面层)或者在新建小空间内(施工通道、小导洞等),利用低净空大直径成桩设备、人工挖孔、挖井等方式成孔,孔内浇筑混凝土立柱或吊装钢—混凝土组合立柱,柱顶端锚入既有结构梁板形成永久一体化结构体系,或与拓建梁板结构共同承担上方荷载;柱底端设置桩基础、条形基础、扩大基础或复合基础,可利用既有结构提供反力,通过千斤顶消除地基可能产生的压缩变形。柱式托换通常用于向下增层拓建工程,有条件时,桩柱一体化施工。立柱多采用钢—混凝土组合结构,分段拼装,施工期间用于托换体系的主要承载构件,拓建完成后作为结构柱使用;临时立柱主要采用型钢结构,仅在拓建施工期间承载。

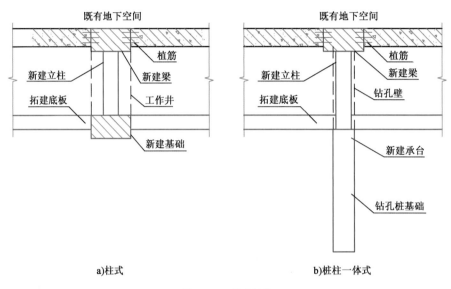

a)柱式　　　　　　　　　　b)桩柱一体式

图5-2-26　柱式托换

③桩(柱)式托换关键技术

桩(柱)式托换综合性强、风险性大、技术要求高、施工控制严格,技术关键点包括:

a.托换桩、柱、梁等结构的刚度及承载能力。

b.千斤顶顶升能力及协调控制/丝杠等临时支承构件的稳定性。

c.预加载消除基础(地基)初始沉降及托换结构的挠曲变形,并提供必要的预顶升量。

d.托换基础与既有结构的可靠传力和受力转换。

e.低净空成桩装备的地层适应性及效率。

④桩(柱)式托换主动加载构件

a.千斤顶及控制系统

千斤顶预顶升技术已在桩(柱)式托换中普遍应用,根据拓建工程结构特点及施工空间条件,在空间位置狭窄的工况下选用超薄型、薄型千斤顶,充分利用其体积小、承载能力大、轻便灵活的优势;在托换荷载较大、变形控制严苛的工况下,选用大吨位千斤顶,利用承载能力大、设备重量轻、可远距离操作的特点,减少顶升点数量并与托换桩(柱)对应匹配,可提高托换体系承载的工作效率;托换用千斤顶增加自锁装置,能够提高施工过程中托换体系的可靠性。

PLC同步控制系统由千斤顶加载系统、计算机控制系统、监测传感器及传输系统等部分组成,通过计算机指令来控制多个液压千斤顶,然后利用位移及力传感器把液压千斤压力变化及顶升的距离反馈至计算机系统(图5-2-27),系统通过设定值自动调整各台千斤顶的压力,保证各顶升点实际提供顶升力与实际需求值相符。具有加载点分散布置、控制集中操作、同步协调加载、过程智能管理、数据自动记录等优势,能够大幅度提升托换系统的整体可靠性。

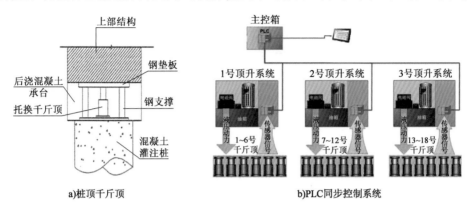

图5-2-27　桩顶千斤顶及PLC同步控制系统

b.可调节丝杠支顶系统

托换用丝杠支顶借鉴于建筑工地常用的可调底座顶托(建筑丝杠),由可调长度的高强度钢棒、两端的焊接钢板、调节粗丝套筒组成。与型钢顶梁(底梁)、钢板预埋件共同组成丝杠支顶系统。该支顶系统设置于托换桩(柱)顶与既有结构底面之间,通过粗丝套筒预加荷载,消除型钢顶梁、底梁等钢构件的初始变形,并对托换基础与既有结构施加一定的支撑力,见图5-2-28a)。桩(柱)顶混凝土梁(板)浇筑完成后,顶部尚有浇筑不密实及混凝土收缩产生的空隙,此时型钢顶梁、丝杠临时承担上部荷载,限制既有结构沉降,见图5-2-28b)。

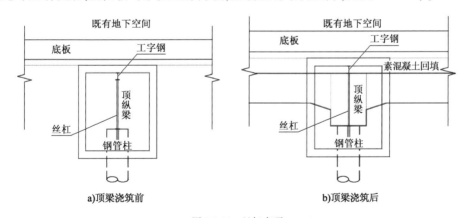

图5-2-28　丝杠支顶

丝杠支顶系统主要用于既有结构刚度较大,局部抗变形能力大,托换荷载相对较小,既有结构沉降变形可控的临时托换工程,在明显降低工程成本的同时,可以有效将既有结构沉降限制在预设范围之内,为了便于监测预加力大小及不同施工阶段的支承荷载、工作状态,每套丝杠的顶部或底部布置一组轴力计。

丝杠支顶系统的关键点:丝杠布置间距、丝杠预加载稳定性、型钢梁刚度及挠曲变形控制、支顶系统应力集中点控制。

⑤托换结构与既有结构之间的连接

如图 5-2-29 所示,托换结构与既有结构之间有以下两种连接方式:

a. 一种是通过植筋 + 界面处理 + 加强构造,将桩、柱、梁等托换结构与既有结构浇筑固结为新的整体结构,重点是保证新旧结构之间的抗剪性能,关键技术包括:界面齿槽 + 受拉锚筋(较大托换荷载)、界面凿毛 + 构造锚筋(较大托换荷载)、抗剪新旧混凝土界面剂、补偿收缩混凝土。

b. 另一种方式是托换结构与既有结构之间接触性连接,托换桩(柱)、梁(板)与既有结构之间仅考虑可靠传递竖向荷载,重点是保证托换结构与既有结构密贴,关键技术包括:小空间混凝土浇筑、自密实混凝土、微膨胀回填注浆。

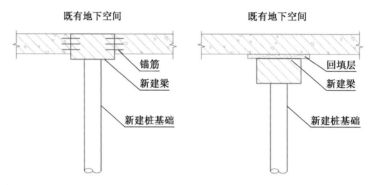

图 5-2-29 托换结构与既有结构之间的连接方式

(3)注浆托换及关键技术

注浆托换就是通过气压、液压等方式,使无机或有机浆液以填充、渗透、压密和劈裂方式向地层中扩散,填充原地层中的孔隙或置换地层中的水,浆液与地层颗粒混合固化甚至发生化学反应,在地层中形成整体性较好、强度较高的柱状或条状加固带,拓建施工时,注浆加固体作为主要承载基础构件,与开挖支护措施共同承担上部既有结构荷载。

注浆托换的前提是显著提高地层的承载力和变形模量,因此注浆浆液以水泥类浆液为主,黄土等特殊地层中也可以采用硅酸盐、烧碱等化学浆液。针对不同的地层条件,为保证注浆效果,除选用合适的注浆材料以外,更重要的是需要结合拓建工程实施条件选择最佳的注浆方法、设备和工艺。

①注浆加固技术

托换采用的注浆技术需要满足一次性有效加固长度(深度)较大、注浆质量可靠的条件,比较成熟的技术主要分为三大类:

a. 静压喷射注浆:包括深孔注浆、袖阀管深孔注浆、花管注浆。技术关键点:孔口封堵效果保证孔内注浆压力,注浆工艺控制浆液扩散范围。

b. 高压喷射注浆:包括高压旋喷注浆、MJS 或 RJP 工法注浆。技术关键点:合理的浆液配比控制固结体收缩性,注浆压力及注浆次序控制对既有结构的影响。

c. 复合方式注浆:先通过高压喷射注浆(旋喷注浆)形成主加固体,再采用静压注浆技术

(常用袖阀管注浆)补充注浆,发挥两种注浆技术的优势并克服缺点,防止固结收缩,消除注浆盲区,增强旋喷效果。技术关键点:设计合理的浆液配合比控制固结体收缩性,确定注浆压力及注浆次序对既有结构的影响。

②注浆实施方式

注浆托换有三种常用实施方式:

a.方式一:在既有地下空间内向下竖向注浆,一次性形成墙式固结体或柱状固结体,见图5-2-30a)。

b.方式二:拓建开挖过程中,对预留的托换岩土柱径向补偿注浆,见图5-2-30b)。

c.方式三:在邻近的既有地下空间内以超前方式水平注浆,一次性或分段形成固结墙,见图5-2-30c)。

技术关键点:注浆固结体与既有结构密贴;注浆托换体的连续性。

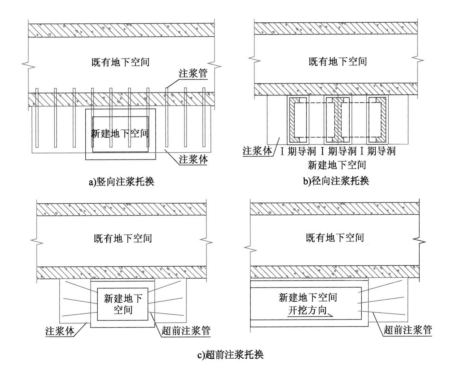

a)竖向注浆托换　　　　b)径向注浆托换

c)超前注浆托换

图5-2-30　注浆托换

③注浆固结体的稳定性

注浆托换通常用于向下增层拓建施工,需要注浆固结体与喷混凝土等支护结构共同承担竖向荷载,分部开挖过程中,加固土体形成临空面,会产生侧向变形甚至剪切破坏,从而影响其承载能力。利用钢架、钢筋网、喷混凝土组成的初期支护,配合对拉锚管、临时横向支撑,对注浆固结体双侧形成较强的约束作用,能够明显提高承载能力,减小压缩变形,详见图5-2-31。采用袖阀管、花管注浆加固时,保留在固结体中的注浆杆体,也能提高岩土体的承载能力。

技术关键点:支护措施+临时支撑+对拉构件对承载岩土柱的约束强度。

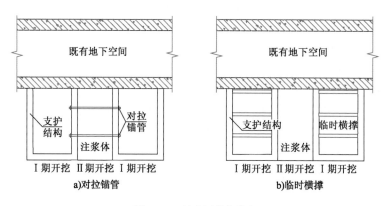

图5-2-31 注浆固结体约束

④抬升注浆

注浆托换属于被动式托换,开挖卸载后,注浆固结体产生少量的压缩变形才能发挥托换作用;另外注浆加固过程中对原地基扰动破坏、注浆后固结体收缩变形均会导致既有结构产生沉降变形。地层注浆过程中,注浆压力控制不当产生的抬升效应经常会引起地表隆起、地表冒浆、对邻近地下结构附加应力、邻近建(构)筑物基础上抬等现象,在常规地下工程设计、施工中,一般考虑尽量消除或减少这种负面影响,但利用加固抬升效应补偿施工沉降能够产生良好的效果。

抬升注浆的机理为:先期注浆产生的固结体形成有效帷幕作用,此时在固结体中继续采用静力方式注浆且保持一定的注浆压力,浆液将在注浆孔周边径向挤密[图5-2-32a)],并逐渐劈裂土体产生浆脉[图5-2-32b)],对周围土体施加附加压力作用。根据研究,在先期加固效果比较好的固结体中重复注浆,压力上升很快,但浆液压力沿注浆孔径向衰减较快,因此抬升注浆前固结体的密实性、稳定性较好时,抬升效果更明显。

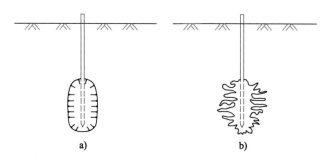

图5-2-32 抬升注浆机理

技术关键点:采用袖阀管深孔注浆工艺,重复注浆;用较低压力在周边补充注浆保证帷幕封浆作用,然后在封闭区域内较大压力抬升注浆;抬升注浆孔接近上方既有结构多排布置,按从下排向上排分级多次注浆的次序实施;注浆期间,适时监测既有结构抬升量和邻近施工支护措施的变形。

抬升注浆也可以采用双组分高聚物(专用树脂和硬化剂)化学注浆材料,此类材料具有以下特点:渗透扩散能力强,填充性好,自由膨胀比可达20∶1,挤密作用明显;材料混合后由液态向固态转变快,有利于灵活控制扩散范围,不需要额外的补充帷幕注浆工序;两种组分材料混合后,会快速发生凝胶化学反应,形成达到设计强度的固结硬化体;高聚物固结硬化体形成后,体积收缩很小,有利于控制压缩变形。

（4）其他托换技术

①冻结法托换

在向下增层拓建或下穿工程中,采用地层冻结技术,形成全断面或格构状高强度冻结体,在分部开挖形成增层结构前,冻结土体发挥临时托换基础作用,控制上部既有结构沉降,拓建施工完成后,通过填充注浆解决融沉问题。冻结法托换适用于规模相对较小、注浆效果不宜保证的高含水率软土、粉土、粉细砂等地层。

②支撑式托换

利用既有地下结构施工期间的围护结构（地下连续墙、钻孔灌注桩）作为临时竖向承载构件,密贴既有地下结构底板及围护结构施工小导洞,在小导洞内植筋浇筑钢筋混凝土托换牛腿梁或安装钢结构托换牛腿梁（图5-2-33）,形成临时托换系统,支托既有结构。支撑式托换适用于条带状既有地下结构增层拓建施工,既有围护结构满足竖向承载要求、既有地下结构横向刚度较大时,应用优势明显。

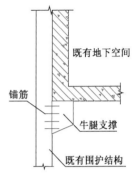

图5-2-33　支撑式托换示意图

③坑式托换

坑式托换是直接在被托换的既有结构底板下挖坑,到达设计深度后,浇筑新的扩大基础及结构柱,柱顶与既有结构锚固连接,依次完成各独立基础并回填后,能够形成完整的基础加深托换承载体系,在上软下硬地层中,通过该加深方式使基础支撑在下部较好的地层上达到托换的目的,坑式托换示意参见图5-2-26a）。在地下水位较低、条件较好的地层中,所有独立基础采用坑式托换加深后,也可以继续开挖剩余土体,浇筑新底板实现增层拓建。坑式托换设备简单,施工简便,但是其施工工期较长,对地质条件要求较高,既有结构沉降不易控制,制约了坑式托换的广泛使用。

（5）增层拓建中的结构转换

既有地下空间向下增层拓建工程常需进行"桩→柱"或"临时柱→永久柱"结构置换或受力转换,按受力转换过程分为以下几类:

①拓建立柱直接承担上部荷载并通过梁（板、承台）传递到基础上。一般配合钻孔桩（挖孔桩）或坑式托换方式,常用桩、柱一体化方式施工,见图5-2-34;拓建工程为框架式布置时,增层空间与既有空间之间的立柱平面位置不对应,需要设置尺寸较大的梁（板）转换结构。

施工关键点:梁、板转换结构与既有结构的接驳。

②施工期间临时托换体系支撑上部荷载,增层结构浇筑完成后,不再考虑托换体系的作用,由增层结构承担上部荷载,见图5-2-35。该托换方式比较灵活;增层空间立柱与既有空间位置有条件对应布置,避免设置梁（板）转换结构层。

施工关键点:增层立柱与既有结构节点逆作法浇筑质量、增层结构与既有结构之间顶板浇筑及密贴性。

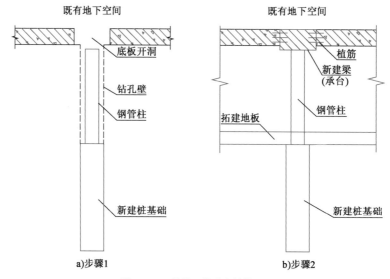

a)步骤1　　　　　　　　　　　　b)步骤2

图 5-2-34　桩柱一体受力转换过程

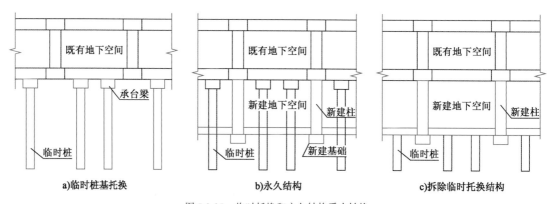

a)临时桩基托换　　　b)永久结构　　　c)拆除临时托换结构

图 5-2-35　临时托换和永久结构受力转换

5.2.3　邻近既有建(构)筑物施工保护技术

城市地下空间拓建工程经常会紧邻周边的地面建(构)筑物、地下建(构)筑物,下穿或邻近地下管线,拓建施工不可避免会不同程度扰动周边地层,进而对影响区内建(构)筑物基础、地基周边产生影响。各类建(构)筑物因基础(地基)条件、抗变形能力、重要程度等差异,其抗变形能力各不相同,受拓建施工影响严重时会导致建筑物沉降、倾斜超标,结构开裂甚至破坏;而给水、排水、燃气、电力管沟等重要地下管线是支撑城市生存发展的"生命线",出现不均匀沉降会导致接头错位、张开、管线断裂,一旦出现异常停用将影响较大范围内城市的正常稳定运行,严重时将危及周边环境安全。因此拓建工程要从多方面考虑工程措施,保护邻近建(构)筑物。

1)邻近施工影响分析

(1)基坑开挖

基坑开挖对邻近建(构)筑物造成影响的主要原因为:

①基坑围护结构产生水平变形,导致坑外土体往基坑方向移动,扰动建(构)筑物地基、基础,产生竖向及横向变形及位移;除此之外,相邻地下建筑、地下管线还可能会出现侧向局部卸载、偏压等受力状态,严重时出现应力集中、开裂等,危及正常使用。

②基坑开挖卸荷会引起坑底部土体回弹隆起,坑底围护结构外土体补充诱发上部土体沉降。

③基坑降水或围护结构渗漏水,导致坑外地下水位降低,破坏相邻建(构)筑物地基、基础初始状态产生沉降。

(2)浅埋暗挖施工

浅埋暗挖施工对邻近建(构)筑物造成影响的主要原因为:

①开挖掌子面支护不足或滞后产生的收敛,洞室开挖后支护尚未产生作用时产生的收敛,支护结构承载后产生的变形,均会导致周边地层向开挖空腔移动,最终反应为洞室周边的地层位移。

②开挖扰动周边土体、地下水渗漏水等引起地层土体结构变化,引起地层沉降变形。

上述原因可能导致洞室上方及侧向的既有建(构)筑物、管线基础出现沉降变形,严重时影响其正常使用。

2)保护措施作用及分类

邻近建(构)筑物的保护措施从治理"源头"、切断变形"传播途径"及提高建(构)筑物的"抵抗变形能力"三个方面考虑,具体包括加强拓建工程支护结构、采用微扰动施工方案、增加隔离结构、加固建(构)筑物地基(基础)、提高地层参数缩小施工扰动范围等。

3)拓建工程支护结构加强及施工控制

对于明挖法施工的拓建工程,可以通过增大基坑围护系统刚度,提高其抗变形能力,包括加大围护桩(墙)刚度、增加支撑道数、减小支撑净距、加大支撑刚度、坑内及坑底土体提前加固、遵循时空效应原理快挖快撑、基坑分区施工、增加止水帷幕、控制降水、盖挖法逆作施工等方式。图 5-2-36 为拓建基坑分期施工示意图,对于近接大型基坑,先行施工邻近既有地下结构的Ⅰ期小基坑,通过大刚度基

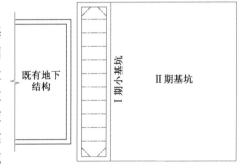

图 5-2-36　基坑分区施工控制变形

坑支撑控制施工变形,当Ⅱ期基坑开挖时,Ⅰ期工程已施工主体结构,可以发挥隔离作用。

对于浅埋暗挖法施工的拓建工程,可以综合采用加大超前加固范围、增加超前支护强度、加强初期支护并及时封闭、采用微扰动施工方法、分部开挖、缩短开挖进尺、增加临时支撑等,控制施工产生的变形量,见图 5-2-37。

上述措施可以有效保护周边环境,但从经济性、可实施性、工期等方面分析,不一定适宜,而且周边建(构)筑物保护要求严格时,仅采取这些加强措施,无法满足要求。

4)建(构)筑物加固

建(构)筑物加固包括对基础(地基)的加固和主体结构的临时加固。

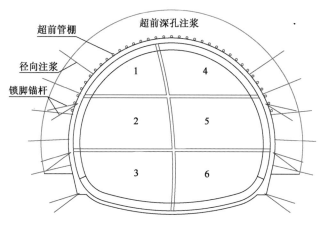

图 5-2-37 微扰动浅埋暗挖控制变形

(1)基础(地基)加固保护

①注浆加固:拓建施工前在地面采用深孔注浆/袖阀管注浆、高压旋喷注浆等方式,加固建(构)筑物地基,提高承载能力;改善桩基础周边土体,或针对性对既有桩底压密注浆,增加桩基础抗沉降变形能力。对于变形控制非常严格的建(构)筑物,可采用袖阀管工艺重复注浆、高压旋喷+静力补偿注浆结合的方式;地面实施条件受限时,施工过程中在基坑或暗挖洞室内侧向实施注浆加固。图 5-2-38 为常见的邻近建(构)筑物地基注浆加固方式。

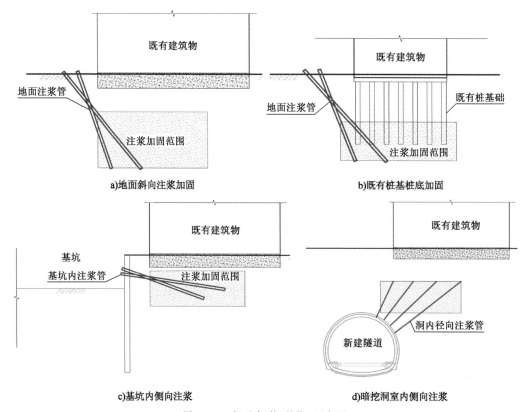

图 5-2-38 邻近建(构)筑物地基加固

②树根桩加固：既有建(构)筑物整体刚度差、抗变形能力弱，对地基沉降及差异沉降敏感时，在既有地基中或既有基础下方垂直或发散状设置小直径灌注桩群，使桩与桩群围起来的地基土形成整体结构，基础加深并扩大，如图5-2-39所示；加固体系内的各单根桩承担拉应力、压应力和弯曲应力，在树根桩加筋作用下，地基土刚度也相应产生变化，抗变形能力提高。施工工艺流程为：定位→成孔→清空→吊放钢筋或钢筋笼→填料→灌浆→拔管→填充碎石并补浆。

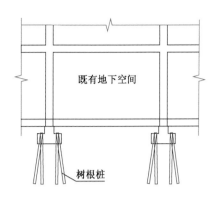

图5-2-39 树根桩加固既有建筑基础示意图

关键控制点包括：

a. 根据设计桩径、倾斜角度钻孔成孔，采用泥浆护壁，防止塌孔、缩孔。

b. 桩内一般采用整根吊放的钢筋或钢筋笼，并绑上泥浆管；分节吊放时，钢筋焊接搭接，焊缝满足要求；控制焊接时间和吊放时间。

c. 先填入粗骨料后压注水泥浆，控制粗骨料最大粒径，或直接灌入细石混凝土或水泥砂浆；浇浆从孔底往上完成，控制最小浇浆压力，保证密实性，必要时在浆液初凝后二次注入水泥浆。

d. 考虑浇浆初凝时间，相邻桩孔间隔或间歇施工，防止出现相邻桩冒浆、串浆、缩孔。

(2)既有建(构)筑物临时加固保护

邻近拓建工程的老旧建筑、既有地下建筑、市政桥梁等，采用设置立柱、支墩等临时支撑点的方式或加强梁、板、墙的方式提高既有建(构)筑物的整体刚度。成熟的技术措施包括：

①在既有桥墩或桥跨间，设置钢管临时墩、斜撑，配合千斤顶预顶升，分散桥梁荷载，控制桥基沉降，见图5-2-40。

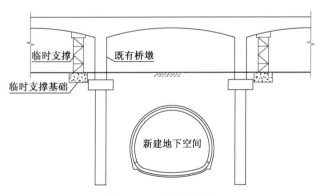

图5-2-40 桥梁临时支墩

②既有地下建筑(地下室)内增设临时梁、柱支撑，增加施工期间的抗变形能力。

③既有地面建筑采用加固外墙孔洞、增设大刚度地梁、外部满堂式临时性结构加固支架等，提高结构整体刚度，以抵抗施工过程中因地基沉降、位移、振动等引起的破坏。

5)邻近建(构)筑物隔离保护技术

(1)隔离保护技术作用机理

在拓建基坑、拓建暗挖工程与相邻建(构)筑物之间增加刚度较大的地下隔离结构，穿过土体变形可能的滑移面、松动圈,插入到稳固土层中,利用刚度差异隔离建筑物与拓建施工引起的土体位移场,将施工引起的地层变形限制在特定范围内,从而减少建(构)筑物地基范围内的土体变形,达到保护的目的,见图5-2-41。

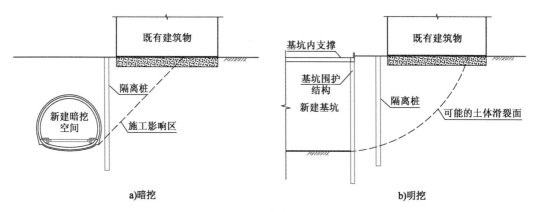

a)暗挖　　　　　　　　　　　b)明挖

图 5-2-41　隔离结构作用机理示意图

①隔离结构可以有效限制拓建基坑、拓建暗挖工程施工引起的地层水平位移;同时能在一定程度上降低作用于拓建基坑围护结构(或暗挖支护结构)上的侧向土压力,有利于减小施工产生的变形。

②隔离结构能够切断开挖产生的沉降槽,使竖向沉降限定于隔离结构以内,对邻近建(构)筑物地基起有效保护作用。

③对于拓建基坑而言,隔离结构增大了潜在滑动面上的抗剪力,减轻围护结构的水平土压力及坑底隆起趋势。

(2)隔离结构分类

隔离结构主要采用刚性或半刚性桩或墙,包括地下连续墙、钻孔灌注桩、预制压入(打入)桩、复合锚杆桩、钢板桩、钢管桩、SMW工法桩、TRD工法墙、CSM工法墙等。

(3)地下连续墙(钻孔灌注桩)

地下连续墙(钻孔灌注桩)是最有效且最常用的隔离保护方式,在拓建基坑(拓建暗挖工程)与邻近的建(构)筑物之间,通过机械成槽(孔)浇筑地下连续墙、钻孔灌注桩,桩(墙)顶浇筑冠梁增加整体性。

关键控制点包括:

①成槽(成孔)过程中的槽壁稳定性,人工填土、软土、砂等地层中,采用搅拌桩、旋喷桩等方式加固或者采用全套管方式成孔。

②跳桩式成孔或隔幅成槽施工,降低隔离结构施工引起的地层变形。

③桩(墙)顶设较大刚度的冠梁,增加隔离结构的整体性和整体变形能力。

④利用横向支撑(连系梁、框架梁)与相邻结构形成门架式隔离结构,提高变形刚度,消除常规悬臂式受力结构的局限性,见图5-2-42。

(4)预制桩类隔离技术

预制桩类隔离包括钢筋混凝土预制方桩(管桩、板桩)、钢管桩、钢板桩等,通过锤击法、静力压桩、振动法、植桩法等沉桩方法实施,桩顶浇筑冠梁或焊接围檩。一般适用于基坑深度较小或埋深较小的暗挖工程,施工效率高,钢结构类施工后可以回收。

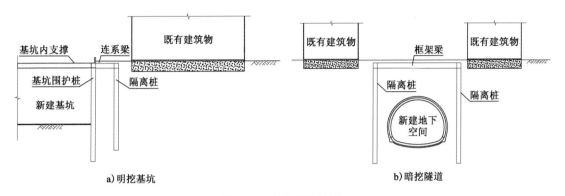

图 5-2-42　门架式隔离结构

关键控制点包括:

①垂直偏差及平面偏差控制,不影响相邻桩施工,便于施工后拔除回收。

②成桩方式对相邻建(构)筑物的扰动控制。

(5)复合锚杆桩隔离

复合锚杆桩是利用常规的锚杆施工工艺,在需隔离保护位置垂直钻孔,插入钢筋笼,高压灌入水泥砂浆或砂石骨料 + 水泥浆,形成类似竖向锚杆的桩体构造,如图 5-2-43 所示。该桩体不需要承担纵向荷载,通过群桩效应达到抑制土体侧向变形和原土体增强改性的双重目的。常用桩体直径 150mm,采用普通地质钻机施工,设备简单、效率高、成本低、施工场地要求低、平面布置灵活、地层适应性广。

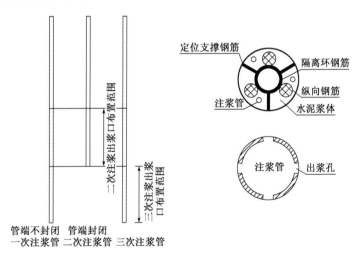

图 5-2-43　复合锚杆桩构造

关键控制点包括:

①复合锚杆桩需要发挥锚杆群和压力注浆的各自优点,与土体共同作用才能充分发挥隔离墙的作用,成孔后,需将加工好的锚杆(钢筋笼)分段连接,一次性插至孔底。

②注浆效果至关重要,浆液的有效扩散可以加固周边土体,同时能够保证锚杆桩体的质量

和与周边土体的整体受力性能。锚杆(钢筋笼)安装完成后,分层多次高压注浆,第1次采用常压注浆,注浆压力0.2~0.5MPa,以孔口溢浆为准;第2次采用中高压注浆,在第1次注浆完成后18~20h内进行,注浆压力1~1.5MPa,在地下设定深度范围内形成水泥浆封闭体;第3次中高压注浆,在第2次注浆完成后5~10h内进行,注浆压力为1.5~2.0MPa,对锚杆体下部范围内土体进行劈裂注浆,形成更大直径的注浆固结体,见图5-2-43。

③锚杆桩布置参数根据实际工程中保护对象与拓建工程的近距、变形要求、地层参数等确定,锚杆深度至少超过开挖空间底部2m以上,桩间距根据注浆最小扩散半径确定,两排以上布置。

(6)SMW工法桩隔离

SMW工法桩(Soil Mixing Wall),即型钢水泥土搅拌桩,是利用单轴或多轴钻掘搅拌机械在现场钻掘一定深度,同时在钻头处喷出水泥浆,与切削后的土体搅拌混合成水泥土,相邻桩体之间重叠搭接,在水泥土混合体未结硬前按要求间隔或逐桩插入H型钢或钢板等劲性材料补强横向变形能力,水泥土硬化后,形成具有一定强度和刚度的连续无接缝的地下墙体;墙顶浇筑压顶梁,提高隔离墙整体性,并用作型钢拔除回收时的反力支座。

关键控制点包括:

①施工净空要求一般为成桩深度+7m。

②根据需要的隔离桩横向刚度,选择SMW桩布置形式,常用布置形式为φ650mm@450mm、内插H500型钢,φ850mm@600mm、内插H700型钢,φ1000mm@750mm、内插H800型钢;型钢间距按密插(逐桩插入)、隔一插一、隔二插一、隔一插二等方式布置,如图5-2-44所示。

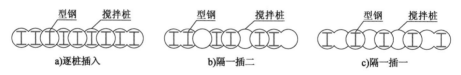

图5-2-44 SMW桩布置方式

③SMW工法桩采用不低于P·O 42.5级普通硅酸盐水泥,保证水泥土强度;淤泥质及黏性土中,水泥掺量不小于20%,砂性土、砂砾土中,水泥掺量22%~25%。

④采用复喷方式增加水泥与土的拌和均匀性,保证满足要求的水泥掺量;常用工艺:一喷二搅(下钻喷浆,上提空搅)、二喷二搅(下钻喷浆,上提补浆喷浆),均匀性及水泥掺量不足时,采用二喷四搅(下钻喷浆,上提空浇,重复一次,完成四搅)、四喷四搅(下钻喷浆,上提喷浆,重复一次,完成四喷)。

⑤桩与桩之间的搭接时间不大于24h,保证隔离墙体的整体性。

⑥型钢顶部预留拔除段并预留牵引孔,压顶梁具有足够的刚度,型钢拔除后回填孔洞。

(7)TRD工法隔离

TRD工法(Trench cutting Re-mixing Deep wall method),即等厚度水泥土地下连续墙,采用附有切割链条以及刀头的组合切割箱垂直切削土体,在进行纵向切割横向推进成槽的同时,向地层中喷浆搅拌,连续施工,形成高品质的均匀、等厚的水泥土墙体,见图5-2-45。与SMW工法相比,其扰动控制效果好、环境污染小、净空要求低(地面部分最小高度10m)、施工效率高、地层适应范围更广(可在砂、粉砂、黏土、砾石土等一般土层及颗粒小于100mm的卵砾石、全风化、强风化软岩等硬质地层中施工）、处理障碍物能力强,加固深度更大(可达60m),可任意间隔插入 H 型钢。除良好的隔离效果外,能形成可靠的止水帷幕,减少拓建施工降水影响。

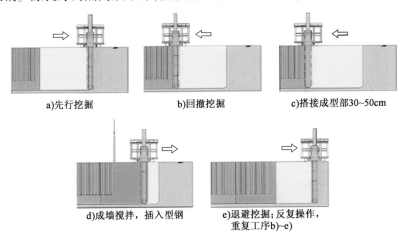

| a)先行挖掘 | b)回撤挖掘 | c)搭接成型部30~50cm |

| d)成墙搅拌,插入型钢 | e)退避挖掘;反复操作,重复工序b)~e) |

图 5-2-45　TRD 工法施工工艺

控制关键点包括:

①墙体壁厚 550~850mm,插入型钢 H400~H700,间距按要求均匀设置。

②水泥掺量不小于 25%,兼做止水帷幕时,同时掺加搅拌土体积 20%的膨润土。

③三工序成墙的施工工艺(先行挖掘、回撤挖掘、成墙搅拌),需控制横向挖掘速度,控制挖土扰动范围,减轻对相邻建(构)筑物地基的影响。

(8)CSM 搅拌墙隔离

CSM 工法(Cutter Soil Mixing),即铣削深层搅拌技术,是综合应用液压铣槽机的设备技术特点和深层搅拌技术的新型施工新技术,可以用于比较复杂的地质条件中。在铣槽机铣削头持续掘进和提升过程中,使用两组铣轮水平轴向相向旋转铣挖、切削地层并强制搅拌,在此期间泵送喷射掺入水泥浆等固化剂至铣削头底部,与切削后土体充分搅拌形成矩形槽段的改良土体,见图 5-2-46。与 TRD 工法相比,其地层削掘性能更高(密实的砂、卵砾石、全风化、强风化软岩等 35MPa 以下的硬质地层中施工)、搅拌效果更好(多排刀具、铣轮高速旋转搅拌,同时可注入高压空气,达到优良的搅拌混合效果)、加固深度更大(可达65m)、成墙厚度更大(0.8~1.2m)、净空要求较高(成墙深度+5m)。

控制关键点包括:

①墙体壁厚 800~1200mm,型钢插入间距可任意设置。

②向下铣削时铣轮的转速按 20~27r/min 控制,软地层转数取大值,硬地层取小值,向下铣削下沉速度控制在 0.5~1.0m/min;反转双轮向上铣削喷浆施工,铣轮转数按 27r/min 控制,提升速度 1.0~1.5m/min;向下铣削全程供气压力为 0.3~0.6MPa。

③水泥掺量不小于 20%,注浆压力一般控制在 2.0~3.0MPa。简单地层和墙深度小于20m 时,采用单注浆模式,铣头在削掘下沉和上提过程中均喷射注入水泥浆液,下沉和上提过程中分别掺入设计水泥掺量的 70% 和 30%;复杂地层和墙深度大于 20m 时,采用双注浆模式,铣头在削掘下沉过程中喷射注入膨润土浆液,提升时注入水泥浆液并搅拌。

④槽段划分及套铣:类似于钻孔咬合桩,槽段由一期和二期相互间隔组成,其中标准槽段

长度 2800mm；一期槽段墙体水泥土达到一定硬度后再施工二期槽段，两期槽段重叠（套铣）长度不小于 200mm，提前划分槽段既能避免二期槽段施工时泥块等掺杂到已成形槽段墙，又能避免槽段之间出现漏缝，保证水泥土墙体的质量，如图 5-2-47 所示。

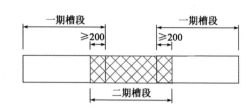

图 5-2-46　铣槽机切削搅拌示意图　　图 5-2-47　槽段划分及"套铣"示意图（尺寸单位：mm）

（9）注浆方式隔离保护技术

对拓建基坑或暗挖洞室与邻近建（构）筑物之间的土体，采用地面深孔注浆（袖阀管注浆）、地面注浆管注浆、高压旋喷注浆、MJS/RJP 注浆等方式加固，注浆形成的桩相互咬合形成连续状或格构状布置的隔离墙体，利用注浆改善后的土体与注浆管材料的复合强度，限制施工引起的变形向外扩展的范围，起到隔离保护的效果，见图 5-2-48。

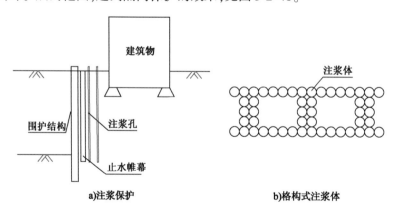

a)注浆保护　　　　　　　　　　　　　　b)格构式注浆体

图 5-2-48　注浆隔离保护

地基（基础）注浆加固：在需要保护的建（构）筑物地基及基础附近打设钻孔后插入注浆管，对需要加固的地层提前进行渗透注浆，提高地基土承载能力、桩周土的摩擦力，改善基础的受力环境。地基（基础）注浆保护技术可以独立应用，也可以配合其他保护技术，邻近建（构）筑物距离太近时，采用可重复注浆的袖阀管等工艺，在拓建施工过程中甚至施工结束后，根据监测反馈信息及时进行跟踪注浆，多次补偿注浆。

（10）斜向隔离

斜向隔离是当暗挖拓建工程与邻近建筑物之间距离太小甚至局部交叠时，在邻近基础（地基）与拓建工程之间斜向设置较深的隔离结构（通常采用树根桩、钢管桩、复合锚杆桩、预制板桩、袖阀管注浆等),以阻止暗挖洞室塑性区向外扩展,同时切断基础滑动面,防止地基发生整体剪切破坏,如图5-2-49所示。

(11)隔离保护技术效果分析

影响隔离结构作用效果的因素主要有3个:隔离结构的横向刚度、隔离结构深度、隔离结构设置位置,通过理论研究及模型试验发现:

①隔离结构应该具备一定的强度和刚度才能发挥保护作用,抗剪强度及水平刚度越大,隔离保护效果越明显,但强度增大到一定的数值之后,隔离效用比降低,合理的方案是在土体侧向作用下结构不破坏且不发生明显变形;若采用SMW、TRD、CSM等工法时,通过调整劲性材料的数量来实现;采用各类微型桩时,由于自身刚度较小,可采用多排紧密排列、双排拱形密集排列等方式,增加整体刚度,如图5-2-50所示。

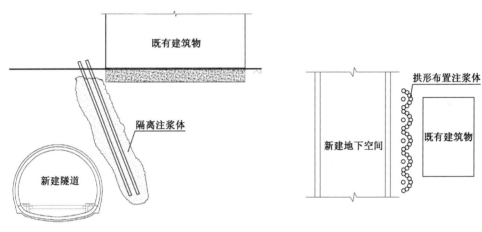

图5-2-49　斜向隔离　　　　　　　　图5-2-50　微型桩拱形布置隔离结构

②随着隔离桩(墙)长度的增加,对相邻建(构)筑物基础(地基)位移控制的效果逐渐增强。其中对于水平位移的影响尤为明显,长度过短的桩(墙)会在地层牵引作用下产生整体滑移,无法很好地发挥隔离效应;但长度达到一定值以后,土体变形滑移面以下的"嵌固段"足够稳定,此时增加长度对于邻近基础(地基)变形的影响逐渐降低,造成浪费。对于拓建基坑工程,合理的隔离桩(墙)长度可以参照该基坑围护结构嵌固比来估算;对于暗挖工程,隔离桩(墙)长度应深入开挖扰动区。

③隔离桩(墙)的顶部约束条件对隔离效果影响明显,顶部冠梁应有足够的刚度,保证隔离结构的整体性;顶部冠梁与相邻的围护结构或其他隔离桩(墙)之间通过连系梁、地层加固等方式连接形成门架式结构或支点结构,可以显著提升水平隔离效果。

④在隔离桩(墙)刚度足够的条件下,减少隔离桩(墙)与拓建工程之间的距离对隔离效果更有益;一方面距离拓建工程支护结构越近,隔离桩(墙)分担的土体侧向位移越大,有利于减小拓建工程的施工变形;另一方面利用隔离结构将拓建施工产生的大部分变形限定在特定范围内,会减轻对隔离体之外土体的扰动。但对于拓建基坑工程,与围护结构净距小于2倍隔离(桩)墙等效厚度时,隔离(桩)墙可能与基坑围护结构形成双排桩承载效果,失去隔离作用。

⑤隔离结构距离邻近建(构)筑物不宜太近,避免实施过程中对邻近建(构)筑物地基(基

础)产生扰动。邻近建(构)筑物采用桩基础时,隔离结构与桩基础之间最小净距不宜小于2.5倍既有桩桩径,且不小于2m;实施条件受限时,可以采用注浆加固、槽壁加固、全套管成孔等辅助技术。

6)地下管线保护技术

明挖法、暗挖法实施的拓建工程,下穿或邻近地下管线时,采用的保护措施包括基础加固、隔离、悬吊、临时支撑、永久或临时迁改、临时卸载等。

(1)加固法保护

地下管线的加固保护包括两个方面:

①对管线自身的加固或更换:主要用于已探明管线存在较严重的渗漏等缺陷,会明显增加拓建施工安全风险,且在拓建施工过程中,缺陷可能进一步恶化影响到正常使用;保护措施包括管线套衬、管线接头套箍、管线接头密封处理、更换或修补有缺陷管线、改用抗变形能力较强的管线等。

②加固管线地基:施工前对地下管线与施工区之间的土体采用地面深孔注浆、MJS注浆等方式进行加固;对风险等级较高的管线,拓建施工过程中及施工结束后,跟踪注浆抬升,对施工引起的松散区域充填加固注浆,如图5-2-51所示。

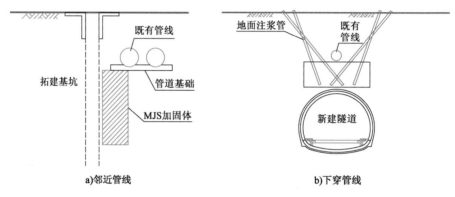

图 5-2-51 注浆加固保护管线

(2)隔离法保护

对于邻近拓建基坑或暗挖工程的管线,隔离法保护与邻近建(构)筑物方式基本相同,在拓建工程与管线之间采用深层搅拌桩、钢板桩、树根桩等方式形成隔离体,防止地下管线在施工过程中产生位移。对于下穿暗挖工程的管线,可以采用侧向设置钢管桩、树根桩、钢花管注浆、袖阀管注浆等方式形成隔离体,利用隔离体的"管棚"作用,将暗挖施工产生的地层沉降限制于隔离体下方,起到管线的保护作用,见图5-2-52。为防止隔离体长期作用下弯曲变形引发管线后期沉降,在暗挖工程内实施径向补偿注浆,填充由于地层松动产生的孔隙。

(3)悬吊法保护

悬吊法保护主要用于明挖施工时暴露的地下管线,通常利用明挖基坑两侧的围护桩(墙)、基坑中间的格构柱作为竖向支撑,沿管线方向架设梁式结构,并在梁式结构下方按一定间隔设置吊索固定点,将管线悬挂固定,基坑开挖过程中,管线不再受土方卸载影响。根据支撑跨度和管线竖向荷载,悬吊梁一般采用组合型钢、钢桁架等结构,贝雷桁架因其施工便捷、安全稳定、组合灵活、环保经济等优势,在地下管线的悬吊保护中应用比较广泛,如图 5-2-53 所示。

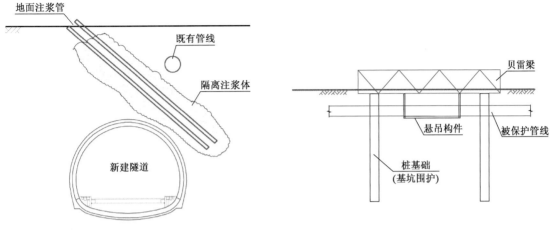

图 5-2-52　暗挖通道下穿管线隔离保护　　　　　图 5-2-53　贝雷梁悬吊保护

关键控制点包括:

①附加悬吊荷载后的基坑围护结构,验算其竖向承载能力及沉降变形。

②悬吊梁按实际受力状态按简支梁或连续梁验算,保证竖向刚度、稳定性,限制挠度。

③吊索可连续调节,保证均衡受力,能消除悬吊梁变形和吊索伸长影响;吊索位置考虑管线接头影响。

④管线按支撑于围护结构和吊索处的梁结构验算其自身承载能力。

(4)管线桥及逆作管廊法保护

埋深较小的大直径雨污水管线、大直径有压供水管线、保护等级很高的中高压燃气管线、年代较久的敏感管线以及排布密集的管线群,悬吊保护措施无法实施或难以保证安全时,在管线下方或两侧设置横跨基坑的管线桥、管廊,对管线形成连续支撑保护,管线桥采用钢结构或现浇钢筋混凝土结构,基础设置于基坑两侧的围护结构和基坑中部的格构柱上,如图 5-2-54 所示。钢筋混凝土管线桥(廊)可按永久结构考虑,避免后期拆除对管线的二次扰动,两端与基坑围护结构刚接,提高其抗变形能力;当竖向净空受限时,管线桥(廊)可以结合拓建工程顶板局部逆作施工,如图 5-2-55 所示。

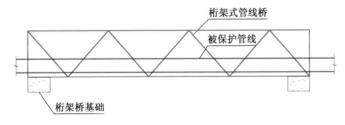

图 5-2-54　桁架式管线桥

(5)临时支撑法保护

临时支撑法(图 5-2-56)主要用于基坑规模太大,管线穿越基坑内距离较长,悬吊法、管线桥等方法实施困难时对管线加以保护。沿管线路径提前设置若干个格构柱或利用基坑内支撑结构提供支点，分段支顶管线，将管线受力状态从初始的弹性地基梁转化为多跨度的连续梁，跨间利用管线自身刚度承载，要求管线整体性较好，具有一定的抗变形能力。

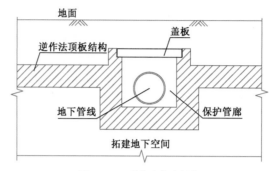

图 5-2-55　逆作法管廊保护

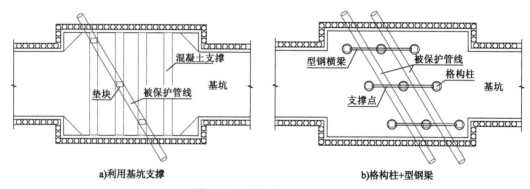

a) 利用基坑支撑　　　　　　　　　　　b) 格构柱+型钢梁

图 5-2-56　临时支撑法平面布置

（6）迁改保护

对周边条件适宜，有条件搬迁改移且费用不大的管线，拓建基坑施工之前先行临时或永久迁改，前述管线桥或逆作管廊可作为永久迁改通道使用。

（7）临时卸载保护

拓建施工期间，卸去管线上部及周围的土体，减轻作用于管线上的荷载，减少土体变形和管线的受力，达到保护管线的目的。采用卸载保护技术需要考虑卸载后管线的抗浮和偏压受力问题。

5.2.4　地层加固技术

1) 深孔注浆

（1）注浆工艺

常用的深孔注浆方式主要有前进式分段注浆、袖阀管后退式分段注浆和 WSS 后退式分段注浆。

①前进式分段注浆。前进式分段注浆是一种采取钻孔、注浆交替作业的注浆方式。在前进式分段注浆施工中，需根据地质状况，对钻孔注浆的长度进行分段，每段的长度一般为 1 ~ 2m，采用地质钻机从孔口管内进行钻孔，钻一段、注一段，直至设计长度。

②袖阀管后退式分段注浆。袖阀管后退式分段注浆利用钻机一次钻孔到设计深度,退出钻杆,在孔内下 PVC 袖阀管,再进行封孔,然后在袖阀管内下带止浆系统的镀锌管,从孔底向外分段进行注浆,分段长度一般为 0.5～1m。

③双重管无收缩双液(WSS)后退式分段注浆。WSS 后退式分段注浆的特点是钻注一体化。WSS 后退式分段注浆利用钻机一次钻孔到设计深度,通过中空的钻杆把浆液输送到钻头出口,以一定压力将浆液注入地层,当注浆压力或注浆量达到设计要求后,后退钻杆进行下一段注浆作业,分段长度一般为 1.5～2m。

三种注浆方式的优缺点及适用范围见表 5-2-1。

三种深孔注浆方式对比 表 5-2-1

注浆方式	前进式分段注浆	袖阀管后退式分段注浆	WSS 后退式分段注浆
优点	适用范围广,可应用于任何地层;可利用孔口管防止出现大量流砂、涌泥现象	注浆效果好	比袖阀管后退式注浆工艺简单,无须成孔下入管材,缩短了工期,适用范围更大
缺点	工序转化多,需重复扫孔,工作量大,施工效率低,成本高	需成孔并下入袖阀管,为保证下管顺利,一般需要带套管进行施工,工艺复杂,工期长,适用范围较窄	止浆困难,注单液浆浆易造成浆液回流,浪费材料并影响效果;注双液浆易造成钻杆抱箍

从目前工程应用统计结果来看,袖阀管后退式分段注浆、WSS 后退式分段注浆因其工艺简单得到了广泛的应用,而前进式分段注浆由于工序繁琐、成本高在施工中应用相对较少。

(2)袖阀管注浆

①袖阀管注浆加固原理

袖阀管注浆是一种向管外出浆,不能向管内返浆的单向闭合注浆工艺,能定深、定量、分序、分段、间歇并重复注浆,适用性强,能达到较好的注浆效果。

钻孔后袖阀管注浆外管将永久留在土体中,注浆外管每隔一定间距预留出浆口,在出浆口处加设截止阀,注浆时,将带封力大于管内时,小孔外的橡皮套自动闭合。将带封堵装置的注浆内管置入注浆外管内,对需要注浆部分进行注浆。注浆时,压力将小孔外的橡皮套冲开,浆液进入地层,当管外压力大于管内时,小孔外的橡皮套自动闭合。这样在土体中产生以钻孔为核心的桩体,可以配合注入水泥浆、水泥—水玻璃双液浆或化学浆液以达到加固止水的目的。

②袖阀管注浆加固施工

袖阀管注浆工艺流程图如图 5-2-57 所示,主要包括钻孔、安装袖阀管、套壳料灌注、注浆等四个步骤。

a.钻孔

钻孔施工可采用地质钻机,泥浆护壁钻孔至设计深度。

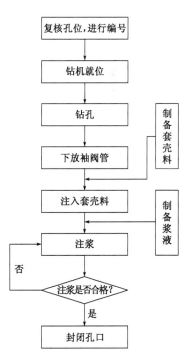

图 5-2-57　袖阀管注浆工艺流程图

施工时应认真观察钻进过程,控制地质界线的实际深度,为注浆施工提供依据。为保证钻孔质量,应注意:在钻孔时,保证转速均匀;在换钻杆时,钻杆提升和放下应保持垂直,以免扩孔;为防止钻孔的塌孔,应保持泥浆的相对密度在 1.05 ~ 1.12 之间。

b. 安装袖阀管

钻孔完成以后,立即进行袖阀管的埋插工作。由于每节袖阀管的长度一般为 4m,在插入时相邻两节袖阀管用长度 20cm 的 PVC 套管连接,采用 U-PVC 胶合剂将袖阀管和连接套管粘牢。第一节袖阀管安装好堵头,为了方便下入袖阀管减少阻力和减少袖阀管的弯曲值,在袖阀管中注入清水。袖阀管每节连接好后,依次下放到钻孔中,直到孔底,下放时尽量保证袖阀管的中心与钻孔中心重合,以便套壳料灌注时能够均匀固结到袖阀管附近,提高注浆效果。根据现场钻孔的地质界线的实际深度,孔口一定深度是不注浆的,所以在插入袖阀管时,不注浆段所用的管材为实管,需注浆段所用管材为花管,即在管材上钻溢浆孔,在有孔的位置外面套上橡胶套。袖阀管的上端头露出孔口 20cm,再用套头套牢,防止杂物进入管内。为保证袖阀管安装质量,应注意:袖阀管连接一定要紧密,不得有断开现象;在埋插袖阀管的过程中,严谨用力过猛,压弯或者折断袖阀管;下放袖阀管时,尽量保证袖阀管的中心与钻孔中心重合。

c. 灌注套壳料

套壳料的作用是封闭袖阀管和钻孔壁之间的空隙,迫使从灌浆孔内开环,压出的浆液劈裂套壳料,注入四周土层或岩缝。套壳料的破碎程度越高,注浆率一般就越大,所需注浆压力也越小,根据试验确定套壳料配合比(质量比)。袖阀管下放到位后,应该立即进行套壳料灌注。在袖阀管与孔壁之间的空隙中,将 $\phi25mm$ 镀锌管下入至孔底,采用注浆泵灌注,将孔内泥浆置换成套壳料。套壳料在压力作用下,通过注浆管进入钻孔底部,随着套壳料的进入,泥浆从地面孔口置换出来,置换出来的泥浆通过钻孔口的泥浆沟排到泥浆循环池,在发现排出的泥浆中含有套壳料时,停止置换。套壳料浇筑的好坏是保证注浆成功与否的关键。要求既能在一定的压力下,压开填料进行横向注浆,又能在高压注浆时,阻止浆液沿孔壁或管壁流出地表。因此,实际施工时常通过多组室内及现场试验,选取最佳配合比。

d. 注浆

首先把注浆器连接到注浆芯管插入到袖阀管中,连接好注浆芯管,然后利用高压注浆管连接到注浆机,开始注浆工作。注浆中应密切注意注浆压力的变化,每段注浆时,压力表应出现两次峰值,注浆刚开始出现第一次峰值,持续的时间很短;随后压力逐渐降低到相对平稳值,压力表出现第二次峰值后,将注浆内管上提进行下一段注浆。压力表出现第一次峰值是由于套壳料引起的,当套壳料被挤开,峰值很快下降;随着浆液的注入,地层中间的空隙被填充,注浆压力也逐渐增大,达到第二次峰值。

(3)WSS 深孔注浆

①工艺特点

双重管无收缩双液注浆(WSS 注浆),是由双液注浆机通过两根注浆管连接汇入钻杆,可以同时注入两种浆液。最早用于水库大坝止水、地基加固等,在地面向下注浆,通过改良钻机,可用于隧道掌子面超前加固地层及止水,其特点如下:

a.能够将不同地质条件的地层填充密实,改变原土体物理性质,增加土体的密度,提高其抗压强度,达到土体的止水效果;能够一次性完成一个注浆区域的土体加固施工,而且注浆材料属于环保型,对地下水无污染。

b.采用特殊的端点监控器和二重管注入方式,不仅注入系统设备简单,且具有很高的可靠性、经济性。

c.可以进行一次、二次注入切换,易于回路变换,所以能实现复合注入。

d.瞬结性一次注浆液和浸透性二次注浆液的复合比率,在土层改良时可以自由地设定,适用于黏性土、砂质土、地下水丰富的砂砾层等复杂的复合地层。

e.二次注入材料采用低黏性且凝胶时间长的浸透性注浆液,更有利于在压力作用下渗透进入土层,均匀填充孔隙,减少对周围建筑物的影响。

f.由于一次注入是限制注浆,二次注入是渗透注浆,注浆液不会向注入范围外溢出流失,可提高浆液利用率,且不影响周边环境。

g.注浆孔采用小型机械隧道内成孔,采用 A/B、A/C 浆液。钻孔按照跳孔施工的顺序进行。

h.地层注浆设计压力根据围岩水文地质条件及孔深合理确定,注浆终压力为 0.3 ~ 0.5MPa。注浆速率主要取决于地层的吸浆能力(即地层的孔隙率)和注浆设备的动力参数;施工时根据现场试验,确定注浆参数。浆液配比根据现场情况调整。

i.注浆施工后,土体达到一定强度再进行开挖。暗挖法掌子面的封堵采用钢筋网片锚喷混凝土措施,厚度 15cm。为防止隆起现象发生,对注浆区域进行 24h 不间断沉降观测。对注浆布孔进行优化,在掌子面打设多排注浆钻孔并分别进行注浆,采用不同角度,防止出现注浆盲区。

②工艺流程

WSS 双重管注浆工艺流程如图 5-2-58 所示。

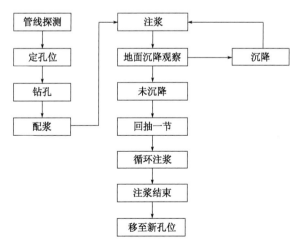

图 5-2-58　WSS 双重管注浆工艺流程图

a.定孔位:根据设计要求,对准孔位,掌子面注浆按不同入射角度钻进,要求孔位偏差为

±3cm,入射角度偏差不大于1°。

b. 钻机就位:钻机按指定位置就位,调整钻杆的垂直度。对准孔位后,钻机不得移位,也不得随意起降。

c. 钻进成孔:第一个孔施工时,要慢速运转,掌握地层对钻机的影响情况,以确定在该地层条件下的钻进参数。密切观察溢水出水情况,出现大量溢水出水时,应立即停钻,分析原因后再进行施工。每钻进一段,检查一段,及时纠偏,孔底位置偏差应小于30cm。掌子面钻孔和注浆顺序由外向内,同一圈孔间隔施工。

d. 回抽钻杆:严格控制提升幅度,每步不大于15~20cm,匀速回抽,注意注浆参数变化。

e. 浆液配料:采用经计量准确的计量工具,按照设计配方配料。

f. 注浆:注浆孔开孔直径不小于45mm,严格控制注浆压力,同时密切关注注浆量,当压力突然上升或从孔壁、断面地层溢浆时,应立即停止注浆,查明原因后采取调整注浆参数或移位等措施重新注浆。当地层为砂层,容易造成坍孔时,可采用前进式注浆,否则采用后退式注浆。

③注浆材料的选择

注浆是在不改变地层结构的情况下,将土层颗粒间存在的水强迫挤出,使颗粒间的空隙充满浆液并使其固结,达到改良土层性状的目的。注浆将使该土层黏聚力 c、内摩擦角 φ 增大,从而使地层黏结强度及密实度增大,起到加固作用;颗粒间隙中充满了不流动而且固结的浆液后,使土层透水性降低,从而形成相对隔水层。注浆加固后,卵石层强度可达到 $25 \sim 30 \mathrm{kg/cm}^2$,细中砂层可达到 $15 \sim 20 \mathrm{kg/cm}^2$,黏土层可达到 $10 \sim 12 \mathrm{kg/cm}^2$;防渗系数可达到 $1 \times (10^{-8} \sim 10^{-7}) \mathrm{cm/s}$。

a. 注入材料特性

无收缩浆液属于安全性、高渗透性的注浆材料,固结硬化时间可根据工程实际需要进行调整。无收缩浆液分为超高强度型 CW-3A、高强度型 CW-3B、普通型 CW-3C 三种类型。

无收缩浆液的特点为:固结硬化时间容易调整,设计硬化时间长的注浆液也具有很高强度;渗透性良好,特别是对微细砂层的渗透性优越;地层中有流动水的情况下也具有很强的固结性能;浆液强度、硬化时间、渗透性能可根据现场实际需要任意调整;浆液不流失、固结后不收缩,硬化剂无毒,对地下水不会造成污染。

b. 无收缩注浆液标准配合比

无收缩浆液标准配合比见表5-2-2 、表5-2-3 。

无收缩浆液标准配合比(1m³ AC 混合浆液中材料含量) 表5-2-2

名称	项　　　目	密度 ρ(g/cm³)	容积(L)	质量(kg)	备　　注
A 液	硅酸钠	1.37	220	301.4	溶液
	稀释剂	1	280	280	
C 液	水泥			200	按施工时的气温调整水泥掺量
	H 剂		250		均为混合剂
	C 剂		200		
	XPM 纳米外加剂		50		用量为水泥掺量的8%~10%

无收缩浆液标准配合比(1m³AB 混合浆液中材料含量) 表 5-2-3

名称	项 目	密度ρ(g/cm³)	容积(L)	质量(kg)	备 注
A 液	硅酸钠	1.37	250	301.40	溶液
	稀释剂	1	250	250	
B 液	Gs 剂		500	31.00	混合剂
	H 剂			45.50	
	C 剂			58.00	
	P 剂			26.24	

(4)深孔注浆施工控制

①施工准备。施工前,需要对施工现场的地质水文、管线、建(构)筑物等情况进行调查分析,绘制准确的管线分布图和设计施工图,避免后续施工过程中对既有管线造成破坏和影响。另外,还需要结合工程项目的地质水文等特征,选择合理的注浆方案,以确保注浆效果。

②止浆墙或止浆帷幕施工。止浆墙主要用于暗挖工程止浆或精准限位注浆,暗挖工程中止浆墙的作用是避免注浆施工过程中掌子面地层在混合浆液后受压力影响出现垮塌现象,一般采用掌子面挂钢筋网片＋喷射混凝土方式;止浆帷幕可在地面布置咬合注浆桩实现,也可以在地下空间内通过分段控制方式在预定区域内实现。

③测量定位。为确保工艺的最佳效果,需要在施工前进行钻孔布局和测量定位。

④浆液配合比确定。注浆采用的浆液配合比需要结合工程的地质条件和实际情况确定,在标准配比的基础上,利用经验和现场试验进行适当调整,以获得最佳配合比,确保注浆效果。

⑤钻孔控制。在钻孔前,需要对钻机的倾角进行多方面检测,固定钻机,防止钻机在钻进过程中出现钻孔角度偏离;其次,首孔钻进时,需要慢速钻进,以便明确地层的实际情况,并判断地层对钻机钻进过程中造成的影响,合理调整实际钻进角度及速度。

⑥后退式注浆。当钻孔达到设计深度后,即可采用预先配置好的双重浆液进行注浆;注浆时,先注入改性水玻璃浆液,通过流动性对钻孔进行疏通、润滑及封堵,防止在后续注浆过程中出现塌孔、抱杆、溢出等问题;改性水玻璃浆液注入完成后,通过分段后退注入的方式进行水泥—水玻璃浆液注浆,每个分段约为1m,每次注入量需要根据地层情况进行合理确定,直到整个孔注浆完成为止;在钻杆后退注浆过程中,为防止出现浆液凝固、堵塞管路、抱杆等问题,在后退的同时注入一定量的清水。

⑦注浆效果评定。效果评定以注浆循环结束标准为依据。注浆前,需要先明确总注入量标准,并加强对施工过程中的检测管理。若在施工过程中发现有单孔注浆量未能达到标准要求,应进行及时补浆,直至达到标准为止。

⑧注浆效果检测。注浆效果的检测通过抽样钻探的方式进行,即通过钻孔取芯进行注浆质量检测,检测过程中不得利用现有注浆孔,而是需要在注浆范围重新钻孔取出成品进行质量检测,芯样无侧限抗压强度超过设计值。

2)小导管注浆

超前小导管是稳定开挖工作面的一种非常有效的辅助施工方法。在软弱地层及破碎岩层施工中,超前小导管对松散地层起到加固作用,注浆后增强了松散、软弱围岩的稳定性,有利于开挖后、完成初期支护前地层的稳定,不至于地层失稳破坏甚至坍塌。

超前小导管注浆适用于暗挖洞室拱部软弱地层,如松散、无黏结土层,自稳能力差的砂层及砂砾(卵)石层级破碎岩层。

通过超前小导管注浆能改变地层状况及稳定性,浆液注入软弱、松散地层或含水破碎围岩裂隙后,能与之紧密接触并凝固。浆液以充填,劈裂等方式,置换土颗粒间和岩石裂隙中的水分及空气后占据其位置,经过一定时间凝结,将原有的松散土颗粒或裂隙胶结成一个整体,形成一个新结构、强度大、防水性能良好的固结体,使得围岩松散破碎状况得到大幅度改善。

(1)制作小导管钢花管

小导管一般采用直径 32~50mm 钢管制作,前端做成尖锥形,管壁上按梅花形每隔 10~20cm 布 1 个钻眼,眼孔直径为 6~8mm。

(2)小导管安装

小导管的安装一般采用孔顶入法或预钻孔顶入法。

(3)注浆

采用注浆泵注浆,喷射混凝土封闭掌子面,形成止浆盘。注浆前先冲洗管内沉积物,由下至上顺序进行,单孔注浆压力达到设计要求值(注浆压力一般为 0.5~1.0MPa,浆液初凝时间 1~2min),持续注浆 10min 且进浆速度为开始进浆速度的 1/4 或进浆量达到设计进浆量的 80% 及以上时注浆结束。

(4)钻注原则

①先外后内:先从断面外侧,逐步向中间或内侧钻注。

②先疏后密:每排孔先间隔式钻注,再补注中间的加密孔,逐步形成帷幕。

③外密内疏:毛洞四周布孔较密,隧道断面内布孔少而疏。

④反复钻、注:注浆段各注浆孔均应根据进浆情况反复钻、注,保证固结范围达到设计要求。

⑤开孔诱导:注浆时在需要重点加固处设置通气诱导孔,诱导浆液至设计范围,之后适时关闭诱导孔。

⑥保证注浆有效范围(比如开挖轮廓线外 1.5~2m)。

⑦止浆墙是注浆成功的保证因素之一,应保证喷平、喷实、厚度满足要求。

3)高压喷射注浆(高压旋喷桩)

高压喷射注浆技术是利用高压水或高压浆液形成的高压射流,冲击、切割、破碎地层土体,并使水泥浆液与地层土体颗粒相互充填、掺混和凝结,从而形成桩柱或板墙状的凝结体,用来提高地层防渗或承载能力。该技术主要应用在淤泥质土、粉质黏土、粉土、砂土、黄土、碎石、卵(碎)石等松散透水地层或填筑体内的防渗处理。

(1)高压旋喷桩施工工艺

依据喷射形式的不同将高压喷射注浆技术分为高压旋喷注浆、高压摆喷注浆以及高压定喷注浆三种形式,分别形成柱状、壁状和块状加固体。按采用的喷射设备和介质不同,可分为单管喷射注浆、双管喷射注浆(二重管)以及三管喷射注浆法(三重管),地层加固或止水一般采用二重管、三重管工法,如图 5-2-59 所示。

二重管工法是通过钻杆底部的同轴旋转双重喷嘴,同时喷射出 20~40MPa 的高压浆液和

0.7MPa 的压缩空气两种介质,利用浆液喷射流和外环气流作用冲击破坏土体,与浆液混合,最后在地层中形成较大直径的固结体,桩径一般为 0.6~0.8m。

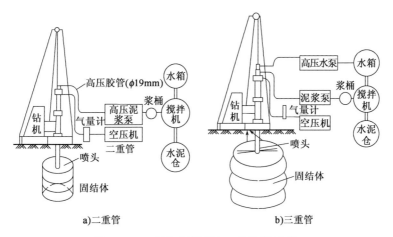

a)二重管　　　　　　　　　b)三重管

图 5-2-59 二重管喷射注浆与三重管喷射注浆

三重管工法是通过钻杆底部的同轴旋转三重喷嘴,分别喷射 20~40MPa 的高压水、0.7MPa压缩空气和 2~5MPa 的浆液,利用高压水、压缩空气形成的喷射流和外环气流切削土体形成较大孔隙,另一喷嘴喷出浆液与破坏后的土体混合,最后在地层中形成更大直径的固结体,桩径可达 1.2m。

三重管旋喷桩施工工艺流程如图 5-2-60、图 5-2-61 所示。

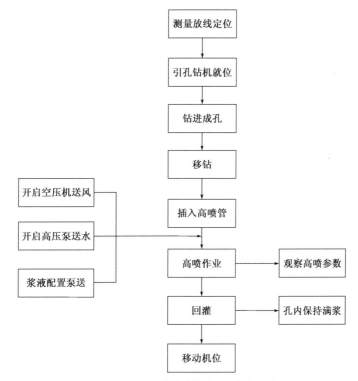

图 5-2-60 三重管旋喷桩施工工艺流程图

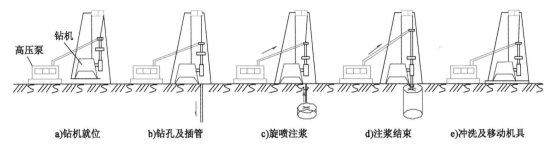

a)钻机就位   b)钻孔及插管   c)旋喷注浆   d)注浆结束   e)冲洗及移动机具

图 5-2-61　旋喷注浆施工示意图

（2）施工控制

①在正式成孔钻进前，检查钻机底盘水平度和钻机垂直度，保证钻机导向支架垂直度控制在 0.5% 以内，成桩后的桩位偏差控制在 20mm 以内。

②及时对钻孔深度、是否有漏浆或者塌孔现象进行详细记录。

③为确保旋喷浆液顺利喷出，及时将喷浆管内的残渣置换干净。

④已经达到设计深度的钻孔应及时覆盖。

⑤向钻孔内下设喷射管之前要在地面试喷射，试喷结束后对各类试验数据收集整理，待各项数据符合设计要求后方可进行孔底喷射作业。

⑥高压喷浆管下放到孔内设计深度后，同时送入高压水及压缩空气，在孔底喷射切割一分钟后，再泵入水泥浆，由下而上进行喷射作业，施工中需注意检查浆液初凝时间，控制水、气、浆的压力以及流量，喷射提升速度。当水泥浆液冒出孔口后提升注浆管，提升的同时停止向孔内输入高压水和高压气体，持续压入水泥浆液。

⑦为解决好因浆液析水而出现的凹陷现象，喷射结束后，在喷射孔内进行静压充填灌浆，直至孔口浆面不再下降为止。

⑧为保证有效搭接，防止泥浆串孔，采用隔孔跳打的方式进行施工。

4）粉喷桩

粉喷桩是以深层搅拌的方式对地层进行加固，所使用的固化剂为干状石灰和水泥等，将其以科学比例进行搅拌后形成固化剂，再与软土结合使之产生不同的化学反应，可增强软土所具有的水稳性，同时使整体呈现出稳固性，满足施工所需强度。该技术中，需控制水泥掺入量，若掺入量过少则会使土体颗粒与水泥间的反应不足，固化效果有不稳定性，在掺入水泥时应保证使用量大于 5%，以发挥出其最大功效。

（1）施工顺序及施工工艺

水泥粉喷桩的主要施工顺序为：施工准备→钻机就位→钻进→提升喷粉搅拌→升到设计高程后再复钻→提升复拌喷灰→升到设计高程后停机→下一桩循环施工。

（2）施工技术要点

施工机具准备好后，进行机械组装和试运转。粉喷桩的施工工艺根据设计要求采用 P・O 42.5 级的普通硅酸盐水泥作为固化剂干法施工，搅拌桩采用现场取芯试样（28d 龄期）的无侧限抗压强度达到 1.0MPa。施工前进行水泥土试验以确定合适的水泥掺入量，通过试桩来确定。通过试桩来确定钻进速度、提升速度、搅拌速度、喷气压力、单位时间喷粉量等。粉喷桩所用的水泥应经室内检验合格才能使用。

(3)工艺性试桩

粉喷桩正式施工前要先进行成桩试验,水泥掺入比参考值为 48～50kg/m;施工前应做好加固土室内试验,根据设计要求的无侧限抗压强度,按7d龄期的试验成果求出合适的掺入比,以确定以下内容:①要穿过软土层的实际深度;②了解各软土的阻力,以确定钻进及提升速度和喷粉量。在实际工作中根据其抽芯质量情况发现,对含水率较大的软土,提升速度要慢,供风量要大才能保证成桩质量;对砂层,特别是粗砂层,提升速度应较淤泥层快,风量应较淤泥层的小。

(4)各主要工序的技术控制要点

①搅拌桩机机轴保持垂直,误差不应大于5cm,调节桩机支腿油缸使钻机钻杆倾斜度不大于1%。

②关闭粉喷机灰路阀门,打开气路阀门。

③开动桩机,启动空压机并缓慢打开气路调压阀,对桩机供气。桩机逐渐加速,正转预搅下沉。观察压力表读数,随钻杆下钻压力增大而调节压差,使后阀较前阀大 0.02～0.05MPa。当钻至接近设计深度时,应用低速慢转钻,钻机机原位转动1～2min。

④提升粉喷搅拌:当到达设计桩底后,一般以 1.0m/min 左右的速度反向旋转提升钻头,边提升边喷射边搅拌,使软土与水泥充分混合,当提升到设计停灰高程后,应慢速原地搅拌1～2min。喷射量与提升速度相匹配,喷粉量控制在 48～50kg/m 以内,如一次喷灰不能达到设计要求,可采用两次喷灰。提升时选择中、慢档提升,保证搅拌均匀,要求每提升16mm搅拌轴转动不小于1圈。当钻头提升至地面以下 0.5m 时,喷粉机应停止喷粉。粉喷桩施工时,泵送水泥必须连续,水泥用量以及泵送水泥的时间应有专人记录在提升过程喷粉搅拌,通过粉体发送器将水泥粉喷射入搅拌的土体中,使土体和水泥沿深度方向充分拌和。

⑤复拌:停止喷粉,钻头边旋转边钻进,直至设计深度处,再边提升边反向旋转,使土体和水泥充分拌和,土体被充分粉碎,水泥粉被均匀地分散在桩土中,复拌深度为桩长的1/3。复拌是保证成桩均匀和提高桩体强度的有效措施。

⑥提升至停灰面顶旋转1min,将钻头提离至地面0.2m处。

⑦打开阀门,减压放气。

⑧钻机移位对孔,施工下一根桩。

5)水泥搅拌桩

水泥搅拌桩是一种以水泥(浆液)为固化剂助剂的软基处理方式,其原理是使用搅拌桩机对地层进行充分搅拌,并将水泥浆喷入搅拌后的土层中,进行再次搅拌,使得水泥和土体发生直接接触并完成物理、化学反应,进而提高软基的整体强度。目前,水泥搅拌桩技术的应用十分广泛,并且具有单轴、双轴以及三轴水泥搅拌桩等形式,多用于处理泥炭土、有机质含量较高的地基以及 pH 值小于 4 的酸性土、塑性指数大于 25 的黏土地基,适用范围很广,技术运用效率高,地基加固效果好。

(1)施工位置确定:运用水泥搅拌桩技术时,第一个施工环节就是确定加固位置,并做好相应的标记,便于对桩体的实际位置进行检查和偏移测算,搅拌桩与既有结构之间必须预留安全空间,对应偏差控制在 1% 的位置限定以内。

（2）水泥浆制备:施工准备工作完成后,对水泥浆的配比进行反复试验,得到最佳配比、搅拌时间、适宜温度确定,同时进行充分搅拌,拌和均匀,保证均匀性和细腻性。

（3）水泥搅拌桩成桩试验:水泥搅拌桩成桩试验的目的是确保施工技术中各项运用参数符合技术要求和标准,并且可以达到标准的精确度,从而确保施工技术得以高效运用,提高施工质量,重点关注喷浆压力、时间、速度等具体参数,并结合以往的施工经验对各项参数进行微调,试验桩体的数量一般大于 5 根,并且要经过科学的测算,保证试验数据具有代表性,根据试验结果制订有效的解决对策,调整施工方案和工艺参数。

（4）喷浆搅拌提升及重复搅拌提升。

①对水泥浆进行预搅拌,启动搅拌机并沿着标记好的位置进行喷浆搅拌作业,利用设备自带的深度探查计去控制下搅的深度;严格控制下搅速度,速度过快或者过慢都可能造成水泥搅拌桩的成桩失败。

②在进行喷浆搅拌提升的同时,不断向搅拌处输送气体,保证喷浆搅拌钻头的通畅,避免出现堵塞问题,影响喷浆作业。

③在喷浆搅拌施工时,控制钻机初始工作角度(垂直),避免发生大幅度偏移。

④水泥浆的搅拌需要与粉煤灰的搅拌同时进行,保证混合料搅拌均匀,在反复下沉搅拌的作用下,有序地进行水泥浆喷浆施工,并在喷浆施工完成后及时进行清理工作,保证喷浆搅拌施工效果。

6）MJS/RJP 高压喷射注浆

MJS/RJP 高压喷射注浆工法的基本原理和传统的高压喷射注浆原理基本一样,均利用超高压流体的功能,毁坏土体原状组织结构,被破坏的土体与喷射固化材料搅拌混合,混合体凝结后即在土体中形成具有一定强度的固化体。但 MJS/RJP 超高压喷射注浆工法加固地层的机理与常规不同,主要是利用重复切削毁坏原状地层,第一次切削利用超高压水和压缩空气组成的混合喷射体,第二次切削利用超高压固结材料浆液和压缩空气组成的混合喷射体在第一次切削毁坏地层的基础上对土体进行第二次切削,这样便增加了切削的深度,增大了固化体的直径。与传统施工工法相对比,具有施工效率更加高效快速的优势,且加固体质量得到了提高。图 5-2-62、图 5-2-63 分别为 MJS 工法、RJP 工法原理。

（1）MJS 工法的工艺特点

MJS 工法采用了独特的多孔管和前端造成装置,能够实现孔内强制排浆和地内压力监测,并通过调整强制排浆量来控制地内压力,大幅度减少对环境的影响,而地内压力的降低也进一步保证了成桩直径,自动化程度高。

①喷射流初始压力可达 40MPa,流量 90～130L/min,使用单喷嘴喷射,每米喷射时间 30～40min(平均提升速度 2.5～3.3cm/min),喷射流能量大,作用时间长,再加上稳定的同轴 0.7MPa 高压空气的保护和对地内压力的调整,使得 MJS 工法成桩直径较大,一般可达 2～2.8m,目前最大直径为 4.2m;加固深度大,最大有效深度为 100m。

②直接采用水泥浆液进行喷射,其桩身质量可靠,加固体强度高;在砂性土中无侧限抗压强度达 3.0MPa,黏聚力 0.5MPa;黏性土无侧限抗压强度达 1.0MPa,黏聚力 0.5MPa。

③MJS工法可以全方位(水平、倾斜、垂直分方向)进行高压喷射注浆施工,也可以任意角度摆喷施工。

④地层适应性广。

⑤泥浆污染少:MJS工法采用专用排泥管进行排浆,有利于泥浆集中管理,施工场地干净,同时对地内压力的调控,也减少了泥浆无规则"窜"入土层、水体或者地下管道的现象。

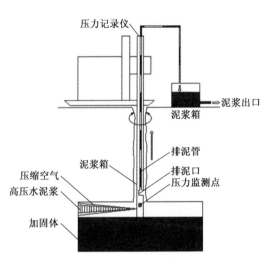

图5-2-62　MJS工法原理图

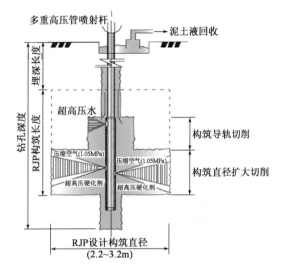

图5-2-63　RJP工法原理图

(2)施工流程

①开挖沟槽

正式进场施工前,先在旋喷桩中心向两侧各500mm左右开槽,深度1m,将旋喷设备架设在沟槽上方进行旋喷作业。

②桩位放样

施工前用全站仪测定旋喷桩施工的控制点,埋设标记,经过复测验线合格后,用钢尺和测线实地布设桩位,并用打设木桩做好控制点,一桩两个控制点,保证桩孔中心移位偏差小于20mm。

③修建排污和灰浆拌制系统

旋喷桩施工过程中将会产生100%~130%的置换土体,将置换土体引入沉淀池中,沉淀后的清水根据场地条件可进行无公害排放。沉淀的泥土挖出堆放在集土坑集中外运。

灰浆拌制系统主要设置在水泥仓附近,便于作业,主要由灰浆拌制设备、灰浆储存设备、灰浆输送泵设备组成。

④引孔钻机就位

钻机就位后,对桩机进行调平、对中,调整桩机的垂直度,保证钻杆应与桩位一致,偏差应在10mm以内,钻孔垂直度误差小于0.5%;钻孔前应调试泥浆泵,使设备运转正常;校验钻杆长度,在钻塔旁标注深度线,确保孔底高程满足设计深度,引孔深度略比设计深度深100cm(考虑喷嘴前端长度60cm,确保喷嘴高程在桩底高程)。

⑤引孔钻进埋设套管

钻机施工前,在钻孔机械试运转正常后,开始引孔钻进。钻孔过程中要详细记录好钻杆节数,保证钻孔深度准确,引孔过程中需加强泥浆护壁,在泥浆中加入适量膨润土,确保引孔结束后孔内无沉渣;为确保旋喷喷浆过程的排浆顺畅,在地质较差的土层中防止上部空孔段坍塌堵塞,造成喷射段压力过大影响周边环境,在空钻段埋设套管(对地层土质特别差的需埋设至桩底以上 2~3m),考虑旋喷钻杆直径为 114mm,埋设的外套管内径不宜小于 160mm,引孔直径不宜小于 180mm。

为防止旋喷施工期间出现穿孔,引孔及旋喷喷浆需有一定的间距,间隔 3 或 4 个孔位施工或等邻桩施工 3d 后施工。

⑥引孔垂直度的控制

引孔垂直度是控制旋喷桩偏差的关键,引孔必须满足 1/200 垂直度要求,在引孔过程中需确保钻机水平状态及钻杆垂直,引孔采用导向钻头,经常检查钻杆垂直度,当钻杆偏差过大上提钻杆至垂直度较好部位开始扫孔,无法扫孔时需回填后重新引孔。

⑦喷射钻机就位下放钻杆

引孔至设计深度并埋设套管后,移除引孔钻机,将 MJS/RJP 超高压旋喷钻机就位对中并调整水平度,逐节下放钻杆至设计高程,下放每节钻杆需检查钻杆的密封件是否完好,对密封件有磨损的及时更换。

⑧喷射

钻杆下至设计高程后(喷嘴部位),开始喷浆,喷浆时采用双高压喷射,为保证桩底端的质量,喷嘴下沉到设计深度时,在原位置旋转 60s 以上,待孔口冒浆正常后再开始旋喷提升。考虑水嘴和浆嘴高差 50cm,先开启高压水泵及空压机,提升一个行程后开启高压注浆泵进行旋喷作业,同样需在原位喷射高压不小于 60s。

⑨旋喷提升

开启高压喷射泵后,由下向上旋喷,同时将泥浆清理排出。喷射时,先应达到预定的喷射压力、喷浆后再逐渐提升旋喷管,以防扭断旋喷管。钻杆的旋转和提升应连续进行,不得中断,钻机发生故障,应停止提升钻杆和旋转,以防断桩,并立即检修排除故障,为提高桩底端质量,在桩底部 1.0m 范围内应适当增加钻杆喷浆旋喷时间。在旋喷提升过程中,可根据不同的土层,调整旋喷参数。

⑩钻机移位

为确保桩顶高程及质量,水嘴提升至桩顶高程以上 100mm 后停止喷射,继续提升钻杆喷射浆液,浆液喷嘴提升到设计桩顶高程以上 100mm 时停止旋喷,提升钻杆逐节拆除出孔口,清洗钻杆、注浆泵及输送管道,然后将钻机移位至下一孔。

7)冻结法加固

城市地下工程中冻结法在地层加固领域得到了广泛应用,其主要以人工制冷技术为核心搭建冻结管系统,通过低温冷媒在其中循环,将产生的冷量持续向现场地层传递,可使土体水分温度达到冰点的温度要求,最终结冰。然后利用冰的胶结作用,使土体形成一个不透水的整体结构,以大幅度增强土体的强度、稳定性和抗渗性,从而形成隔绝地下水的屏障,有效抵抗岩土压力,进而实现安全的开挖和支护作业。

以制冷方式为依据,冻结法可细分为循环制冷和直接制冷两种方式。其中,循环制冷的核心工作思路在于将氨或氟利昂作为制冷剂,盐水作为冷媒;该方式造价低,使用较为普遍。直接制冷所采用的制冷剂则是低温液氮等相关材料,在泵装置的作用下传输低温液体,使其经由冻结管后作用于地层,使地层转为冻结状态。

(1)冻结施工的工作原理及工法特点

冻结法是岩土工程开挖之前,用人工制冷的方法将开挖工程周围的岩土层冻结成封闭的冻结圈(壁),用以临时加固地层、抵抗地压以及隔绝地下水后进行正常施工的一种特殊施工方法。冻结法具备下列特点:

①冻结加固体强度高。地层的抗压强度在冻结后显著提升。

②良好的封水效果。不渗、不漏的无水作业条件在开挖工作面能够得以保障,其他施工方法的隔水性能与之无法相提并论。

③适应性强、灵活性好。冻结体的形状和扩展范围可以人为控制,进行冻结时地下障碍物必要时可以绕过。多种地层和各种地下工程都适合采用本工法,地基的地质条件几乎不会影响到本工法。

④良好的整体支护性能和安全性好。冻结体内部在冻结体形成后不会存在任何缝隙,冻结加固均匀,形成完整的支护体,在整体冻结体的遮护下安全施工得以保证。

⑤良好的环境保护。作为临时措施的冻结法,地层冻结仅仅是将地层中的水变成冰,且最终要把所固结的地层恢复到原始状态,因而能保护城市地质结构和地下水免受污染。

(2)冻结加固方案的要点

①根据现场实际情况,可以采取垂直、水平或斜向成孔的方式,各钻孔分别适配孔口管。鉴于钻孔施工中易涌出泥水的情况,在孔口处配置密封装置。同时,加强对孔内流出量的检测,并结合地表沉降检测数据,确定可行的注浆方案。

②冻结体厚度及强度是重点控制指标,其对加固质量具有较显著的影响。因此,应注重冻结和后期工作的关联性,密切关注冻结体的变形状况,以实际情况为准,适时调整开挖施工工艺。

③冻胀作用易影响既有地下结构,宜通过冷管和保温层的方式有效规避。冻结孔与既有结构应保持一定距离,在此基础上采取提高盐水温度等措施,以保证冻结质量和效率。

④布设测温孔和泄压孔,然后在其作用下及时监测冻土帷幕的发展状况,同时削弱土层冻胀对既有结构造成的破坏性影响,以便为施工动态化调整提供参考。

(3)冻结施工技术

①冻结孔准备:定位开孔及孔口装置安装→钻孔→封闭孔底部→测量→打压试验→冻结管设置→冻结站布置与设备安装→管路连接、保温与测试仪表。

②积极冻结。该阶段要求设备以最大制冷能力工作,使地层尽快达到冻结厚度和冻结强度。要求冻结孔单孔流量不小于$5m^3/h$;盐水温度在7d后降至$-18℃$以下,15d后降至$-24℃$以下;积极冻结阶段降至$-28℃$以下,去回路温差不超过$2℃$。冻结时间一般不少于30d,以盐水实测温度为准,若盐水温度和盐水流量达不到设计要求冻结时间应延长,不满足要求时需采取降温措施。

③维护冻结。维护冻结阶段在测温判断冻结体达到设计要求时开始计算,维护冻结期温度不超过 −28℃,温度达不到要求或去回路温差超过 2℃,都要采取相适应的积极冻结措施。

④解冻阶段。拓建工程一般对周围地表环境要求高,采用自然解冻方法,同时对土体温度和沉降变化进行监测,压密注浆可利用注浆管进行,采纳少量多次的注浆原则,反复进行注浆工作至达到控制要求为止,地面及其他监测目标变形稳定方可结束融沉注浆。有条件时可采用强制解冻的方法将冻结管拔除,在冻结孔洞内安装注浆管,再根据土体的融化情况进行及时跟踪注浆,依据监测反馈的数据进行注浆工作。

⑤冻结施工的主要监测内容包括:钻孔长度、冻结管长度、冻结管偏斜、冻结器密封性能以及供液管安装长度;冻结系统中冻结器去/回路盐水温度、冷却循环水进/出水温度、冷冻机吸/排气温度、清水泵/盐水泵工作压力以及冷冻机吸/排气压力;冻结体温度场、开挖后冻结体表面温度、开挖后冻结体暴露时间内冻结帷幕表面位移。

5.3　施工降水技术

暗挖法施工降水是指地下水压较高、注浆帷幕无法完全满足要求时,为保证洞室稳定及便于施工,在地面或洞室内实施的降水工作。由于暗挖隧道埋深、地面实施条件、降水效果等因素影响,暗挖法施工降水应用较少,通常采用超前帷幕注浆、全断面注浆的方式解决地下水影响问题。

明挖基坑降水是指在开挖基坑时,地下水位高于开挖底面,为保证基坑能在干燥条件下施工,防止边坡失稳、围护结构渗漏、基底流砂、坑底隆起、坑底管涌以及坑底地层抗力不足而做的降水工作。

5.3.1　降水方法分类

施工中常用明排降水与降水井降水两种方式。明沟加集水井降水是一种人工排降法,具有施工方便、设备简单、费用低廉的特点,主要用于低水位地区或土层渗透系数很小地区排除地下潜水、施工用水和天降雨水,在地下水位较高的地区常作为其他降水方法的辅助排降水措施。

降水井降水是在基坑内或基坑外按一定间距布置降水井,井底深度超过开挖底面,通过井内持续抽排水形成稳定的降水漏斗,达到地下水位降低的目的。根据地层渗透性、地下水性质、降水水位要求、降水时间、周边环境、基坑规模等,可以选用不同的降水方式,详见图 5-3-1。

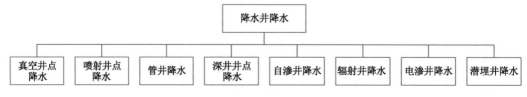

图 5-3-1　常用井点降水方式

（1）真空井点降水

真空井点降水也称为轻型井点降水，是利用井内真空抽吸力，将土层孔隙中的水抽取出来，从而使土层中的地下水位下降，该过程可使土层改变物理性质，使开挖土层密实、干爽。真空井成孔后，井内主要为小直径管，接入外面的总管后，与能产生强真空的主机设备连接成一个真空封闭系统。真空井点降水一般适用于粉细砂、粉土、粉质黏土等渗透系数 0.1～20m/d 的弱含水层中降水，降水深度单层小于 6m，双层小于 12m。真空井点密封后，井口不便频繁调整，主要布置于宽度不大的基坑周边。

（2）喷射井点降水

喷射井点由双层管组成，采用高压水泵（或空气压缩机）将高压工作水（或压缩空气）压入内外管之间的环状间隙，利用截面突然变小的喷嘴形成高速喷射流（一般流速达 30m/s 以上），在管底形成负压区，将地下水挤入内管并汇入回水总管，回水进入循环水箱后，部分作为循环用水，多余的水溢流排出，从而达到降水的目的。

喷射井点管构造较复杂，运行故障率较高，且能量损耗很大，所需费用较高；且井点系统分别有进水总管和排水总管与各井点管相连，地面管网敷设复杂，对地面交通影响大。喷射井点主要适用于渗透系数较小（0.1～20m/d）的粉土、粉细砂等含水层，降水深度 6～20m；对于渗透系数大的含水层，喷射井点降水不经济。

（3）管井井点降水

管井井点降水是在基坑内或基坑周边每隔 10～50m 设置一个管井，每个管井单独用一台水泵不断抽水来降低地下水位。可降低地下水位 5～10m，适用于渗透系数为 0.1～200m/d 且地下水含量大的砂类土层中。管井井点内一般采用离心泵或潜水泵，不能满足要求时，可采用特制的深井泵。

（4）自渗井降水

自渗井降水一般用于浅层降水，用以疏导上层滞水和潜水，必要时辅以少量抽水井抽水，形成抽水井、自渗井结合降水形式。该方法操作简便，耗能低，动用抽水设备少，成本低，但受条件限制，只能是有针对性应用，其适用条件是：

①降水范围由 2 个以上含水层和隔水层互层组成，下部含水层的透水性强于上部含水层，水位低于上部含水层，如低于基槽需要降低的地下水位，水量又不大的情况下，则可能形成完全自渗降水。

②下部含水层具有一定厚度，消纳能力大于上部含水层的排泄能力，否则需辅以部分抽水井。

③上部含水层水质无污染，上部含水层水质的主要指标与下部含水层水质基本相同。

④受成井方法和井结构的限制，以及可能渗入浑浊水的影响，砂砾自渗井的时效性较差，一般不超过 3 个月就会逐渐淤塞而实效。拓建工程施工周期较长，可采用下管的自渗井，淤塞后可洗井处理，以恢复其自渗能力。

（5）辐射井降水

辐射井降水是在降水场地或邻近降水区域施工集水竖井，然后根据降水部位及含水层分布情况在竖井中的不同深度和方向上钻设水平井孔并安装滤管，使地下水通过水平井点流入集水竖井中，再用水泵将水抽出，以达到降低地下水位的目的。集水竖井通常采用沉井、锚喷倒挂井壁、机械成孔等方法施工;水平辐射井采用水平钻机施工,双壁反循环法、套管跟进等工艺控制成孔质量。

该降水方法地层适应性比较广,一般适用于渗透性能较好的粉土、粉砂、细砂等细颗粒含水层以及中粗砂、砂砾石、卵石等粗颗粒含水层;大面积基坑施工面临弱透水的"疏不干含水层"时,辐射井降水方法非常有效,且单井控制降水面积大,对其他工序干扰小。

另外辐射井降水经常用于下穿铁路、道路、建筑物等地面降水实施条件受限的工程;在拓建工程中,可实施局部降低地下水,解决施工过程中的既有结构抗浮、地下水渗漏病害处理等问题。邻近既有地下空间施工时,可以在既有地下空间内施工水平、斜向辐射井,利用既有地下空间集水排水。

(6)电渗井点降水

利用井点管(轻型或喷射井点管)作阴极,沿基坑外围布置,以钢管或钢筋作阳极,垂直埋设于井点内侧,阴阳极用导线连通,并对阳极施加强直流电电流。应用电压比降使带负电的土粒向阳极移动,带正电荷的孔隙水则向阴极方向集中产生电渗现象。在电渗与真空的双重作用下,强制黏性土中的水在井点管附近积集,由井点管排出,使井点管连续抽水,地下水位逐渐降低。电渗井点适用于渗透系数小于 0.1m/d 的黏土、亚黏土、淤泥和淤泥质黏土等细颗粒土。电渗井点对电压、电流密度、耗电量等严格控制,工艺繁琐。

(7)潜埋井降水

潜埋井降水是在降水过程中,基坑或洞室底部残留一定高度的地下水,将降水井埋置在设计降水深度以下抽水,使地下水位满足施工安全要求。适用于渗透系数为 0.1~20m/d 的黏性土、粉土、砂土及砾砂地层。通常配合其他降水方式使用,降水深度不大于2m。

对应的降水设备包括离心泵、真空泵、潜水泵、喷射泵(器)、高压泵、气动泵(风泵)等,而地下水位的自动化监测通常采用压力式水位计等液位传感器。

5.3.2 基坑智能气动降水

对于拓建工程基坑而言,降水作业除满足基坑本体安全和正常施工外,必须保证邻近的既有地下结构隆沉、差异变形控制在允许范围内,因此对水位降深控制要求更高。大规模面状拓建基坑常采取分层降水、分层开挖的方式施工,降水周期长,每次降水水位控制在开挖线以下0.5~1.0m,同时要考虑降水引起的土体沉降和基坑开挖引起土体隆起的相对平衡,基坑内需要布置大量的降水井,且随着基坑开挖不断调整井内设备,以传统的潜水泵、水位探测器为代表的降水设备,必须逐井连接供电线路和控制线路,对基坑土方开挖和运输影响较大,且存在很大的安全隐患;智能气动降水方法,利用压缩气体驱动水泵工作,配合气动传感器监测水位,根据降水方案提前设置自动启、停水位,实现基坑降水水位的自动控制,有效地解决各管井进水量不一、回水时间差异较大等难题,完全避免了基坑内降水供电线路带来的不便和安全隐患。

1)智能气动降水工艺原理及特点

智能气动降水成套设备主要由供气系统(变频螺杆空气压缩机)、智能控制系统(智能管控终端)和气水置换系统(气水置换泵)三部分组成。该套设备是由空压机提供压缩空气,通过智能控制终端,将压缩空气传输到设置在管井内的气水置换泵,利用气动技术将水排出管井。配合传感器控制气水置换泵可以实现智能化降水,如图 5-3-2 所示。

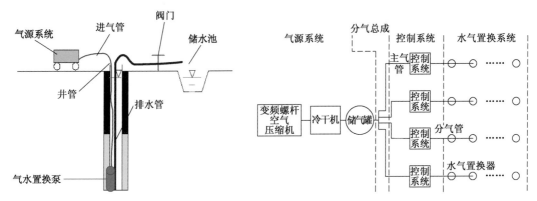

图 5-3-2 智能气动降水系统组成示意图

气水置换泵包括气动控制箱和置换器(双层),气动控制箱与置换器通过一根带传感器的气管线连接,将传感器卡在置换器的支架上,并将传感器端的气管插在置换器的进气口上,另一端与控制箱的出气快接插头相连,数据接头与对应的信号快接接头相连;双层置换器设置 2 根气管和 1 根数据线,如图 5-3-3 所示。

工艺原理:当置换器放入水中后,进水单向阀打开,水流入泵体,控制系统向置换器供气,进水单向阀受压关闭,出水单向阀打开,水受压流入出水管。泵体内的水排完以后,控制系统停止供气,出水单向阀关闭,泵体内的气体从出水管排出,进水单向阀打开,水流入泵体内,以此实现单层置换器进水、排水循环,见图 5-3-3a)。双层置换器由两个单层置换器组成,在单层置换器自身循环时,两个单层置换器之间也在循环,一个进水时,一个出水,可以提高降水效率,见图 5-3-3b)。

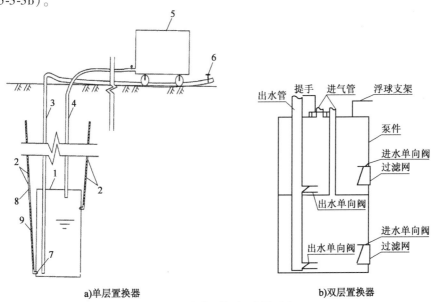

a)单层置换器   b)双层置换器

图 5-3-3 气水置换泵工作原理图

1-气水置换器;2-地下水收集器;3-出水管;4-输气管;5-空压机;6-出水控制阀;7-积水或气体逆流至土中的单向阀;8-流水管道;9-滤膜

2)气动水位控制

气动水位控制的核心构件是背压式气动传感器,通过该传感器可以实现对供配电箱的自动控制。如图 5-3-4 所示,背压式气动传感器由气桥放大器和背压传感头组成,背压传感头感应水位的高低变化引起相应气阻变化,导致磁性活塞上下移动(类似于惠斯通电桥上的电流计),可以启动磁簧开关,发出电信号,控制电箱供停电。具体原理为:背压传感头感知水位变化并影响可调气阻二的阻值变化,水位的升高或降低都能引起可调气阻二的阻值变大或变小,可调气阻一根据基坑现场的降水需求检测距离调定,在基坑水位低于设定水面时,可调气阻二的阻值小于可调气阻一,磁性活塞在上面气压作用下处于气缸的最下面,磁簧开关处于断开状态,此时配电箱不供电;当背压传感头感知水位上涨,影响可调气阻二的阻值增大,当可调气阻二的阻值超过可调气阻一时,磁性活塞由于下面的气压大于上面的气压移动到气缸的上面,磁簧开关受到磁性影响处于闭合状态,控制配电箱供电。

背压式气动传感器可以与真空泵、潜水泵等抽水系统配合,潜水泵或排水管端头直接安装于井底,通过传感器感应水位高低,自动控制配电箱开闭,实现水泵自动启停;背压式气动传感器也可以与气水置换泵配合,一次性将气水置换泵安装于井底,通过设置传感器承受的水压控制供气装置开闭。气动传感器根据水位变化可持续循环运行,达到智能排水的效果,如图 5-3-5所示。

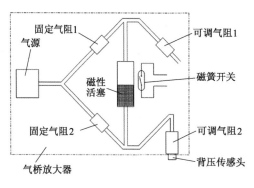

图 5-3-4　背压式气动传感器原理图

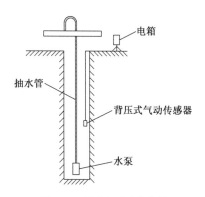

图 5-3-5　智能气动水位控制

自行设置自动抽水的水位高度及自动停止抽水的水位高度,方便工程各阶段的降水管理,解决了人工抽水控制启动和停止不及时的问题,提高了基坑施工的安全性,适用于土工建筑领域基坑降水施工。

3)智能气动降水

(1)工作流程

安装气动水泵→安装传感器、设置降水水位→连接降水控制系统→调节气压→设置抽水参数→标定流量→单机试运行→联机试运行→降水作业。

(2)工艺特点

①气水置换泵放入降水井内需要降水的水位线深度,气水置换泵没入水中即启动排水,露出水面则关闭,实现自动启停,进而实现对降水的自动控制,避免了人工监控水位易出现的开泵不及时或传统的潜水泵空转烧损的问题,节省电力资源;②利用背压式传感器监测井内水

位,达到设计水位时,供气装置开启,水位低于设定值时,停止供气,实现节能的目的;整个降水系统在基坑内无带电装置,更利于施工安全。

(3)基坑降水设置

根据基坑范围内地层分布及渗透性,判断降水漏斗坡度,结合要求的基坑底降水水位以及坑内结构布置情况,确定降水井布置间隔和降水井的深度。降水井平面一般按梅花形布置,避开立柱等障碍物;降水井深度一次性打到基坑底部以下一定深度,该深度大于挖土深度 + 基坑底部普遍水位线 + 漏斗水位差(经验值),其中基坑底部普遍水位线通常要求为 0.5 ~ 1m,漏斗水位差经验值根据降水点布置和工程所在区域水文条件综合计算,也可以通过降水试验确定。

每层土体开挖前先降水,降水水位保持在开挖底部以下 1m,此时降水井水位设定为开挖底面以下 1m + 漏斗水位差。设置方式有以下两种:①每次降水将气水置换泵放置降水井内该水位线,即可实现自动降水至需要的水位线。降水完成后即可开挖土体,每开挖完一层土体,拆除暴露的降水井井管,然后再次放置气水置换泵开始下一循环的降水,依次进行直到基坑开挖完毕。②气水置换泵放置于井底,根据每层开挖所需降水深度设置背压式传感器,自动控制水泵启停。

5.3.3 利用既有洞室降水

地下水对暗挖工程施工安全影响非常大,洞室开挖以后,如果有大量的水渗入,就会导致围岩失稳,地表下沉,严重危及地表交通、地下管线和邻近建筑物的稳定性,施工前通过降水或止水帷幕控制地下水是常用的解决方式。城市地区采用暗挖法施工的地段,往往因工程埋深、既有地下结构影响、地面场地条件、周边环境等因素限制,地面不具备实施降水井条件,或不具备地面降水实施条件。利用既有地下空间或通过降水导洞实施降水是必然选择,目前采用的技术与基坑降水类似,主要有轻型井点、喷射井点、电渗井点、管井井点、潜埋井、辐射井等。

1)导洞降水

为满足无水条件下暗挖施工要求,首先在地下水位以上或在注浆帷幕作用下暗挖施工降水用专用导洞,或在分部开挖的上层导洞内布置降水井,对下方地层实施降水。降水导洞断面尺寸需要满足钻井设备施工要求,目前降水井钻机按钻进方法可分为冲击式、回转式和复合式三种,按循环方式可分为泥浆正循环钻机、泥浆反循环钻机、常规空气钻机以及空气反循环钻机四种。施工设备要求降水导洞净高一般情况下不小于 4m,部分低净空钻机支架高度小于 2m,可在 3m 净高空间内施工。

专用降水导洞通常布置于暗挖施工洞室开挖轮廓以外,导洞内降水井不受工程开挖影响,降水作业完成后,回填处理或作为永久洞室保留,见图 5-3-6。利用分部开挖的洞室降水时,为了不影响后续开挖工序,降水井斜向布置,并按照降水需求多级布置,见图 5-3-7。降水井深度和间距根据降水漏斗水位差及水位降深要求确定。

2)既有地下空间内降水

利用既有地下空间布置降水井,可分为多种形式。

（1）在邻近拓建工程的既有洞室内实施降水井，比如邻近的管廊通道、老旧人防通道、邻近的既有地下室等，通常结合既有地下工程的升级改造或者利用同步实施的其他地下工程，见图 5-3-8。

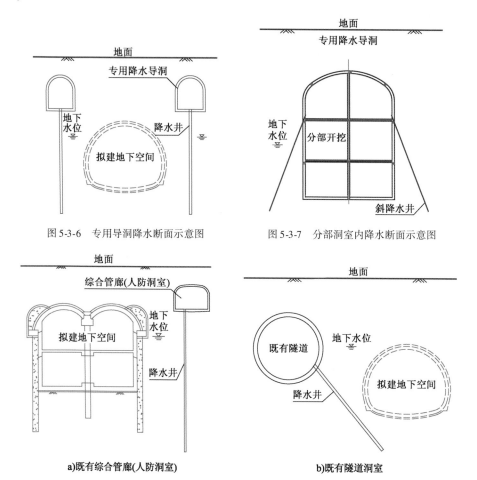

图 5-3-6　专用导洞降水断面示意图　　　　　图 5-3-7　分部洞室内降水断面示意图

a)既有综合管廊(人防洞室)　　　　　　　　b)既有隧道洞室

图 5-3-8　既有地下空间内布置降水井

（2）向下增层施工时，在既有地下空间底板布置降水井，如图 5-3-9 所示。

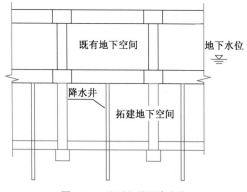

图 5-3-9　地下室增层降水井

（3）利用先期完成的明挖基坑提供工作空间,采用水平辐射管、倾斜井点降水方法对邻近暗挖工程进行降水,见图5-3-10。

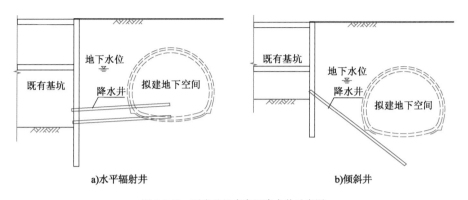

a)水平辐射井　　　　　　　　　　　　　b)倾斜井

图5-3-10　既有基坑内布置降水井示意图

 5.4　开挖与支护技术

5.4.1　明挖大基坑开挖与支护

1）拓建基坑围护体系技术特点

（1）灌注桩围护体系

钻孔灌注桩采取不同的钻孔方法,在地层中施作规定断面的井孔,达到设计深度后,将钢筋笼吊放入井孔内,再灌注混凝土,并按照规定的排布方式形成围护体系。钻孔灌注桩由于其适用范围广、施工速度快、质量稳定等优点,因而被广泛采用。

①灌注桩的特点及适用性

a.灌注桩的分类及其特点

根据所穿越地层的土层条件、地下水位不同,可采用不同成孔工艺的灌注桩类型,常见类型及其适用范围如下:

a)旋挖成孔灌注桩:主要利用螺旋钻头切削土体,被切土体随钻头的旋转而沿螺旋叶片上升并被带出孔外。适用于地下水位以上的一般黏性土、填土、粉土、细粒碎石土、软质岩石等岩土层,松散填土、淤泥质土易发生塌孔、埋钻等问题,可采用钢护筒护壁旋挖成孔的方法进行施工。

b)泥浆护壁成孔灌注桩:利用泥浆稳定液保持孔壁的稳定性,并通过循环泥浆将切削的岩土体混合成的泥石渣屑排出孔外,以达到成孔的目的。适用于一般黏性土、填土、淤泥和淤泥质土、密实砂土、软质岩石和风化岩石等岩土层,孔深可达80m。

c)冲击成孔灌注桩:利用冲锤在桩位上下往复冲击,将坚硬土或岩层破碎成孔,部分碎渣和泥浆挤入孔壁,使其大部分成为泥渣,掏渣成孔,然后浇筑混凝土成桩。适用于黏性土、砂土、碎石土、砾卵石和中间有硬夹层的地层等。

d）人工挖孔桩：采用人力挖土，现场浇筑混凝土的成桩方法。施工灵活、速度较快、不需要大型机械设备、成本较低。适用于地下水位以上的黏性土、砂性土、碎石土等多种岩土层，在施工期间应注意地下水突涌、有害气体等危险源的防护。

b.灌注桩的排布形式及适用条件

根据地下水情况、岩土体条件和基坑周边变形控制要求等，灌注桩围护体系的常见布桩方式有一字形间隔排列、相切式排列、交错式排列、咬合式排列和双排式排列等（图5-4-1）：

a）一字形间隔排列：适用于无地下水或地下水位较深、土质较好的情况，当地下水位较高时，通常在排桩外侧设置止水帷幕。

b）相切式排列：适用于土层条件较差，易发生桩间土体外涌的情况，但由于在施工中灌注桩的垂直度差和孔壁稳定性不足等原因影响灌注桩成桩质量，往往无法达到止水效果。

c）交错式排列：可以在场地空间允许时采用，能有一定程度地增大围护体系的整体抗弯刚度。

d）交错咬合式排列：当场地空间狭窄，且需要设置止水帷幕时，可采用钢筋混凝土桩与素混凝土桩交替咬合的排列形式，同时起到围护与止水的作用。

e）门架式排列：当对围护桩体系的变形控制要求较高，但无法实施内支撑体系时，通常采用双排桩围护体系，将前后排桩的桩顶通过联系梁连接，形成双排门架式围护体系。

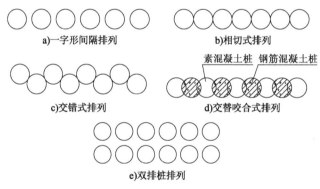

图5-4-1　灌注桩排布形式

②灌注桩围护体系在拓建工程中的应用

钻孔灌注桩围护体系在地下拓建工程中被广泛采用，如新旧地铁车站的换乘通道基坑开挖，即有地下空间的拓建基坑开挖等工程。新建基坑围护体系与既有建筑的围护结构衔接，实现拓建空间基坑开挖的目的，获得了很好的效果。

灌注桩与地下连续墙相比，其优点在于施工工艺简单，成本低，平面布置灵活，缺点是防渗和整体性较差，一般适用于中等深度（6~20m）的基坑围护。采用分离式、交错式排列式布桩以及双排桩且要求隔离地下水时，需要另行设置止水帷幕，其隔水帷幕形式可根据工程的地质条件、地下水条件、基坑周边环境要求等因素综合选用。

（2）型钢水泥土搅拌墙（SMW）围护体系

型钢水泥土搅拌墙是一种在连续咬合的水泥土搅拌桩中插入型钢而形成的复合挡土隔水结构。该围护体系的特点是受力结构和隔水帷幕相统一，采用连续咬合施工，实现了相邻桩体的无缝衔接，墙体防渗性能好。水泥土搅拌桩施工过程无须回收处理泥浆，且基坑施工完毕后型钢可拔除回收,实现型钢的重复利用,经济性较好。其工艺简单、成桩速度快,围护体施工工期短。由于型钢拔除后在搅拌桩中留下的孔隙需采取注浆等措施进行回填,特别是邻近变形敏感的建构筑物时,对回填质量要求较高。

该工法适用于黏性土、砂性土、淤泥和淤泥质土等大部分地层条件,特别适合于以黏土和粉细砂为主的松软地层,对于含砂卵石的地层要经过适当处理后方可采用。由于结合了受力结构和隔水帷幕,所以在场地狭小、距离受保护建筑物较近时可以采用。型钢水泥土搅拌桩的刚度相对较小,当周边环境的变形要求较严格时应谨慎选用。

（3）地下连续墙体系

地下连续墙通常采用原位连续成槽浇筑形成的钢筋混凝土围护墙,同时具有承载侧向土压力和隔水的作用。

①地下连续墙的特点

a.施工具有低噪声、低振动等优点,工程施工对环境的影响小。

b.刚度大、整体性好,基坑开挖过程中安全性高,支护结构变形较小。

c.墙身具有良好的抗渗能力,坑内降水时对坑外的影响较小。

d.可作为地下室结构的外墙,可配合逆作法施工,以缩短工程的工期、降低工程造价。

e.受到条件限制墙厚无法增加的情况下,可采用加肋的方式形成 T 型槽段或 Π 型槽段增加墙体的抗弯刚度。

f.存在弃土和废泥浆处理、粉砂地层易引起槽壁坍塌及渗漏等问题,需采取辅助措施来保证连续墙施工的质量。

g.由于地下连续墙水下浇筑、槽段之间存在接缝的施工工艺特点,墙身以及接缝位置存在防水的薄弱环节,易产生渗漏水现象。用于"两墙合一"需进行专项防水设计。

h.由于两墙合一地下连续墙作为永久使用阶段的地下室外墙,需结合主体结构设计,在地下连续墙内为主体结构留设预埋件。"两墙合一"地下连续墙设计必须在主体建筑结构施工图设计基本完成方可开展。

②地下连续墙适用条件

a.深度较大的基坑工程,一般开挖深度大于 10m 才有较好的经济性。

b.邻近存在保护要求较高的建(构)筑物,对基坑本身的变形和防水要求较高的工程。

c.场地空间有限,地下室外墙与红线距离极近,采用其他围护形式无法满足施工操作空间要求的工程。

d.围护结构亦作为主体结构的一部分,且对防水、抗渗有较严格要求的工程。

e.采用逆作法施工,地上和地下同步施工时,一般采用地下连续墙作为围护墙。

f.在超深基坑中,例如 30～50m 的深基坑工程,采用其他围护体无法满足要求时,常采用地下连续墙作为围护体。

2）悬臂体系、内支撑体系、桩锚支护体系的技术特点

（1）悬臂体系

悬臂式围护结构常采用钢筋混凝土桩排、钢板桩、钢筋混凝土板桩、地下连续墙等形式。悬臂式围护结构依靠足够的入土深度和结构自身的抗弯能力来保持整体稳定和结构的安全。

悬臂式结构对开挖深度很敏感,容易产生较大的弯矩和较大的变形,适用于基坑变形控制不严格的、开挖深度较浅的基坑工程。悬臂式围护结构也常采用双排桩形式,能够提供更大的抗弯刚度,抵抗水平位移的能力更强。

(2)内支撑体系

内支撑结构体系从结构上可分为平面支撑体系和竖向斜撑体系;从材料上可分为钢支撑、钢筋混凝土支撑和钢—混凝土组合支撑的形式。各种形式的支撑体系根据其材料特点具有不同的优缺点和应用范围。由于基坑规模、环境条件、主体结构以及施工方法等的不同,在确保基坑安全可靠的前提下做到经济合理、施工方便为原则,根据实际工程具体情况综合考虑确定。

①钢支撑体系

钢支撑体系是在基坑内将钢构件用焊接或螺栓拼接起来的结构体系。由于受现场施工条件的限制,钢支撑的节点构造应尽量简单,节点形式也应尽量统一,因此钢支撑体系通常均采用具有受力直接、节点简单的正交布置形式,从降低施工难度角度不宜采用节点复杂的角撑或者桁架式的支撑布置形式。钢支撑体系目前常用的材料有钢管和H型钢两种,钢管直径大多选用609mm、800mm,壁厚为12~16mm;型钢支撑大多选用H型钢,常用的有H700×300、H500×300等。

钢支撑架设和拆除速度快、架设完毕后不需等待强度即可直接开挖下层土方,而且支撑材料可重复循环使用的特点,对节省基坑工程造价和加快工期具有显著优势,适用于开挖深度一般、平面形状规则、狭长形的基坑工程中。但由于钢支撑节点构造和安装复杂以及目前常用的钢支撑材料截面承载力较为有限等原因,以下几种情况不适合采用钢支撑体系:

a. 基坑形状不规则,不利于钢支撑平面布置。

b. 基坑面积大,单个方向钢支撑长度过大,拼接节点多易积累形成较大的施工偏差,传力可靠性难以保证。

c. 基坑面积大且开挖深度大,钢支撑刚度相对较小,不利于控制基坑变形和保护周边的环境。

②钢筋混凝土支撑体系

钢筋混凝土支撑具有刚度大、整体性好的特点,而且可采取灵活的平面布置形式适应基坑工程的各项要求。支撑布置形式目前常用的有正交支撑、圆环支撑或对撑、角撑、集合式支撑结合边桁架布置形式。

a. 正交支撑形式

正交对撑布置形式的支撑系统支撑刚度大、传力直接以及受力明确,具有支撑刚度大、变形小的特点,在所有平面布置形式的支撑体系中最具控制变形的能力,十分适合在敏感环境下面积较小或适中的基坑工程中应用,如邻近保护建(构)筑物、地铁车站或隧道的深基坑工程;或者当基坑工程平面形状较为不规则,采用其他平面布置形式的支撑体系有难度时,也适合采用正交支撑形式。

该布置形式的支撑系统的主要缺点是支撑杆件密集、工程量大,而且出土空间比较小,不利于加快出土速度。

b. 对撑、角撑、集合式结合边桁架支撑形式

对撑、角撑、集合式结合边桁架支撑体系近年来在深基坑工程中得到了广泛的使用,具有

十分成熟的设计和施工经验。对撑、角撑结合边桁架支撑体系具有受力十分明确的特点,且各块支撑受力相对独立,因此该支撑布置形式无须等到支撑系统全部形成才能开挖下方土方,可实现支撑的分块施工和土方的分块开挖的流水线施工,一定程度上可缩短支撑施工的绝对工期。而且采用对撑、角撑结合边桁架支撑布置形式,其无支撑面积大,出土空间大,而且通过在对撑及角撑局部区域设置施工栈桥,将可大大加快土方的出土速度。

　　c. 圆环支撑形式

　　从力学上分析,圆环形结构能够将外围压力转化为圆环轴力,由于基坑围护结构须支承四周的土体压力作用,因此将深大基坑的混凝土支撑设计为圆环形结构,可以充分发挥混凝土的抗压能力,在受力性能上更加合理。在这个基本原理指导下,土体侧压力通过围护结构传递给围檩与边桁架腹杆,再集中传至圆环。圆环的直径大小、垂直方向的间距可由基坑平面尺寸、地下空间层高、挖土工况与土压力值来确定。圆环支撑形式适用于深大基坑工程以及多种平面形式的基坑,特别适用于方形、多边形。

　　圆环支撑体系具有以下几个方面典型的优点:

　　a)受力性能合理。在深基坑施工时,采用圆环内支撑形式,从根本上改变了常规的支撑结构方式,这种以水平受压为主的圆环内支撑结构体系,能够充分发挥混凝土材料的受压特性,具有足够的刚度和变形小的特点。

　　b)加快土方挖运的速度。采用圆环内支撑结构,在基坑平面形成的无支撑面积可达到70%左右,为挖运土的机械化施工提供了良好的多点作业条件,其中环内无支撑区域按周围环境条件与基坑面积的尺寸大小,挖土工艺以留岛式施工为主,在较小面积基坑的最后一层可用盆式挖土。挖土速度可成倍提高,极大地缩短了深基坑的挖土工期,同时有利于基坑变形的时效控制。

　　c)经济效益十分显著。深基坑施工中采用圆环内支撑结构,用料节省显著,与各类支撑结构相比节省大量钢材和水泥,其单位土方的开挖费用较其他支撑相比有较大幅度的下降,施工费用节约可观,社会效益十分显著。

　　d)可适用于狭小场地施工。在施工场地狭小或四周无施工场地的工程中,使用圆环内支撑也是较合适的。因支撑刚度大,可通过配筋、调整立柱间距等措施,提高其横向承载能力。亦可在上面搭设堆料平台,安装施工机械,便于施工的正常进行。

　　以上为圆环体系的一些较为突出的优点,当然也存在不利的因素,如根据该支撑形式的受力特点,要求土方开挖流程应确保圆环支撑受力的均匀性,圆环四周坑边土方应均匀、对称开挖,同时要求土方开挖必须在上道支撑完全形成后进行,因此对施工单位的管理与技术能力要求相对更高,同时不能实现支撑与挖土流水化作业。

　　③桩锚支护体系

　　桩锚支护体系被广泛应用于深大基坑工程中,其最大优点是在基坑内部施工时,开挖土方与支护体系互不干扰,尤其是不规则的复杂基坑施工,以锚杆或锚索代替内支撑,便于施工。该方法将锚杆或锚索的一端锚固在开挖基坑的稳定地层中,另一端与围护结构(钢板桩、挖孔桩、灌注桩或地下连续墙等)相连接,用以承受由于土压力、水压力等施加于构筑物的推力,从而利用地层的锚固力以维持基坑围护结构和土层的稳定。

　　桩锚支护结构广泛应用于各类基坑工程,相比于其他支护方式,具有如下优点:

　　a. 支护深度大,在一定条件下,能够支护深度达到20m甚至更深的基坑。

b.锚索的布置受土层分布的影响小,并且对基坑内部空间占用少,不会影响土方开挖等其他的工作,根据工程需要,可调整锚索的预应力和作用点,布置相对灵活。

c.相比于悬臂桩支护结构,该支护方式能够减少支护桩的嵌固深度和配筋,降低造价;相比于内支撑方式,用料更少,对环境污染更低。

d.现有的施工经验丰富,机械化程度高、施工进度快、总工程量小,能增强施工过程中的安全保障,减少发生意外事故的概率。

e.土体性质会影响锚索的锚固效果,在砂土或黏土中能很好地发挥锚固效应,在土体性质较差的土层中,如软黏土地层则不能发挥较大的锚固力。

3)新旧围护结构接口处理

(1)新旧地下连续墙冷缝处理

拓建工程新建地下连续墙与既有围护结构地下连续墙连接时,极易形成冷缝,导致开挖过程中出现渗漏现象,甚至出现涌水涌砂,严重威胁既有结构安全和正常使用,甚至造成结构破坏。为解决接缝止水问题,需要根据接口形式选择地下连续墙的连接形式及止水处理形式。

①既有地下连续墙钻切预处理方案

针对新旧地下连续墙相接点位于既有结构阳角的情况,为做好新旧地下连续墙接口,采用全回转钻机对既有地下连续墙接口部分进行局部切除,如图5-4-2a)所示。施工中采用全站仪放线进行钻机精确定位,并保证钻机垂直度符合偏差限值,成孔完成后采用冲锤破碎切割下来的混凝土块,使用冲抓斗出渣。孔内地下连续墙清除完毕后,采用水泥土进行回填。分层回填、分层夯实,夯实采用冲锤设备,直至回填到地面高程。新旧地下连续墙接头采用榫卯连接,利用钻切既有地下连续墙产生的弧面、新建地下连续墙灌注钢筋混凝土直接形成凸面,形成凹凸结构柔性接头,如图5-4-2b)所示。

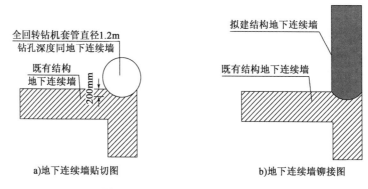

图5-4-2 地下连续墙接头钻切预处理

②新旧地下连续墙咬合桩处理方案

针对新旧地下连续墙相接点位于既有结构阳角的情况,也可以采用后作咬合桩的方式,如图5-4-3所示。该方案利用咬合桩对新旧地下连续墙接口进行衔接,以达到围护和止水的效果。应注意,在新建地下连续墙的接口处应留出素墙段,以便咬合桩成孔施工,具体施工流程为:新建地下连续墙成槽→吊放配筋段的地下连续墙钢筋笼,留出素墙段→浇筑地下连续墙→咬合桩成孔→吊放咬合桩钢筋笼→浇筑咬合桩。

③新旧地下连续墙平接处理方案

针对新旧地下连续墙接口位于既有地下连续墙中部的情况,采用 L 形地下连续墙与既有地下连续墙平接,施工中采用全站仪放线进行钻机精确定位并保证成槽垂直度,与既有地下连续墙密贴,如图 5-4-4 所示。地下连续墙浇筑完成后,在平接接口处外侧采用旋喷桩止水处理,旋喷桩加固范围应深入不透水层,并确保搅拌桩与地下连续墙密贴无缝隙。

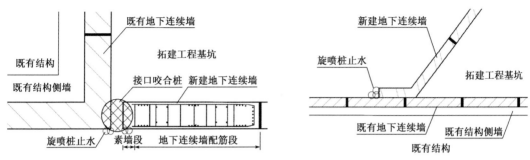

图 5-4-3　地下连续墙咬合桩接口处理图　　　　图 5-4-4　地下连续墙平接处理图

④既有地下连续墙刷槽处理技术

新建地下连续墙成槽施工完成后,利用履带吊配合专用的刷壁器对既有地下连续墙接口槽壁进行洗刷,深度至槽段底部,上下反复清刷,确保接头面干净及施工质量。每次提升刷壁器必须将刷壁器清理干净,直到刷壁器干净、无泥渣。图 5-4-5 所示刷壁器适用于 800mm 厚的地下连续墙。

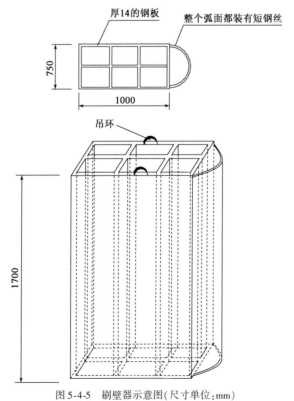

图 5-4-5　刷壁器示意图(尺寸单位:mm)

⑤钻切效果超声波检测

成槽完成后进行超声透射法成槽检测,对新旧地下连续墙垂直度、平整度进行分析评判,评价施工质量。

(2)接缝止水技术

富水地层基坑围护结构采用灌注桩施工时,需要采取桩间止水措施,从而形成止水帷幕;如采用地下连续墙围护措施时,新旧地下连续墙的接缝处不可避免地存在冷缝,为防止桩间或地下连续墙接缝渗漏水,宜采用高压旋喷桩、袖阀管深孔注浆或 MJS 注浆方案,确保加固体与地下连续墙密贴无缝隙。

①高压旋喷桩方案

连续墙接缝部位采用高压旋喷桩处止水时,通常采用 2 或 3 根桩咬合方式布置,保证接缝处 180°范围内注浆加固体均有足够厚度,高压旋喷桩接缝止水加固方案如图 5-4-6 所示。强透水性地层或水压较高地层,可以结合止水帷幕方案解决接缝止水问题。

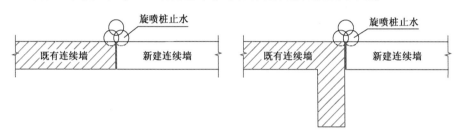

图 5-4-6　地下连续墙接缝旋喷加固平面示意图

②袖阀管深孔注浆方案

采用袖阀管加固地下连续墙接缝主要用于地下连续墙接缝缺陷处理。对接头管或型钢接头连接处进行刷槽时,未能将一期槽段接头表面泥皮清除干净,则接缝部位防渗效果无法满足要求。此时在地下连续墙接缝部位通过工程钻机引孔,采用袖阀管深孔注浆,可以对设定深度范围进行间歇性重复注浆,见图 5-4-7。

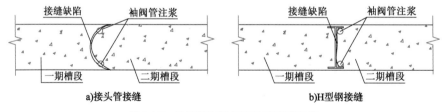

图 5-4-7　袖阀管处理地下连续墙接缝缺陷

③MJS 工法桩加固方案

采用 MJS 注浆加固方案时,一般采用120°～180°"摆喷"的扇形或半圆形桩(图 5-4-8),在处理地下连续墙接缝缺陷时更有优势。

图 5-4-8　MJS 桩加固地下连续墙接缝

4）基于既有主体结构承载的拓建基坑支撑体系

（1）既有结构顶板＋支墩梁支撑体系

与拓建工程基坑相接的既有地下结构,无围护或围护结构需拆除的情况,拓建工程基坑的支撑体系需要直接作用于既有结构上。为减少基坑支撑对既有结构安全的影响,需合理布设支撑位置,可以采用基于既有主体结构承载的拓展基坑支撑技术。该技术将基坑首道支撑支顶于支墩梁上（图5-4-9）,土方分层开挖过程中,可将需要拆除的既有围护结构分段切割并吊出基坑。实践证明,该支撑技术为施工提供了很大便利,同时解决了回筑阶段既有围护结构的破除问题,可安全、方便、快速地完成既有围护结构的破除和主体结构对接,大大提高了施工效率。

（2）结构底板＋钢斜抛撑

当基坑下部没有条件设置对撑或斜撑时,可以采用钢斜抛撑支顶于结构底板上（图5-4-10）。基坑采用盆式开挖,首先临时放坡分层开挖邻近既有结构的基坑至基底,并浇筑底板混凝土与既有结构接驳;底板上同时浇筑钢筋混凝土支墩,将钢斜抛撑支顶于先浇底板上,开挖基坑剩余土方,随后完成全部底板混凝土浇筑并回筑侧墙、中柱及顶板。

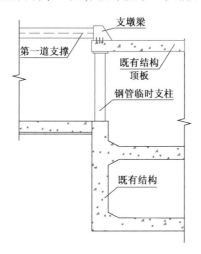

图5-4-9　支墩梁支撑体系

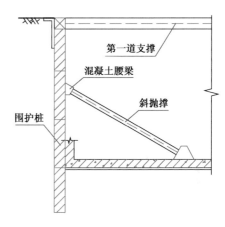

图5-4-10　基坑斜抛撑设置示意图

（3）既有结构顶板＋半既有桩支撑体系

对于需要拆除上部既有围护结构的情况,第一道支撑直接支顶于既有结构上,利用既有结构提供支撑反力;新旧结构接口范围的围护结构随挖土过程分段切割拆除,保留第二道支撑高程以下部分;满足基坑结构承载及变形的前提下,尽量优化降低第二道混凝土支撑高程,控制隔离桩下方悬臂部分长度,充分利用悬臂桩提供支撑反力,悬臂桩承载能力不满足要求时,在桩后加设斜撑,如图5-4-11所示。

利用既有结构顶板设置支撑,新旧结构接口范围的围护结构大部分可在基坑开挖过程中切割破除,可以明显提高施工效率,降低施工风险。

（4）基于既有结构顶板、中板支撑体系

对于既有结构无围护结构,以及拓建基坑支护无法利用既有围护结构的情况,新建基坑支撑体系应作用于既有主体结构上。为尽量减小对既有结构侧墙的影响,应将支撑作用于既有结构的顶板与中板处,并控制支撑间距,以减小支撑轴力。

5)大型拓建基坑开挖多层大直径圆环异形支撑技术

对于大型拓建基坑,多层大直径圆环异形支撑是一种常用的支护体系。支护体系设计与拓建工程施工方案衔接,需考虑每层土体开挖净空需求,大直径圆环异形支撑结构随着土体开挖自上而下分层施工,随着拓建工程施工自下而上拆除,最后拆除格构柱,见图5-4-12。多层大直径圆环异形支撑支护体系能够减小作用于既有地下结构上的荷载,可以提供较大的作业空间,方便施工,可提高施工效率,有利于质量控制和安全管理。

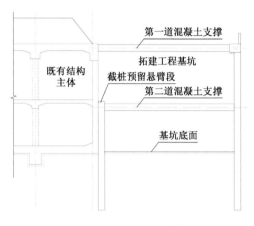

图5-4-11　利用既有结构支撑

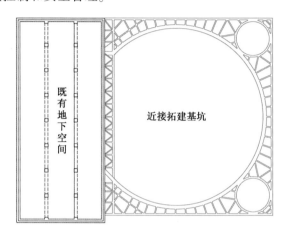

图5-4-12　大直径圆环异形支撑

平面支撑体系应设置竖向支撑,支撑柱均设在平面支撑体系的主要受力节点上,节点布置统筹考虑水平支撑体系的受力分布和空间作业等因素。支撑柱上部(基坑开挖部分)为格构柱,下部(基坑底板以下)为混凝土灌注桩,为格构柱基础。格构柱采用拼焊型钢,与下部钢筋笼焊牢一次吊装,竖向贯通各道水平支撑,格构柱吊装需准确定位和控制角度,确保环梁支撑柱的钢格构缀板与环梁切线平行、竖向垂直。

多层大直径圆环异形支撑系统施工:先施工地下连续墙(或钻孔桩)围护结构,在围护结构内分层开挖土体,分层施作大直径圆环异形水平支撑,并与竖向格构柱立体衔接,形成多层大直径圆环异形支撑系统。这种支撑体系的整体性好,能够保证基坑稳定,进而保证地下结构的安全性。多层大直径圆环异形支撑系统将坑外土体水平推力转化为环形支撑的轴向压力,充分发挥钢筋混凝土材料性能,节省了材料用量,减少了拆除作业量,缩短了施工工期,节省了工程造价。

6)深大基坑集中组合桁架式支撑技术

水平支撑结构可以承受围护结构传递来的侧压力,其构造简单,受力明确,使用范围广。对于深大基坑,当支撑长度较大时,支撑自身的弹性压缩、挠曲变形以及温度应力等因素对基坑位移的限制作用将大幅减弱。另外,如果采用纵横交错的网格体系支撑作为水平封闭框架,则施工操作空间将受到限制,不利于基坑出土和地下空间的结构施工。为方便施工,可选择集中桁架式混凝土支撑作为基坑水平支撑体系,可以为施工提供大面积无支撑的出土工作面,相比于网格体系,支撑具备更好的平面稳定性和支撑刚度。沿基坑四周布置的边桁架,相比常规混凝土围檩刚度更大,可以有效地传递水平力,限制基坑收敛变形,详见图5-4-13。

图5-4-13　基坑桁架支撑现场图

桁架式支撑体系可以提供较大的作业空间,方便施工,应用广,技术成熟,适用于周边环境复杂、变形控制要求高的工程。

7)平台+中心土退岛开挖技术

该开挖方法首先开挖边缘部分土方,基坑中央的土方具有反压作用暂时留置,有效防止基坑坑底土体隆起,有利于支护结构的稳定性。必要时还可以在留土区与挡土墙之间架设支撑,在边缘土方开挖到基底以后,先浇筑该区域底板混凝土,以形成底部支撑,然后开挖中央部分土方。岛式开挖法示意图如图5-4-14所示。

图5-4-14　岛式开挖法示意图

(1)基坑开挖

开挖原则:先撑后挖、分区、分层、分步、对称开挖、预留核心岛。开挖方法:掏角、清边、岛式退挖,开挖时每段尽量保持"同深、同长"。土方开挖过程中,充分利用时空效应,不间断地进行土方作业,以最快速度挖完一层土体,及时施作一道平面支撑结构,与预埋的格构柱连接形成空间支护体系。

(2)基坑开挖工艺流程

基坑开挖工艺流程图如图5-4-15所示。

①针对大面积基坑开挖从圆盘环内岛式出土,为实现场运输距离最短,出土效率最高的目的,土体开挖过程中需要设置临时出土通道,如图5-4-16所示。

②开挖第一层土,即开挖第一道混凝土支撑结构底部以上土体。圆环支撑内预留岛土体刷坡,坡脚距内环支撑结构边缘5m暂不开挖,如图5-4-17所示。在设计的临时通道位置处预留6~9m宽的土体作为通道,保证岛内向外出土;其次将通道土体开挖至第一道混凝土支撑结构底部,施作该区域第一道支撑,待结构达到设计强度后,用土回填恢复通道,为保证车辆通

行安全,在回填土道面上铺设钢板;最后开挖各个通道土方,清理至第一道支撑结构底部,补做该部分支撑结构,使支撑闭合形成整体。第一层土方开挖平面图如图 5-4-18 所示。

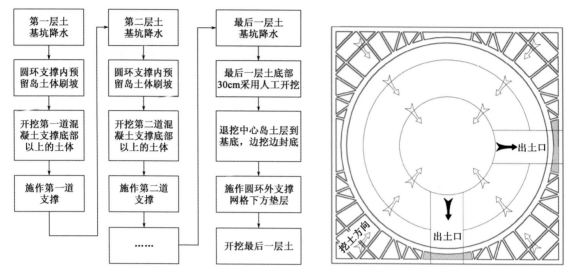

图 5-4-15　基坑开挖工艺流程图

图 5-4-16　环岛土方预留平面及出土路线布置图

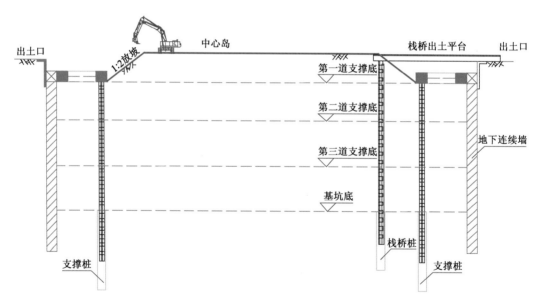

图 5-4-17　第一层土方开挖剖面图

③开挖第二层土,即从第一道支撑结构底部挖至第二道结构支撑底部。利用第一层预留土体,挖掘机向下盘旋、向圆环外网格支撑下方掏挖,分区拉槽进入对称开挖,预留土体通道,如图 5-4-19、图 5-4-20 所示。施作该区域第二道支撑,待结构达到设计强度后,用土回填恢复出土通道,并铺设钢板;最后开挖其余通道土方,清理至第二道支撑结构底部,补做该部分支撑结构,使第二道支撑闭合形成整体。同时对环岛土体刷坡扩挖,保证第二道圆环内预留土体坡脚距第二道内环支撑结构边缘5m。

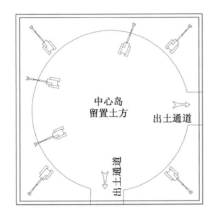
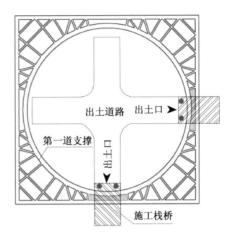

图 5-4-18　第一层土方开挖平面图

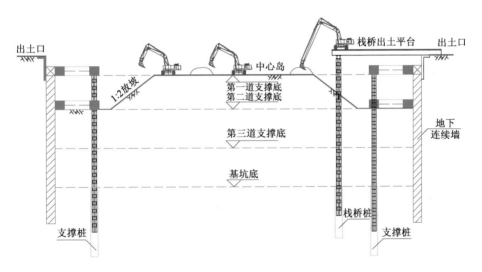

图 5-4-19　第二层土方开挖剖面图

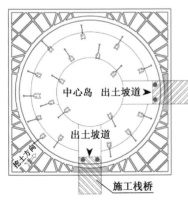

图 5-4-20　第二层土方开挖平面图

④按上述步骤开挖至基底,如图 5-4-21、图 5-4-22 所示。施作基础垫层,同步在搭设的挖土平台上用长臂挖掘机开挖剩余环岛土体,至基底上部 30cm 用人工挖土,开挖完一部分施作一部分基础垫层,逐步封底,不得等全部土方开挖完一次性施作基础垫层。

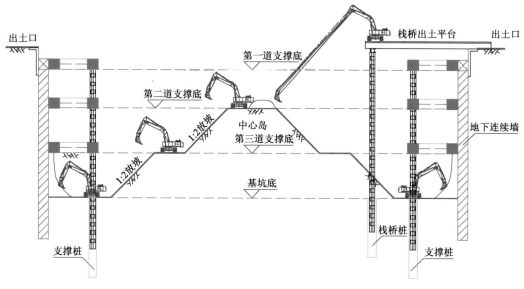

a)第三层土方开挖

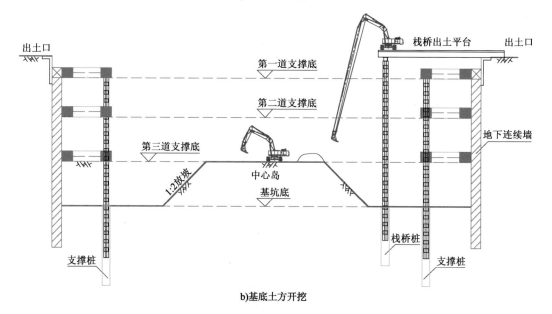

b)基底土方开挖

图 5-4-21 第三层及基底土方开挖剖面图

8)深大基坑开挖底板安全控制技术

(1)坑底地下水渗透破坏控制技术

富水地区的深基坑工程中,地下水突涌和流土破坏是导致基坑安全事故的重要原因之一。

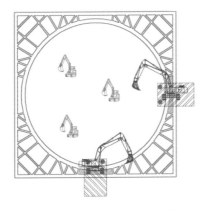

图 5-4-22　基底土方开挖平面图

①基坑防止突涌破坏控制技术

当基底承压水压力过大时,坑底被动区土体抗力不足,坑底土体出现涌水涌砂现象,甚至造成围护结构失稳,突涌事故一旦发生,如未及时采取有效的应对措施,易造成基坑工程的破坏性事故。

a. 基坑底部存在厚度较小的承压含水层

当基坑底部存在厚度较小的承压含水层时,为避免突涌破坏事故的发生,可采用地下连续墙或围护桩 + 止水帷幕作为基坑围护结构,嵌固深度进入不透水层一定深度,达到围蔽止水的目的,并在开挖过程中对基坑内地层进行疏干降水,以避免承压含水层对基坑稳定性影响。

b. 深大基坑底部存在深厚承压含水层

对于深大基坑底部存在深厚承压含水层,且围护结构的止水帷幕作用无法隔断基坑内外侧的水力联系时,基坑存在突涌破坏的风险。此时深大基坑由于基坑中部的隔水层土体所受的约束作用相对较小,抗突涌稳定性越差。需要优化隔水围护结构,保证止水帷幕的隔水效果,尤其要避免地下连续墙接头处渗漏水以及止水帷幕搭接不良时造成的渗漏水。基底防止突涌破坏的具体处理措施如下:

a) 采用高压旋喷桩注浆法,在基坑开挖前于基坑底面以下做成与地下连续墙连成整体的抗承压水底板,提高被动区土体的强度,以降低基底突涌破坏风险。

b) 采用提前搅拌加固或注浆加固,在开挖前于基坑周围地下连续墙墙底平面以上做成封住基底的不透水加固土层,此加固层底面以上土重与其下面承压水压力相平衡,保证基底稳定性。

c) 在基坑外侧或内侧设置降水井以降低承压水水头,同时在附近建筑物旁边地层中用回灌法以控制地层沉降,保证建筑物稳定性,当基坑周边对沉降控制不严格时可不用回灌措施。

②基坑防止流土破坏控制技术

基坑围护结构底部位于深厚的碎石土、砂土或粉土含水层时,悬挂式围护结构无法隔断地下水渗流路径,易发生地下水渗流的流土破坏。针对该情况,应采用可靠的加深止水帷幕围蔽,当加深截水帷幕后仍无法满足流土稳定性规定时,采取坑内外降水措施,以降低坑内外水头差。

③基坑降水技术

为避免基坑带水作业,确保基坑稳定和挖土安全,采取分层降水分层开挖,每次降水水位控制在开挖线以下1m,同时要考虑降水引起的土体沉降和基坑开挖引起土体隆起的相对平衡。对于拓建基坑、支撑体系复杂的大型基坑,针对分层降水控制需求,保证施工安全,减少降水劳动力投入,节约能源,可以采用能够集中调整降水水位的智能气动降水方法,详见第5.3.2节。

(2)基坑基底隆起控制技术

基坑隆起是指在基坑开挖面的卸荷过程中,由于坑内卸荷及土体的应力释放,引起坑底土体向上回弹,随着基坑开挖深度的增加,基坑内外压力差也增大,引起支护结构的变形与基坑外土体的位移。基坑坑底隆起变形随基坑开挖深度加大,变形也由弹性变形发展到塑性变形。当变形继续发展,基坑塑性区不断扩大,直至连通,会致使基坑失稳,基坑侧壁土体产生破坏性滑移,坑外地面产生严重沉降。

为了增强基坑支护体系的稳定性,控制围护结构的变形,给现场施工和土方开挖创造条件,可以考虑进行基坑土体加固,以改善土体的物理力学性能,提高被动区土体抗力,减小基坑支护结构的变形或提高基坑的稳定性。基坑土体加固通常采用搅拌桩、高压旋喷桩、注浆、降水等方法。根据场地地质条件、周边环境的变形控制要求以及土方开挖的方式等情况,选择基坑土体加固方法。

①基坑内堆载反压

对于基坑隆起的临时加固,可以在基坑内周边沿围护结构以堆放沙袋的方式进行反压,砂袋采用人工堆码,吊车配合吊装,砂袋堆码时相互之间咬合。

②基坑底地层加固

对基坑底部软土采用搅拌桩、旋喷桩等方法加固,加强坑底土的强度,其布置形式包括满堂式、格栅式、墙肋式等,如图5-4-23所示。

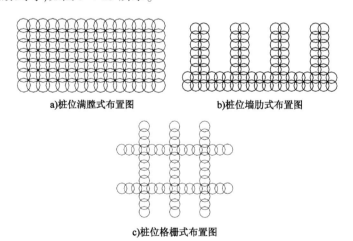

a)桩位满膛式布置图   b)桩位墙肋式布置图

c)桩位格栅式布置图

图5-4-23　基坑土体旋喷桩位排列布置形式

桩位满堂式布置的地基加固成本较大,一般仅应用于基坑外侧环境保护要求较高的基坑或面积较小的基坑。

③地梁＋抗拔桩加固

可设置间隔排列的钢筋混凝土地梁与抗拔桩锚固,形成基底抗隆起反压效果。

5.4.2 暗挖与支护技术

1)超前支护

城市暗挖法施工常用的超前支护方式主要有小导管、管棚、水平旋喷桩、超前深孔帷幕注浆等。根据地质条件、周边环境等情况,经常会以双排小导管、管棚＋小导管、双排旋喷桩、管棚＋旋喷桩等组合方式应用。除此之外,超前管幕、水平 MJS 桩等超前支护方式的应用也越来越多,钢插板等一些特殊支护方式也时有应用。

管幕结构在城市暗挖工程,尤其是下穿工程中是最有效的超前支护和加固方法之一。利用顶管技术在拟建的地下工程四周顶进钢管,钢管之间通过连接构造或注浆辅助方式形成相对封闭的帷幕结构,发挥止水、挡土、支护作用。

(1)传统管幕结构

传统的管幕形式是在纵向布置钢管,横向以锁扣连接,并在钢管内部浇筑混凝土,或插入钢筋笼浇筑混凝土,依靠管幕结构的纵向强度、钢拱架初期支护以及掌子面前方土体嵌固作用,形成刚度较大的管棚支护体系,详见图5-4-24。

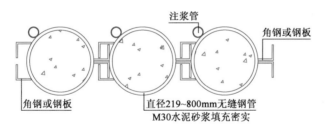

图 5-4-24 锁扣式管幕

(2)新型管幕结构

新型管幕体系是在传统管幕基础上进行改良,从而提升管幕结构的力学性能以及施工应用,目前新型管幕结构主要有 NTR 管幕结构、STS 管幕结构、NSTS 管幕结构、FCSR 管幕结构、PCR 管幕结构等。

①NTR 管幕结构

NTR 管幕结构(New Tubular Roof)是指在地下结构建造过程中,密排顶进多个大直径钢管,采取管间切割焊接支护或钢管间以环梁方式连接,在钢管内浇筑混凝土形成刚度较大的永久结构后进行土方开挖,详见图5-4-25。大直径钢管通常采用传统顶管机或新型盾构顶管机施工,顶进长度、顶进精度都能满足要求,施工灵活方便,甚至可用于大半径曲线施工,对于应对地下复杂环境施工以及超浅埋大跨度结构施工具有良好的应用效果,在韩国首尔地铁 9 号线车站、沈阳地铁 2 号线车站、太原市迎泽大街下穿火车站通道等工程中已成功应用。

②STS 管幕结构

STS 管幕结构(Steel Tube Slab)是将多个钢管横向采用翼缘板＋螺栓进行连接,以便抵抗纵横两个方向荷载作用,见图5-4-26。此工法可用于建造超浅埋直墙平顶结构,并可达到空间体系的良好运用,在工程施工过程中不会对结构周边的建筑及管线产生不利影响,并且通过调整其钢管壁厚、翼缘板厚度等参数可有效提升其承载能力。

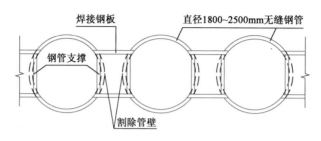

图5-4-25　NTR管幕结构

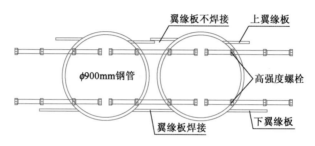

图5-4-26　STS管幕结构

③FCSR管幕结构

FCSR管幕结构(Flange-Channel Steel Roof)是与STS管幕结构类似的一种翼缘板—槽钢连接管幕结构,见图5-4-27。通过翼缘板和槽钢将大直径钢管沿横向连接,形成协调受力的完整结构,且具有较高的承载力和横向刚度。

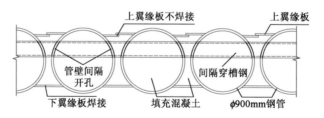

图5-4-27　FCSR管幕结构

④NSTS管幕结构

NSTS管幕结构(New Steel Tube Slab)是采用横向小钢管将纵向大钢管连接,并在内部进行混凝土浇筑,形成纵向布置大钢管混凝土以及横向增加小钢管组成的完整结构(图5-4-28),可有效避免大钢管间清理难的问题。其具有承载力高、刚度大、造价低,以及施工速度快、施工过程简单、对周围环境影响小等优点,因而这种结构非常适用于软土地层浅埋式大断面长距离暗挖地下工程,又因为其地面沉降较小、对周围环境及交通影响小等优点,特别适用于工况较为复杂的繁华地区。

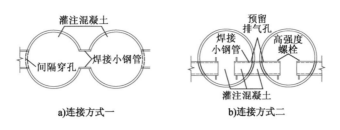

图 5-4-28　NSTS 管幕结构

⑤PCR 预应力混凝土管幕结构

PCR 预应力混凝土管幕结构(Prestressed Concrete Roof)是通过密排顶进矩形预制混凝土管,并使用预应力技术提升管幕结构的横向整体稳定性能以及纵向抗弯变形能力,从而使其具有更高的安全性能以及经济效益。PCR 管幕结构形式分为两种,一种为隧道形,另一种为下路桁形。前者是在四角处对钢筋进行预应力施加,顶板、底板、侧板采用预应力进行紧固(图 5-4-29),适用于宽度较窄且长度较长地下结构,如机场、车站等地下通道等;后者是将构件布置成门式结构,并用两端桥台进行支撑,适用于纵向和横向长度较小地下结构,如较短距离的多车道项目等。PCR 管幕结构中,预应力混凝土单元可采用钢单元代替,形成束合式管幕结构,已在上海地铁成功应用。

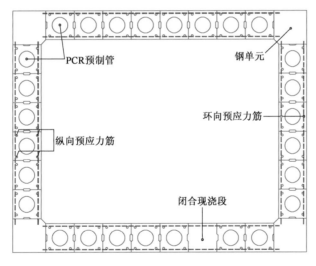

图 5-4-29　PCR 矩形管幕结构

(3)MJS 桩帷幕超前支护

MJS 工法可以进行水平、倾斜、垂直等各方向任意角度施工,利用其特有的排浆方式,很容易实现在富水土层、需进行孔口密封的情况下水平施工。MJS 工法喷射流能量大,作用时间长,再加上稳定的同轴高压空气的保护和对地内压力的调整,使得 MJS 工法成桩直径较大(砂土、黏土中达到 2~3m),桩身质量高;通过地内压力监测和强制排浆的手段,对地内压力进行调控,可以大幅度减轻施工对周边环境的扰动,也减少了泥浆"窜"入邻近土体或邻近地下建(构)筑物的现象;拓建工程中应用有利于保护既有地下空间结构;MJS 设备自动化程度高,通过提前设置转速、压力、钻头移动速度、摆动角度等关键参数,准确实现设计桩型,并实时记录施工数据,减少了外部因素造成的质量问题。图5-4-30为MJS桩超前支护典型应用示意图。

（4）其他超前支护

大跨度暗挖工程中还可以利用既有地下空间,在开挖洞室顶部施加横向预支护系统,比如管肋式、横插梁式预支护系统,详见第5.6节。

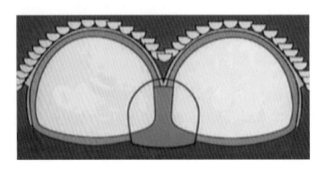

图5-4-30 MJS桩超前支护

2）施工支护

施工支护主要包括传统暗挖工法中采用的钢拱架喷锚初期支护以及一些新型暗挖工法中采用的装配式支护结构、现浇混凝土支护结构以及挤压混凝土支护结构。

（1）波纹钢板施工支护

波纹钢板经常用于既有隧道及地下通道快速加固,也可以与系统性地层加固措施配合,用于施工支护措施;与传统的钢架喷锚初期支护相比,可快速拼装并发挥支护作用,减少了粉尘、焊接污染,提高施工效率,实现绿色施工。

根据开挖洞室轮廓,在专业工厂大批量精确加工分段波纹钢板,环向各分段之间通过法兰、高强螺栓或插件连接,纵向搭接或与型钢环梁栓接,见图5-4-31;波纹板中间及脚部预留孔洞用于压浆、系统锚杆及锁脚锚管加固,构成一个完整的初期支护体系。

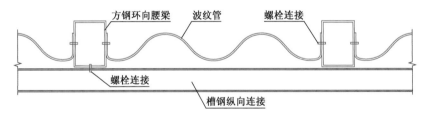

图5-4-31 波纹板支护

（2）模块化空间网架快速装配支护

模块化空间网架装配式支护技术适用于软弱破碎围岩、浅埋暗挖环境敏感段、开挖后围岩快速劣化地段,在山岭隧道中还可以用于高地应力岩爆多发的地下工程。该技术是在地层开挖后,通过机械化作业快速拼装模块化网架构件,迅速形成支护体系,抑制围岩变形,确保施工安全,具有机械化程度高、工厂化预制、施工速度快、支护结构快速封闭成环等特点。图5-4-32为模块化空间网架三维效果。

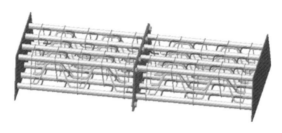

图 5-4-32　模块化网架构件

（3）预切槽施工支护

预切槽法又称预衬砌法,是利用专用预切槽设备沿开挖轮廓预先切割一条 10～30cm 的窄槽,利用切刀装置上的混凝土灌注功能向槽缝内压注混凝土形成壳体结构,既能发挥预支护作用,控制地层变形,也可直接用于施工支护结构,如图 5-4-33 所示。

预切槽工法需要地层有一定的自稳定能力,在城市区域浅埋工程中应用,通常需要辅助采用地层加固措施。

（4）桩式支护

桩式支护主要用于柱洞法(PBA 法)、拱盖法等暗挖施工,在提前完成的小导洞内利用低净空设备施工形成钻孔灌注桩、人工挖孔桩、预制桩、钢管桩等排桩结构,既保持开挖阶段的侧壁土体稳定性,又可作为上部结构的竖向承载基础,见图 5-4-34。

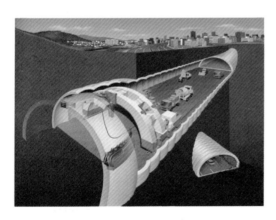

图 5-4-33　预切槽工法示意图

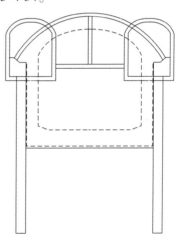

图 5-4-34　桩式支护

3）典型暗挖施工技术

（1）传统暗挖工法

城市地下工程最常用的浅埋暗挖方法包括台阶法、中隔壁法(CD 法)、交叉中隔壁法(CRD 法)、中洞法、双侧壁导坑法等,根据地质条件和环境条件,配套超前支护、地层加固、降水等辅助措施。

（2）洞桩法(PBA 工法)密贴下穿(向下增层)施工

①工法简介

PBA 工法最早应用于北京地铁暗挖车站修建,其核心是桩(Pile)、梁(Beam)、拱(Arc)构件,即由边桩、中桩(柱)、顶梁、底梁、顶拱共同构成初期受力体系,承受施工过程的荷载。该工法结合了盖挖法和分步暗挖法的优势,在顶盖(扣拱)的保护下逐层向下开挖土体,然后采用顺作或逆作方式浇筑侧墙、中板、底板,最终形成由施工支护结构 +二次衬砌组合而成的永久承载体系。

使用 PBA 工法修建的地下空间一般为拱形直墙结构,增层施工时可采用平顶直墙结构,可以为单跨、多跨,可以为单层、多层结构。配合土体预加固、止水帷幕、管棚类超前支护、传统的钢拱架喷混凝土初期支护等辅助措施,能在各种土层、砂层、卵砾石层、风化岩层中应用。

②主要工序

PBA 工法的基本原理可以用于既有地下空间向下增层施工,主要工序为:

a. 紧贴既有地下空间底板开挖矩形小导洞。

b. 小导洞内施工钻孔(挖孔)桩基础或扩大基础,吊装钢管柱(或挖孔浇筑混凝土柱)。

c. 桩(柱)顶浇筑顶梁或柱帽,与既有地下空间底板密贴或植筋锚固。

d. 利用桩柱系统分批完成基础托换,分层向下开挖,顺作或逆作浇筑主体结构。

其中第三步序实施过程中,桩顶设置千斤顶,预压消除基础初始沉降并根据监测反馈数据调整顶升力,可以实现精准控制的主动托换。

③PBA 工法的特点

a. 施工灵活,基本不受层数、跨数、地基承载能力的影响,可用于多跨、多层地下大空间暗挖增层施工。

b. 除小导洞施工需要进行地层加固外,其余部分可不采取辅助措施。

c. 小导洞内空间小、工序多,不适合大型机械作业,作业环境较差。

④PBA 工法增层施工关键控制点

a. 托换基础类型与施工装备:城市浅埋地下空间向下增层托换基础优先采用钻孔灌注桩基础及桩柱一体式施工方法;无法选择适应低净空、小空间条件下作业的施工装备时,采用人工挖孔桩 + 条形基础,此时需验算逆作法开挖控制工况下条形基础的承载能力及压缩变形。

b. 小导洞方案:密贴既有地下空间的小导洞采用平顶结构,满足成桩设备、小型运输设备、施工通风要求的前提下,尽量减小内净空尺寸,便于沉降控制。

c. 小导洞注浆加固:小导洞开挖后,既有地下空间原连续地基承载状态转换为小导洞两侧土柱 + 小导洞支护结构承载(相当于基础第一次托换,图5-4-35),地层加固效果(强度)、加固厚度、土柱与支护的协调受力是该工况的控制关键。

d. 小导洞施工工序:选择合理的小导洞施工顺序的目的:一是减轻群洞效应影响,二是为辅助措施创造实施条件。采用单层小导洞法增层(钻孔灌注桩基础、桩柱一体施工)时,小导洞间隔分组开挖,完成托换基础及受力转换后,再实施下一组;沉降控制困难时,按逐洞开挖 + 基础托换实施。采用双层小导洞法增层(人工挖孔桩基础、条形基础)时,上下导洞成组开挖,宜先开挖上导洞并预留补偿注浆条件,再开挖下导洞;现场施工组织条件受限时,可先施工下层导洞。

e. 限位抬升注浆:抬升注浆的目的是补偿小导洞(群)开挖产生的地层损失,通过高压注浆,限制或抬升既有结构产生的沉降;一般采用袖阀管注浆工艺,抬升注浆前在设定区域注浆形成止浆帷幕,在帷幕包围范围内实施高压抬升注浆;抬升注浆分期、重复实施,避免产生隆起或局部破坏。

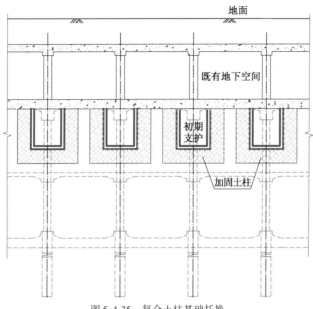

图 5-4-35　复合土柱基础托换

　　f. 桩基础、结构柱施工:间隔跳桩顺序成孔浇筑桩基础;预留注浆管将桩底虚渣填充密实;人工挖孔桩下方的条形(或扩大)基础的地基注浆加强,降低压缩量;保证桩基础(结构柱)的垂直度。

　　g. 柱(桩)顶结构浇筑及受力转换(第二次托换,见图 5-4-36):柱(桩)顶一般设顶梁或柱帽结构,需要在狭小空间内浇筑且与既有地下空间之间存在逆作式接缝,采用自密实混凝土浇筑、微膨胀砂浆回填;有条件时,可在既有地下空间内钻取浇筑孔,采用高差法浇筑;柱(桩)顶增加千斤顶预加轴力(主动托换),消除基础初始沉降甚至产生微抬升效果;柱(桩)顶增加可调节丝杠支顶装置可消除托换系统的部分初始变形,在顶梁(柱帽)顶部未填充密实时发挥关键支顶作用。

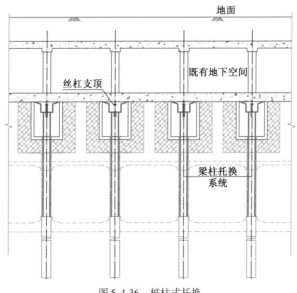

图 5-4-36　桩柱式托换

h.拓建结构顶部注浆回填:高压回填注浆需要在相对封闭的区域内完成,多次重复注浆,保证拓建结构与既有结构可靠连接或完全密贴(第三次基础托换)。

i.其他控制点:逆作法浇筑的施工缝及结构防水;对既有地下空间的全自动监测及实时数据反馈。

(3)密贴上跨(向上增层)既有地下空间暗挖法施工

密贴上跨既有城市地下空间暗挖施工属于近接穿越的一种特殊情况,常见于地下过街通道、拓建联络通道、地下交通隧道、市政管廊等工程,采用独立单洞(单箱)、双跨连拱(连箱)、多跨断面布置形式。既有地下空间通常埋深(覆土厚度)较大,地下水作用明显,同时结构断面尺寸较大,结构整体刚度较大。

①密贴上跨(向上增层)施工特点

a.环境因素复杂,下方为既有地下空间;上方通常密贴或近距离下穿控制性管线。

b.地质条件差,暗挖穿越的地层受各类既有地下工程施工扰动,力学性能差。

c.埋深浅,地面沉降控制难度大。

d.分部开挖,工序复杂,辅助措施多。

②工法选择及关键控制点

a.工法选择原则:减小一次性开挖后形成的洞室宽度,减轻对既有结构的卸载影响;提高各个工况下通道支护的整体刚度,充分利用上方土体的压载抗浮作用。双连拱等多跨结构采用中洞法为基础的组合工法,见图5-4-37a);单洞小跨度结构采用台阶法;单洞大跨度结构采用CD法、CRD法等分部开挖工法,见图5-4-37b)。

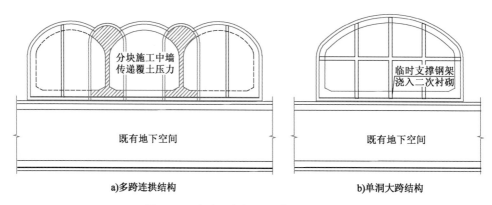

a)多跨连拱结构　　　　　　　　　　b)单洞大跨结构

图 5-4-37　密贴上跨暗挖施工典型工法示意图

b.开挖前注浆加固,形成有一定强度、刚度的封闭水泥土结构,能够传递上方覆土荷载,对既有结构形成压载作用。

c.充分考虑既有地下结构的整体刚度和空间效应,确定合理的开挖分部尺寸及施工步序。

d.中洞法施工时,尽量减小临时洞室宽度。

e.中洞内梁柱结构浇筑后,及时注浆回填顶梁与中洞初期支护之间的空隙,保证后续施工过程中沉降控制及对下方既有结构的抗浮压顶作用。

f.中洞两侧洞室分部开挖,保证支护结构刚度并及时封闭。

g.与既有结构密接部位的钢拱架无法封闭时,钢拱架脚部与既有结构锚固,减少收敛变形及对竖向变形的影响。

h. 二次衬砌浇筑时,不拆除临时支护钢拱架;新建洞室需要独立封闭外包防水层时,采用拆换临时支撑方式处理;控制衬砌浇筑分段长度,衬砌混凝土满足设计强度后割除临时钢拱架。

i. 及时注浆回填二次衬砌拱部与初期支护之间的空隙。

j. 保护既有结构防水层,新旧结构分区防水。

(4)大坡度浅埋通道微扰动仰挖技术

在城市地下空间开发、既有地下空间拓建改造中,大坡度浅埋暗挖通道工程非常广泛,比如地铁车站等地下空间的暗挖出入口,不同时期建造的地下空间之间的连接通道、通风斜井、设备区检修通道等。

地下空间的通道坡度与使用性质有关,用于人行的通道坡度(楼梯坡度)范围在 25°～45° 之间,而公共空间以 27.3°左右(通用的电扶梯坡度)最为常见。

①大坡度暗挖施工特点

大坡度浅埋暗挖通道施工不同于常见的暗挖通道,存在以下特点及困难:

a. 掌子面与开挖轮廓不垂直,临空面失稳风险更大。

b. 钢拱架与开挖轮廓不垂直,拱脚存在滑移趋势。

c. 多导洞分层开挖时,下层导洞开挖对上层已封闭洞室扰动大。

d. 掌子面土体卸载及运输荷载对已完成的初期支护施加不利作用,与围岩荷载叠加后受力更复杂。

e. 大坡度条件下进料、出渣运输困难,机械化施工受限。

②工法选择及关键控制点

a. 在相同地质条件和环境条件下,大坡度通道仰挖施工工法与缓坡度通道基本相同,可选择台阶法、CRD 法、双侧壁导坑法等工法。

b. 大坡道仰挖施工中,上、下层导洞施工干扰非常大,宜采用由上至下逐洞贯通方式施工;在地层条件许可或地层加固效果较好的条件下,同层导洞可错距同步开挖,以加快施工进度,见图 5-4-38。

c. 软弱地层中,除正常的周边地层加固外,对上层洞室掌子面实施全断面深孔注浆或小导管注浆加固。

d. 台阶法预留核心土纵向尺寸加长,上下台阶之间的距离加长,对于仰坡 30°左右的通道,可按不小于 1.2 倍控制。

e. 增加钢拱架锁脚锚杆长度。

f. 逐榀拆换中隔壁临时钢架,由低至高分段浇筑二次衬砌。

(5)大跨度浅埋通道管幕预筑法施工

管幕预筑法是一种支护结构一体化暗挖施工方法。首先沿拟建地下空间断面外轮廓顶进一系列大直径钢管(直径大于 1.8m,便于人员及设备在内部作业),然后将相邻钢管管壁分段切割支护形成环形连通空腔,在空腔内绑扎钢筋、浇筑混凝土,最终在钢管空腔内形成完整的地下空间断面结构。管幕内混凝土强度达到要求后,在管幕结构保护下开挖内部土方,完成暗挖施工。

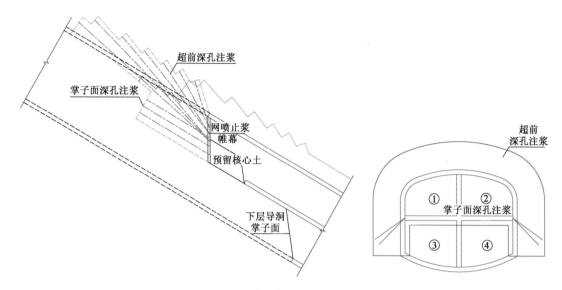

图5-4-38 大坡度通道仰挖施工步序

管幕预筑法是从韩国引进新管幕法优化而来的,最早应用于2008年沈阳地铁,建造了2号线新乐遗址站主体双层拱形直墙结构;2019年经进一步研究优化,成功完成了太原迎泽大街下穿火车站的两座大跨度类矩形市政通道工程,见图5-4-39。在地下空间拓建工程中,管幕预筑法可以用于修建浅埋下穿道路、下穿建(构)筑物等的连接通道。

图5-4-39 管幕预筑法施工案例——太原迎泽大街下穿火车站通道工程

①管幕预筑法的特点

a.断面布置灵活:能够建造大跨度拱形、矩形、单跨、多跨断面结构。

b.施工装备成熟:敞开式、土压平衡式、泥水平衡式顶管机技术成熟;钢管内自动切割、焊接设备已逐渐成形,能够在小空间内高效、精确完成钢管壁切割和支撑构件焊接。

c.适应条件宽泛:能用于回填土、砂土、黏土、砂卵石、风化岩层等多种地层,尤其是在沉降控制要求严格的敏感区地下工程施工中更具明显优势。

d.施工安全性高:土体开挖前在钢管空腔内浇筑钢筋混凝土结构,土体开挖在强大的管幕结构防护下完成,施工全过程安全可靠。

e.毫米级沉降控制:顶进钢管,化大为小,通过小直径管群实现大空间施工的地层微扰动;

通过大刚度一体化结构实现微变形。

f. 支护结构一体化：管幕结构直接作为永久承载主体结构使用，强度、刚度、耐久性均能满足要求。

②管幕预筑法施工关键控制点

a. 钢管尺寸选择：钢管尺寸既要满足顶管设备、施工运输、人员作业要求，也要满足在内部形成的钢筋混凝土结构截面厚度要求。钢管直径越大，则钢管数量越少，与较小直径/较多数量钢管方案相比，更容易控制群管顶进产生的地面沉降。

b. 钢管间距：钢管间距影响切割后管间焊接构件的刚度，影响切割焊接过程中的沉降控制；在不明显增加钢管数量的情况下，钢管间距越小，对沉降控制越有利。

c. 顶管设备选择：根据地层条件、地下水、地下障碍物、周边环境要求、顶进距离等因素选择土压平衡、泥水平衡或敞开式顶管机，在曲线地段施工，还要具备曲线顶进功能。

d. 钢管顶进顺序：钢管顶进顺序对整体沉降影响较小，为方便施工，一般采用先下后上、间隔交替的次序顶进。

e. 钢管间地层加固：相邻钢管之间的三角形区域土体采用水平注浆方式加固，一方面提高松散土体的局部稳定性；另一方面解决渗漏水问题，为钢管侧壁切割开口、支撑构件焊接提供稳定的土体条件。

f. 钢管切割及构件支撑：每一环钢管切割分段长度越小，支撑构件整体刚度越大，对沉降控制越有利，但影响整体施工效率；沿环向钢管壁切割顺序对沉降影响不大；在钢管内小空间内采用自动化切割、焊接设备，可以提高工效及质量。

g. 钢筋混凝土浇筑：钢管内混凝土浇筑紧随钢管切割焊接逐环完成，可充分利用已成形结构的大刚度支撑作用和三维空间效应，减少相邻环段切割引起的沉降；通过控制大体积混凝土配合比（水灰比、坍落度等）控制浇筑质量。

h. 土方开挖：土方开挖方式取决于临空掌子面稳定性，仅对施工人员和设备安全有影响，不影响地面沉降，可采用全断面大型机械化开挖。

i. 钢管防腐处理及耐久性：考虑钢管壁永久防水作用，顶进前应对钢管外壁做防腐处理。

j. 钢管—混凝土共同受力：若考虑钢管外壁参与共同受力，应在钢管内壁焊接键销类受力构件，加强断面的整体性。

5.5　连通接驳施工技术

5.5.1　接驳方式

接驳方式包括通道式连接、下沉式广场连接、墙板直接连接、密贴上穿接驳、密贴下穿接驳等。根据既有地下空间的结构形式，接驳方式包括：无围护类（放坡开挖、回收钢板桩围护或土钉墙类肥槽基坑）、桩墙围护类、水泥土围护类、传统暗挖类（初期支护）等；根据拓建结构施工方法，可分为暗挖法接驳、明挖基坑接驳及顶进法接驳。

5.5.2 开口技术

既有地下空间开口施工主要涉及既有围护结构（围护桩、连续墙）的破除、暗挖结构的初期支护破除以及既有主体结构侧墙、顶底板的开洞或破除施工。

1）围护桩安全破除范围分析

（1）力学计算模型的建立

围护桩作为相对独立的结构，开洞（破除）的力学影响主要表现在桩顶冠梁中，需首先保证开孔位置上方冠梁结构的安全稳定。而冠梁的内力变化情况受上部覆土厚度、冠梁截面尺寸、围护桩直径及间距、开口形式及开口尺寸等多因素影响，可建立相应的分析计算模型，对开洞过程中既有冠梁内力变化及各因素影响规律进行定量化分析，见图5-5-1。

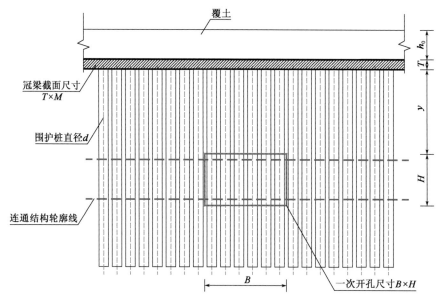

图5-5-1　围护桩开洞剖面位置关系示意图

B-围护结构破除宽度；H-围护桩破除长度；y-开洞上方桩悬挂段长度；T-冠梁高度；M-冠梁宽度；h_0-覆土厚度

根据围护桩破除过程中整个围护结构系统在竖向平面上的受力体系变化特征，冠梁结构的内力变化可简化为图5-5-2中的多跨连续梁单元力学模型进行分析，可得到部分围护桩破除后冠梁的轴力、弯矩、剪力、变形等力学变化指标，相关假定及各影响因素等效转化如下：

①由于冠梁下方开孔影响范围有限，将开孔上方足够长度的冠梁视为有限长度的等截面均质弹性梁，两端按固定约束边界条件处理。

②将冠梁下方未破除的围护桩等效为刚度足够大的弹簧，为冠梁提供竖向支撑。

③破除区域内的排桩失去竖向支撑作用，区域以上剩余悬挂段在自重作用下对冠梁产生向下的集中力，为简化计算，不计围护桩剩余悬挂段的竖向摩阻力，则悬挂段作用力即剩余段自重（P），计算结果偏于安全。

④冠梁还受到自身重力（g）及上方覆土自重（q）作用。

从上述力学计算模型可以看出，对于给定的既有围护结构条件，开孔位置及尺寸参数决定着冠梁力学变化程度大小。其中,开孔宽度 B 控制着支撑弹簧和截桩悬挂段自重荷载数量的增减变化;开孔位置及高度 H 控制着截桩悬挂段自重的大小。

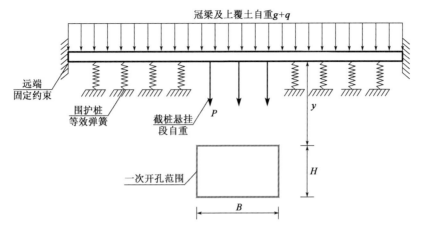

图 5-5-2　围护结构开洞上方冠梁力学计算模型

(2)开洞影响规律分析

为便于对比分析,统一拟定既有围护结构及开洞施工参数:采用 $1.0\text{m} \times 1.0\text{m}$ 方形冠梁,桩直径 1.0m、间距 1.4m,冠梁上方覆土厚度 3m,开洞区域上方剩余桩体悬挂段长度 5m,分析开洞尺寸对既有冠梁安全性的影响规律。按图 5-5-2 模型将冠梁简化为多跨连续梁,单跨 1.4m(桩间距),桩体支撑简化为大刚度弹簧。

分别计算破除 2 根、4 根、6 根……时的冠梁弯矩及剪力,对围护桩进行破桩后,破除区域桩体失去支撑效果,上方一定范围内冠梁的竖向弯矩及剪力产生明显变化,破除区域上方正弯矩及两侧负弯矩显著增大,且随着破桩数量的增加内力变化量值逐渐增大。内力变化区域基本沿开洞范围中心对称分布,正弯矩最大值($M_{\max}^{+}$)位于开洞中心位置,最大负弯矩($M_{\max}^{-}$)及最大剪力($T_{\max}$)位于开洞区域旁第一根未破除围护桩的桩顶位置,如图 5-5-3、图 5-5-4 所示。

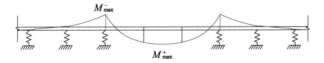

图 5-5-3　破桩条件下冠梁弯矩分布示意图

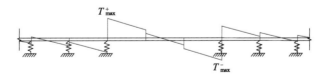

图 5-5-4　破桩条件下冠梁剪力分布示意图

根据各工况计算结果,提取冠梁受力变形变化最大值,分析围护桩开洞宽度对冠梁的影响。图 5-5-5 为前述拟定条件下冠梁最大弯矩及剪力随围护桩开洞宽度变化情况,可以看出,冠梁最大正、负弯矩均随着开洞宽度的增大呈抛物线形式增长,其中负弯矩增长速率更高,若冠梁顶面和底面配筋相同,则在开洞区域两侧未破除围护桩桩顶位置的冠梁顶面会首先发生拉裂破坏。冠梁最大剪力随着开洞宽度的增大近似呈线性增长。

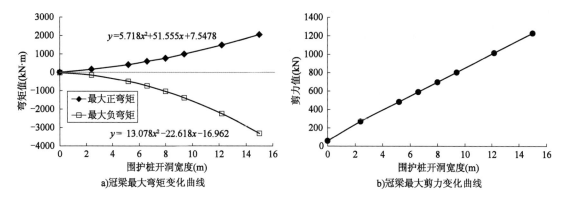

a)冠梁最大弯矩变化曲线　　　　　b)冠梁最大剪力变化曲线

图 5-5-5　冠梁内力特征值随围护桩开洞宽度变化曲线

将各围护桩开洞条件下冠梁的内力及变形情况与初始未开洞条件下进行对比,选取开洞前后内力变化程度不超过 10% 的节点位置作为开洞影响区边界,可得到开洞宽度与冠梁内力影响区域宽度的变化关系,如图 5-5-6 所示,可以看出,冠梁内力影响区域范围随着围护桩开洞宽度的增大逐渐增大,但变化速率逐渐减小。根据影响范围与开洞宽度比值的变化曲线,可以看出围护桩开洞范围较小时,对两侧区域的冠梁受力影响范围相对较大,在前述拟定条件下,围护桩开洞对冠梁受力的影响范围在 1.5 ~ 3.5 倍开洞宽度之间,开洞宽度较小时接近上限,开洞宽度较大时接近下限。

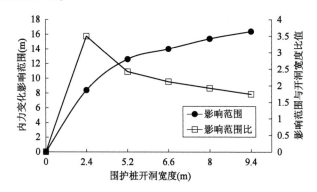

图 5-5-6　冠梁内力变化范围与围护桩开洞宽度变化关系曲线

（3）围护桩结构安全破除宽度

由于既有结构冠梁在设计中主要考虑其承担侧向压力,受力筋分别设置在冠梁截面的两侧,而上下缘仅按构造布设腰筋,因此其在竖向平面内承载力相对较弱,需要破除开洞时有必要检算其最不利工况下的竖向承载能力。

按冠梁竖向承载能力反推围护结构开洞临界宽度控制值,若实际开洞宽度小于控制值,则既有支护结构安全,不用额外增加加固处理措施;若拟开洞范围大于该控制值,则应分部破除,并在各工作面之间设置一定的临时设施。

（4）围护桩结构破除加固处理

受市政管线等设施影响,城市既有基坑围护结构冠梁往往在回填覆土阶段已凿除,此种情况下破除围护桩时,截断后的桩体剩余悬挂段难以形成整体受力体系,仅依靠周边土体摩擦力无法保证稳定性,可采取以下预加固处理措施保障既有支护结构的安全稳定:

①破除范围上方加设锚固横梁

在围护桩破除区域上方预先设置横梁,并与既有桩体锚固(图5-5-7),则在桩体破除过程中其上区域可形成整体受力体系,其中横梁的受力形式与上述既有冠梁相似,但因所设横梁受力完全由锚固端头传递,其对锚固端头的抗剪能力要求较高。

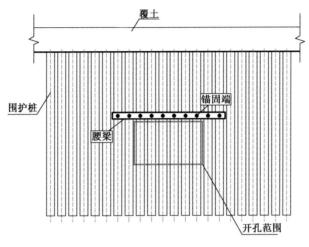

图5-5-7 围护桩破除区域上方增设横梁示意图

破除宽度较大、锚固横梁设置受限时,可同时设竖向临时支撑,会对施工空间有一定影响。

②拔桩处理

若截桩剩余悬挂段较长,自重荷载较大,在开口区域上方难以设置有效的加固措施,有条件的情况下可从顶端拔除或分段截除桩体,该方法对既有结构、防水层、地面环境影响较大。

2)地下连续墙安全破除宽度分析

(1)力学计算模型的建立

地下连续墙墙顶与冠梁锚固为一体,可考虑为一体性结构;而相邻幅连续墙之间一般采用H钢、十字钢板、接头管(箱)等接头形式,受刷槽质量、长期渗漏水等因素影响,相邻墙幅之间可不考虑竖向及张拉约束作用,开洞破除时,仅考虑相互之间的挤压约束作用。此时开洞(破除)的力学影响主要表现在墙顶冠梁和部分连续墙中。而冠梁的内力变化情况受上部覆土厚度(h_0)、冠梁截面尺寸($T \times M$)、连续墙厚度、破口悬挂段墙体高度(y)、开口形式及开口尺寸($B \times H$)等多因素影响,可建立相应的分析计算模型,对开洞过程中既有冠梁及残留连续墙内力变化及各因素影响规律进行定量化分析。地下连续墙开洞剖面位置关系示意图见图5-5-8。

根据地下连续墙破除过程中整个围护结构系统在竖向平面上的受力体系变化特征,冠梁结构的内力变化可简化为图5-5-9中的梁单元力学模型进行分析,可得到部分墙体破除后冠梁的弯矩、剪力、变形等力学变化指标,相关假定及各影响因素等效转化如下:

①由于冠梁下方开孔影响范围有限,将开孔上方的冠梁视为等截面均质弹性梁,冠梁两端与未破除的连续墙保持连续锚固状态,以固定约束边界条件进行处理。

②破除区域内的连续墙失去竖向支撑作用,开孔上方的悬挂段墙体自重作用于冠梁上,为简化计算,不计连续墙悬挂段与周边土体及结构的竖向摩阻力,则悬挂段墙体自重简化为集中力(P),也可以简化为均布竖向荷载,计算结果偏于安全。

③冠梁还受到自身重力(g)及上方覆土自重(q)作用。

从上述力学计算模型中可以看出,对于给定的既有围护结构条件,开孔位置及尺寸参数决定着冠梁力学变化程度的大小。其中,开孔宽度 B、悬挂段高度 y 控制着连续墙悬挂段自重荷载数量的增减变化。

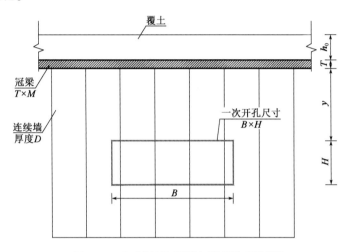

图 5-5-8 地下连续墙开洞剖面位置关系示意图

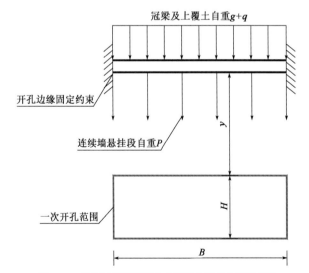

图 5-5-9 地下连续墙开洞上方冠梁力学变化计算模型

（2）地下连续墙安全破除宽度

根据上述计算模型,地下连续墙开洞后,冠梁内力简化为两端固定的超静定梁来计算,利用计算公式可以反推出冠梁跨中部位达到承载能力时对应的 L 值,见图 5-5-10;如图所示,冠梁两端弯矩反弯点以外部分 (0.211L 长度范围),上缘受拉,下缘受压区与开洞后悬挂墙体结合在一起,相当于加大了梁体高度,按加大的梁高简化复核该部位承载能力,当加大后的计算梁高大于冠梁高度的 1.414 倍时,承载能力满足要求。

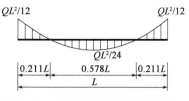

图 5-5-10 地下连续墙开洞上方冠梁内力
(弯矩)分布示意图
注:$Q = g + q + p$。

此时,通过理论内力分布图,冠梁承载能力控制的安全开洞宽度 B,可以按下式估算:$B = L/0.578 = 1.73L$。

不考虑连续墙接头位置影响的情况下,开洞宽度不大于 1.73L 时,可不采用辅助加固措施,直接破除。

3)围护结构破除方式

围护结构破除方式通常包括:破碎凿除(人工凿除、机械设备凿除),静力切割破除(金刚石绳锯、水钻、圆盘锯等设备切割或破桩机等设备挤压、切割),静力爆破(静态爆破剂膨胀挤裂),爆破拆除(控制爆破)等。

如对噪声和振动无要求,破除时不影响保留结构、大规模拆除可选用大型机械、爆破等方式;如对振动及施工噪声有严格限制的区域可选择金刚石绳锯、圆盘锯等静力切割方式分块完成;空间比较狭窄的地方可选用金刚石水钻进行排孔切割分块。

整块吊运不方便、建筑垃圾处理有要求的区域可选用液压钳或分裂机,或使用混凝土膨胀剂将结构拆除成小碎块以便于渣土清理倒运。

当机械设备施工条件受限、破除数量较少时,采用人工破除。

(1)人工凿除

人工凿除包括风镐、电镐等人工破除方式:噪声大、效率低、劳动强度高,破除数量较少、对噪声和振动无要求,施工条件允许时采用。

(2)液压冲击破碎器破除

利用液压破碎器冲击作用,从桩顶或桩侧破除桩身混凝土,并配合钢筋切割设备施工,噪声大、对既有结构影响较大,作业空间受限。

(3)破桩机破除

破桩机破除主要用于围护桩破除,利用安装在挖掘机或吊机前端的液压破桩机,从桩顶端开始分段挤压剪断围护桩,并将断桩提升吊出。该方法属于静力破除,效率高,可破除围护桩桩顶部分、分期拓建地下空间基坑分隔桩,但受桩间距、既有结构影响,设备操作空间受限。

(4)静力切割法

静力切割法是利用碟片切割机、水钻、绳锯等工具分段、分块切割围护桩、地下连续墙以及钢筋混凝土支撑等构件。该方法具有施工作业速度快、噪声低、无振动、无粉尘和废气污染等优点,而且切口平直、光滑,切割位置准确,无须做善后加工处理。与其他拆除技术相比,静力切割技术更适宜于工期要求紧迫、环保要求高、拆除量大的工程。

静力切割方法除了根据结构构件尺寸及实施条件选择合适的切割设备外,核心内容是选择安全且适宜的起重、吊装、运输方案和设备,并依此合理确定围护桩、连续墙、混凝土支撑的分块切割大小及切割次序。

(5)静态破碎法

静态破碎法也称静态破碎无声技术,是近年来发展起来的一种破碎(或切割)岩石和混凝土的新方法,拓建施工时主要应用于地下连续墙破除。

传统的静态破碎施工方法是通过提前钻孔并填塞静态破碎剂,利用水化反应产生的体积膨胀力缓慢地作用于孔壁,经过数十分钟至数小时达到一定的压力,介质裂开胀破混凝土。优点是安全可靠,没有常规爆破产生的公害和机械破除产生的噪声;静态破碎剂不属于危险品,可按普通货物进行运输和存储,在购买、运输、保管中无任何限制。缺点是破碎效率低,开裂时间长、场地临空面要求高、受雨水和温度影响大、有喷浆和强碱性危害等。

新型的静态破碎施工技术采用静态爆破分裂机代替传统的静态破碎剂施工方法,运用液压劈裂棒对岩石、混凝土进行劈裂。与传统静态破碎方法相比,具有钻孔直径大、间隔大、劈裂效果更好、时间短效率高、不间断重复作业,不受雨水和温度影响,无喷浆和强碱性危害,无振动、安全环保,成本更低等优势。

除上述两种方式外,还有一种气体爆破方式,其工作原理是将二氧化碳气体在一定的高压下转变为液态,通过高压泵将液态的二氧化碳压缩至圆柱体容器(爆破筒)内,装入安全膜、破裂片、导热棒和密封圈,拧紧合金帽,完成爆破前的准备工作。将准备好的爆破筒插入钻孔中固定好,连接起爆器电源,导热棒温度升高,高温击穿安全膜,瞬间使液态二氧化碳气化并急剧膨胀,产生的高压致使岩体或混凝土开裂。目前该技术操作环节较复杂,循环间隔时间长,成本较高。

4)主体结构开洞及加固

拓建施工时,在既有地下空间主体结构上开洞主要采用静力切割方式施工,根据破除规模、结构形式、结构部位、作业环境等的不同,选用金刚石圆盘锯、金刚石绳锯机、金刚石薄壁钻等设备方式切割,切割面采用人工辅助小型设备处理。

(1)结构侧墙安全开洞方案

影响既有地下空间侧墙开洞安全因素包括开洞尺寸、开洞位置、洞口结构、既有侧墙结构现状(受力状态、结构状态)等,对不同的工程,侧墙开洞及结构方案差异较大,在没有参考经验案例的情况下,一般通过数值模拟分析方法来确定,建立既有结构侧墙开洞部位的有限元模型,分析开洞后周边保留结构的受力变化及变形,以此制订开洞及临时加固方案。常见的侧墙开洞方式见表5-5-1。

①一次性无加固破除:适用于开洞后,洞口周边墙体混凝土最大拉应力未达到开裂临界值,压应力满足承载安全要求;或洞口周边钢筋混凝土满足承载能力及裂缝控制要求的情况,比如开洞宽度较小、原侧墙受力较小、墙体承载能力富余以及开洞周边已预留加强梁柱等。

②条带状破除+临时支撑:开洞后顶部、底部混凝土拉应力均超过允许值时,首先条带状破除墙体后,洞口通高架立临时钢支撑,随后破除其余墙体,浇筑洞口周边加强环梁结构后,割除钢支撑。

③分区破除+分段浇筑:开洞后顶部或底部混凝土拉应力超过允许值时,在水平方向将洞

口划分为两个以上区域,每个区域先后一次性无加固破除,每个区域破除后及时浇筑梁柱并增加临时支撑(通常结合浇筑混凝土脚手架),后续区域破除后浇筑并封闭环框梁。

④分块破除+临时支撑:开洞后顶部混凝土拉应力超过允许值时,首先沿洞口两侧及顶部分块破除形成"Ⅱ"形缺口,顶部分块破除时按要求安装临时短支撑,一次性浇筑加强边柱及顶梁,最后破除中心部位剩余墙体。

⑤多跨破除:主要用于宽度较大、中间设永久结构柱的洞口。首先在中柱、边柱部位破除满足结构浇筑要求的条带状缺口,浇筑钢筋混凝土柱并预留顶、底加强梁钢筋接头;强度满足要求后,选用方式①~方式④分块破除中间剩余墙体,浇筑并封闭环框结构。

⑥提前加固+一次性破除:加固方式一,在既有地下空间内邻近侧墙开洞部位,按承载要求安装型钢临时立柱、砌体墙、钢筋混凝土墙等,承担侧墙开洞后的竖向荷载,洞口周边加强结构完成后拆除;加固方式二,在开洞部位提前植筋,增设加强梁柱结构,达到要求强度后再破除侧墙。

结构侧墙开洞施工工序表　　　　　　　　　　表 5-5-1

开洞方式	一次性无加固破除	条带状破除+临时支撑	分区破除+分段浇筑
工序示意图			
工序说明	一次性破除1,浇筑梁柱	依次破除条带1,施作临时钢支撑Ⅱ,依次破除剩余墙体3,浇筑环框梁柱Ⅳ,割除临时钢支撑	分块破除半幅墙体1,浇筑梁柱Ⅱ,架设临时钢支撑Ⅲ,分块破除剩余墙体4,浇筑梁柱Ⅴ形成闭合结构,最后拆除临时钢支撑
开洞方式	分块破除+临时支撑	多跨破除	提前加固+一次性破除
工序示意图			
工序说明	破除两侧条带1,浇筑边柱Ⅱ,依次分块破除3并同步架设临时钢支撑Ⅳ,浇筑顶部梁柱Ⅴ,分块破除剩余墙体6,浇筑底部墙体Ⅶ	破除边柱及中柱部位条带1,浇筑中柱及边柱Ⅱ,分块破除剩余墙体3,浇筑顶部梁Ⅳ	架设临时钢立柱Ⅰ或浇筑加强墙体1,一次性破除洞口2,浇筑永久环框梁柱Ⅲ

（2）侧墙安全开洞施工技术

既有结构侧墙切割采用液压金刚石绳锯、圆盘锯（墙锯）或薄壁钻（水钻），严格按分区顺序依次切割，切割分块的大小取决于吊装运输条件，按重量控制，可以利用水钻钻取穿绳工作孔和吊装孔，然后利用绳锯分块切割分离；墙体厚度较薄（600mm以内）或绳锯施工空间受限时，直接利用墙锯切割或利用水钻打排孔切割。混凝土块采用吊装方式直接外运，条件受限时采用液压钳等方式破碎后再运输。

侧墙破前，首先剥离原防水层，向开口四周卷起并固定保护。大多情况下，侧墙开孔周边需要浇筑加强梁柱结构，保留接驳部位的部分既有钢筋，有利于结构的整体性，因此可以在侧墙破除前，先采用小型设备凿除结构保护层，将需要预留的钢筋剥离，再进行混凝土钻切。

以绳锯切割为例，侧墙开洞破除工序如下：

①搭设操作平台。

②洞口四周定位放线。

③开洞范围既有侧墙防水层剥离保护。

④凿除混凝土保护层，剥离预留钢筋头（有条件时）。

⑤切割分块放线，标出分块切割线。

⑥按切割计划在分块四角钻穿绳孔（分块中心钻吊装孔或植筋安装吊环）。

⑦沿标线先水平切割分条，再竖向切割分块。

⑧混凝土块吊装或破碎运输。

其中工序⑦竖向切割分块前，利用吊具或增加临时措施固定分块，确保安全。

（3）结构板安全开洞施工技术

结构板开洞施工设备及施工方法与侧墙开洞基本相同。开洞位置主要包括：向上增层的既有结构顶板（顶拱）、向下增层的既有结构底板（仰拱）、上下增层涉及的既有中板改造等。上下增层拓建后，与新增层连通部位的既有顶板、底板一般结构受力均比拓建前显著减小，所以开洞施工过程中既有顶、底板一般不需要增加临时加固措施；而既有中板的破除改造或开洞改造需依实际情况分析，通常情况下，地下工程中板结构不同区域按活荷载4kPa（人群）/8kPa（设备）验算，而破除施工时，吊装、堆载、运输设备等施工荷载可能超过原设计值。另外，在开洞过程中，中板结构受力状态可能产生较大变化，均可能影响施工安全。

结构板开洞安全施工的关键在于防护与吊运措施以及分块切割次序，应遵循"先保护、后拆除、先防护、后切割、合理分块、控制悬臂"的原则。

保护措施包括在结构板下方设置临时钢支撑、孔洞周边架设临时钢梁、提前浇筑永久孔边梁等。

安全防护措施包括：上方悬吊（预埋吊钩、起重设备、型钢防护杠、型钢吊装龙门架等），下方防坠网/缓冲支架/孔边护栏等，防止切割后的混凝土块下落损坏下方结构，同时便于吊运及施工人员安全。详见图5-5-11。

结构板切割分块大小以现场吊运设备能力来确定。

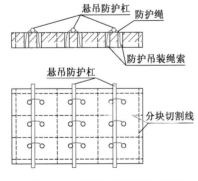

图5-5-11 防护杠悬吊防护示意图

切割顺序宜从跨中向两端进行，尽量减小待切割板的悬臂长度；切割范围内有梁时，宜先沿梁的纵向切割分带,再切割分块。

5.5.3　新旧主体结构连接

1)连接方式

拓建结构与既有结构常见的接口方式包括刚性连接、柔性连接及接触性连接。

(1)刚性连接

拓建结构一般直接与既有结构浇筑连接[图5-5-12d)]、与既有结构共用部分构件连接,或新增构件使两者刚性连接,如接口部位通过植筋等方式设置L形、C形、矩形等加强梁结构[图5-5-12a)~c)],在破除既有结构侧墙的情况下最大限度地保护既有结构安全、控制既有结构变形,且保证新旧结构之间有效连接。

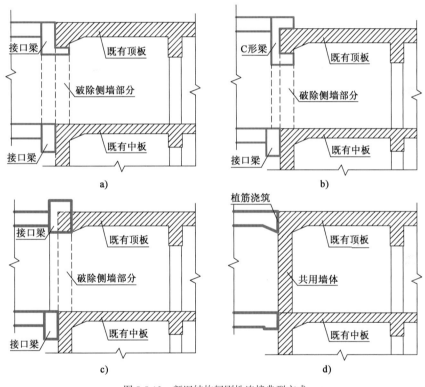

图5-5-12　新旧结构间刚性连接典型方式

(2)柔性连接

柔性连接一般采用在接口位置设变形缝(沉降缝)的方式。

①新建及既有结构为现浇框架形式,通常破除既有侧墙并新建梁柱体系,与新建结构梁柱体系对应且设变形缝构造实现防水接驳部位防水目标[图5-5-13a)]。

②新建现浇通道式结构接入既有结构侧墙,通常在既有侧墙开洞并设置加强环框结构,环框结构与新建通道之间设变形缝构造[图5-5-13b)]。

③采用盾构法、顶进法新建预制拼装式通道结构接入既有结构侧墙,通常在既有侧墙开洞

并设置加强环框结构,并与邻近一环预制结构浇筑为一体,利用预制结构的环缝构造实现柔性连接。

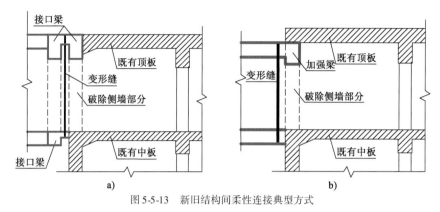

图 5-5-13 新旧结构间柔性连接典型方式

（3）接触性连接

拓建结构与既有结构密贴但完全独立,局部连通部位,按要求位置加强梁柱、新旧结构之间的变形缝嵌缝处理或压浆回填处理,见图 5-5-14。

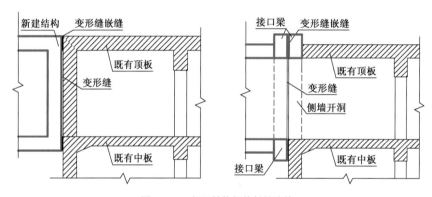

图 5-5-14 新旧结构间接触性连接

2）差异沉降处理

拓建结构与既有结构之间因地基承载力、地基固结程度、埋深、结构形式、荷载等不同,很容易因差异沉降在连接部位出现开裂甚至影响结构安全。为了控制差异沉降及变形,常见处理措施包括设后浇带、结构加强、基础处理等。

（1）后浇带

后浇带通常用于消除钢筋混凝土结构因自身收缩或不均匀沉降可能产生的有害裂缝。在明挖法拓建施工过程中,新旧结构接驳部位无条件设置变形缝时,在接驳部位预留后浇带,宽度 0.8~1.2m,待新建结构覆土回填、基底沉降基本完成后浇筑,保留时间一般不少于 42d。后浇带采用补偿收缩混凝土浇筑,强度等级比新建结构提高一级,后浇带与两侧结构接缝设置为阶梯形、凹凸形,钢筋与两侧结构钢筋贯通连接。

（2）结构加强

新旧结构连接部位无法设置变形缝,通过加大新建结构刚度（截面尺寸加大）、增加钢筋、底板增设加强梁等方式,增加连接部位结构刚度,限制不均匀沉降。

(3)基础加强

新旧结构连接部位,存在软弱地基或地基承载力相差较大导致变形缝两侧差异沉降超标,或因使用要求无法设置变形缝时,需要加强新建结构基础或对地基实施加固处理。常用的基础加强措施包括:地层加固、预留补偿注浆加固、基础加深、设抗沉降桩等,图5-5-15为抗沉降桩设置示意图。

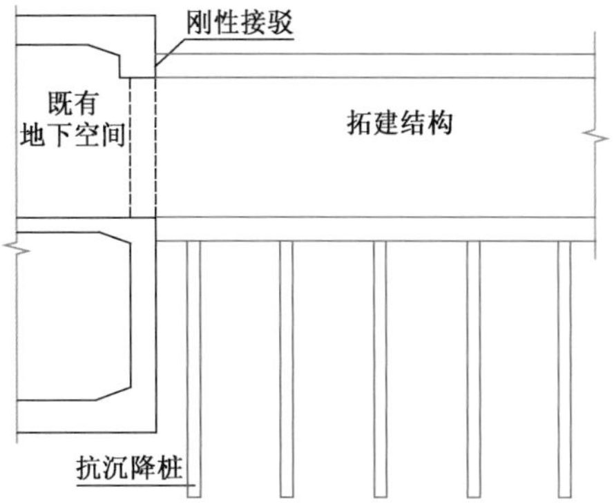

图5-5-15 抗沉降桩设置示意图

3)界面处理

界面处理及钢筋连接的目的是保证新旧混凝土的共同工作性能,提高接缝部位混凝土的抗渗性、耐久性。决定界面性能的因素主要为新、旧混凝土之间的咬合力、胶接力和摩擦力,关键技术除采用高性能的混凝土保证浇筑质量外,还包括:

(1)混凝土结合面凿毛处理,增加新旧混凝土咬合力。

①既有结构结合面通过喷砂(丸)、人工凿毛、手持凿毛机等方式处理成凹凸面,提高粗糙度,凹凸深度以旧混凝土上的粗骨料大小的1/3~1/2为宜。

②利用钢刷、高压水、高压风等方式清除既有结构结合面已劣化、酥松、污染的面层混凝土,或清理切割面上的松动骨料、碎屑粉末。

③采用锚筋法,人为在结合面植入均匀分布的锚固短筋,以增加新旧混凝土的结合。

(2)混凝土结合面涂刷界面剂,增大新旧混凝土之间的胶结力。

①混凝土的胶结力来源于水泥化学反应形成胶体的过程,所以新旧混凝土之间的黏结力比较小,在混凝土结合面涂刷界面剂,主要利用其渗透结晶作用,增加新老混凝土之间的黏结强度。界面剂主要分为水泥基界面剂、卡本环氧基界面剂、聚合物类界面剂三大类。目前常用的界面剂有水泥净浆(或砂浆)、膨胀水泥浆(或砂浆)、环氧树脂(或砂浆)、掺减缩剂的水泥浆(或砂浆)、掺活性材料及减缩剂的水泥浆(或砂浆)、偶联剂+掺减缩剂的水泥浆(或砂浆)等。

②提前浸水湿润接驳部位既有混凝土,达到"干饱和"的状态,避免既有混凝土吸收新浇混凝土中的水分,保证接缝处水泥的水化作用。

③新浇混凝土比既有混凝土提高一个强度等级,并控制水泥用量,减少干缩影响。

(3)保证混凝土浇筑质量,充分利用结合面粗糙度,增大新旧混凝土之间的摩擦力。

①调整接口混凝土的和易性,保证接缝浇筑密实性,充分发挥混凝土与钢筋之间的握裹力,增加钢筋抗拔时的摩擦力。

②混凝土中掺入铝粉、明矾等膨胀剂,利用膨胀力加大摩擦力。

(4)新旧混凝土界面增设沟槽带(甚至增加植筋),提高界面的抗剪性能,利用植筋增加界面的延性。一般用于新旧混凝土结合面界面宽度较大、对整体承载性能要求较高的部位。

4)钢筋连接

多数情况下,既有主体结构未预留钢筋接驳条件,既有结构采用绳锯、水钻等开洞或破除后,原结构钢筋全部切断。通常采用既有混凝土中钻孔注入高强度化学黏结剂(植筋胶),插入普通钢筋或螺栓式锚筋的方式,解决新旧混凝土之间的钢筋接驳问题。

植筋深度一般不小于15d(d为植入钢筋的直径);植筋外露长度应满足钢筋机械连接构造要求,即同一连接区段内受拉钢筋接头百分率不宜大于50%;考虑到所有钢筋均为接头连接,全部采用Ⅰ级接头。

既有结构接驳部位既有钢筋满足拓建后受力要求且有条件预留钢筋头的情况下,可以提前凿除既有结构混凝土保护层,剥离钢筋并切割处理,按钢筋连接要求保留钢筋头。

5)接口结构混凝土浇筑技术

拓建接口施工通常面临逆作法水平施工缝、预留后浇带、侧墙孔洞环框梁柱、狭小空间浇筑等难题,在上述部位,经常会因混凝土收缩、接缝表面析水或聚集气泡、浇筑密实度不足等原因,出现结构缺陷或渗漏水。因此对接口结构混凝土的性能及可浇筑性要求更高,也需要一些特殊的处理工艺,常用的方式包括超灌法、注浆法、灌浆法等。

(1)自密实混凝土

自密实混凝土又称免振捣自密实混凝土,是一种低水灰比的高性能混凝土,具有很高的流动度、黏聚性、抗分离性、间隙通过能力和填充能力。

①流动性大,具有自密实性,坍落扩展度一般大于550mm。根据经验,自密实混凝土坍落扩展度可参照表5-5-2来选取。

自密实混凝土坍落扩展度选取

表5-5-2

序号	浇 筑 条 件	坍落扩展度建议值(mm)
1	结构断面大、配筋量少、混凝土流动距离短	550
2	结构断面小、钢筋密集、封闭空间	600
3	结构断面复杂、钢筋密集、混凝土流动距离长	650

②黏性大,流动速度慢,在流经密集钢筋部位后,仍然能保持成分均匀。

③稳定性良好,浇筑前后抗离析性好,泌水量低,粗细骨料均匀分布。

自密实混凝土浇筑时,依靠其自重流动性,无须振捣或稍经振捣而自动流平并充满浇筑空间并紧密包裹钢筋,即使在钢筋布置密集的部位也能填满每个角落,大大提高了钢筋混凝土的密实度,浇筑均匀性和表面质量显著提高,有利于阻止外部环境介质的侵蚀,延长混凝土寿命。

自密实混凝土中通过添加矿物掺合料来调节其施工性能、提高混凝土的耐久性、降低混凝土的温升等,目前使用最为广泛的矿物掺合料包括粉煤灰、磨细矿粉、硅灰等。由于自密实混凝土中掺入了粉煤灰、磨细矿粉等矿物掺合料,通过胶凝材料颗粒级配的优化及"二次水化"反应等作用,能够进一步提高混凝土的密实度。

自密实混凝土对水泥无特殊要求,与同强度等级的普通混凝土黏结试件相比较,采用低水灰比的自密实混凝土改善了空隙结构,与老混凝土的黏结强度更高。

搅拌、运输、浇筑过程中,可以通过以下几种措施控制大流动性混凝土坍落度损失:加缓凝型外加剂,延缓水泥的凝结时间;分次添加高效减水剂;使用载体流化剂;使用具有控制坍落度损失功能的减水剂。

（2）超灌法

超灌法是采用浇捣孔、喇叭口、杯口模板等措施浇筑混凝土,使浇筑面超出接缝一定高度的施工方法,如图5-5-16所示。常用于逆作法水平施工缝部位浇筑,一般情况下超灌高度不小于30cm,对混凝土材料的和易性、振捣工艺等有较高的要求。

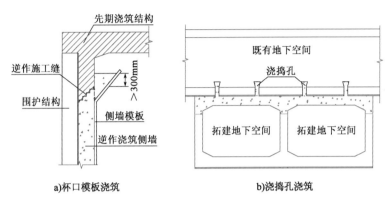

a)杯口模板浇筑　　　　　　　b)浇捣孔浇筑

图5-5-16　超灌法混凝土浇筑

（3）注浆法

注浆法是在结构混凝土浇筑完成后,通过预埋的注浆管、钻孔等方式对接缝进行填充注浆/压浆处理的施工方法。注浆材料一般为低收缩水泥浆、水泥砂浆,强度至少高于原结构一个等级,也可以采用环氧树脂等化学材料,达到堵漏抗渗的目的。

（4）灌浆法

灌浆法是混凝土浇筑过程中,在既有结构与新浇筑结构结合部位预留不小于50mm的间隙,处理新浇混凝土上部浮浆及既有结构基面后,采用高于原结构等级的高强无收缩灌浆料进行填充密实的施工方法,主要用于受浇捣条件或施工空间受限、施工困难的特殊部位。利用高强无收缩灌浆料流动性好、浇筑密实性好的特点,采用高压灌浆机施工。

（5）高差法

高差法类似于超灌法,是利用混凝土的自重和流动性,在邻近浇筑困难的逆作接缝部位设置超出接缝一定高度的永久结构,与接缝部位同时浇筑,保证新旧混凝土接缝的密实性,如图5-5-17所示。通常用于既有结构侧墙开洞接口部位加强梁柱浇筑。

6）密贴下穿既有结构混凝土浇筑技术

向下暗挖增层施工、密贴下穿既有结构施工存在逆作混凝土浇筑、狭小空间浇筑等难题,在上述部位,经常会因混凝土收缩、接缝表面析水或聚集气泡、浇筑密实度不足等原因,出现结构缺陷或渗漏水现象。常用的处理工艺包括超灌法、注浆法、灌浆法等,同时采取增加泵送压力、预置排气管（孔）等措施。

（1）混凝土浇筑

密贴既有结构的平顶直墙结构,顶部操作空间

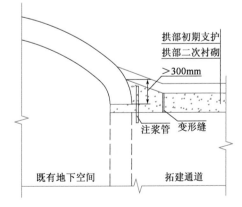

图5-5-17　高差法混凝土浇筑

受限,顶纵梁及顶板混凝土通常采用自下往上灌注,混凝土被外围钢筋阻挡、振捣不到位,可能导致顶纵梁、顶板混凝土浇筑不密实,上方出现较大范围空腔。

顶纵梁及顶板结构采用自密实混凝土分段浇筑。紧贴既有结构底板安设多个浇筑泵管(直径100~120mm),长度为浇筑段落的2/3,后退式浇筑,混凝土浇筑后浇筑管可直接埋置于素混凝土内。顶板浇筑时,利用预埋的回填注浆管作为排气孔。

(2)高压回填注浆

顶纵梁、顶板浇筑时,竖向预埋注浆管,混凝土达到设计强度后,立刻压注微膨胀水泥浆或水泥砂浆回填空隙,见图5-5-18;水泥浆水灰比为0.8~1.2,掺膨胀剂,注浆压力为0.1~0.3MPa。

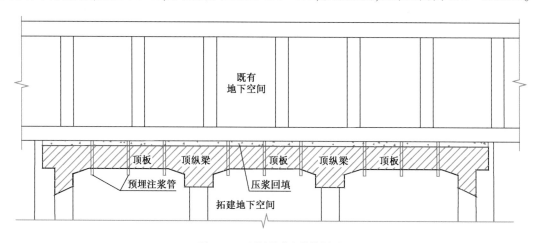

图5-5-18 回填注浆布设横剖图

5.5.4 接口防水技术

地下工程接口部位的防水是拓建施工的关键技术之一,重点是解决新老混凝土界面施工缝防水、预留变形缝防水、外包防水层搭接、顶板(拱)混凝土浇筑密实性、逆作施工缝防水等难题。

1)地层加固与注浆防水

新旧结构接口部位采用地层加固的方式不仅能够提高地层(围岩)的稳定性,局部改善支护结构的受力条件,同时可以起到降低地层渗透性、辅助防水的作用。一般分为开挖前(超前)加固和支护后补充注浆两种。常用的地层加固材料有水泥浆、水泥水玻璃浆液以及其他化学浆液。

2)拓建基坑围护结构接口防水

明挖法拓建工程基坑围护桩结构与既有地下(围护)结构之间存在冷缝,新旧结构接口处是防水薄弱点之一,主要防水措施包括:

(1)地层提前加固:对接口处连续墙槽壁两侧、灌注桩孔壁周边地层采用水泥搅拌桩、旋喷桩、袖阀管、深孔注浆等方式加固处理,形成止水帷幕。

(2)接缝地层注浆:连续墙或灌注桩浇筑完成后,与既有地下结构之间形成柔性接缝,对连续墙接缝及灌注桩桩间土体采用高压注浆方式加固,包括深孔注浆、袖阀管注浆、高压旋喷桩、水平或垂直水泥或化学注浆等技术措施,见图5-5-19。

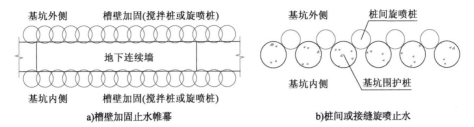

a)槽壁加固止水帷幕　　　　　　　　b)桩间或接缝旋喷止水

图5-5-19　围护结构接缝部位地层注浆

（3）接缝渗漏处理:拓建基坑与既有结构间柔性接缝出现不太严重的点状渗漏,可以采用局部打孔压浆方式,压注水泥浆、水泥—水玻璃双液浆、水溶性聚氨酯堵漏剂与超早强双快水泥组合、环氧树脂等材料进行防渗堵漏;对于较大的孔状、短带状渗漏,通常在漏水口插入引流管,四周用快凝水泥、聚合物砂浆、喷混凝土等嵌固,形成止水墙,然后采用高压注浆方式封堵漏水点;对于线状渗漏,首先对漏水接缝人工剔修出凹槽,凿毛沟槽,冲洗干净,安装塑料引流管,用封缝材料(即水泥掺和材料)封堵。渗漏水严重影响封堵时,可先采用水溶性聚氨酯等堵漏剂快速止水,然后进行压力注浆。

3）暗挖接口支护防水技术

暗挖法拓建工程与既有地下结构之间通常以通道方式接驳,考虑到空间效应、既有结构保护、接口施工安全等因素,拓建通道超前支护及地层加固措施、初期支护均较正常地段有所加强,且地层加固体(注浆)尽可能密贴既有结构,达到注浆止水的效果。接口部位常用的注浆防护工艺包括水平超前深孔注浆(双重管、袖阀管),水平旋喷注浆,小导管超前注浆等。有实施条件时,可考虑结合既有结构保护,采用地表竖向旋喷桩、地面深孔注浆或 MJS/RJP 工法注浆等方式提前加固。

接口段开挖后渗漏严重时,通过预留注浆管对初期支护背后回填注浆或采用小导管注浆或深孔注浆等工艺对周边地层径向补充注浆。

4）永久结构接缝防水

（1）界面处理:既有结构接缝面凿毛植筋处理后,通常涂刷水泥基渗透结晶防水材料、高渗透改性环氧涂料、高标号水泥砂浆、水泥净浆、环氧胶泥等界面剂,增强新老混凝土界面的黏结性能,提高黏结强度,提高接缝的防水效果。为提高新老混凝土间的抗裂性能,刷涂界面剂之前,可以在新老混凝土接口上铺设用于黏结水泥浆的纤维增强复合材料网等。

（2）接缝辅助防水措施:新旧结构接缝处,传统的辅助防水措施为安装一道或多道遇水膨胀止水条(止水胶),同时预埋内径 6 ~ 8mm 的一次性注浆管或内径 8 ~ 10mm 的重复性注浆管,按 2 ~ 3m 间距预留注浆导管。拓建接口浇筑完成后,一次性或分次压注水泥基类浆液填充缝隙,渗水严重时,配合采用膨润土类、聚氨酯类、丙烯酸类和环氧树脂类浆液注浆。

传统的新老混凝土接缝处理方式往往由于注浆浆液漏浆或者干缩,会形成细小裂缝,而导致渗水或漏水,影响新老混凝土的黏结强度,降低混凝土的抗渗性和耐久性。在既有结构截面尺寸较大的条件下,可以垂直于接口接缝切割深度为160~185mm的槽缝或阶梯形、楔形榫接口,利用环氧树脂、建筑密封胶、止水胶等固定半幅可注浆式橡胶止水带、可注浆塑料止水带或粘贴遇水膨胀止水条的钢板止水带,剩余半幅止水带浇筑嵌入拓建结构,配合后期注浆,实现可靠的防水效果。

中埋可注浆式止水带是在传统的止水带基础上经改进形成的新型止水带,即在产品的两侧设置注浆管和逆止阀,从而提高施工/伸缩缝的防水安全系数。根据原材料材质不同,可分为可注浆式橡胶止水带、可注浆式聚氯乙烯(PVC)止水带、可注浆式钢边橡胶止水带、可注浆式橡塑止水带等种类。如果发生渗漏,通过注浆,能有效、快速地修补,防水质量可靠,其综合费用最经济,彻底解决了传统止水带的弱点。

由于在可注浆式止水带上设有安装孔,便于现场固定及就位;两侧注浆管上设有防堵功能的逆止阀,浇筑混凝土时,不会堵塞出浆孔;注浆时,出浆孔出浆流畅;通过注浆管和逆止阀可进行快速有效的注浆修补,修补后的防水质量安全可靠、不复发;注浆完毕后,立即将管内的浆液清洗干净,根据需要可进行多次重复注浆,能够适用于所有混凝土工程的施工缝和伸缩缝的防水。

(3)新型接缝防水措施:在新老混凝土接缝部位,浇筑混凝土时同步埋置含修复物质的液芯纤维、含愈合剂的微胶囊,当接缝处出现张开裂缝时,纤维、微胶囊中的胶粘剂流出向缝隙处渗入,使混凝土裂缝愈合,达到防水及耐久性保护的效果。目前采用的胶粘剂包括氯丁橡胶、聚氨酯、氰基丙烯酸酯、环氧树脂等。

5)新旧结构防水层接口

根据调查,既有城市地下工程防水包括三种类型:无附加防水层、内贴(涂)式防水层、外包式防水层。其中,外包式防水层应用比较普遍,采用卷材铺设、涂料喷刷方式实施。

较早期的防水材料主要为沥青防水卷材,包括用厚纸、玻璃丝布、石棉布、棉麻织品等胎料浸渍石油沥青制成的有胎卷材和石棉、橡胶粉等掺入沥青材料中经碾压制成的无胎卷材;采用黏结剂或热熔方式铺设,在地下水侵蚀、地层压力作用下,黏结于结构表面,产生不同程度的老化,易破损、断裂。

自20世纪80年代以来施工的地下工程,采用的外包式防水材料多种多样,主要包括高聚物改性防水卷材[如弹性体沥青防水卷材(SBS)、塑性体沥青防水卷材(APP)、改性沥青聚乙烯胎防水卷材、再生胶油毡],高分子防水卷材[聚氯乙烯(PVC)、醋酸乙烯聚物(EVA)、聚乙烯(PE)、乙烯共聚物改性沥青(ECB)等],自粘防水卷材(沥青基防水卷材、高分子自粘胶膜防水卷材),膨润土防水毯,沥青基防水涂料(石灰乳化沥青、膨润土沥青乳液、水性石棉沥青防水涂料),高分子防水涂料(聚氨酯、丙烯酸酯、环氧树脂、有机硅等),无机防水涂料(水泥基渗透结晶型、聚合物水泥基型)等几大类。

既有城市地下工程修建年代跨度较大,防水材料及施工工艺也在不断发展,防水材料多样,施工方式各异,老化程度不同,使用状态也有差别,拓建工程接口部位需要根据不同的情况采取相应的接驳方案。既有地下结构接口破除时,若原防水层性能良好、接口周边保持完整,可以保留不小于50cm的搭接宽度,在接驳部位与拓建结构防水层形成覆盖加强层;大多情况下,既有结构接口部位很难保留满足要求的搭接条件,可以在接口部位用遇水膨胀止水条、密封胶(如沥青油膏、丁基密封胶、聚氨酯密封胶、丙醋密封胶、硅密封胶等)对既有防水层做收口处理,用拓建结构防水层搭接覆盖的方式形成完整的防水加强构造。常用防水搭接接口处理方式见图5-5-20。

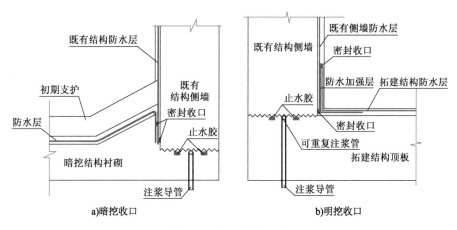

图 5-5-20　防水层接口方案

5.5.5　其他接驳

地下工程拓建除土建工程的接驳外,还涉及运营所需机电设备、装饰装修工程的接驳与融合。地下空间拓建后,消防分区、人防单元、功能分区、管理分区均可能有相应调整,上述因素均可能影响机电设备系统和装饰装修工程的接驳方案。

城市地下空间机电设备系统包括照明、通风、空调、消防、给水、排水、监控、信息、电话、广播、人防等。这些系统在拓建地下空间中通常独立设置,或在既有地下空间相应系统基础上增容或扩展,取决于拓建空间规模、使用功能、权属、既有系统容量等。采用增容方式接驳时,可以结合既有系统的整体升级改造统筹考虑,也可以对既有系统局部改造直接接驳。

装饰装修工程:包括既有装修恢复升级、新老地下空间装修过渡、色系配合、系统性导向标识。

5.6　以小扩大施工技术

城市地下空间以小扩大拓建主要采用暗挖法施工,根据拓建工程与既有地下空间的相对位置和利用方式不同,以小扩大拓建形式包括单侧原位扩建、双侧原位扩建、拱部(挑顶)扩建、底部(落底)扩建、全方位扩建以及双洞(多洞)连通扩建。单侧原位扩建和双侧原位扩建主要采用分部开挖方法施工,包括台阶法、CD 法、CRD 法、核心五步法、层层剥皮法、导洞法、回填复挖法、中洞法等;双洞连通扩建施工方法主要基于既有小近距平行盾构隧道拓建施工,包括横通道法、半盾构法、托梁法、弧形导坑法、预切槽法等;除此之外,洞桩法(PBA 法)、拱肋预支护法、预制拼装、顶进等特殊施工方法也经常在以小扩大拓建施工中使用。

5.6.1 矿山法扩挖施工方法及关键技术

1）台阶法

台阶法主要适用于比较稳定的地层或全断面加固后的地层,扩挖部分掌子面稳定性较好,有条件采用机械化施工。

（1）施工工序

台阶法扩挖工序如图 5-6-1 所示。

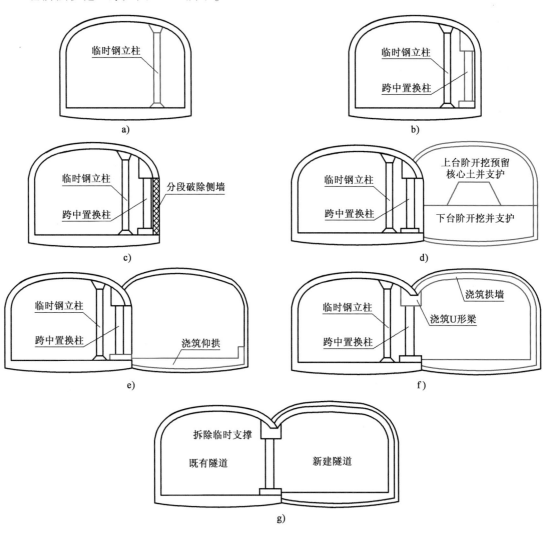

图 5-6-1 台阶法扩挖工序

①采用满堂脚手架、钢立柱、临时墙柱等方式加固既有空间,如图 5-6-1a）所示。

②分段破除接驳部位既有侧墙,置换浇筑跨中梁、柱,并预留扩建部分衬砌接驳条件,如图 5-6-1b）、c）所示。

③台阶法开挖扩建洞室,同时完成初期支护,如图 5-6-1d）所示。

④浇筑扩建部分底板(仰拱)衬砌,如图5-6-1e)所示。

⑤浇筑扩建部分边墙、顶板(拱部)衬砌,如图5-6-1f)所示。

⑥拆除临时加固措施,如图5-6-1g)所示。

(2)技术关键点

①既有空间内的临时加固措施能够保证局部侧墙破除过程中、扩挖卸载过程中结构及周边地层的稳定。

②采用掌子面加固、预留核心土等措施,保证掌子面稳定性。

③置换法浇筑的梁柱体系与既有结构共同受力,接驳部位植筋、界面处理质量;采用U形梁等构造(图5-6-2),解决新旧结构混凝土浇筑密实性。

④既有结构与扩建结构接驳部位的防水层接驳及收口处理。

⑤扩建部分的结构基底处理,防止新旧结构间不均匀沉降及开裂。

⑥机械法快速施工。

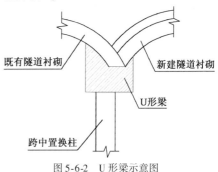

图5-6-2 U形梁示意图

2)中隔壁法(CD法、CRD法)

在掌子面不太稳定、地层较差的工程中常使用中壁法。开挖断面分割且保持适宜间距后,能确保掌子面的稳定性,若支护及时,可防止周边地层松弛范围的扩大。CD法断面分割次数少,施工技术难度相对较低,施工工序简单,工期较快,而且造价相对较低,能适应中小型机械进行作业;CRD法将大断面化成小断面,步步成环,每个施工阶段都是一个完整的受力体系,结构受力明确,变形小,工法安全性高,需要严格控制施工进尺,适合小型机械配合人工开挖,施工效率低。

(1)施工工序

CD法和CRD法的施工工序基本相同,以CRD法扩挖为例,如图5-6-3所示,主要包括以下步骤:

①在既有空间内架设临时型钢支撑,支撑位置与扩挖部分初期支护及临时底板(仰拱)位置对应。

②扩挖顶部导洞,导洞初期支护钢架与既有空间内临时型钢支撑顺接。

③依次由上向下扩挖各层导洞,初期支护与上一层导洞预留接头顺接。

④扩挖底部导洞,封闭底板(仰拱)初期支护。

⑤跳槽破除底板浇筑影响范围内既有结构侧墙,铺设底板(仰拱)部位防水层,并采用型钢换撑临时支顶。

⑥浇筑底板混凝土。

⑦由下向上铺设防水层,浇筑边墙衬砌、中板(若有),根据地层稳定性及监测数据确定是否在浇筑前拆除临时型钢横撑。

⑧跳槽分段破除拱部衬砌浇筑影响范围内既有结构,铺设防水层,并根据地层情况确定是否架设型钢换撑临时支顶。

⑨浇筑拱部衬砌,形成完整衬砌结构。

⑩割除临时支撑,衬砌表面封闭处理。

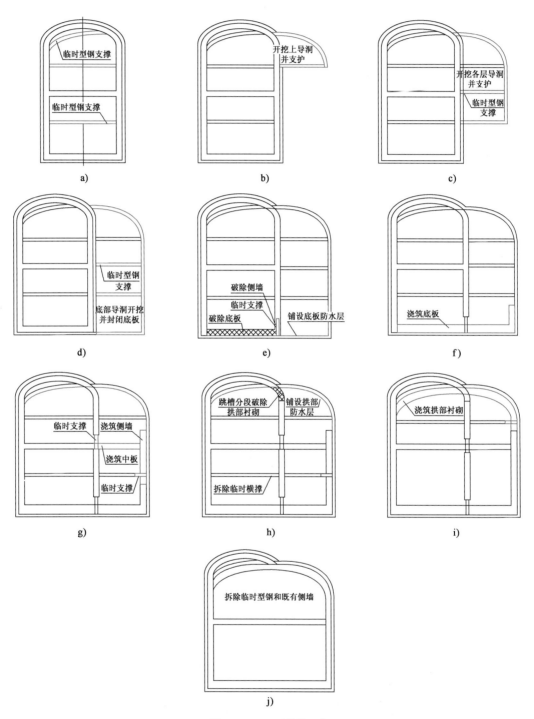

图 5-6-3　CRD 法扩挖工序

（2）技术关键点

①地层注浆加固效果：注浆加固作业在既有地下空间内完成，采用径向注浆方式，注浆范围应包括扩挖区域及周边地层、需保留的既有结构拱部、侧墙外地层。

②既有空间内临时型钢支撑架设位置、架设间距需满足拓建扩挖过程中偏压荷载作用下洞室稳定、变形要求。

③扩挖部分的初期支护钢架、临时支撑与既有空间内临时支撑在连接部位切向顺接，保证轴向荷载传递。

④台阶法施工过程中，各层导洞边墙钢架锁脚；各层导洞开挖面错开距离按1.5倍导洞高度控制，不小于1倍导洞高度。

⑤底板（仰拱）、拱部衬砌破除分段长度、临时支撑强度及刚度、临时支撑部位的防水层搭接及保护。

⑥可利用的既有结构加强处理、新浇筑衬砌与既有结构的接驳质量。

（3）稳定地层中的应用

在稳定的地层中，中隔壁扩挖施工工序可灵活调整。

①CD法［图5-6-4a)］

a. 拆除原结构，扩挖左侧导坑。

b. 施工初期支护（中隔壁临时支护、拱墙初始支护）。

c. 开挖右侧导坑。

d. 施工右侧导坑初期支护。

e. 分段拆除中隔壁临时支护（必要时，采用型钢换撑），铺设仰拱防水层，浇筑仰拱二次衬砌。

f. 铺设拱墙防水层，整体浇筑拱墙部二次衬砌。

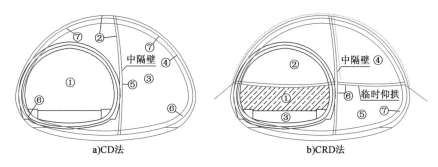

图5-6-4　稳定地层中CD法和CRD法扩建步序

（注：图中数字代表施工步序）

②CRD法［图5-6-4b)］

a. 原隧道回填至拱腰或搭设满堂支架。

b. 左侧导坑上台阶开挖（同步破除既有结构），初期支护，临时支护。

c. 开挖左侧导坑下台阶，挖除回填土或拆除临时支架，初期支护，临时支护。

d. 右侧导坑上台阶开挖，封闭初期支护。

e. 分段拆除中隔壁临时支护（必要时采用型钢换撑），浇筑仰拱。

f. 整体浇筑拱墙二次衬砌。

③多层隔壁法(图5-6-5)

多层隔壁法是在CD法基础上,借鉴山岭隧道扩挖施工采用的"层层剥皮法"衍生的施工方法,主要适用于既有结构断面较小、地质条件较好,而扩挖后断面较大的拓建工程。

a. 采用土石、沙袋等回填既有洞室下半断面,回填高度至每次扩挖的上台阶底面。

b. 破除既有洞室拱部衬砌,开挖洞室上方土体,施作初期支护及临时支护。

c. 依次向外扩挖并实时支护,完成拱墙部分的开挖支护。

d. 对应拱墙开挖分块,依次清挖仰拱部位土体,接长临时支护,封闭初期支护。

e. 浇筑仰拱、拱墙衬砌。

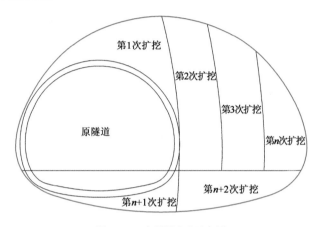

图5-6-5　多层隔壁法示意图

3) 侧导洞法

利用既有地下空间作为一侧导洞,并在既有空间内径向注浆,加固待开挖土体,然后采用侧壁导坑法开挖另一侧导洞及中部土体,采用先墙后拱法浇筑衬砌。

(1)施工工序

侧导洞法施工工序如图5-6-6所示。

①在既有空间内径向注浆加固地层。

②侧导洞开挖、初期支护。

③两侧边墙衬砌及部分底板(仰拱)浇筑,预留拱部、底板衬砌接驳条件。

④中间拱部土体开挖,拱部初期支护。

⑤分段浇筑拱部衬砌。

⑥中间下部土体开挖,封闭初期支护。

⑦破除既有结构、侧导洞初期支护,浇筑底板(仰拱)。

(2)关键控制点

①既有空间内径向全断面深孔注浆效果。

②控制侧导洞开挖断面尺寸,满足侧墙浇筑、底板(仰拱)预留接缝要求。

③边墙衬砌浇筑后,设置临时横向支顶,防止中部土体开挖期间墙体内移及侧导洞偏压产生的不利影响。

④拱墙衬砌接缝部位尽量避开最大弯矩段,保证受拉钢筋满足接驳要求、混凝土接缝符合浇筑质量要求。

⑤底板(仰拱)纵向接缝部位避开最大弯矩段,保证受拉钢筋接驳满足要求。

⑥底板(仰拱)纵向接缝部位预留企口缝或错口缝,提高抗剪性能。

⑦横向、纵向施工缝较多,保证防水层搭接接头质量,增设加强防水层及分区防水措施。

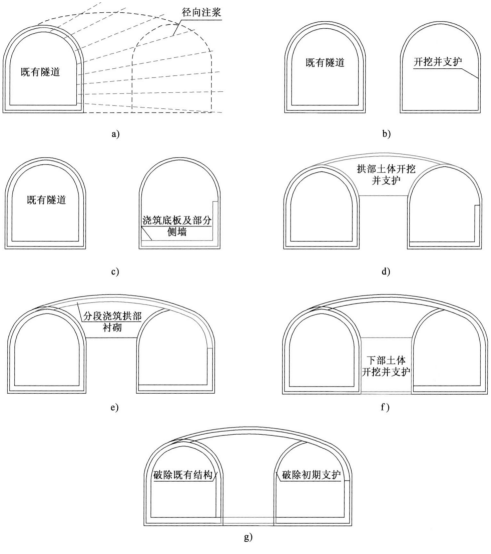

图5-6-6 侧导洞法施工工序

4)中洞法

利用既有地下洞室作为中导洞,直接浇筑中墙或跨中梁柱体系,两侧采用台阶法、CRD法、侧壁导坑等方法开挖洞室,浇筑衬砌形成双跨结构。既有地下洞室可以为盾构法隧道,也可以为矿山法隧道。

（1）施工工序

中洞法施工工序如图 5-6-7 所示。

①在既有洞室内向两侧土体实施径向注浆加固。

②浇筑中墙或梁柱结构，预留两侧衬砌接驳钢筋及接缝条件。

③根据需要架设临时水平支撑。

④采用台阶法或 CRD 法，按"由内侧向外侧、先上部后下部"的顺序对称开挖既有结构两侧导洞，同步封闭各导洞初期支护及临时支护。

⑤分段破除开挖后暴露的既有结构，浇筑底板（仰拱）。

⑥浇筑拱墙衬砌。

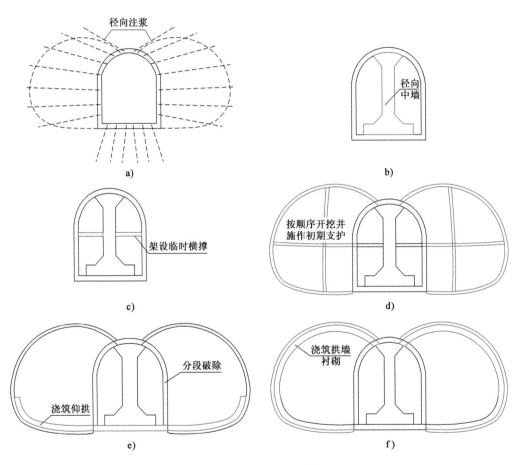

图 5-6-7　中洞法施工工艺

（2）关键控制点

①中墙或中间梁柱地基加固，保证施工过程中地基承载力满足要求，地基压缩沉降满足控制要求。

②中墙顶部（或顶纵梁顶面）与既有洞室顶拱之间缝隙浇筑密实，确保扩挖洞室初期支护拱脚稳定。

③两侧各导洞尽量对称开挖,减轻偏压作用对中墙(中部梁柱)的影响。

④既有洞室内架设的水平临时支撑与两侧导洞临时仰拱高程对应,可靠传递水平荷载。

⑤底板(仰拱)与底纵梁之间、拱部衬砌与顶纵梁之间接缝处理及钢筋连接质量。

⑥纵向施工缝部位的防水。

5)全方位扩挖法

在既有地下洞室轴线上,向周边全方位扩挖形成大断面洞室,拓建后既有结构完全破除。全方位扩挖法最早应用于不中断交通情况下公路隧道的扩挖施工,在城市区域可应用于稳定性较好的岩层隧道或地层加固效果良好的砂土质隧道扩挖施工,拓建隧道采用预制装配式结构时,可在完全不中断既有隧道运营的情况下实施。图5-6-8为意大利某公路隧道扩挖施工方案及实景。全方位扩挖法的关键技术包括:

(1)隧道扩挖施工范围内,采用可移动式护盾完全隔离施工区与运行区,保证施工期间正常交通;可移动式护盾类似于隧道衬砌台车,由型钢、钢板加工,配置走行装置,随扩挖掌子面推进和既有隧道结构拆除进度行进。

(2)拱墙采用预制装配式衬砌结构,实现快速施工。

(3)扩挖过程中采用超前支护、掌子面加固等措施,保证弧形掌子面稳定。

(4)采用可在狭窄空间内作业的加固、开挖、运输、拼装、混凝土破除及调运等配套施工装备。

(5)拓建施工前对既有隧道结构进行评估及鉴定,分析扩挖施工过程中的稳定性。

(6)既有隧道结构分块破除,确定合理的破除顺序,保证破除过程中的稳定性。

5.6.2 双洞连通施工方法及关键技术

双洞连通拓建施工主要是在盾构法、矿山法施工的近距离隧道基础上进行,使独立的通道扩大形成连通的地下空间。

1)横通道法

该类型拓建由两条及以上平行或接近平行的盾构隧道或矿山法隧道通过横通道连接形成新的地下空间,最常见的应用是双管地下交通隧道以及隧道之间修建的联络通道;目前最典型的应用方式为修建塔柱式地铁车站:车站主体由三部分组成,即两条或三条隧道、连接隧道的横通道以及塔柱或立柱。

(1)施工工序

①采用盾构法、矿山法开挖两条或三条并行的小近距隧道。

②在隧道连通开口部位两侧设置临时支撑,并预加力顶紧隧道侧壁。

③从一管隧道内对连接通道实施超前加固及超前支护措施。

④采用矿山法开挖横通道,及时支护,保留相邻横通道之间的土体形成塔柱(塔柱式)或采用钢筋混凝土置换相邻横通道之间的土体形成立柱(立柱式)。

⑤浇筑横通道衬砌,植筋浇筑隧道侧壁开口部位环框结构。

⑥拆除隧道内临时支撑。

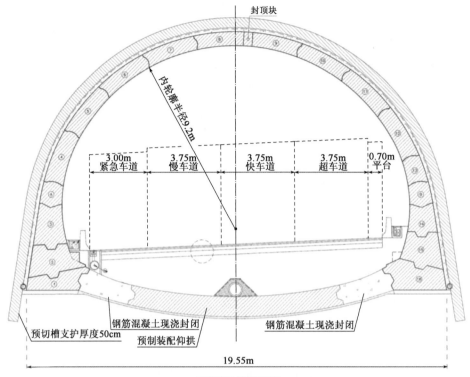

a)隧道扩挖断面图

b)意大利Nazzano隧道移动式护盾

图5-6-8　全方位扩挖法示意图

（2）控制关键点

①近距离平行隧道的施工工序及相互影响：考虑后开挖隧道卸载产生的偏压作用对先期完成隧道的不利影响，并采取必要的临时加固措施。

②隧道侧壁开洞前在相邻隧道段落安装可调节临时支撑，保证支撑结构对隧道内壁形成环向连续或多点状支撑作用；其刚度要满足开洞卸载后既有隧道变形控制要求；强度要能够分担开洞后重新分布的隧道围岩压力；与既有隧道结构点状接触时，考虑混凝土局部破坏。

③连接通道不设置变形缝,加强衬砌结构,保证不均匀沉降等工况下结构安全。

④连接通道与既有隧道之间采用大刚度接口结构,在大偏心受压、多向受弯、扭转等复杂受力作用下,有足够的抗变形、防开裂能力。

⑤接口部位设置多道防水措施,并预留工后补充注浆条件。

⑥小近距多通道施工时,设置合理的间隔及工序,避免交叠影响。

图5-6-9为横通道法施工的代表性工程——伦敦地铁塔柱式车站和基辅地铁塔柱式车站断面。

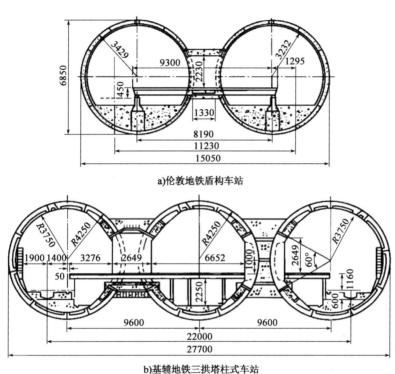

a)伦敦地铁盾构车站

b)基辅地铁三拱塔柱式车站

图 5-6-9　横通道法施工的地铁暗挖车站断面图(尺寸单位:mm)

2)托梁法

在既有两管隧道内修建纵梁、立柱体系,从梁柱体系顶部向两条隧道间的地层中挤入超前横梁(类似于管棚作用),在梁柱体系支撑下分段破除既有隧道侧墙或拆除管片,开挖土体,浇筑顶、底板结构,形成贯通的双柱三跨地下空间。

(1)施工工序

①在既有隧道内浇筑钢筋混凝土底纵梁,预留立柱接驳条件(预埋钢筋或钢板及地脚螺栓)。

②分段安装钢管中立柱,钢管内浇筑混凝土,柱顶预留钢筋笼。

③浇筑钢筋混凝土顶纵梁,植筋与既有隧道衬砌紧密连接。

④在顶纵梁上方间隔挤入超前横梁(或钢管)。

⑤分段破除既有隧道侧墙上部结构(或拆除管片),开挖上部土体,浇筑顶板并与顶纵梁接驳。

⑥分段破除既有隧道侧墙下部结构(或拆除管片),开挖下部土体,浇筑底板并与底纵梁接驳。

(2)关键控制点

①保证顶梁、底梁与既有隧道衬砌之间植筋效果,按要求凿毛、清洗既有隧道衔接面,满足施工过程中剪切、扭转、挤压等复杂受力要求。

②钢管立柱精确定位,保证垂直度,与顶、底梁连接点设置加强钢筋,在梁柱体系复杂受力过程中保持可靠连接。

③钢管柱内浇筑低泡、自密实、补偿收缩、高强度混凝土;混凝土初凝前清除顶部浮浆,混凝土终凝前,凿毛顶面至外露粗骨料。

④横梁顶入前注浆预加固地层,可采用可注浆钢管代替横梁。

⑤首段土体开挖工作从一侧隧道内横向完成,开洞破除前在既有隧道内径向注浆加固土体,保证无水条件下开洞;后续土体沿纵向推进开挖或在既有隧道内横向跳槽开挖,开挖过程中采用超前加固等方式保证掌子面稳定。

⑥顶板、底板混凝土浇筑紧随开挖工作完成,防止既有隧道及梁柱体系向内挤压变形,必要时在立柱部位,对顶、底梁架设临时横向支撑。

⑦顶板采用自密实混凝土、留置浇筑管、外置式振捣等方式,减小顶部空隙;浇筑时预留注浆管,混凝土强度满足要求时,压浆填充顶部空隙。

⑧顶(底)板与顶(底)梁之间的接缝、顶(底)梁与既有隧道结构之间的接缝部位设置多道防水及分区防水措施,并预留可重复注浆管。

图 5-6-10 为托梁法施工的代表性工程——日本东京地铁新御茶水站,在两管单线盾构隧道基础上连通拓建形成。

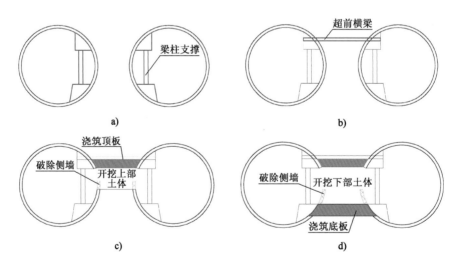

图 5-6-10　日本东京新御茶水站断面图

3)浅埋暗挖连拱法

该拓建方法是在既有的两管平行隧道(通常为盾构法隧道)内,构建梁柱系统或开洞式隔墙,然后纵向扩挖中间拱形部分,同步拆除盾构管片,浇筑(或拼装)拱部、仰拱衬砌,与既有隧道形成三连拱形地下空间。

中间拱形空间开挖方法包括台阶法、弧形导坑法、CRD法等;拱部超前支护、超前加固及止水、保持掌子面稳定是安全施工的关键。

(1)施工工序

台阶法施工工序为:

①在两管既有隧道内浇筑安装顶梁＋底梁＋钢管混凝土立柱体系(或连续开洞的中隔墙),顶梁及底梁与既有隧道结构通过植筋等方式刚性衔接,并预留中间跨衬砌钢筋接驳条件。

②开挖中间跨上半断面(上台阶)土体,及时支护。

③分段破除上台阶开挖后暴露的既有隧道侧墙管片,在既有隧道内采用临时撑支顶悬臂管片。

④及时浇筑拱部衬砌,衬砌拱脚与新浇筑顶梁(或中隔墙)接驳。

⑤开挖中间跨下半断面(下台阶)土体,同步拆除开挖暴露的管片,及时封闭支护。

⑥分段浇筑仰拱(底板)衬砌,衬砌钢筋与底梁(或中隔墙)接驳。

⑦回填仰拱,浇筑并安装内部结构。

(2)关键控制点

①保证顶梁、底梁(或中隔墙)与既有管片之间植筋效果,按要求凿毛、清洗既有隧道管片衔接面,满足施工过程中剪切、扭转、挤压等复杂受力要求。

②控制上台阶开挖高度,采用超前加固、预留核心土及弧形导坑开挖方式保证掌子面稳定。

③拱部衬砌浇筑完成后,及时压浆回填衬砌背后空隙,确保拱部衬砌及时发挥承载作用。

④尽量缩短下半断面开挖掌子面与底板(仰拱)浇筑作业面之间的距离,防止土体卸载后既有隧道产生相向位移,造成梁柱体系(或中隔墙)及拱部衬砌开裂;必要时在拱脚(或顶纵梁)之间设临时拉压构件,限制变形。

⑤管片衬砌与现浇梁(墙)之间的接缝处、中跨拱部衬砌与顶梁(或中隔墙)之间的接缝、底板(仰拱)衬砌与底梁(或中隔墙)之间的接缝部位设置多道防水及分区防水措施,并预留可重复注浆管。

⑥在软弱松散地层中,可在浇筑梁柱体系之前,在既有隧道内径向注浆提前加固中间土体。

⑦浅埋暗挖连拱法安全拓建最关键的技术之一是拱部的超前及支护及加固技术,详见下节。

图5-6-11为连拱法拓建施工的典型性地下空间断面。

(3)超前支护及加固技术

拱部超前支护技术除了采用传统的超前管棚、超前小导管、水平旋喷桩等方法之外,也可以采用管幕、拱肋、冻结等技术。

①管幕(管棚)法

既有两管平行隧道之间,在扩挖土体上方或沿拱部开挖轮廓外纵向施作管幕(管棚),在管幕(管棚)防护下进行下方土体开挖,图 5-6-12 为日本滨街地铁车站施工采用的管幕超前支护方案示意图。

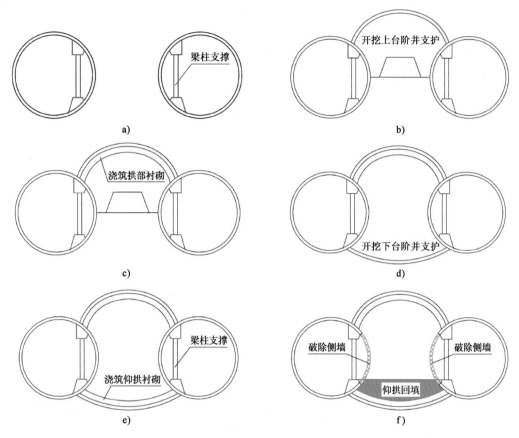

图 5-6-11　连拱法拓建施工的典型地下空间断面

图 5-6-12　管幕超前支护示意图

②顶进拱肋法

在既有隧道空间内,采用曲线顶进及小直径曲线掘进装备,在中部扩挖轮廓外按一定间距安设弧形钢管,形成拱肋式管棚,在拱肋结构防护下进行下方土体开挖,图 5-6-13 为拱肋式管棚超前支护方案示意图。

③钢管混凝土插梁法

该法是一种基于钢管混凝土插梁法的地下空间扩建方法,其主要施工方法是沿既有盾构隧道管片的穿孔位置向两侧盾构隧道之间的土体中顶进相向弯曲钢管,待首节弯曲钢管进入土体后顶进下一节弯曲钢管,重复至两个首节弯曲钢管到达中间位置,使各个弯曲钢管拼接成拱形结构,向弯曲钢管内灌注混凝土,混凝土沿着两个首节弯曲钢管之间的缝隙冒出,将两侧的弯曲钢管连为一体结构;在盾构隧道内施作纵梁和立柱,在两个盾构隧道之间开挖中间土体,施作防水措施和结构衬砌,拆除两个盾构隧道上与立柱相对的盾构管片。这种方法可以实现以小扩大、向下增层、逐级拓建,适用于对地表位移和地表沉降控制严格的地下空间的扩建以及浅层土、软弱地层、大跨度的地下空间施工,具体施工步骤如下。

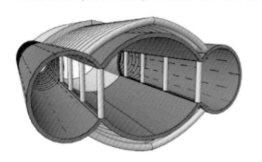
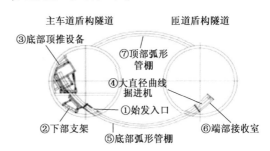

图 5-6-13　拱肋式管棚超前支护

a. 在双向并行的两个盾构隧道的盾构管片上相对位置分别开设上、下穿孔,如图 5-6-14a)所示。

b. 在两侧盾构隧道内分别架设反力架,在反力架上固定反力支座和导向架,在反力支座上设置顶进油缸,使顶进油缸的伸缩杆与步骤 a 孔的中心轴重合,导向架的引导方向与伸缩杆的伸缩方向重合;在两侧盾构隧道对应的反力架上分别固定弯曲钢管,并且将导向架固定在弯曲钢管的外围对弯曲钢管的顶进方向进行调整,利用顶进油缸分别从盾构管片的穿孔位置向两侧盾构隧道之间的土体中相向顶进弯曲钢管,待首节弯曲钢管进入土体后顶进下一节弯曲钢管,重复至两个首节弯曲钢管到达中间位置,使各个弯曲钢管拼接成拱形结构,钢管顶进如图 5-6-14b)所示。

c. 将两侧穿孔孔道外露出的多余弯曲钢管截断,并排出其内腔的土体,用钢板封闭弯曲钢管端口,在弯曲钢管端口上预留出注浆孔和排气孔,钢管内排土如图 5-6-14c)所示。

d. 沿着注浆孔向弯曲钢管内灌注混凝土,混凝土沿着两个首节弯曲钢管之间的缝隙冒出,将两侧的弯曲钢管连为一体结构,钢管混凝土填充如图 5-6-14d)所示。

e. 在两侧盾构隧道内施作纵梁和立柱,纵梁设置在立柱的上下端,使立柱通过纵梁与盾构隧道的上穿孔、下穿孔连接。在两个盾构隧道之间按照自上而下、自左向右的顺序开挖中间土体,开挖完成后施作结构防水措施,防水完成后施作结构衬砌,使结构衬砌沿着顶进的弯曲钢管的拱形内侧铺设,拆除两个盾构隧道上与立柱相对的盾构管片,最后施作结构底板,完成地下空间扩建,土体开挖顺序如图 5-6-14e)所示。

④插管冻结法

在既有隧道空间内,安装顶进设备,将弧形双层钢管(外层钢管端头密封、内层钢管端头开口)按一定间隔定向牵引或顶进到位,双层钢管形成盐水循环系统与冻结设备连接,主动冻结拱部及仰拱土体。停止冻结后在冻结管内注入水泥浆填充。主要工艺原理如图 5-6-15 所示。

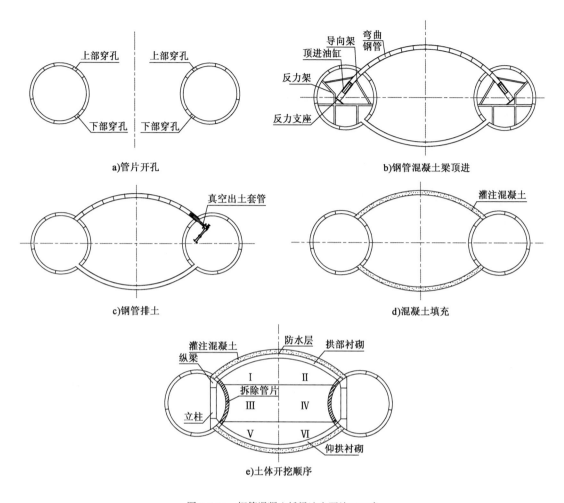

图 5-6-14　钢管混凝土插梁法主要施工工序

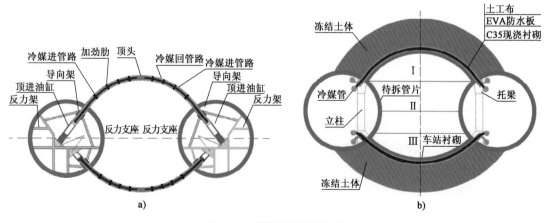

图 5-6-15　插管冻结法超前支护

4）半盾构法

半盾构法与浅埋暗挖连拱法类似，在既有的两管平行隧道空间内构建开洞式隔墙或梁柱系统后，采用半盾构掘进并拼装管片修筑扩挖空间顶部结构（作为初期支护或永久衬砌结构），然后分部开挖下部土体，浇筑底板形成闭合结构。

（1）施工工序

①在既有盾构隧道空间内浇筑并安装梁柱体系，并架设临时支撑加固衬砌结构。

②半盾构掘进拱部，拼装钢管片形成拱部初期支护结构（地层较好时可作为永久衬砌），顶梁之间架设临时横撑。

③浇筑拱部钢筋混凝土衬砌，拆除临时横撑。

④分台开挖下部土体，拆除相应部位管片，底梁之间架设临时横撑。

⑤浇筑钢筋混凝土底板（仰拱）。

（2）关键控制点

①顶梁、底梁（或）与既有管片之间可靠传力（中隔墙与既有隧道管片的可靠连接），满足施工过程中剪切、扭转、挤压等复杂受力要求。

②半盾构拼装衬砌脚部与既有隧道管片之间的可靠连接。

③拱部半盾构掘进后，在顶梁位置及时安装临时横撑，防止既有隧道结构产生相向位移。

④下部土体分段开挖卸载后，在底梁之间及时架设横撑，防止既有隧道位移以及拱部衬砌开裂。

⑤现浇梁、拱、底板（仰拱）结构与既有隧道管片之间设置多道防水措施。

⑥采用大刚度拱圈、底板（仰拱）结构，防止不均匀沉降导致的不利影响。

图5-6-16为半盾构法扩挖施工的几个代表性工程。

5）盾构隧道扩大断面法

盾构隧道扩大断面法是在既有小近距两管盾构法隧道基础上，通过扩挖融合，形成大跨隧道断面的施工方法。

（1）施工工序（图5-6-17）

①在既有两管盾构隧道外侧边墙部位，沿管片径向植筋，浇筑高强度混凝土二次衬砌，为扩挖扣拱提供稳固的承载基础；同时在隧道内架设临时支撑加固管片衬砌。

②扩挖拱部土体，架设钢拱架、钢筋网、喷射混凝土，形成初期支护。

③分段跳跃局部拆除拱部管片，跳槽式浇筑拱部衬砌，与既有隧道内现浇侧墙接驳。

④扩挖底部土体，架设钢拱架，浇筑垫层混凝土（初期支护）。

⑤分段跳跃拆除底部管片，跳槽式浇筑仰拱衬砌，与既有隧道内现浇侧墙接驳。

⑥挖除隧道间夹土，同步拆除中间管片，形成大跨度地下空间。

⑦仰拱混凝土回填，加大大跨度地下空间的整体刚度。

（2）关键控制点

①既有盾构隧道内浇筑边墙混凝土衬砌，需做好管片表面粗糙处理，保证植筋密度，使二次衬砌与管片形成叠合结构。

②既有盾构法隧道内的临时支撑方案,需考虑扩挖各工序管片衬砌的稳定性,有效控制既有结构变形。

③本施工方法适用于相对稳定的地层中拓建施工,地层条件较差时,应在既有隧道内沿径向对扩挖土体实施注浆加固(包括隧道间所夹土体)。

④拱部二次衬砌、仰拱部位二次衬砌均采取分段跳槽方式浇筑,避免连续破除管片诱发既有衬砌失稳。

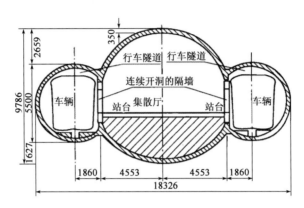

a)圣彼得堡地铁三拱中墙式车站断面图

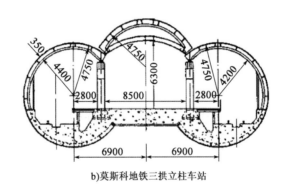

b)莫斯科地铁三拱立柱车站

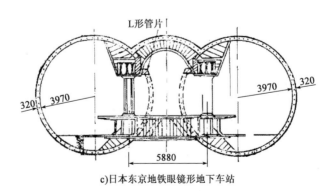

c)日本东京地铁眼镜形地下车站

图5-6-16 半盾构法施工的地铁车站(尺寸单位:mm)

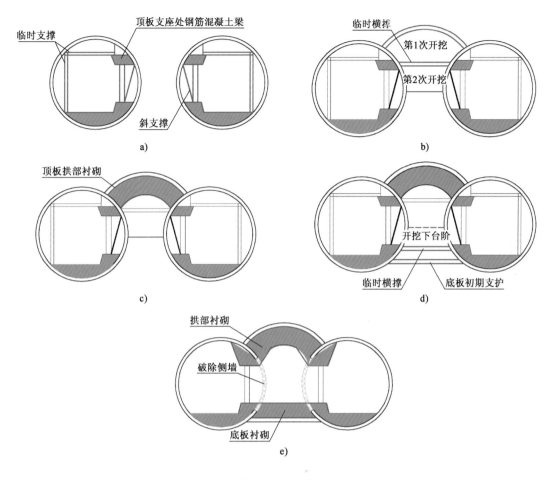

图 5-6-17 盾构隧道扩大断面法施工工序示意图

（3）盾构隧道扩大断面法应用实例

该工法最初的应用是日本东京都高速道路株式会社采用盾构法修建城市道路隧道及匝道。在设计方案中,提前考虑了主线隧道与匝道隧道融合段大断面结构的实施条件,因此主线隧道、匝道隧道采用钢管片衬砌,扩挖接驳部位设计为异形管片。扩挖后拱部、仰拱均采用可调整宽度的钢管片拼装衬砌,因此施工效率、衬砌接驳难度、施工风险均明显降低。图 5-6-18 为采用该工法施工城市道路隧道匝道段的主要工序。

①既有盾构法隧道内对应扩挖拱脚部位,安装切向永久支撑梁,并架设临时支撑;拱部开挖,施作钢架,喷射混凝土初期支护。

②拼装拱部钢管片。

③下部(仰拱部位)开挖。

④铺设垫层,拼装仰拱部位钢管片。

⑤拆除临时支撑及空间内管片。

⑥仰拱填充、底部管沟及路面板安装。

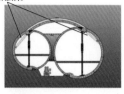

a)步序1：上半部分开挖　　　b)步序2：上半部分管片拼装　　　c)步序3：下半部分开挖

d)步序4：下半部分管片拼装　　　e)步序5：拆除中间部分　　　f)步序6：施工完成

图 5-6-18　日本东京都高速公路大桥立交地下匝道段施工工序

5.6.3　组合法扩挖施工关键技术

以小扩大拓建工程形式非常灵活,既有地下结构形式和施工方式、扩挖拓建方位、拓建后结构形式和规模(断面尺寸)、地质条件、周边环境等都会影响拓建施工方法的选择;在城市敏感区域、既有地下空间不断运转的情况下,拓建施工以及配套的辅助技术越来越复杂。这种情况下,一些新型施工工法、成熟的施工工法组合应用更容易满足拓建施工的需求。

1)桩+混凝土拱肋预支撑扩挖工法(CAPS 工法)

混凝土拱肋预支护系统(Concrete Arch Pre-supporting System,CAPS)是在美国西雅图贝克山隧道中应用的岩石拱肋预支护系统(Rib in Roc Pre-reinforcement System)的基础上发展而成的,伊朗在水工隧道施工中首次应用挖井成桩+混凝土拱肋预支撑,形成 CAPS 工法,见图 5-6-19。该工法是以既有盾构法或矿山法隧道为施工通道,在大跨度主洞室扩挖前,综合运用施工横通道、施工小导洞、小导洞内成桩、横向微型导坑群、预浇筑拱形梁等技术,形成大跨度预支护体系,在预支护体系的防护作用下,破除既有隧道完成扩挖。

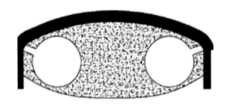
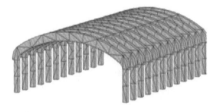

图 5-6-19　混凝土拱肋预支撑系统(CAPS)

(1)施工工序

以伊朗大不里士地铁曼苏尔(Mansour)站为例,施工工序见图 5-6-20。

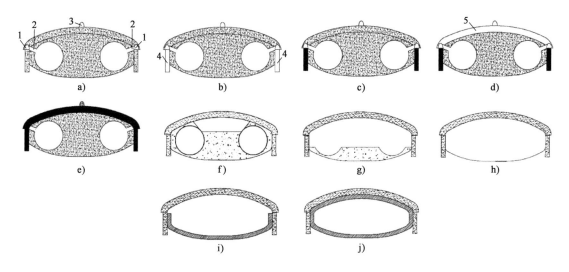

图 5-6-20　CAPS 工法施工工序示意图
1、3-纵向导坑(3 条);2-横向施工通道;4-边桩;5-拱部弧形微导坑

①在既有洞室内按一定间距向两侧开挖施工横通道(斜井),在横通道端部分段开挖并贯通纵向边导洞、纵向拱顶导洞。

②在边导洞底部按计算间隔向下成孔。

③浇筑钢筋混凝土边桩。

④在边导洞内对应边桩位置,沿拓建地下空间拱部轮廓侧向开挖弧形微导坑群。

⑤在微导坑内绑扎钢筋,浇筑钢筋混凝土拱梁,两端与边桩浇筑成整体,边桩群与拱梁群形成拱肋预支护系统。

⑥在预支护系统防护作用下,开挖拱部土体,肋梁之间地层采用钢筋网、喷混凝土封闭。

⑦向下开挖中间土体,同步拆除既有洞室衬砌,边桩之间挂钢筋网,喷混凝土封闭处理。

⑧开挖仰拱部位土体,完成基底清理及垫层浇筑。

⑨浇筑钢筋混凝土仰拱。

⑩浇筑钢筋混凝土拱墙衬砌。

(2)关键控制点

①CAPS 工法要求在地下水位低、有一定自稳能力的地层条件下施工,不满足要求时需要提前实施降水。

②CAPS 工法的指导原则是在拓建大断面主洞室开挖前通过微小导洞完成钢筋混凝土预支护系统,因此边导洞、拱顶导洞、弧形小导坑均采用微小型断面,人工开挖方式施工。

③通过增加施工横通道(斜井)个数,增加工作面,即可加快施工进度。

④在纵向拱顶导洞内采用自密实混凝土浇筑各道弧形导坑内的拱肋结构,保证结构的密实性,最后回填顶部导洞。

⑤拱肋混凝土结构达到设计强度后,主洞室即可同步开挖,滞后距离取决于地层条件、开挖跨度、预支护系统几何参数等,一般要求开挖掌子面前方至少有 3 榀拱肋结构浇筑完成且达到设计强度。

⑥主洞室土体开挖方式类似于矿山法隧道中常用的台阶法,各台阶长度至少3m,仰拱浇筑滞后开挖面6m,拱墙衬砌浇筑滞后仰拱6m,各部分开挖、仰拱浇筑、拱墙衬砌同步推进。主洞室纵向施工步序示意图如图5-6-21所示。

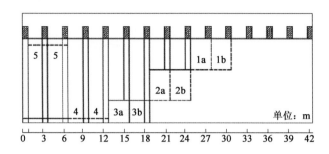

图5-6-21 主洞室纵向施工步序示意图

1a~3a-第一开挖循环;1b~3b-第二开挖循环;4-仰拱浇筑;5-拱墙衬砌浇筑

2)中洞法 + PBA 法组合扩挖工法

该工法最早应用于北京地铁,双线盾构隧道贯通后,在其基础上扩挖形成暗挖车站。作为拓建工法应用时,利用盾构法或矿山法施工的既有地下空间作为中导洞,在空间内构筑形成跨中梁、柱体系,随后在既有洞室两侧对称开挖边导洞,在导洞内机械成孔浇筑钢筋混凝土边桩,采用逆作法开挖浇筑拱部结构,在桩、拱、梁柱体系的支撑防护作用下,开挖并浇筑下部结构。中洞法 + PBA 法组合扩挖典型断面如图5-6-22所示。

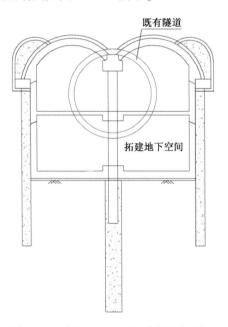

图5-6-22 中洞法 + PBA 法组合扩挖典型断面

(1)施工工序

中洞法 + PBA 法组合扩挖施工工序见图5-6-23。

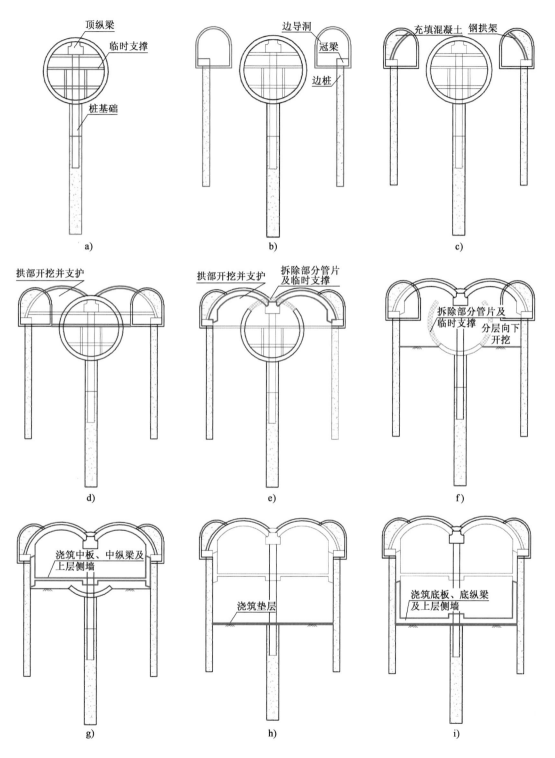

图 5-6-23 中洞法 + PBA 法组合扩挖施工步序图

①在既有隧道底部钻孔、桩柱一体式灌注大直径桩基础、安装钢管柱,柱顶浇筑顶纵梁,形成梁柱体系;设置临时支撑,加固既有洞室。

②开挖边导洞,机械成孔浇筑边桩及桩顶冠梁。

③架设边导洞内钢拱架,立模浇筑填充混凝土。

④对称开挖拱部土体,及时架设钢拱架(内侧拱脚锚入既有结构衬砌,外侧拱部与边导洞钢拱架顺接)。

⑤局部破除既有隧道衬砌及边导洞初期支护,浇筑拱部衬砌,拱脚与跨中顶梁接驳,边导洞内扩大拱脚支撑于边桩冠梁上,并预留侧墙接驳条件。

⑥分层向下开挖土体至中板位置,并同步拆除既有隧道结构。

⑦浇筑中板、中纵梁及上层侧墙,与拱部衬砌接驳。

⑧向下开挖土体至底板位置,基底处理并浇筑垫层。

⑨浇筑底板、底纵梁及下层侧墙,底板与跨中梁柱体系可靠接驳。

(2)关键控制点

①既有洞室内桩柱一体式吊装施工时,保证桩基础、钢管柱准确定位和垂直度,严格控制钢管柱高程。

②顶梁顶面与既有衬砌拱顶浇筑密实,保证扩挖拱脚稳定;顶梁两侧预留拱部衬砌、接驳条件。

③既有洞室内架设的临时支撑位置,需考虑扩挖过程中的既有结构破除方案。

④选用大直径边桩,增大向下扩挖过程中的横向抗变形能力;桩底高压注浆处理,消除桩底虚渣压缩变形,提高边桩竖向承载能力。

⑤钢管柱顶端、底端均配置钢筋笼,分别锚入顶纵梁和基础桩,增加节点连接强度。

⑥拱部尽可能对称开挖,并架设临时支撑,消除偏压影响,增加拱部支护稳定性。

⑦拱部衬砌浇筑后,根据地层情况安装水平拉杆,避免拱脚向外产生位移,导致拱部开裂。

⑧向下开挖土体过程中,采用逆作法浇筑方式控制边桩横向变形;有条件时,在边桩中部增加钢支撑并预加轴力,开挖至底板后,采用顺作法浇筑下部结构。

⑨底纵梁与钢管柱接驳部位、中纵梁与中板接驳部位,焊接钢板用于钢筋连接及止水。

⑩侧墙与拱部衬砌逆作法接缝部位采用斜面接缝、超灌法、预留注浆管压注微膨胀水泥浆等方式,保证结构防水质量。

⑪既有地下空间高度满足拓建高度要求时,可直接在底部浇筑底纵梁(条形基础)代替大直径桩基础,地基承载力不足时,采取基底注浆加固方式处理。

 ## 5.7 近接穿越施工技术

城市地下空间近接穿越施工主要工法包括暗挖法、顶管法及盾构法。

5.7.1 暗挖法

暗挖法施工关键技术包括超前支护、地层加固、初期支护、微扰动开挖、衬砌浇筑等技术,已分别在前述章节详细介绍,此处不再赘述。

5.7.2 顶管法

顶管法又称顶进法,最初应用于下穿既有道路、既有铁路的通道施工,在路基一侧预制钢筋混凝土箱形框架(箱涵),采用挤压方式、人工开挖方式,将箱型结构顶入路基内,形成箱涵式结构。

新的顶管法是隧道或地下管道穿越铁路、道路、河流或建筑物等各种障碍物时采用的一种暗挖式施工方法,从隧道盾构法施工技术发展而来。顶管法所用的顶管机(掘进机或盾构机)和管片隧道施工所采用的隧道掘进机(盾构机或 TBM)没有本质区别;最大的不同在于隧道内衬结构形成的方法不同:盾构法通过盾壳内逐环组装管片形成完整衬砌结构,每一环衬砌结构拼装完成后保持原位置不动,新拼装结构在成形隧道前方接续;顶管法通常采用整环管段(也可以为较大分块),在工作井内逐环向前顶进,已成形隧道随顶管机掘进同步向前移动,直至顶进完成。图 5-7-1 为顶管法施工下穿道路示意图。

图 5-7-1 顶管法隧道施工示意图

在城市地下空间开发中,顶管法多用于过街通道、连通通道、地铁车站下穿道路、综合管廊等相对较短的工程施工,为了充分利用断面净空,矩形、类矩形断面应用比较广泛,图 5-7-2 为矩形顶管机及工作井实景。

图 5-7-2 矩形顶管机及工作井

顶管法的特点包括:

(1)适用于软土或富水软土层。

(2)无须明挖土方,对地面影响小。

（3）设备少、工序简单、工期短、造价低、速度快。

（4）大断面、超长顶进受限，纠偏困难，曲线顶进难度大。

（5）能够适应比较大的埋深。

在敏感环境条件下应用时，顶管法会结合管幕、地层加固等辅助工法使用，以便更好地控制沉降，图 5-7-3 为采用管幕法 + 顶管法施工的大跨度矩形隧道断面示意图。

图 5-7-3　采用管幕法 + 顶管法下穿道路

5.7.3　盾构法

1）盾构法近接穿越施工难点分析

（1）盾构法施工特点

盾构法近接施工涉及盾构、穿越地层、邻近地下结构三者的共同作用。盾构掘进过程中，管片后的开挖空隙填充不及时或填充量不足，盾构掘进扰动周围土体，后期土体再次固结，都会改变地层位移场、应力场、渗流场，进而对邻近地下结构产生影响。

采用盾构法施工的工程，一旦选定的盾构机以及配套装备开始工作，中途很难重新更换或进行大的更新，所以近接穿越施工要求全面论证设备选型及关键参数；盾构掘进时，很难在洞内采取超前探测或加固等辅助措施，也无法直观掌握掘进地质情况，主要依靠掘进面平衡水土压力、掘进速度、高质量同步注浆来控制地层变形；盾构一旦始发，就不易大幅度后退，且在洞内无法采取辅助措施保持掘进面稳定。盾构法施工的特点决定了对周边的扰动主要通过施工参数的调整来控制，近接穿越敏感建（构）筑物时，需要采取隔离、加固、自动化监测等保护措施。

（2）盾构隧道施工引起的地层变位因素分析

①盾构隧道掘进时，仓内土压力与地层水土压力不平衡，前方掘削面土体出现松弛或被挤压，造成掘削面前方及周边土体下沉或上隆。

②盾构机与地层之间的摩擦作用，带动周边的土体向前移动，使掘削面前方土体产生上隆，后方土体产生下沉。

③盾构掘进过程中破坏地层孔隙水压力平衡，引起孔隙水压力下降，从而引起地层沉降。

④管片从盾构机尾部脱出后，地层与管片之间存在一定的间隙，周边地层会出现向内收敛填充，引起一定范围内地层变位。

⑤盾构掘进过程中，因隧道平面曲线、纵坡设置要求或盾构推进偏差需要调整姿态时，增

大了对土体的扰动,同时地层与管片之间的间隙也会相应增加。

⑥盾构施工穿越后,被扰动的土体逐渐重新固结也会引起地层变位。

(3)盾构法施工引起的地层变形过程

对应上述因素,盾构法隧道施工引起的地层变位按时间先后可以分为5个阶段,且地质条件和施工参数不同,各阶段所占比例相差较大。

①先期变形:土体因刀盘挤压土体或掘削面排水导致土体固结沉降变形,发生在盾构刀盘到达切口前3~12m处,占总沉降量的0%~4.5%。

②盾构到达时变形:由于开挖卸荷土体发生弹性或塑性变形而导致的沉降,发生在盾构刀盘到达切口前3m至切口后1m处,占总沉降量的0%~44%。

③盾构通过时变形:刀盘掘挖直径略大于盾壳,盾构前进时土体收敛;且盾构和土层间的摩擦剪切力导致土体发生弹塑性变形;发生在盾尾通过切口后1m至盾尾脱出处;占总沉降量的0%~38%。

④管片脱出后的变形:管片从盾尾脱出后,管片与地层之间空隙填充密实性不足,周围地层向内收敛变形,占总沉降量的20%~100%。

⑤后期变形:被扰动的土体重新固结或软弱地层产生塑性变形引起的变形,占总沉降量的4%~32%。

从盾构法施工引起的地层变位因素及发生过程分析,在工程条件确定的情况下,控制地层变形需要从设备选择、施工参数优化、地层加固、保护措施等方面采取措施。

2)盾构设备选择及配套

城市区域盾构法近接穿越施工主要选用土压平衡(EPB)盾构机、泥水平衡(SPB)盾构机。

(1)土压平衡盾构机

土压平衡盾构机分为压力支持型和加泥式土压平衡型两类。对于压力支持型盾构机,开挖的土体充填切削压力仓,通过螺旋输送机控制土压来保持工作面的稳定,通过前仓切削的土体搅拌提供压力挤压隧道工作面;螺旋输送机运送切削土体过程中,仓内土压就有所释放,压力支持型土压平衡盾构机仅在总应力或有效应力模式下工作,无法支撑平衡仓内的水压力,当开挖的地层颗粒结合力较差时,切削下来的土体流动性差而渗透性较高,通过螺旋输送机运送效果差且控制仓内水土压力难度很大;此种情况下可以采用加泥式土压平衡盾构机,向密封土仓内注入膨润土、泡沫剂等塑流化改性材料,使得水和附加物注入切削仓,与开挖的土体混合后获得高流动性和低渗透性,有效解决土体输送问题和压力保持的难题,并减少盾构推进对地层土体的扰动。

因此土压平衡盾构机主要适用于含水率和粒度组成比较适中的粉土、黏土、砂质粉土、砂质黏土、夹砂粉黏土等土砂可以直接从掘削面流入土仓及螺旋排土器的土质;配合适宜的土体改良技术,也能适用于砂类地层以及强度不高的全风化、强风化岩层等地层。

(2)泥水平衡盾构机

泥水平衡盾构机根据控制模式分为直接控制型和间接控制型两类。

①直接控制型:送泥泵从泥浆池将新鲜泥浆输入盾构泥水仓,与切削泥土混合形成稠泥浆,然后由排泥泵输送到至泥水分离处理站,经分离后排除土渣,而稀泥浆流向调浆池,调整泥

浆密度和浓度后,重新输入盾构循环使用。

②间接控制型:泥水系统由泥浆和空气双重回路组成;盾构泥水仓内配备一道半隔板,半隔板前面充填压力泥浆,半隔板后面盾构轴心线以上部分充入压缩空气,通过调节空气压力挤压半隔板,保持半隔板前面的泥浆支护压力。泥水盾构掘进过程中,泥水与掘削地层接触后,压力作用下泥水中的细粒成分渗入并填充地层间隙,使地层的渗透系数变小,形成双向隔离泥膜,一方面有利于外加推进力有效作用于掘削面上,保持前方地层稳定,另一方面可避免地下水涌入泥水仓。

(3)盾构机关键参数

盾构机选型结合一次掘进段落范围内地质情况、隧道直径、隧道埋深、周边环境、施工场地、工程投资等条件综合考虑。选定盾构机类型后,需根据地质条件和环境要求,合理选择刀盘类型、刀盘开孔率、刀盘开孔位置、刀具、搅拌机构、推进机构、排土(排泥)机构、添加材料注入装置、注浆系统、密封系统等与控制地层变形相关的关键部件。

3)盾构掘进掌子面稳定性及微扰动技术

(1)泥土仓压力控制

根据盾构施工的原理,泥土仓中的压力须与掘进掌子面的水土压力保持平衡,以维持开挖面土体的稳定,减少对土层的扰动。

盾构压力仓内泥土压力大小与盾构推进速度以及出土量有关,若掘进速度过快而出土率较小,则仓内土压力会增大,将导致过度挤压前方地层,并影响邻近既有结构;若掘进速度太慢而出渣量增加,则仓内泥土压力下降,掘进掌子面向内收敛,引起周边地层变位。因此近接穿越施工过程中,需要适当降低掘进速度,严格控制掘进方向,尽可能避免盾构姿态变化,保证盾构机均衡、平稳推进。

根据工程外部条件,提前计算掘进掌子面理论水土压力,设定所需的仓内平衡泥土压力大小。考虑到土体扰动后性质变化、推进速度、超载等因素,设定水土压力是在理论水土压力计算值基础上乘以调整系数得出,一般在黏性土中调整系数取值 1.05 ~ 1.12,砂性土中取 1.13 ~ 1.15。在穿越段落推进过程中,要保证实际土压力与设定值之间的差值控制在 ±5% 以内,随时根据监测反馈结果验证并修正设定值。

(2)出渣量控制

出渣量的动态平衡直接影响泥土仓压力,可以用于判断刀盘掘削状态。土压平衡盾构机出渣量主要通过掘进速度和螺旋机出土量(螺旋机转速)之间的匹配性来控制,螺旋机转速高,单位时间内出土量大,螺旋机转速低则出土量小;盾构推进速度一定时,通过螺旋机速度的控制保持理论出土量与实际出土量的动态平衡状态。一般情况下,盾构机螺旋机转速采用自动控制模式控制,如果需要的推进速度很低时,自动模式中螺旋机最低转速下的出土量仍然可能大于理论出土量,可采用手动模式控制。

泥水平衡盾构机通过泥水循环量和进出泥浆密度差控制出渣量,泥浆泵能够比较准确地控制输入及排出的浆液量,同时能随时控制仓内泥浆压力。安装在送、排泥管上的流量仪、密度计测定管内泥浆流量和密度,根据进入泥水压力仓的泥水的密度与循环出来的泥水的密度差、泥水体积、土体密度,可以计算出渣体积;或者根据泥浆的土工试验可以计算出实际挖土数量。

（3）渣土改良与优质泥浆

土压平衡盾构掘进时，向开挖面、土仓等处加注添加剂对渣土进行改良，改善土体的可掘进性能，同时减轻对周边土体的扰动。对于黏性土层，可以防止渣土附着刀盘和土仓室内壁形成泥饼，改良剂中的微小气泡可以置换土颗粒中的孔隙水，达到止水效果；对于富水砂性土层，能够起到止水并提高砂层和易性的作用；对于砂砾土地层，可以起到支撑作用并且提高砂砾的流动性。

常用的渣土改良添加剂包括：水、表面活性类（泡沫剂）、矿物类（黏土、膨润土、蒙脱土）、不溶性高分子聚合物（丙烯酸树脂、淀粉类）、水溶性高分子聚合物（CMC、硅溶胶、多糖类）等单一类型，实际工程中经常采用由多种单一添加剂组成的复合添加剂，如黏土＋膨润土＋泡沫剂、膨润土＋有机酸、CMC 纸浆＋硅溶胶、克泥效等。表 5-7-1 为几种不同类型的渣土改良剂性能对比。

常用渣土改良剂的种类

表 5-7-1

渣土改良剂名称	膨润土	泡沫剂	不溶性高分子聚合物	可溶性高分子聚合物
黏度（Pa·s）	2～10	0.003～0.2	0.7～2.0	8.5～12
主要功能	提高泥水黏度、相对密度、悬浮性、触变性	增加渣土的塑性流动性，降低渣土的透水性	增稠、黏合、絮凝、吸水、减阻	提高稠度、降低失水率、提高黏度
适用范围	砂～砂（卵）砾石地层	黏土～砂（卵）砾石地层	固结黏土～砂砾地层	粗砂～卵石
特征	制浆和输送设备占用场地大	输送和使用便捷，消泡后渣土能恢复原来状态	在黏性软土层有时会因黏土变硬而出现堵塞	停止开挖时，有时会因增黏剂的黏性降低而发生堵塞

①膨润土具有吸湿膨胀性、低渗透性、高吸附性、强自封闭性能，添加膨润土泥浆可以补充土体的微、细粒组分，使土体的内摩擦角变小，提高土体的流动性和止水性，防止形成泥饼；黏结于掘进面上可形成不透水层，有利于保护掘进面；浆液浓度和注入量根据开挖土的级配、不均匀系数来确定。适用于细粒含量少的中粗砂、砂砾土、卵石、漂石等地层。

②泡沫剂是由多种表面活性剂、稳定剂、渗透剂、强化剂组成的一种调节介质，与水、压缩空气相混合后，经泡沫发生器发泡成 $30～400\mu m$ 微小乳状泡沫，注入掘削面和土仓，再与切削后的土体混合，使土体呈"塑性流动状态"，防止土体黏附于刀盘及压力仓内壁，确保刀盘有效掘进和渣土顺利排出，同时泡沫可以置换掘削面砂土颗粒中的水，形成低渗透性泥膜，提高砂土的止水性能，有利于保持掘削面稳定。泡沫剂的使用大幅度扩大了土压平衡盾构机适宜开挖的土体范围，同时大大减小了刀盘扭矩，减少了刀具的磨损。目前，土压平衡盾构机大都配备了泡沫系统，泡沫剂也成为渣土改良必不可少的添加剂。泡沫剂主要适用于颗粒级配较好的砂土、细颗粒土，渗透系数超过 $1×10^{-5} cm/s$ 的粗颗粒土不适用。

③不溶性高分子聚合物材料，比如丙烯酸树脂，具有高吸水性但不溶于水，吸收地下水后形成胶凝状态，附着于黏土、淤泥、砂土表面，形成黏稠的保护膜，使渣土呈塑性和流动性较强

的果冻状、牙膏状,可防止高水压砂性土层的地下水喷涌;而且树脂能够填充砂土的颗粒空隙,提高切削面土体的流动性。黏性土地层中加入高吸水树脂,可使渣土具有良好的保水性,排渣顺畅,能防止刀盘和土仓壁结泥饼。

④可溶性高分子聚合物材料,比如羧甲基纤维素钠(CMC-钠),为黏稠性的水溶性聚合物,可以把砂粒间隙中的自由水挤走,而硅溶胶等负离子类添加剂可在砂粒与水之间形成絮状凝聚物,使其发生黏结,从而减小内摩擦角,提高流动性。此类聚合物通常用作增黏剂,主要针对富水砂卵石等渗透系数大、无黏聚力、流塑性差、易发生喷涌、输送效果差、螺旋机排送困难的地层,此类地层中因地下水量充足,泡沫类添加剂不能充分置换地下水,而膨润土类矿物泥浆也很容易被稀释而析出渣土,从而失去改良作用。

泥水平衡盾构机掘进时,泥浆起着两方面的重要作用:一是依靠泥浆压力在开挖面形成泥膜或渗透区域,提高开挖面土体强度,同时利用泥浆压力平衡开挖面水土压力,达到稳定开挖面的目的;二是以泥浆为载体,将混合于其中的渣土泵送到渣土分离系统。泥浆的比重(密度)、pH 值、黏度、颗粒级配、过滤特性、含砂率等参数以及物理稳定性、化学稳定性对泥浆性能影响较大。泥水盾构隧道施工常用泥浆由自然黏土、膨润土、水等组成,加入 CMC、纯碱等分散剂,属于分散性泥浆体系,泥浆性能不易控制,容易受黏土、砂土、可溶性盐类等污染,地质条件复杂或掘进速度较快时,开挖面稳定性和地层变形控制难度较大,且新浆材料用量大,废弃泥水排放量大,泥水处理占地大。在城市区域近距穿越施工时,可以采用高分子聚合物材料、正电胶(MMH)抑制剂等代替分散剂,配置成更有利于稳定开挖面、高效携带渣土、高效泥水分离、材料消耗量小的不分散泥浆。

(4)刀盘泥饼防止及处理技术

当盾构在可塑或硬塑状的黏土类地层、黏土质砂土地层,泥岩、泥质粉砂岩、花岗岩残积土层、花岗岩全风化岩层和强风化岩层等地层中掘进,且黏土矿物含量超过 25% 时,刀盘切削下来的渣土容易在密封土仓内和刀盘区重新聚集成半固结或固结的块状体(即泥饼),从而导致刀具异常磨损,影响掘进效率,并加剧刀盘转动对地层的扰动,严重时甚至造成超挖塌方或停机等严重后果。近接穿越施工中必须防止或及时消除刀盘泥饼现象。

除了盾构选型过程中需要考虑的刀盘配置(包括刀盘开口率、开口孔隙的规格、刀盘辐条钢结构形式、刀具种类、刀具数量、刀具布置形式)外,需要在土仓内配置活动型(主动)搅拌棒或在仓壁上配置固定型(被动)搅拌棒,随时切割搅拌仓内渣土,防止集结;改造土压平衡盾构机的螺旋输送器,加大其伸入土仓的深度,加快排土速度,减少渣土在仓内滞留的时间。

准确计算开挖面水土压力,合理设定土仓压力、刀盘转速,减少泥饼形成条件;针对性地采用渣土改良剂,改善渣土塑性流动性,便于排渣;采取刀盘注水清洗、注入泥浆等措施,减轻刀盘结泥饼,避免密封土仓内高温高热。

泥水平衡盾构机在黏土地层,黏粒含量较大的全风化、强风化岩掘进过程中,应及时用低黏度、低密度、低失水性的优质泥浆置换仓内高黏性土,严格控制泥浆的黏度、密度和析水率等关键指标,泥浆内添加润滑剂(如工业洗涤剂),防止渣土在刀盘和土仓壁上黏结,保证刀盘开口处通畅;加大泥浆送排流量,确保渣土及时排出;控制掘进速度并适当加快刀盘转速,减小切削后的渣土粒径;经常切换刀盘转动反向,避免长时间同一方向旋转。

4）盾构掘进姿态控制技术

当盾构在小半径平面曲线上、竖曲线上掘进，或因掘进中轴线偏差需要进行平面或高程纠偏时，会明显增加对土体的扰动，因此应尽可能避免在近距穿越段调整盾构姿态，不可避免时，应按照"勤调微调、勤测勤纠、及时调整、小角度纠偏"的原则控制盾构姿态。

水平方向调整：加大单侧千斤顶推力控制盾构机方向，少量多次调整推进油缸油压，长距离慢修正。

竖向姿态调整：当盾构机抬头时，适当加大上部油缸的油压；当盾构机栽头时，加大下部油缸油压；当在上下断面软硬不均地层中掘进时，加大下部推进油缸推力。

当水平方向与竖向姿态同时需要调整时，先调整并稳定竖向姿态，再进行水平方向纠偏；盾构掘进方向调整以机身前端为基准点，微调摆动机身后部的方式进行，降低掘进速度，减少刀盘超挖；有铰接装置的盾构机，可以合理使用铰接装置调整掘进轴线。

滚动纠偏：采用刀盘反转的方式，实现滚动纠偏；切换刀盘转动方向时，保留适当的时间间隔。

管片上浮控制：推进时将拼装机移至盾尾后侧，加大盾尾重量；控制同步注浆浆液性能、注浆质量、注浆量、初凝时间，尽早稳定管片；盾径中部注入特种浆液，及时填充盾体与开挖轮廓之间的空隙，稳定盾构姿态，同时阻止同步注浆的浆液窜至开挖仓；监测并分析管片上浮数据，并及时二次补注浆稳定管片。

5）盾构注浆控制技术

（1）同步注浆

①同步注浆的作用

管片拼装成环后，管片与开挖轮廓之间有环状空隙，随着盾构机向前推进，需要在管片脱出盾尾前及时充分地加以填充，从而使周围地层及时获得支撑，防止地层收敛及坍塌，有效控制地表沉降及周边地层变形；同步注浆体的传递作用可以使管片衬砌接近理论受力状态；利用注浆压力在一定程度上能够微调拼装产生的管片错台，提高管片接缝防水性能；浆液向地层中渗透及凝固形成的壳体有一定的防水作用。

②同步注浆材料

同步注浆一般选用凝固缓慢的单液浆，由砂、水泥、粉煤灰、膨润土、石灰、水玻璃及一些添加剂配合而成。注浆材料应满足以下要求：

a. 浆体收缩率小：浆体凝固时产生的体积收缩率要小，目的是控制周边地层变形。

b. 浆体凝结时间适宜：浆体填充后短时间内达到初凝状态，尽快发挥支撑作用并稳定管片；浆体终凝延缓，在一定时间内具有塑性，防止破坏盾尾密封装置。

c. 浆体强度：浆体强度要足以抵抗地层产生的挤压作用，从而发挥有效的支撑作用，抵抗地层产生变形，所以要求浆体在凝固前要有一定的早期强度（大于 0.15MPa）。

d. 其他控制参数包括：浆液密度、浆液坍落度、泌水率、浆液结石率、固结收缩率。

③同步注浆压力

同步注浆压力应结合地层水土压力、管片强度、近接既有结构状态等因素综合判断设定，并在掘进过程中根据变形监测情况不断优化。注浆压力不宜过大，导致地面隆起、近接既有结构变形、浆液破坏洞尾密封刷、盾尾漏浆、浆液窜入盾构土仓、管片出现受压变形或接缝破坏；注浆压力不能过小，避免出现浆液填充速度过慢、注浆量不足、周边地层变形增大现象。通常情况下，注浆压力按 $1.1 \sim 1.2$ 倍的静止水土压力考虑。

④注浆量

理论注浆量按刀盘开挖直径与管片外径之间的环状空隙体积乘以注浆率系数来计算。注浆量与注浆材料种类、地层类型、浆液向土体中的渗透性、注浆压力等诸多因素有关，根据地层类型、埋深及施工经验确定。在曲线地段、盾构调整姿态地段，环状空隙体积应考虑超挖影响。

每环管片注浆量计算公式为：

$$Q = \alpha V$$

其中正常掘进时环状空隙体积为：

$$V = \frac{\pi(D_1^2 - D_2^2)}{4} \cdot L \cdot \alpha$$

式中：V——环状空隙体积（m^3）；

D_1——刀盘开挖直径（m）；

D_2——管片外径（m）；

L——管片宽度（m）；

α——注浆率，一般取 $1.5 \sim 2.0$。

⑤注浆速度及时间

同步注浆在管片脱出盾尾的过程中应及时实施，注浆速度根据每环管片注浆量、掘进速度、浆液凝结时间计算，实施过程中按浆液注入速度来控制，注浆量和注浆压力任一指标达到设定值后停止注浆。注浆速度的计算公式为：

$$v = \frac{Q}{t}$$

式中：v——浆液注入速度（m^3/s）；

Q——每环管片浆液量（m^3）；

t——每环管片推进时间（s）。

（2）二次补充注浆

二次注浆的目的：一方面是进一步充填因同步注浆不足、浆液渗透、浆体收缩等引起的缝隙，控制近接穿越邻近建（构）筑物变形；另一方面，对周边地层补充加固，减小后期地层固结可能引起的变形。二次注浆在管片脱出盾尾 $8 \sim 10$ 环后实施，利用冲击钻等设备打开管片上的吊装孔及专门预留的注浆孔后，打入注浆管并安装单向球阀。

二次注浆通常采用水泥单液浆或水泥—水玻璃双液浆，其中双液浆具有凝固快、收缩小、补偿变形迅速的特点，填充注浆采用微扰动技术，少量、多次、及时实施，减轻对周边的影响；注浆压力控制在 $0.3MPa$ 以下，可考虑预留条件，重复打开注浆孔多次注浆。

（3）盾体径向同步注浆

由于同步注浆和二次补充注浆均无法解决盾体范围内的空隙问题，在软弱富水地层中近接穿越施工时，该范围内空隙引起的地层变形可能无法满足近接既有结构的控制要求，因此通过盾体预留的径向孔向盾体周边同步注浆,是最有效的解决方法。

盾体径向同步注浆可以与盾尾同步注浆相结合实施,共用同步注浆系统,采用三通注浆管实现盾体与盾尾同步注浆或循环交替注浆。盾体径向同步注浆更有效的方式为配置专用搅拌注入设备,压注可承压、不凝固、不收缩材料;克泥效(Clayshock)是一种由合成钠基黏土矿物、纤维素衍生剂、胶体稳定剂和分散剂组成的粉状材料,与水拌和成浆液后,再与水玻璃混合搅拌,能够胶结成不易被水稀释、有一定支撑力、低强度、不凝固的塑性浆体,经土仓上方注入孔或盾构机四周径向孔注入盾体外,达到及时充填和支撑的效果,同时起到辅助止水、防止喷涌的作用,更有利于盾构推进和姿态保持。

6)盾构穿越地层加固技术

盾构在软土、黏性土、砂性土等软弱地层中近接施工时,采用地层加固技术,增强土体自身承载能力和稳固性,能够明显降低地层扰动、后期固结引起的变形以及对邻近建(构)筑物的影响。

(1)纵向加固范围

参照盾构进出洞土体加固设计方法,结合工程类比,计算盾构掘进方向地层加固合理范围,假定盾构掘进至近接既有建(构)筑物时仓内压力下降,需要由加固后的土体维持掘进面土体稳定。

对于砂性土,按照图5-7-4a)所示板块理论模型,以水土压力静力作用下计算板块中部达到最大弯曲应力或边缘达到最大剪应力作为控制条件,分别得出近接穿越前所需最小理论加固厚度,乘以各自的计算安全系数并取较大值后,与穿越段投影长度相加,确定最终加固范围。

对于黏性土,按照图5-7-4b)所示滑移失稳理论模型,计算加固土体在地面荷载 P 和上部土体作用下可能沿最不利滑动面向刀盘方向整体滑动,计算出临界状态下加固土体厚度值,乘以安全系数(一般取值1.5),与穿越段投影长度相加,确定最终加固范围。

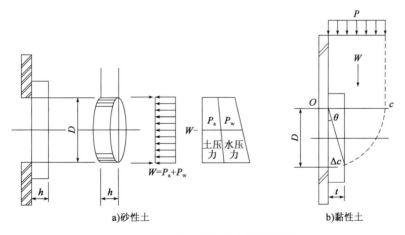

a)砂性土　　b)黏性土

图5-7-4　近接穿越地层纵向加固范围计算模型

(2)横向加固范围

沿横断面方向,近接既有建(构)筑物侧,地层一般加固至既有结构,有隔离措施时,加固体延伸至隔离结构;其他部位按照施工引起的地层塑性范围 R 确定(图5-7-5)。且上方厚度

H_1 不小于3m,侧向宽度 B 不小于2.5m,下方厚度 H_2 不小于2m。

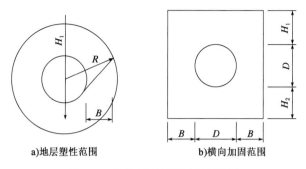

a)地层塑性范围   b)横向加固范围

图5-7-5 近接穿越地层横向加固范围

（3）地层加固方法及要求

近接穿越施工地层加固主要采用高压旋喷桩、深层搅拌桩、深孔注浆、袖阀管注浆、MJS/RJP 工法注浆等方式。当地面具备施工条件时,可从地面实施;当地面施工条件受限时,可以利用既有地下空间或建造辅助洞室施工。一般情况下要求加固后土体无侧限抗压强度不小于1MPa,渗透系数不小于 1×10^{-6} cm/s,同时要考虑盾构机在加固后地层中的适应性。

5.8 智能监测技术

在现阶段地下空间的开发建设中,多维度、网络化和支护结构一体化等地下大空间已成必然的发展趋势。监控量测系统不仅作为反馈地下空间工程施工中安全性的重要手段,同时其监测结果也是后续施工设计步骤所参考的重要依据,地下空间施工采用实时可视化自动监控,能够确定合适的支护结构、调整支护设计参数以及支护施作时间,保障施工安全。通过掌握施工过程中结构的应力状态合理评价支护结构的稳定性,在保障施工安全的同时,又能检验设计与施工是否合理,从而优化设计和调整施工工艺,起到提高施工效率、节省工程造价的作用。

目前,在地下空间的开发与利用过程中,普遍存在着施工环境复杂、早期监测规划不满足实际工程需要、地下空间监控环节的连通性和系统性不足等诸多问题,若不能及时发现并消除安全隐患,极易引发安全事故,给城市公共安全带来极大危害。构建"高精度监测—实时采集—智能诊断—动态预警"的城市地下空间施工安全可视化自动监控系统,对预防施工安全事故和提高施工安全管理水平具有重要意义。

5.8.1 高精度实时感知技术

1) 自动化监测项目及等级

（1）明挖基坑工程

城市地下空间明挖基坑以基坑为主要场景,基坑自身主要监测项目、等级及自动化感知设备见表5-8-1,周边建(构)筑物监测项目及设备见表5-8-2。

明挖基坑常规监测项目表 表 5-8-1

序号	监测项目	工程监测等级			采用的自动化感知设备
		一级	二级	三级	
1	地表沉降	应测	应测	应测	静力水准仪等
2	支护结构、边坡顶部水平位移	应测	应测	应测	固定测斜仪、阵列位移计
3	支护结构水平位移	应测	应测	选测	
4	支护结构、边坡顶部竖向位移	应测	应测	应测	静力水准仪、单点位移计
5	立柱竖向位移	应测	应测	选测	
6	支撑轴力、锚杆(索)拉力	应测	应测	应测	应变计、锚索测力计等
7	地下水位	应测	应测	应测	PVC管电测水位计
8	深层土体位移	选测	选测	选测	固定测斜仪、阵列位移计

周边建(构)筑物常规监测项目表 表 5-8-2

序号	邻近建(构)筑物监测项目	工程影响分区		自动化监测设备
		主要影响区	次要影响区	
1	竖向位移	应测	应测	静力水准仪
2	倾斜(差异沉降)	选测	选测	测角计
3	裂缝	应测	选测	裂缝计

(2)暗挖工程

城市暗挖工程施工安全状态监测通常以暗挖车站、大跨隧道为主要场景,暗挖洞室自身主要监测项目、等级及设备见表5-8-3,周边建(构)筑物监测项目及相关要求同表5-8-2。

暗挖工程常规监测项目表 表 5-8-3

序号	监测项目	工程监测等级			自动化监测设备
		一级	二级	三级	
1	地表沉降	应测	应测	应测	静力水准仪等
2	初期支护拱顶沉降	应测	应测	应测	静力水准仪、阵列位移计
3	初期支护净空收敛	应测	应测	应测	摄像测量传感器、阵列位移计
4	地下水位	应测	应测	应测	水位计等
5	结构内应力	选测	选测	选测	应变计等
6	土体水平位移	选测	选测	选测	固定测斜仪、阵列位移计

(3)网络化拓建工程

城市地下空间网络化拓建工程需要监测的项目、监测等级及布点要求详见表5-8-4。

网络化拓建工程监测项目及布点要求 表 5-8-4

序号	监测项目	工程监测等级			自动化监测设备	测点布置
		一级	二级	三级		
1	拓建影响范围地表沉降	应测	应测	应测	静力水准仪等	监测点沿隧道或分部开挖导洞的轴线上方地表布设
2	拓建支护结构桩顶水平位移	应测	应测	应测	阵列位移计	钻孔桩上的冠梁顶部、桩身
	拓建支护结构桩体水平位移	应测	应测	应测		
3	拓建支护结构桩顶竖向位移	应测	应测	应测	静力水准仪、单点位移计	钻孔桩上的冠梁顶部
4	拓建支护结构支撑轴力	应测	应测	应测	应变计等	支撑端部或中部
5	拓建原结构顶板沉降	应测	应测	应测	静力水准仪、单点位移计	(1)布设垂直于隧道轴线的横向监测断面; (2)宜在隧道拱顶或拱腰处布设; (3)监测点在初期支护结构完成后及时布设
6	拓建原结构净空收敛	应测	应测	应测	摄像测量传感器、阵列位移计	(1)布设垂直于隧道轴线的横向监测断面; (2)宜在隧道拱顶或拱腰处布设; (3)监测点在初期支护结构完成后及时布设
7	拓建原结构墙脚竖向位移	选测	选测	选测	静力水准仪、单点位移计	(1)在隧道周围岩体存在软弱底层时,布设隧道拱脚竖向位移测点; (2)测点与初期支护拱顶沉降监测点宜共同组成监测断面

续上表

序号	监测项目	工程监测等级			自动化监测设备	测点布置
		一级	二级	三级		
8	结构内力	应测	应测	应测	应变计或应力计等	(1)在地质条件复杂或应力变化较大的部分布设监测断面时布置;
9	围岩压力	应测	应测	应测	土压力计	(2)需拆除竖向初期支护结构的部分根据需要布设监测点
10	土体深层水平位移	选测	选测	选测	固定测斜仪、阵列位移计	地质条件复杂地段,特殊岩土地段,邻近重要建(构)筑物地段
11	土体分层竖向位移	选测	选测	选测	分层沉降仪等	
12	地下水位	选测	选测	选测	水位计等	在降水区域及影响范围内分别布设地下水位观测孔

2)高精度感知设备

(1)国家规范对监测误差的要求

城市地下工程现行的代表性监测规范包括《建筑基坑工程监测技术规范》(GB 50497—2019)和《城市轨道交通工程监测技术规范》(GB 50911—2013),其中规定的主要监测对象及其对应的误差和精度要求是针对人工监测确定的,详见表5-8-5。

相关监测规范误差和精度要求统计表　　表5-8-5

规范名称	监测项目	监测误差和精度			
《建筑基坑工程监测技术规范》(GB 50497—2019)	水平位移	监测点坐标中误差≤1mm			
	竖向位移	水准仪精度:±0.3mm/km			
	应力	应力计精度:0.5%F.S			
	深层水平位移	测斜仪系统精度:0.25mm/m			
《城市轨道交通工程监测技术规范》(GB 50911—2013)	水平位移	监测等级	一级	二级	三级
		监测点坐标中误差(mm)	≤0.6	≤0.8	≤1.2
	竖向位移	监测等级	一级	二级	三级
		监测点坐标中误差(mm)	≤0.6	≤1.2	≤1.5
	深层水平位移	精度:0.25mm/m			
	土体分层竖向位移	精度:1.5mm			
	净空收敛	(1)红外激光测距仪:±2mm。(2)无棱镜测距仪:±3mm			

根据表 5-8-5 可以看出,规范对常规监测精度的要求为:

①水平位移监测点坐标中误差最小按 0.6mm 控制,沉降监测的水准仪精度要求为 ±0.3mm,深层水平位移的测斜仪系统精度要求为 0.25mm/m。

②应力监测精度要求为 0.5% F.S(% F.S 为精度与满量程的百分比,后同),按土木工程一般应变计 ±1500με 量程计算,精度为 ±7.5με。

(2)自动化监测精度及高精度感知设备要求

自动化监测能够实现高精度的监测,目前可实现的监测精度为:

①无线监控地下结构三维变形误差 ≤ ±0.3mm。

②无线监控的结构沉降误差 ≤ ±0.2mm。

③无线监控的结构应变误差 ≤ ±1με。

④无线监控的深层土体位移,每 30m 位移误差 2mm 左右,该指标比现行规范要求高很多。

为实现高精度监测,则需要选择测量不确定度满足要求的高精度感知设备,经调查,现有的部分高质量传感器能够满足上述监测精度要求。

①结构沉降监测所用静力水准仪扩展不确定度(K = 2)为 0.06% F.S,最大视值误差为 ±0.004% F.S(0.1mm),可以实现结构沉降监测误差 ≤ ±0.2mm 的要求。

②结构三维变形和深层土体位移监测所用的阵列位移计,扩展不确定度(K = 2)为 0.03mm/500mm,X 方向测量最大误差为 ±0.03mm/m,可以实现结构三维变形监测误差 ≤ ±0.3mm 及每 30m 位移误差 2mm 左右的要求。

③结构应变监测所用应变计测量扩展不确定度为 0.10% F.S(量程 1000με,可达到 1με),能满足高精度要求。

除上述要求外,高精度感知设备应该具有很好的性能稳定性,必要时在正式安装前可以通过室内测试或现场测试来选择。

(3)监测误差消减技术

通过采取改进传感器信号激励方式、研发多传感器阵列感知系统、研究数据处理算法可有效消减误差。

5.8.2 监测数据实时无线传输技术

由于城市地下工程施工环境的复杂性和施工过程的动态性等特点,自动化监测采用无线传输技术具有系统部署容易、扩展容易、维护容易的优势;同时在地下施工环境中还存在多径效应严重、信号噪声干扰严重、信号衰减快等缺点,需要根据施工场景采取合适的无线组网方案,实现监测数据的可靠传输。

1)开放场景组网方案

开放空间的无线数据传输利用 4G/5G 公共网络,技术已经成熟稳定,在明挖基坑环境中可以直接引进 4G/5G 公共网络实现全网覆盖,可以保证监测数据无线传输的实时与稳定。

基于 4G/5G 的基坑监测系统由自动化数据采集系统、无线远程传输系统、用户服务平台组成。自动化数据采集系统由安装 4G/5G 通信模块的采集盒及各类传感器等组成,实现对变形、内力、裂缝等内容的监测。采集盒以有线方式和传感器进行数据传输,并通过内置的4G/5G无线网卡与无线远程传输系统进行信息交互。无线远程传输系统利用基站、远程无线传输装置和服务器进行连接,实现监测数据的远程自动传输、下载和存储。网络结构如图 5-8-1所示。

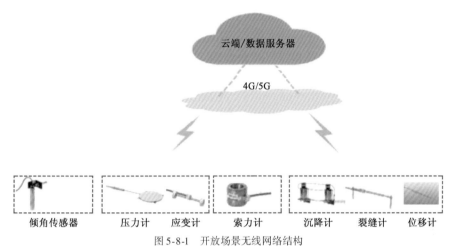

图 5-8-1　开放场景无线网络结构

该组网方式具有以下特点:

(1)网络扩展性好:通过带有 4G/5G 无线网卡的采集盒,增加组网的网络节点,网络灵活性高,可扩展性强。

(2)传输速率高:4G/5G 通信网络能够实现大容量的数据传输,通信带宽超出基坑数据传输的要求,数据传输速度快。

(3)网络稳定:4G/5G 通信网络对基坑实现全网覆盖,通信技术成熟可靠,监测数据能够实现稳定的数据传输。

(4)系统网络结构简单,方便运行与维护。

2)密闭空间无线组网方案

在暗挖工程等密闭地下空间内,公网很难覆盖,且存在多种大型施工设备,会对无线传输链路中的数据信号造成阻挡和干扰,无线组网需穿透障碍物保证正常传输,且传输距离较远,无线组网方案的传输距离需实现对施工现场的网络全覆盖。因此,综合考虑传输带宽(大于671.875kb/s)、长距离通信以及施工环境等多方面因素,较适宜暗挖工程监测的无线组网方式为基于无线网桥的 Wi-Fi 技术,该组网方式通过增加中继可以满足施工现场的网络全覆盖及数据传输带宽的要求。

针对封闭地下空间信号差的问题,采用专用无线组网方案:采集的数据通过有线方式传输给具有 Wi-Fi 功能的采集盒;采集盒和传感器进行一对多的连接,把传输的数据进行存储与处理,通过内置 Wi-Fi 模块把监测数据汇聚到无线路由器(AP 接入节点);无线路由器连接到智能网关,中间利用无线网桥(中继器)对无线信号进行放大和增强,实现对暗挖空间内网络全覆盖;智能网关与公网相连,将监测数据传输到远程服务器(云端),如图 5-8-2 所示。

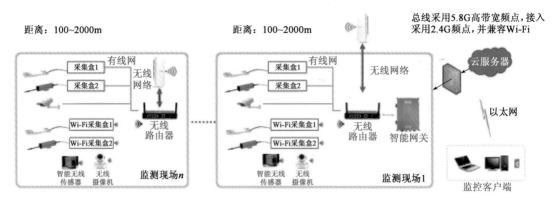

图 5-8-2 基于无线网桥的 Wi-Fi 无线网络架构

该组网方式具有以下特点：

（1）网络扩展性好：Wi-Fi 是一种无线联网技术，支持标准 TCP/IP 协议，组网灵活，并具有很强的网络扩展能力。

（2）兼容性高：Wi-Fi 是 WLAN 的主流技术，任何符合 Wi-Fi 协议标准的设备可方便地通过 Wi-Fi 建立通信连接，实现无线数据传输。

（3）传输速度快：通过加大功率和提高接收灵敏度，Wi-Fi 网络传输效果更好、速度更快，并可以通过信号干扰和外界环境来自动调整网络速率，进而提高速度稳定性，最大传输带宽能够达到 300Mb/s。

（4）传输稳定性良好：Wi-Fi 组网丢包率小于 6%，符合监测系统网络良好通信的条件，能够保证监测数据的稳定传输。

（5）融合性好：基于无线网桥的 Wi-Fi 通信系统可与隧道的图像监控系统共用 1 个传输通道，实现数据、图像传输。

（6）系统架设简单：普通工人即可完成，维修简单。

基于无线网桥的 Wi-Fi 无线组网还存在一些缺点：Wi-Fi 无线组网功耗高，无法利用电池供电，需要通过供电系统保证正常工作；其传输距离相对较短，信号衰减速度快，需要增加中继来实现对施工环境的网络全覆盖。Wi-Fi6 技术已经克服了这些缺点，传输距离可以达到 300m 左右，只需少量中继就能够满足隧道传输距离要求；随着 Wi-Fi6 技术的普及和应用，基于无线网桥的 Wi-Fi 无线组网方案将更好地满足暗挖工程监测数据无线传输要求。

5.8.3 监测数据处理技术

1）监测数据预处理

多源海量的监测数据需要经过预处理，通过数据异常值（粗大误差）检测、数据降噪、数据补全等技术，消除采集传输设备、工作人员、采集方法等因素的影响，采用多传感器数据融合方法、温度效应消融算法，将温度引起应变与结构自身引起应变进行有效分离，经预处理的数据用于预测、预警。

2）施工安全状态预测与预警技术

城市地下工程尤其是网络化拓建工程地下工程具有技术复杂、施工影响叠加、不可预见风险因素多等特点，需要采用多指标综合分级预警方法，构建和完善分级应对应急预案，才能为工程建设提供技术支撑。

（1）施工安全指标确定与修正

在城市地下空间开发过程中，对明挖基坑、暗挖洞室、周边建（构）筑物、地下管线等需要监测的项目，都确定了监测控制值；一些特殊结构物，通过事前评估，也给出了安全指标标准。这些监测项通常以单指标方式应用，地下大空间工程中，这些标准需要根据情况分析修正，而在网络化拓建工程中，需要确定多级变形控制标准。

①近接增建多级变形控制标准

代表性明挖基坑近接既有隧道多级变形控制标准见表5-8-6，代表性明挖基坑近接既有车站多级变形控制标准见表5-8-7。

代表性明挖基坑近接既有隧道多级变形控制标准 表5-8-6

关键步骤	累计沉降控制值	累计水平位移控制值	累计差异沉降控制值
分部开挖至1/4H	10% U_y	10% U_x	17% U_0
分部开挖至1/2H	20% U_y	24% U_x	52% U_0
分部开挖至3/4H	46% U_y	45% U_x	80% U_0
分部开挖至基底	100% U_y	100% U_x	100% U_0

注：H为基坑设计开挖深度，U_x为既有隧道容许最大水平位移，U_y为既有隧道容许最大沉降，U_0为既有隧道容许最大差异沉降，下同。

代表性明挖基坑近接既有车站多级变形控制标准 表5-8-7

关键步骤	累计沉降控制值	累计水平位移控制值	累计差异沉降控制值
分部开挖至1/4H	13% U'_y	26% U'_x	12% U'_0
分部开挖至1/2H	30% U'_y	50% U'_x	25% U'_0
分部开挖至3/4H	65% U'_y	80% U'_x	64% U'_0
分部开挖至基底	100% U'_y	100% U'_x	100% U'_0

注：U'_x为既有车站容许最大水平位移，U'_y为即有车站容许最大沉降，U'_0为既有车站容许最大差异沉降，下同。

②暗挖隧道近接下穿施工多级变形控制标准

代表性CRD法与台阶法新建隧道下穿既有隧道多级变形控制标准见表5-8-8。

代表性CRD法与台阶法新建隧道下穿既有隧道多级变形控制标准 表5-8-8

掌子面与既有隧道的水平距离	CRD 法			台 阶 法		
	累计沉降控制值	累计水平位移控制值	累计差异沉降控制值	累计沉降控制值	累计水平位移控制值	累计差异沉降控制值
$s \leqslant -1.5R$	45% U_x	60% U_y	45% U_0	65% U_x	80% U_y	65% U_0
$s < -R$	60% U_x	75% U_y	60% U_0	70% U_x	87% U_y	70% U_0

掌子面与既有隧道的水平距离	CRD 法			台 阶 法		
	累计沉降控制值	累计水平位移控制值	累计差异沉降控制值	累计沉降控制值	累计水平位移控制值	累计差异沉降控制值
$s < -0.5R$	$62\% U_x$	$83\% U_y$	$62\% U_0$	$75\% U_x$	$100\% U_y$	$75\% U_0$
$s < 0$	$65\% U_x$	$88\% U_y$	$65\% U_0$	$85\% U_x$	$78\% U_y$	$85\% U_0$
$s < -0.5R$	$67\% U_x$	$95\% U_y$	$67\% U_0$	$87\% U_x$	$73\% U_y$	$87\% U_0$
$s < R$	$69\% U_x$	$96\% U_y$	$69\% U_0$	$90\% U_x$	$55\% U_y$	$90\% U_0$
$s < 1.5R$	$70\% U_x$	$97\% U_y$	$70\% U_0$	$95\% U_x$	$50\% U_y$	$95\% U_0$
$s < 2R$	$81\% U_x$	$100\% U_y$	$81\% U_0$	$100\% U_x$	$40\% U_y$	$100\% U_0$

注:s 为掌子面与既有隧道的水平距离,R 为既有隧道洞径。

代表性暗挖单线隧道下穿既有地铁车站多级变形控制标准见表 5-8-9。

代表性暗挖单线隧道下穿既有车站多级变形控制标准　　　　表 5-8-9

掌子面与既有车站中心线的水平距离	累计沉降控制值	累计水平位移控制值	累计差异沉降控制值
$s' \leqslant -1.5d$	$2\% U'_x$	$95\% U'_y$	0
$s' < -d$	$5\% U'_x$	$60\% U'_y$	$5\% U'_0$
$s' < d$	$75\% U'_x$	$35\% U'_y$	$75\% U'_0$
$s' < 1.5d$	$85\% U'_x$	$95\% U'_y$	$85\% U'_0$

注:s' 为掌子面与既有车站中心线的水平距离,d 为既有车站宽度的一半。

（2）多指标安全状态分级预警

对于城市地下空间拓建工程而言,当多个单一指标处于安全时,有时候并不能保证多个指标综合叠加后状态仍然安全,若采用传统的单一指标评判方法,常常会出现误报警情况。为了减少误报或降低误报率,除了采用单指标进行分级预警外,还要结合实际情况,增加多指标综合分级预警。

采用多指标分级预警,考虑了各个单指标的权重因素,具有以下优势:

①利用单、多指标双重评判机制,除了能够满足在地下工程施工时某一指标的安全状态判定外,还可以较好地进行复杂施工状态下多指标安全状态综合分级,为后续预警及采取工程措施提供理论支撑。

②利用多指标综合级别及其标准确定方法,先对各个元素（单指标）按其本身安全状态或安全级别进行计算取值,再对取值进行两两比较,最终确定预警系统中所需的判断矩阵所有元素具体数值的确定方法,能够达到较好的效果。

（3）应急预案

城市地下空间施工的应急预案涉及面比较多,其内容包括编制目的、依据、范围、风险分析、组织机构及职责、预警及信息报告、应急响应等,不同的城市、不同的工程应急方法及措施各有不同、非常繁杂,表 5-8-10 为某地铁区间暗挖隧道分级预警初步方案。要实现监测平台智能应急预警,需要针对具体工程的风险和特征,重构应对和应急数据库,针对性细化决策措施。

暗挖洞室分级预警应急预案库

表 5-8-10

指标	子指标	预警状态级别	应急预案(应对措施)
沉降	竖井周边底板沉降速率	一级(绿)	正常施工
		二级(黄)	正常施工,加大监测频率
		三级(橙)	进入应急管理程序: 沿竖井周边位置向底板下进行注浆加固,注 1:1 水泥浆,必要时注水泥-水玻璃双液浆;沿柱周边打设钢管加固柱基
		四级(红)	疏散人员群众,做好救灾准备
位移	竖井周边建(构)筑物水平位移	一级(绿)	正常施工
		二级(黄)	建议加强各类量测管理工作,做好量测信息反馈,通过量测指导施工
		三级(橙)	建议沿竖井周边位置向底板下进行注浆加固,注 1:1 水泥浆,必要时注水泥-水玻璃双液浆;沿柱周边打设钢管加固柱基,采用预应力锚杆进行加固
		四级(红)	疏散人员群众,封锁车库建筑周边环境
沉降	隧道地面沉降值	一级(绿)	正常施工
		二级(黄)	正常施工,加大监测密度,调整施工参数,控制隧道超欠挖,观察围岩水压力等相关指标变化
		三级(橙)	建议增加格栅钢架进行加强初期支护和支顶
		四级(红)	撤离人员至安全地带,做好救灾准备
沉降	隧道上方高架桥沉降速率或沉降值	一级(绿)	正常施工
		二级(黄)	正常施工,加大监测频率
		三级(橙)	进入应急管理程序: (1)隧道通过高架桥下时发现高架桥沉降速率或沉降值超过要求,建议停止隧道开挖掘进,加强隧道内初期支护,措施为增加锚杆数量,将锚杆间距加密,锚杆长度加长;情况较差时,先采用钢管临时立柱进行支顶,再架设格栅钢架加强初期支护。 (2)地面加强措施为在高架桥墩周边 5.0m 范围内采用注浆进行加固土体,地面注浆材料采用纯水泥浆,注浆压力 0.5～1.0MPa,土体加固深度为 8.0m
		四级(红)	建议停止施工,撤离工作人员,做好救灾准备
变形	围岩或支护结构拱脚附近的水平收敛速率	一级(绿)	正常施工
		二级(黄)	正常施工,加大监测频率
		三级(橙)	发现以上坍塌征兆须立即报告现场负责人,以便紧急处置
		四级(红)	确认先期撤离条件后,停止施工,关闭现场电源,按逃生路线有序撤离

5.8.4　可视化自动监控系统

1）系统优势

为适应城市地下空间安全施工需求，实现自动化监测、智能预警的目标，可视化自动监控系统是以先进的"物联网 + 云平台 + 智能化"为基础，充分吸收传统物联网系统管理模式而开发的，能够实现整个系统的轻量、高效、稳定运行。

（1）功能需求

①大规模多源异构传感器接入能力。

②具备边缘计算能力：除实现数据融合、处理及存储等能力外，还具备数据保护、数据加密、设备认证及网络监控等安全功能。

③具备对所有传感器和物联网节点远程访问、配置、添加、屏蔽的能力。

④具备实时远程云监测：用户可随时随地访问系统，查看现场实时监测情况。

⑤具备三维 BIM 模型的接入及数据可视化展示的能力。

⑥具备数据融合、数据预测算法的接入能力。

⑦具备分级预警及应急响应功能的接入能力。

⑧具备单指标、多指标评估算法的接入能力。

⑨具备远程设备性能监控，运行异常诊断等在线诊断功能。

⑩具备多种方式的预警信息分级推送功能。

（2）系统优势

①无缝式数据连接：多种数据一键接入，多种仪器统一管理。

②可视化现场管理：综合信息可视化、现场工况可视化。

③多元化项目管理：数据、人员、仪器、动态分析等综合分析。

④联动式安全响应：从现场数据采集到数据超限、到汇报决策层、到决策措施方案到措施方案落地，能及时、有效、快速地进行部署。

⑤模块化流程定制：可根据不同单位、不同地区要求、不同客户的需求个性化定制监控子网，提供完善的解决方案。

2）系统功能

可视化自动监控系统包含项目管理、设备管理、数据处理、安全状态预测、分级预警及处置、综合展示查询、系统设置等功能模块。

同时，系统按照多级企业、部门、用户设计，能够灵活适配业务情况且具备通用性。通过角色、权限、规则管控，进行身份识别与访问管理；采用芯片硬件加密、网络协议、云端安全等技术实现数据安全管理。系统功能汇总见图 5-8-3。

3）系统平台及应用

可视化自动监控系统包括"管理控制台、项目列表、监测数据、报警记录、监测报表管理、设备管理、项目管理、系统设置"8 个一级界面及对应的二级、三级界面，实现系统全部功能；系统中融入 GIS、BIM、实时视频、二维/三维图表等显示和输出功能，实现信息的可视化。图 5-8-4 为平台全部功能，图 5-8-5 为系统登录及典型应用界面。

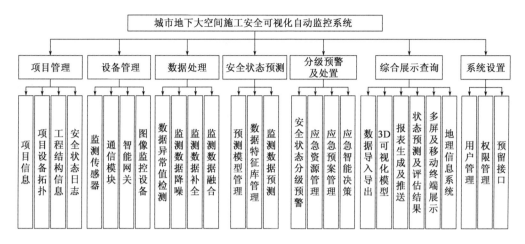

图 5-8-3　系统功能汇总图

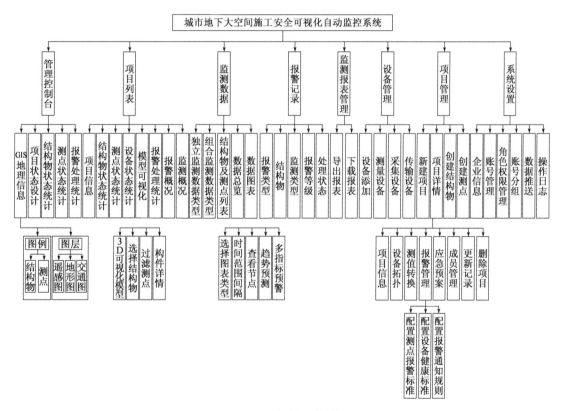

图 5-8-4　平台总体功能结构

在实际工程应用中,可视化自动监控系统可以集成全站仪监测、应变监测、静力水准仪监测、阵列位移计监测、裂缝监测、视频监控等常见的地下工程监测项目,实现全面监测。系统也支持深度+宽度学习相结合的数据处理、智能预测、信息智能推送等能力的持续改进。

 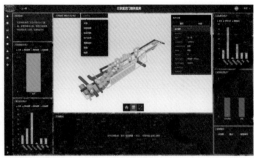

图 5-8-5　系统应用界面

5.9　拓建施工关键装备

5.9.1　狭小空间施工装备

在城市地下空间开发中,尤其是拓建施工,经常面临严苛的场地条件和作业环境,其中狭小空间、低净空、紧邻既有结构等情况尤其突出,因此对适应不同地层条件的低净空、小尺寸、高性能设备的需求比较高。

1)地层加固设备

(1)高压旋喷设备

高压旋喷设备主要由钻机、旋喷钻具、高压注浆泵、搅拌制浆机等组成,采用常用的地质钻机配套施工时,最小净空尺寸为3m即可实施注浆加固。国产的部分钻机设备宽度不足1m,甚至可以在不小于2.15m的净高条件下实施微型桩。

(2)MJS/RJP工法设备

MJS/RJP工法设备由主钻机、高压泥浆泵、旋喷钻具、分流器、地内压力控制(监控)系统组成。其中选用垂直或倾斜施工专用钻机时,施工净高要求不小于3.5m,成桩中心与周边障碍物最小距离约0.3m;任意角度多用途钻机,适合净高要求不小于4m。

配套应用的高压泵的最大平面尺寸为3m,净高小于2m,可提供40MPa的浆液喷射压力,根据不同地层条件及加固深度,最大成桩直径超过3m。

2)狭小空间开挖设备

国内小型、迷你型挖掘设备比较多,小型挖掘机设备高度一般为2.4~2.9m,可以用于基坑内支撑下方、分部暗挖洞室、既有地下空间内作业等;而微型挖掘机总高度小于2.4m,部分设备宽度不足1m,最大挖掘力大于15kN,可以在狭小的空间内作业。

3)低净空灌注桩设备

(1)设备现状

日本适用于狭小空间的最小成桩设备全高仅1.8m,能在2.0m净空限制条件下进行钻孔作业,设备平面最大尺寸不足 3m,适用于直径 0.8~3.0m 的大口径桩施工。

根据市场调研,国内多个设备制造企业均研发或改装了各种类型的低净空钻机,包括冲击钻、全套管回旋钻、旋挖钻和反循环钻机,设备净高 3~4m,详见表 5-9-1。在城市地下水丰富、松散地层及敏感环境中,采用常规钻孔灌注桩施工极易塌孔,需要一种施工过程无孔壁坍塌、断桩和缩径风险的全套管灌注桩施工方法,而现有装备通常采用套管上部下放的方式,很多情况下设备高度+套管高度很难实现低净空施工要求,图 5-9-1 为常规套管钻进装置。

国内代表性套管钻进装置参数 表 5-9-1

品 牌	型 号	钻孔直径(mm)	压拔行程(mm)	外形尺寸(长×宽×高,mm)
徐州盾安	DTR1805H	1000~1800	500	4700×2880×3609
	DTR1605H	800~1600	500	4911×2532×3295
	DCP1005H	500~1000	450	8046×2200×3963
	DTR1305H	600~1300	500	4710×2090×3235
山河智能	SWRC170	600~1700	1200	15145×3360×3583

(2)低净空全套管灌注桩装备研发

目前地下空间拓建施工非常普遍,低净空环境条件进行各种围护桩、隔离桩、桩基础施工将更加频繁,经常用到低净空灌注桩施工设备与工艺。低净空全套管灌注桩装备的设计特点为:

①低置回转转盘下套管。套管管节由抓取装置抱箍,侧向水平装入对位焊接。

②采用六等分水平液压机构夹持套管回转下沉,完成套管钻进。套管回转钻进装置原理图见图 5-9-2。

③套管内土体采用专用取土装置分段取土。针对富水松散土采用筒式取土器,针对黏性土采用螺旋式取土器。取土器上方设置撑紧动力装置,将

图 5-9-1 常规套管钻进装置

取土系统与套管内壁撑紧,提供反力,撑紧动力装置与取土器之间通过动力杆连接。图 5-9-3 为取土装置原理图。

(3)设备主要构造

低净空全套管灌注桩机主要由主机机架及走行装置、旋转钻进装置、取土装置三大部分构成。

①机架及走行装置:钻机主要支撑部分由主架、步履和液压控制系统组成。主架高度采取伸缩方式,为了最大化使用有限的空间高度,主架设计高度根据实际工况进行适量调整,尽可能使单节套管长度增大。对称步履式行走,行走负荷大于 35t。

②旋转钻进系统:为套管贯入地层提供动力,由液压锁紧机构、电动全回转护筒转盘和液压顶进系统构成。设置两台对称布置的电动减速装置同时驱动齿轮箱,带动回转转盘;在回转

转盘上安装六只向心油缸,六等分对称同步液压夹持,带动套管钻进。对称双缸液压升降,四个角位置设置导向杆,导向杆兼备提供回转反力作用,可实现低净空工况下套管夹持回转下沉,实际工作场景见图5-9-4。

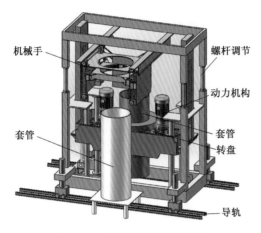

图5-9-2 套管回转钻进装置原理图

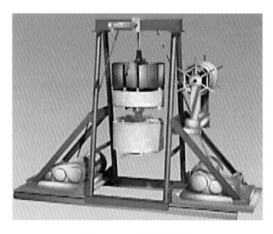

图5-9-3 取土装置原理图

图5-9-4 套管钻沉装置

图5-9-5 低净空全套管灌注桩取土设备

③取土器:主要进行套管内取土和清孔作业;考虑流水作业,采用独立取土器进行取土作业,见图5-9-5。采用接长钻杆、钻杆与钻筒同心机械连接(可分离、撑紧),可实现低净空工况下钻杆接长、钻筒取土作业互不干扰,施工简便、取土效率高。

(4)设备主要参数

设备平面尺寸为2200mm×5500mm,净空高度为3600～4100mm。在设备制作过程中进行的一系列主要参数测试表明,设备主要性能参数达到同规格常规全套管灌注桩设备,表5-9-2为新研发的低净空全套管灌注桩设备与国内外其他同类设备参数对比。

(5)设备适用范围

适用于建筑空间内、桥下、高压线旁等净空受限条件下

（净空高度3600～4100mm）的灌注桩施工作业,可应用于公路、铁路、市政、地铁等领域的桩基施工。灌注桩径为500～1100mm,最大深度为60m,适应地层为软黏土地层、粉土、粉质黏土、粒径较小的砂砾层。

各种全套管灌注桩桩机技术参数对比表　　　　　　　　　表 5-9-2

设备型号	盾安 DRT1505H	地科院 QHZ-2000	日本 RT-200A	三和机材 RB-200HC-3	日立住友 CD-2000	德国 Leffer RDM-2000	新研发 设备
钻孔直径 （mm）	800～1500	1000～2000	1000～2000	1000～2000	1000～2000	1000～2000	500～1100
钻孔深度 （m）	80	40	—	—	—	—	60
回转扭矩 （kN·m）	1500/975/600	2000	2030/1167	1800/1350/900	2060	2900	1300～2080
工作转速 （r/min）	1.60/2.46/ 4.00	0.9/1.2/ 2.8	1.2/2.0	1.1/1.6/2.2	1.1/1.2	0～1.0	0.5～8
套管上拔力 （kN）	2444	3100	2600	2540	2720	2400	1200
功率 （kW）	194	260	235	190	190	220	200
质量 （t）	31	45	32	38	32	65	35

4)低净空连续墙成槽设备

地下连续墙施工设备主要包括液压抓斗成槽机和双轮铣槽机,液压抓斗机主要用于黏性土、砂性土、中风化以内的岩层等地层;而双轮铣槽机可以在各种土质条件下作业,如在淤泥、砂砾石、卵石及中硬度的岩石、混凝土中开挖,在超深度及入岩地下连续墙施工中具备显著优势。

国内低净空成槽设备大多可以在6～7m净空高度条件下作业,成槽厚度和深度基本能够满足拓建施工要求,见表5-9-3。

国内部分低净空地下连续墙成槽设备　　　　　　　　　　表 5-9-3

设备名称	设备型号	设备净高 （m）	工作高度 （m）	最大成槽厚度 （mm）	最大成槽深度 （m）
液压抓斗机	上海金泰 SG40L	6.5		1200	70
	宝峨 GB60	5.0	5.8	1200	80
	徐工 XG500E	6.5			
双轮铣槽机	宝峨 CBC25	5		1500	60
	宝峨 MBC30	6		1500	80
	徐工 XTC80/60M	6		1500	80

5.9.2 开洞装备

分期拓建、连通接驳甚至近接增建时,往往需要破除部分既有围护结构,局部破除既有主体结构。既有围护结构(钻孔桩、连续墙等)一般采用液压破碎设备、手持破碎设备、静力切割设备或静态爆破方式破除;而既有地下空间钢筋混凝土主体墙柱、梁板结构开洞或破除采用静力切割或静态爆破技术完成。其中静力切割是利用金刚石工具(绳、锯片、钻头)在高速运动的作用下,按指定位置对钢筋和混凝土进行磨削切割,无振动、无损伤切割拆除钢筋混凝土结构,拆除墙、板结构时通常与钻孔设备、吊装设备结合完成。

1)风镐及电镐

风镐及电镐均为利用冲击作用破碎坚硬物体的手持施工机具,风镐以压缩空气为动力,电镐以单相串励电动机为动力,具有结构紧凑、携用轻便、安全可靠、效率较高、操作方便等特点。可用于破除 SMW 桩、钻孔灌注桩、连续墙等水泥土、钢筋混凝土围护结构,也可用于辅助凿除既有主体混凝土结构或接口混凝土界面处理。

2)液压破碎锤

液压破碎锤又称液压冲击破碎器、液压破碎器、液压碎石器、液压镐(液压炮),以液体静压力为动力,驱动活塞往复运动,活塞冲程时高速撞击钎杆,由钎杆破碎混凝土(图 5-9-6)。液压冲击破碎器根据工作原理分为全液压式、液气联合式及氮爆式三大类,其中应用比较广泛的为液气联合式:依靠液压油和后部压缩氮气膨胀,同时推动活塞工作。根据工作性质,液压冲击破碎器分为手持式和机载式两大类。手持液压破碎锤类似于风镐或电镐,通常利用可移动的液压动力站提供动力;机载式液压破碎锤是液压挖掘机的重要作业工具之一,也可以安装在挖掘装载机或轮式装载机上进行破碎作业。

机载式液压破碎锤主要用于较大范围破除围护桩、既有地下结构、地下障碍物等,由于瞬间冲击力较大,在拓建施工中应用时,必须考虑冲击影响范围,当局部破除既有结构或对需保留的既有结构影响较大时,不宜采用。

3)液压破桩机

液压破桩机是目前比较先进的破除桩头的设备,其工作原理是采用多个液压油缸挤压桩身,从同一端面不同点同时挤压,切断桩头,见图 5-9-7。

液压破桩机主要由破桩装置和动力源两部分组成。破桩装置由液压油缸模块组成,模块布置方式和数量可根据桩形和桩断面尺寸自行组合。合金钢加工而成的油缸活塞能满足各种强度等级的混凝土的破碎要求;动力源通常由挖掘机、装载机、吊机等移动装备提供,也可采用固定的液压泵站。

设备特点:模块化结构,安装简单,根据桩径配备不同数量的模块;一般不需专门配置动力源;全液压驱动,低噪声,静压施工,不影响保留桩身结构;一次快速破桩长度 30~50cm,效率高;主要由挖掘机驾驶员一人操作,人员成本低;施工人员不直接接触桩,安全性好。

液压破桩机在禁止使用破碎锤等冲击设备的条件下使用,一般不影响周边结构;但其需要液压油缸模组包围桩身才能分段"剪断"桩体,实现破桩的目的,因此在拓建工程中往往受空间限制,分期实施的明挖基坑隔离桩破除、明挖法连通接驳部位、拓建基坑围护结构顶部桩头拆除等施工中应用效率高,效果很好。

图 5-9-6 液压破碎锤

图 5-9-7 液压破桩装置

4)金刚石绳锯机

金刚石绳锯机是利用绳锯木断的原理设计出来的一种对混凝土等脆硬材料进行切割的锯,由驱动源(电机)、飞轮、导向轮、金刚石材料制作的绳锯链条组成,见图 5-9-8。理论上,通过调整导向轮组安装方位可以进行任何方向的切割;配置不同的机架和链条长度,切割尺寸可以不受被切割体大小、形状、切割深度的限制,广泛使用于梁、柱、墙、板等大尺寸钢筋混凝土构件的切割或保护性拆除。金刚石绳锯在切割过程中绳索以 20~25m/s 的速度高速行进,控制金刚石绳索质量标准和切割过程中的最大张拉强度,可以满足高效的切割要求。

绳锯机除能够破除较厚实的钢筋混凝土结构外,水下切割作业也能胜任,切割作业深度不受限制、作业环境适应性强、作业效率高、施工速度快、劳动强度低、操作安全可靠、噪声小、无振动、质量

图 5-9-8 金刚石绳锯机

好,最大限度保持既有结构的稳定性和安全性,拓建破除既有结构时,取代电锤、风镐、人工钎打等振动较大机具施工。

为保证切割精度和施工安全,一般情况下,绳锯主脚架及辅助脚架用化学锚栓固定于被切割体或邻近牢固的基础上,切割墙、板结构时,利用水钻等工具提前实施穿绳孔,为绳锯切割提供工作空间。

5)金刚石圆盘锯

金刚石圆盘锯又称墙锯、碟锯,通常采用液压或电动装置驱动固定的人造金刚石圆盘桩锯片,在一定的压力下对钢筋混凝土进行高速磨削,安装不同规格的锯片可以完成厚度 800mm

以内的钢筋混凝土切割,如图 5-9-9 所示。对于小尺寸(厚度)混凝土,可以采用手持式圆盘锯,而大多情况下需沿固定导轨切割,最终沿轨道布置方位使混凝土被切割分离。

图 5-9-9　金刚石圆盘锯

金刚石圆盘锯的显著特点是切割强劲、速度快、截面整齐、应用灵活、操作简单。部分圆盘锯可以安装于液压挖掘机上,依靠挖掘机驾驶人员可实现较高部位的切割。

6)金刚石薄壁钻

金刚石薄壁钻又称水磨钻、水钻,是利用金刚石薄壁钻头钻削石材、钢筋混凝土、瓷砖等脆性材料的带液源的钻孔工具。安装不同直径的钻头,一般可以根据要求在基础底板、混凝土楼板、混凝土梁、剪力墙、砖墙、石材、砖砌墙等构件中实现直径 32～500mm 的单孔钻孔,钻孔深度最大可达 20 多延米,工作场景见图 5-9-10。部分产品利用液压动力头钻机,解决了钻机功率和切削能力不足的问题,钻孔直径最大可达 800mm。水钻通常单独使用,对钢筋混凝土进行排孔切割,排孔切割时常用的钻头规格为直径 100mm;也可以配合绳锯切割、静力爆破拆除或开洞。常用的薄壁钻包括手持式、台式(可移动式)、顶杆式,也有部分厂商生产钻切两用机。

图 5-9-10　金刚石薄壁钻

7）其他破除设备和技术

（1）其他破除设备包括利用热力作用拆除混凝土的高温火焰枪、等离子枪、激光束等，目前除了在核设施混凝土切割中应用外，其他方面应用较少。

（2）利用高压水射流作用原理破除混凝土。高压水射流破除技术主要用于破除敏感性混凝土建（构）筑物中的破损混凝土，以便进行结构修复。目前正在试用的超高压水射流切割刀具（图5-9-11），通过控制水压大小、水流量、射流移动速度和冲击角度，能够完成混凝土及岩石的钻孔及切割，也可用于岩石及混凝土的剥层、破碎、压裂，装配于盾构机或TBM设备上，可辅助滚刀破岩、岩石切槽、清除混凝土障碍物、清除刀盘泥饼等。

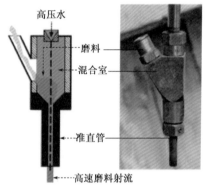

图5-9-11　超高压水射流切割刀具

5.9.3　快速支护装备

1）浅埋盖挖快速装配支护一体机

在城市繁华区域，浅埋综合管廊、过街通道、近接拓建通道等小型浅埋基坑明挖施工通常存在施工周期长、影响地面交通、临时支护成本高等问题，可以采用浅埋盖挖装配支护一体机施工。该装备集成了开挖、支护、拼装、覆土回填等功能，能够在不中断路面交通条件下实现地下空间机械化开挖施工、结构快速装配、覆土即时回填、快速恢复道路，见图5-9-12。

图5-9-12　盖挖快速装配支护一体机

该设备通过纵向和横向模块化组合,实现开挖跨度可变;通过设备主机结构壳体实时平衡侧向土压力,实现无预设围护结构支护的快速绿色施工。

2)城市地下大空间多功能作业台车

城市浅埋大跨地下空间暗挖施工中,及时封闭支护是控制围岩收敛变形的关键。而利用机械化施工能够快速装配形成初期支护承载体系,为及时控制围岩的收敛变形创造条件,保证施工安全。

传统的城市浅埋暗挖洞室通常采用交叉中隔壁法(CRD法)、中隔壁法(CD法)、双侧壁导坑法、台阶法等分部多步序开挖方法,施工空间小、支护接头多、地层多次扰动、衬砌浇筑困难,不利于机械化施工,效率较低。随着地层加固技术、掌子面加固技术的不断发展,施工方式逐渐向大断面机械化快速施工的趋势发展。

地下大空间多功能作业台车(图5-9-13)具有多臂架结构和六个自由度终端抓取装置,以及多方向自行走、重型构件抓举、快速定位、精准拼装等功能,目前成型设备整机作业跨度可达20m,单机作业覆盖面积超过300m²,单臂最大提升质量达1.5t,可实现不同支护构件种类、断面形式、施工工况的支护结构快速精准拼装。

图5-9-13　城市地下大空间多功能作业台车

第6章
城市地下空间网络化拓建典型工程案例

 天津地铁 5 号线思源道站接建地下空间工程

6.1.1　工程概况

1）工程简介

天津地铁 5 号线思源道站接建地下空间工程位于河北区思源道、群芳路、白杨道与红星路相交区域。接建工程分布于既有地铁思源道车站（2014 年建成，地下双层岛式车站）主体结构东西两侧，为地下三层空间结构，总建筑面积 60307m²。地下二层高程与既有地铁站站厅层高程一致，在地铁站厅层设置两个连接通道，实现接建地下空间与地铁站厅层之间的等高接驳；在接建地下工程及思源道站上盖开发，地面建筑为三层裙房 +6 栋高层建筑。接建地下工程如图 6-1-1、图 6-1-2 所示。

接建工程基坑为不规则形状，东侧基坑沿思源道站长约 191.1m，垂直方向最宽 107.6m；西侧基坑沿思源道站最长 145.1m，垂直方向最宽 95.8m，如图 6-1-3 所示。

基坑平均深度 16m，围护结构采用 800mm 厚地下连续墙加三道混凝土内支撑的支护形式，地下连续墙深度 32m；裙楼局部电梯坑开挖较深处设置三轴水泥土搅拌桩，有效桩长 9m。

2）工程地质条件

接建工程范围内按照时代成因、岩土类别及工程性质划分为若干土层，以填土、粉土、粉质黏土为主，分布情况如图 6-1-4 所示，地层分布及土质特征具体描述详见表 6-1-1。

工程场地内地下水类型主要包括潜水和承压水：表层为第四系孔隙潜水，埋深较浅，为 0.70～1.30m；第一层承压水水头高程为 0.2m（原地面高程 2.2m），承压水层埋深约 16.9m。

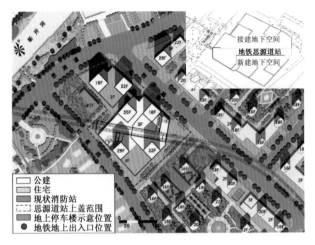

图 6-1-1　思源道站接建地下空间工程平面示意图

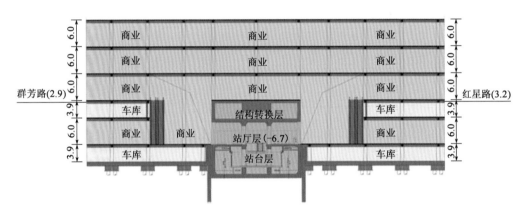

图 6-1-2　思源道站接建地下空间工程剖面示意图(尺寸单位:m;高程单位:m)

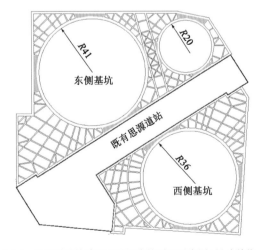

图 6-1-3　思源道站接建工程基坑支护平面示意图(尺寸单位:m)

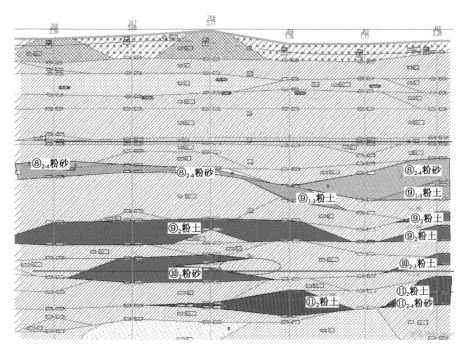

图 6-1-4　思源道站接建地下空间工程典型地质剖面图

思源道站接建工程地质特性一览表　　　　　　　　　　　表 6-1-1

土层编号	岩 土 名 称	土层厚度(m)	土 质 特 征
①₁	杂填土	0.50～3.60	松散,潮湿,夹少量黏性土
②₂	素填土	0.75～1.10	以黏性土为主,软塑、可塑状,夹碎砖石
④₁	黏土	1.10～4.90	可塑状,含铁质,土质均匀
④₂	粉土	0.00～3.70	饱和,稍密～中密,土质均匀
⑤₁	黏土	0.50～1.00	可塑、软塑状,土质均匀,含铁质、有机质
⑤₂	淤泥质黏土	0.00～1.10	流塑状,富含有机质
⑥₁	粉质黏土	2.60～3.30	软塑、流塑状,层状,含碎贝壳、粉土薄层
⑥₄	粉质黏土	3.50～4.50	流塑、软塑状,高压缩性,夹粉土,层状
⑦	粉质黏土	1.00～1.90	可塑状,土质均匀,含铁质,顶部可见20cm厚泥炭质土
⑧₁	粉质黏土	1.80～6.50	可塑,均匀,含铁质
⑧₂	粉土	1.00～4.70	饱和,中密～密实,均匀,含铁质
⑨₁	粉质黏土	2.50～5.40	可塑,均匀,上部粉粒含量高,含铁质
⑨₂	粉土	3.00～5.70	饱和,密实,均匀,含铁质
⑩₁	粉质黏土	0.90～2.90	可塑、硬塑状,均匀,含钙质结核

续上表

土层编号	岩土名称	土层厚度(m)	土质特征
⑩₂	粉土	0.70 ~ 3.00	饱和,密实,均匀,含铁质
⑪₁	粉质黏土	1.90 ~ 9.90	可塑、硬塑状,均匀,含钙质结核
⑪₂	粉土	0.60 ~ 5.70	饱和,密实,土质均匀,含铁质
⑪₃	粉质黏土	0.80 ~ 7.50	硬塑、可塑状,均匀,含铁质、粒状姜石
⑪₄	粉砂	1.70 ~ 6.20	饱和,密实,均匀,含铁质

3)工程风险点

主要工程风险统计表见表6-1-2。

主要工程风险统计表　　　　　　　　　表6-1-2

序号	风险点	风险描述	风险等级
1	基坑开挖	基坑开挖深度16m,局部20m,其中东侧基坑开挖面积约1.25万m²,西侧基坑开挖面积约0.85万m²,如果东西两侧基坑不对称开挖会造成既有站偏压;大面积深基坑开挖易造成基底隆起及支撑失稳	Ⅰ级
2	基坑降水	基坑降水面积大,降水周期长,降水效果不易控制,易造成既有结构或地面不均匀沉降	Ⅰ级
3	新旧结构冷缝	开挖过程中冷缝部位薄弱,裸露周期较长,漏水风险较高,严重威胁既有地铁运营安全,甚至造成结构破坏	Ⅰ级

4)工程重难点

(1)超大超深异形基坑环形支护体系及开挖施工

零距离近接既有地铁车站深基坑开挖,对既有地铁站主体结构易产生扰动,特别是在既有车站两侧开挖较深时,易造成既有车站主体结构变形;如两侧不对称开挖易造成既有结构偏压,严重时造成结构破坏。

(2)高承压水地层大面积基坑降水

基坑下部粉砂及粉土层中的地下水具有承压性,水头高程为0.2m(原地面2.2m),基坑底板位于第一层承压含水层上0.5 ~ 1.0m。基坑面积大、局部深度不一,承压水分级、按需降水难度大,极易造成涌水涌砂或周边结构不均匀沉降。

(3)新旧地下连续墙冷缝处理

既有地铁基坑与接建项目基坑围护结构施工时间相差4年,时间跨度较大且新老地下连续墙相交部位位于既有围护结构阳角部位,此部位既有地下连续墙存在鼓包现象,新旧结构的连接冷缝很容易出现渗漏现象,甚至涌水涌砂,造成结构破坏,严重威胁既有地铁运营安全。

6.1.2 关键技术

1) 多层大直径圆环异形支撑技术

(1) 基坑围护结构形式为地下连续墙, 厚度为 800mm、深度为 32.0m, 隔断第一层承压含水层; 裙楼电梯井处局部加深基坑, 采用双排 ϕ850mm@600mm 三轴水泥土搅拌桩围护结构, 有效桩长 9.0m。

(2) 新旧围护结构之间的冷缝, 采用 3 根 ϕ600mm 的高压旋喷桩止水加固处理。

(3) 基坑支护设置 3 道环形钢筋混凝土支撑体系 (图 6-1-5), 最大圆环直径 80m, 由环梁 + 辐射撑 + 斜撑组成, 主支撑截面尺寸为 700mm × 1200mm (第一道)、900mm × 1200mm (第二、三道); 既有地铁车站上方利用原车站围护结构架设钢支撑, 防止两侧基坑开挖可能出现的偏压不利影响。

图 6-1-5 大直径圆环异形支撑现场图

(4) 平面支撑体系的主要受力节点上设置竖向支撑 Q235B 钢格构柱, 并设钻孔灌注桩基础。

该支撑体系将坑外土体水平推力转化为环梁的轴向压力, 充分发挥钢筋混凝土材料性能的同时, 整体性支撑体系减轻了作用于既有结构上的推力。

2) 近接基坑预留核心岛开挖控制技术

本工程采用平台 + 中心土退岛的基坑开挖方式, 预留核心土方有效减小了坑底隆起; 采取两侧对称开挖, 避免造成地铁结构偏载而引起的破坏。

(1) 开挖原则: 先撑后挖、分区、分层、分部、对称开挖、预留核心岛。具体方案为将基坑分 3 个对称区 + 1 对核心岛, 分 4 层对称开挖, 如图 6-1-6 所示。

(2) 开挖方法: 掏角、清边、岛式退挖。

(3) 圆盘环内岛式出土, 设置运输距离最短的出土通道, 核心岛预留挖机向下盘旋通道、出土通道交替预留, 如图 6-1-7、图 6-1-8 所示。

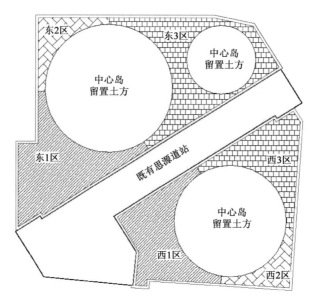

图 6-1-6 土方开挖分区平面图

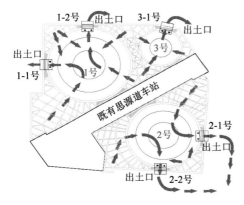

图 6-1-7 环岛土方预留及出土路线布置图

图 6-1-8 土方开挖现场图

3）智能气动降水

降水要求：每次降水水位控制在开挖线以下 1m，降水井内水位为开挖底部以下 5m。根据降水方案提前设置自动启、停水位，实现基坑降水水位的自动控制。

基坑内降水井按 15m 间隔梅花形布置，降水井共 80 座，备用观测井 6 座；井管直径 650 ~ 700mm，深度 20 ~ 34m（一次性打到基坑底部以下 5m）。

4）新旧地下连续墙冷缝处理

（1）采用地质钻机在新旧地下连续墙接缝部位钻孔取芯，确定既有地下连续墙是否存在鼓包现象，确定鼓包位置和范围。

（2）采用全回转钻机（套筒直径 1.2m）对既有地下连续墙接口部分进行局部切除，清除完毕后，采用 10% 的水泥土分层回填夯实。

（3）拓建基坑连续墙成槽后，利用履带地下连续墙配合专用的刷壁器对既有地下连续墙接口槽壁进行洗刷清理。

（4）钻切效果超声波检测：成槽完成后进行超声透射法成槽检测，分别检测3组断面，对新旧地下连续墙垂直度、平整度进行分析评判，评价施工质量。

（5）新旧地下连续墙榫卯连接技术：利用钻切形成的弧面，形成凹凸式柔性接头结构。

（6）新旧地下连续墙冷缝止水加固技术：接缝处"品"字形咬合布置采用三根 $\phi600mm$ 高压旋喷桩加固，加固深度至基坑底以下5m。

5）既有地铁站监控量测

（1）运营地铁轨道、既有车站结构、隧道结构采用静力水准仪自动监测，在左右线道床结构上、车站侧墙上布设监测点，监测范围向车站两端各外延60m，测点布置间距约20m。

（2）既有车站、隧道水平结构使用 KPJC-CX03 型高智能位移传感器监测，监测范围及测点布置与轨道监测点相同。

既有结构监测项目及控制值见表6-1-3。

既有结构监测项目及控制值 表6-1-3

序 号	项 目	控制标准	报 警 值
1	既有车站主体沉降	10mm	8mm
2	既有车站水平位移	10mm	8mm
3	既有车站倾斜	2‰	1.6‰
4	既有车站两侧运营轨道沉降	±5	±4
5	既有车站两侧运营隧道管片隆起	+10	+8
6	既有车站两侧运营隧道收敛	±13	±10

（3）远程自动化监测数据通过网络接入专门开发的在线监测系统（图6-1-9）。

6）拓建基坑监控量测

基坑施工期间，对周边地表沉降、连续墙顶部水平位移和竖向沉降、墙体位移（测斜）、混凝土支撑轴力、立柱隆沉、地下水位等项目进行监测。

6.1.3 实施效果

（1）采用地下连续墙＋环形内支撑和"平台＋岛式开挖"技术，施工期间基坑稳定，结构安全，开挖出土作业空间大，缩短工期90d，节约成本650万元。

（2）采用智能气动降水技术，达到了降水自动精确控制、坑内无电安全的效果，节省50%以上降水用电。

（3）新旧地下连续墙采用钻切、刷槽、榫卯连接、旋喷止水加固技术，在坑外高地下水位和承压水层条件下，新旧地下连续墙连接处无渗漏。

（4）通过对既有地铁车站轨道及结构变形、接建支护体系的稳定和气动降水控制的智能化监测,真正做到了信息化设计和施工。

(5)施工期间既有地铁车站、轨道结构的最大隆起及沉降量为 4mm 左右,小于控制标准值 5mm。其余监测项也未超过安全控制值。

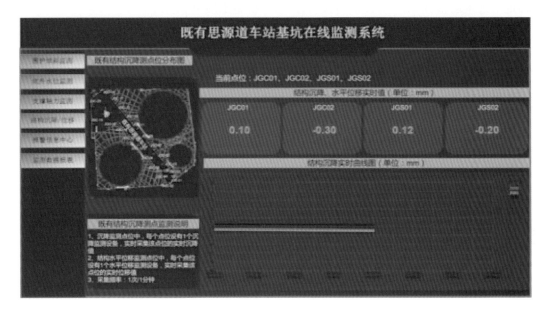

图 6-1-9 既有结构沉降监测自动化平台

6.2 北京地铁宣武门站新增换乘通道工程

6.2.1 工程概况

1)工程简介

北京地铁宣武门站位于宣武门东、西大街与宣武门内、外大街的交叉路口处,是地铁 4 号线与 2 号线的换乘车站。2 号线车站修建于 20 世纪 70 年代初,4 号线呈十字状下穿 2 号线车站,于 2009 年开通。2 号线与 4 号线车站通过两座相对的 E 形通道实现换乘,改造前换乘通道为单向使用,如图 6-2-1a)所示。2009 年地铁 4 号线开通不久,两线之间换乘能力不足,早晚客流高峰期间换乘通道内严重拥挤,存在较大的安全隐患。

宣武门站新增换乘通道工程,按平面布置分为西北象限、西南象限、东北北象限、东北东象限及东南象限五个部分。在各象限均增设地下售检票厅并改造相关系统设备;在东北象限新建两个出入口解决原 4 号线在东北方向无出入口的问题;新建西北、东北、西南三条换乘通道实现 4 号线向 2 号线换乘,原有 E 形通道仅用于 2 号线向 4 号线换乘;在东南象限拆除原 2 号线出入口,结合新建的售检票厅合建出入口。拓建后车站平面如图 6-2-1b)所示。

工程施工工法及结构形式见表 6-2-1。

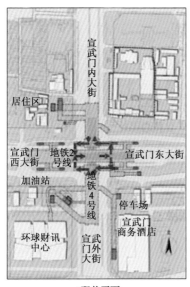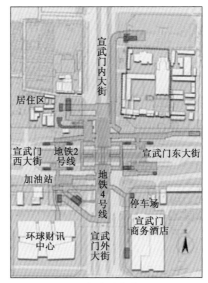

a)现状平面　　　　　　　　　　　　b)拓建后平面

图 6-2-1　宣武门站新增换乘通道工程平面示意图

工程施工工法及结构形式　　　　　　　　　　　　　表 6-2-1

场区	结构形式	施工工法	规　　模	备　　注
西北象限	地下厅:单层双跨拱顶直墙断面结构	暗挖中洞法	开挖宽度15.5m,长度约32.4m	单独增设竖井横通道
	换乘通道:单跨拱顶直墙断面结构	暗挖交叉中隔壁法(CRD工法)	开挖宽度7.9m,长度约53m	利用暗挖厅开挖
西南象限	地下厅:单层双跨拱顶直墙断面结构	暗挖中洞法	开挖宽度15.1m,长度约32.1m	单独增设竖井横通道
	换乘通道:单跨拱顶直墙断面结构	暗挖CRD工法	开挖宽度6.2~7.7m,长度约46m	利用暗挖厅开挖
东北北象限	地下厅:双层双跨矩形框架断面结构	明挖法	基坑规模:37.3m(长)×21.8m(宽)×17.1m(深)	
	出入口通道:单跨拱顶直墙断面结构	暗挖CRD工法	开挖宽度7.4~10.1m,长度约139.9m	利用明挖段开挖
东北东象限	地下厅及出入口:单层单跨矩形框架断面结构(局部二层)	明挖法	基坑规模:105.3m(长)×(7.2~12.1)m(宽)×(2.4~11.4)m(深)	
	换乘通道:单跨拱顶直墙断面结构	暗挖CRD工法	开挖宽度7.9~10.1m,长度约41.5m	利用明挖段开挖
东南象限	地下厅及出入口:单层矩形框架断面结构	明挖法	基坑规模:54.9m(长)×(5.9~12.2)m(宽)×(2.4~8.0)m(深)	

图 6-2-2　周边重点建筑物——南堂

2）复杂周边环境

（1）重点建（构）筑物

四个象限均分布既有建筑物,其中位于东北象限的天主教爱国会南堂（图 6-2-2）为国家一级文物建筑,砖砌结构,南堂文物位于东北北象限暗挖出入口侧上方,水平净距 15.0 ~ 17.5m,竖向距离 9.6 ~ 10m。

（2）重要市政管线

本工程位于城市主干道的交叉路口,地下管线十分密集,多次下穿重要管线：

①D1250 污水管：西北象限地下暗挖厅垂直下穿,净距 3.4m;西北象限换乘通道（接地铁 2 号线）平行下穿,水平净距 0.9m,垂直净距 3.6m;西北象限换乘通道（接地铁 4 号线）垂直下穿,净距 5.2m。

②DN1000 上水管：西北象限地下暗挖厅平行下穿,净距 6.6m;西北象限换乘通道（接地铁 4 号线）垂直下穿,净距 5.4m;西南象限地下暗挖厅平行下穿,净距 2.1m,西南象限暗挖出入口通道（接地铁 4 号线）平行下穿,净距 2.1m。

③DN720 上水管：西南象限地下暗挖厅平行下穿,净距 4.5m。

④DN600 上水管：东北北象限新增暗挖出入口平行下穿,净距 5.5m。

⑤2600mm × 1500mm 热力隧道：西南象限地下暗挖厅平行下穿,净距 1.5m;西南象限施工横通道密贴下穿。

⑥1900mm × 900mm 热力隧道：西北象限地下暗挖厅临近,净距 5.1m。

⑦DN500 燃气管：东北北象限新增暗挖出入口平行下穿,净距 6.4m。

⑧2000mm × 2350mm 电力隧道：东北北象限新增暗挖出入口平行下穿,净距 1.3m;西北象限地下暗挖厅垂直下穿,净距 1.3m。

⑨2000mm × 2000mm 电力隧道：西南象限地下暗挖厅垂直下穿,净距 3.1m;西南象限暗挖出入口通道（接 4 号线）垂直下穿,净距 3.3m;西南象限施工横通道端头邻近,净距 2.1m。

⑩4300mm × 3400mm 热力小室：西北象限施工横通道下穿,净距 2.3m。

3）工程地质条件

本工程地层自上而下为：杂填土①₁、粉土填土①、粉土③、粉质黏土③₁、黏土③₂、粉细砂③₃、粉细砂④₃、中粗砂④₄、圆砾 ~ 卵石⑤、中粗砂⑤₁、粉细砂⑤₂、粉质黏土⑥、黏土⑥₁、粉土⑥₂、细中砂⑥₃、卵石⑦,详见图 6-2-3。

在深度 30m 范围内,实测到三层地下水,分别为上层滞水、潜水、层间水,埋深分别为 3.0m、16.0 ~ 17.50m、25.30 ~ 26.24m,水量不大。

4）工程风险、重难点及应对措施

（1）既有车站结构侧墙破除风险

新增换乘通道工程与既有地铁 2 号线与 4 号线接驳部位共计 10 处,既有侧墙最大开口尺寸 7.2m×4.85m(宽×高),要求既有结构变形不大于2mm。施工期间要保证既有线正常运营,保证既有结构安全,保证接口结构及防水质量。既有车站结构侧墙破除风险见表6-2-2。

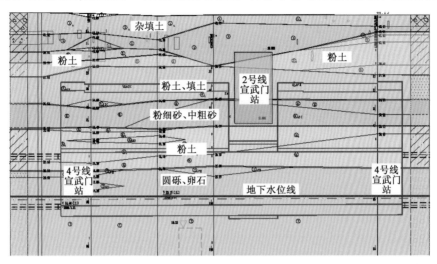

图 6-2-3　宣武门站新增换乘通道工程典型地质剖面图

既有车站结构侧墙破除风险　　　　　　　　　　表 6-2-2

序号	部　　位	风险点名称	风险基本状况描述	风险等级
1	西南象限	换乘通道对地铁4号线主体结构侧墙进行凿除	洞口形式为矩形断面,孔口尺寸 5500mm×4250mm	一级
2		换乘通道,凿除地铁2号线出入口侧墙	洞口形式为矩形断面,孔口尺寸 5100mm×4250mm	一级
3	西北象限	新增地下换乘通道,凿除地铁2号线出入口侧墙	洞口形式为矩形断面,孔口尺寸 5300mm×4200mm	一级
4		新增地下换乘通道,凿除地铁4号线车站侧墙	洞口形式为矩形断面,孔口尺寸 6200mm×5000mm	一级
5		地下换乘厅,凿除地铁4号线西北无障碍通道及西北出入口	破除无障碍通道长度 7.35m,破除4号线西北口范围为 6200mm×4350mm	一级
6	东北北象限	凿除地铁4号线通道预留人防段	洞口形式为矩形断面,孔口尺寸 7200mm×4150mm	一级
7	东北东象限	凿除地铁4号线车站主体结构侧墙	洞口形式为矩形断面,孔口尺寸 7200mm×4850mm	一级
8		凿除地铁2号线出入口侧墙	洞口形式为矩形断面,孔口尺寸 5000mm×3950mm	一级

(2)运营地铁风险及保护

近接运营地铁车站风险见表6-2-3,共涉及特级风险3处、一级风险19处。既有车站主体及区间结构变形允许值仅为2mm,车站附属结构变形允许值为3mm。

近接运营地铁车站风险 表 6-2-3

序号	部位	风险点名称	风险基本状况描述	风险等级
1	西北象限	施工竖井邻近既有地铁 4 号线西北风道	与既有 4 号线风井净距为 8.05m，施工扰动既有结构	一级
2		施工竖井邻近既有地铁 4 号线 E 出入口	与既有 4 号线 E 出入口净距为 5.45m，施工扰动既有结构	一级
3		施工横通道邻近既有地铁 4 号线无障碍出入口	横通道北侧邻近侧穿，水平净距 3.39m，施工扰动既有结构	一级
4		施工横通道端部邻近既有地铁 4 号线车站主体结构	横通道端部与主体小导洞净距 2.45m，施工扰动既有结构	一级
5		地下暗挖厅邻近地铁 4 号线车站主体结构	西北象限地下暗挖厅开挖宽度 14.9m，与地铁 4 号线车站主体结构水平净距为 5.4m，施工扰动既有结构	一级
6		地下暗挖厅邻近既有地铁 4 号线宣武门站换乘通道	西北象限地下暗挖厅开挖宽度 14.9m，其南侧端头初期支护与既有地铁 4 号线宣武门站换乘通道结构的净距为 0.5m，施工扰动既有结构	一级
7		地下暗挖厅邻近既有地铁 4 号线宣武门站西北出入口	西北象限地下暗挖厅开挖宽度 14.9m，其北侧端头初期支护与既有 4 号线宣武门站西北出入口结构的净距为 0.2m，施工扰动既有结构	一级
8		换乘通道邻近既有地铁 2 号线宣武门站西北出入口	西北象限换乘通道（接地铁 2 号线）开挖宽度 6.4~7.6m，通道爬升段邻近 2 号线宣武门站西北出入口，初期支护与出入口的水平净距为 1.5~2.3m，竖向净距为 3.0~5.6m；通道平直段临近该出入口水平净距为 0.1~1.3m，施工扰动既有结构	一级
9	西南象限	施工竖井邻近既有地铁 4 号线 H 出入口	出入口结构底板埋深为 8.9m，施工扰动既有结构	一级
10		施工横通道端部邻近既有地铁 2 号线 D 出入口	施工横通道端部与出入口净距 7.1m，施工扰动既有结构	一级
11		地下暗挖厅邻近地铁 4 号线西南出入口	地下暗挖厅开挖宽度 14.6m，结构初期支护与地铁 4 号线出入口的净距为 1.85m，施工扰动既有结构	一级
12		地下暗挖厅邻近地铁 2 号线西南出入口	地下暗挖厅开挖宽度 14.6m，结构初期支护与地铁 2 号线出入口的净距为 8.4m，施工扰动既有结构	一级
13		暗挖出入口通道（接地铁 4 号线）人防段邻近地铁 4 号线西南出入口	西南象限暗挖出入口通道人防段开挖宽度 7.9m，换乘通道与出入口通道人防段初期支护水平净距为 8.25m，施工扰动既有结构	一级
14		暗挖出入口通道人防段（接地铁 2 号线）邻近地铁 4 号线换乘通道	西南象限暗挖出入口通道人防段开挖宽度 7.9m，地铁 4 号线换乘通道与出入口通道人防段初期支护水平净距为 7.2m，施工扰动既有结构	一级

续上表

序号	部位	风险点名称	风险基本状况描述	风险等级
15	东北北象限	新增暗挖出入口通道侧穿地铁4号线宣武门站车站主体结构	既有地铁4号线车站主体为暗挖双层双柱三跨结构,总宽22.9m,总高度14.8m,站厅层与暗挖出入口通道等高。东北北象限新增暗挖出入口通道开挖宽度7.0~9.9m,通道初期支护与车站主体结构的水平净距为1.7m,施工扰动既有结构	一级
16		新增暗挖出入口平行上穿既有地铁4号线区间结构	既有地铁4号线区间为暗挖马蹄形断面结构,宽5.4m,高5.78m,人防段宽8.4m,高8.11m;新增暗挖出入口开挖宽度7.0~9.9m,既有区间位于该出入口侧下方,与出入口水平净距为0.25~1.55m,出入口基底位于区间结构拱顶以下1m,施工扰动既有结构	特级
17	东北东象限	新增入口暗挖通道邻近地铁4号线换乘通道	暗挖出入口通道开挖宽度7.6~9.4m,地铁4号线换乘通道与出入口通道人防段初期支护水平净距为3.93m,施工扰动既有结构	一级
18		新增入口暗挖通道邻近地铁2号线B出入口	暗挖出入口通道开挖宽度7.6~9.4m,地铁2号线B出入口与新增暗挖出入口初期支护水平净距为6.3m,施工扰动既有结构	一级
19		新增出入口明挖厅邻近地铁2号线B出入口	出入口明挖厅基坑规模:49.2m(长)×9.2m(宽)×(5.83~14.43)m(深),基坑边与地铁2号线B出入口的水平净距为5.35m,施工扰动既有结构	一级
20	东南象限	明挖售检票厅基坑邻近既有地铁2号线车站主体结构	基坑规模:54.9m(长)×(5.9~12.2)m(宽)×(2.4~8.0m)(深),基坑北侧开挖边线距地铁2号线车站主体结构最小净距为1.65m,围护桩与其最小净距为0.95m,施工扰动既有结构	一级
21		明挖售检票厅基坑邻近既有地铁2号线车站风道和主体结构	基坑规模:52.7m(长)×(6.5~12.1)m(宽)×(2.1~11.55)m(深),基坑与既有地铁2号线车站主体结构的最小水平净距为1.15m,与既有东南风道的最小水平净距为1.95m,施工扰动既有结构	特级
22		明挖售检票厅基坑邻近既有地铁2号线区间主体结构	基坑规模:52.7m(长)×(6.5~12.1)m(宽)×(2.1~11.55)m(深),基坑与既有地铁2号线区间主体结构水平净距为1.5m,施工扰动既有结构	特级

(3)文物建筑保护风险

文物建筑保护风险见表6-2-4。

文物建筑保护风险 表 6-2-4

部位	风险点名称	风险基本状况描述	风险等级
东北北象限	东北北象限新增暗挖出入口平行下穿南堂文物建筑	南堂始建于 1601 年,现存建筑为 1904 年新建。文物建筑为砖砌结构,坐北朝南,东侧为教堂,西侧为主教府。东北新增暗挖出入口开挖宽度 7.0~9.9m,南堂文物建筑位于该出入口侧上方,与出入口水平净距为 15.0~17.5m,防止开挖影响周边土体沉降,进而危及文物	一级

（4）管线风险及保护

下穿管线共涉及一级风险点 18 处（表 6-2-5）。

管 线 风 险 表 6-2-5

序号	部位	风险点名称	风险基本状况描述	风险等级
1	西北象限	施工横通道下穿 4300mm × 3400mm 热力小室	施工横通道开挖宽度 4.1m,无覆土,净距 2.3m	一级
2		地下暗挖厅垂直下穿 D1250 污水管	地下暗挖厅开挖宽度 14.9m,污水管覆土厚度 5.1m,净距 3.4m	一级
3		地下暗挖厅临近 1900mm × 900mm 热力隧道	地下暗挖厅开挖宽度 14.9m,热力隧道覆土厚度 5.0m,净距 5.1m	一级
4		地下暗挖厅平行下穿 DN1000 上水管	地下暗挖厅开挖宽度 14.9m,上水管覆土厚度 2.2m,净距 6.6m	一级
5		换乘通道（接地铁 2 号线）平行下穿 D1250 污水管	换乘通道（接地铁 2 号线）开挖宽度 6.4~7.6m,污水管覆土厚度 3.5m,水平净距 0.9m,垂直净距 3.6m	一级
6		换乘通道（接地铁 4 号线）垂直下穿 D1250 污水管	换乘通道（接地铁 4 号线）开挖宽度 8.3m,污水管覆土厚度 3.5m,净距 5.2m	一级
7		换乘通道（接地铁 4 号线）垂直下穿 DN1000 上水管	换乘通道（接地铁 4 号线）开挖宽度 8.3m,污水管覆土厚度 3.5m,净距 5.4m	一级
8	西南象限	施工横通道密贴下穿 2600mm × 1500mm 热力管沟	施工横通道开挖宽度 6.7m,热力管沟覆土厚度 3.4m,与热力管沟密贴	一级
9		施工横通道端头邻近 2000mm × 2000mm 电力管	施工横通道开挖宽度 6.7m,电力管覆土厚度 0.81m,净距 1.1m	一级
10		地下暗挖厅平行下穿 2600mm × 1500mm 热力隧道	地下暗挖厅开挖宽度 14.6m,热力管覆土厚度 3.2m,净距 1.5m	一级
11		地下暗挖厅平行下穿 DN1000 上水管	地下暗挖厅开挖宽度 14.6m,上水管覆土厚度 3.2m,净距 2.1m;该管线直径大于 0.6m	一级
12		地下暗挖厅平行下穿 DN720 上水管	地下暗挖厅开挖宽度 14.6m,上水管覆土厚度 1.5m,净距 4.5m;该管线直径大于 0.6m	一级
13		地下暗挖厅垂直下穿 2000mm × 2000mm 电力隧道	地下暗挖厅开挖宽度 14.6m,电力隧道覆土厚度 0.9m,净距 3.1m	一级

序号	部位	风险点名称	风险基本状况描述	风险等级
14	西南象限	暗挖出入口通道(接地铁4号线)垂直下穿2000mm×2000mm电力隧道	出入口通道开挖宽度5.9~6.1m,电力隧道覆土厚度0.9m,净距3.34m	一级
15		暗挖出入口通道(接地铁4号线)平行下穿DN1000上水管	出入口通道开挖宽度5.9~6.1m,上水管覆土厚度3.2m,净距2.1m;该管线直径大于0.6m	一级
16	东北东象限	新增暗挖出入口平行下穿DN600上水管	新增暗挖出入口开挖宽度7.0~9.9m,上水管覆土厚度3.3m,净距5.5m	一级
17		新增暗挖出入口平行下穿DN500燃气管	新增暗挖出入口开挖宽度7.0~9.9m,燃气管覆土厚度3.5m,净距6.4m	一级
18		新增暗挖出入口平行下穿2000mm×2350mm电力隧道	新增暗挖出入口开挖宽度7.0~9.9m,电力隧道覆土厚度5.6~6.2m,净距0.7m	一级

(5)浅埋大坡度暗挖通道仰挖施工

西北、西南象限售检票厅接地铁2号线换乘通道采用30°仰挖施工,最小覆土2.5m,且下穿多条市政管线,侧穿D1250污水管,水平净距仅0.9m。

6.2.2　施工关键技术

1)复杂周边环境条件下邻近既有建(构)筑物施工保护技术

包括深孔注浆地层加固、超前小导管、隔离桩(钻孔灌注桩、复合锚杆桩)、微扰动开挖、自动化监测反馈等方法。

(1)深孔注浆地层加固

①注浆范围

a.所有暗挖洞室拱部土体,加固厚度2m(初期支护内侧0.5m,外侧1.5m),如图6-2-4所示。

b.新建结构临近既有建(构)筑物,既有结构下方和邻近侧土体,加固厚度2m,如图6-2-5所示。

c.换乘通道仰挖段,加固上层、中层导洞掌子面土体。

d.地面有条件地段,从地面加固拱顶以上土体。

②注浆参数

a.全部采用二重管无收缩双液注浆(WSS注浆)AC浆液(水泥浆+水玻璃+添加剂),水泥浆水灰比为1:1(质量比),水泥浆:水玻璃=1:1(体积比),添加剂掺量根据粉质黏土层、中粗砂层和粉细砂层的地层条件确定,调节浆液凝结时间和可注性。

b.一般地段浆液扩散半径0.5m,注浆压力0.8~1.0MPa;邻近既有建构筑物段浆液扩散半径0.4m,注浆压力0.5~0.8MPa。

c.地面注浆孔间距800mm,梅花形布置。

d.洞内超前注浆:一次注浆长度12m,搭接2m,注浆孔深度2.6~12.2m,角度11°~45°,如图6-2-6所示。

e.掌子面加固注浆:注浆孔垂直掌子面布置,间距1000mm,梅花形布置,深度6～12m。

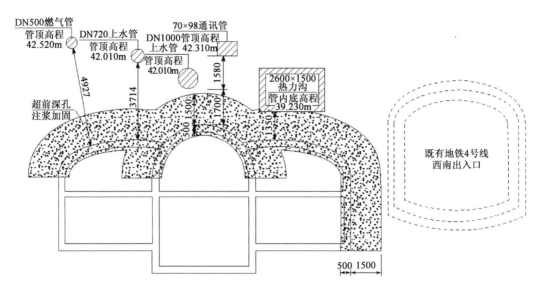

图6-2-4　西南换乘厅深孔注浆剖面图(尺寸单位:mm)

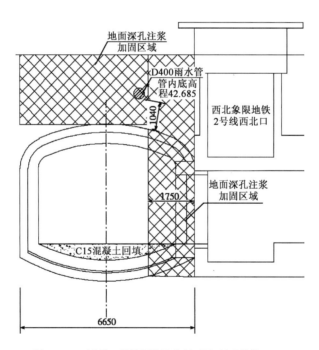

图6-2-5　西北接2号线深孔注浆剖面图(尺寸单位:mm)

(2)小导管超前加固

①加固部位

马头门、暗挖通道接驳段、仰挖段、下穿重要管线段等特殊部位设置小导管超前支护;深孔注浆无法实施或效果不佳部位利用小导管注1:1水泥—水玻璃双液浆补偿加固,如图6-2-7所示。

②施工参数

ϕ32mm 小导管,长 2m(马头门处 3.5m),环向间距 0.3m,纵向每榀格栅设置,注浆压力为 0.3~0.5MPa。

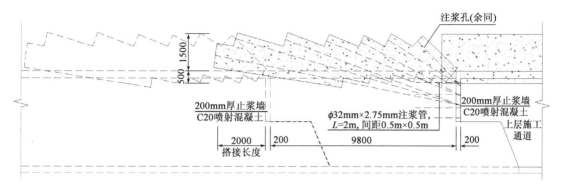

图 6-2-6 洞内深孔注浆加固纵断面图(尺寸单位:mm)

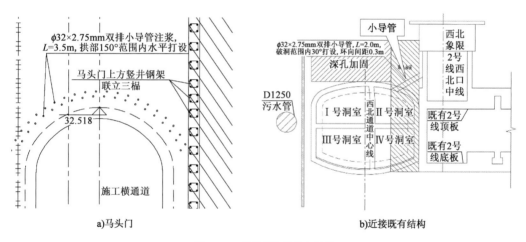

a)马头门　　　　　　　　　　　　b)近接既有结构

图 6-2-7 特殊部位超前小导管

(3)隔离保护技术

①钻孔灌注桩:西北象限施工竖井施工前,在临近 4 号线出入口侧设置一排 ϕ800mm 钻孔灌注桩,间距 1.2m,桩底深度至竖井基坑底高程,如图 6-2-8 所示。采用旋挖钻成孔,隔二跳一施工。

②复合锚杆桩:西北象限接 2 号线换乘通道邻近 D1250 污水管,之间设 ϕ150mm 复合锚杆桩隔离,双排布置(局部单排),间距 0.5m,梅花形布置,桩底低于暗挖通道初期支护底部 2m,如图 6-2-9 所示。

2)大坡度浅埋通道微扰动仰挖施工技术

(1)超前支护与地层加固

开挖前深孔注浆加固拱部、掌子面、侧墙地层。

(2)微扰动开挖

①开挖工序:换乘通道最长仰挖段为 15.9m,上层 1、2 导洞开挖支护完成,形成"拱盖"结

构；在其防护作用下依次开挖中层 3、4 导洞和下层 5、6 导洞，左右导洞错距 5~6m。工序示意如图 6-2-10 所示。

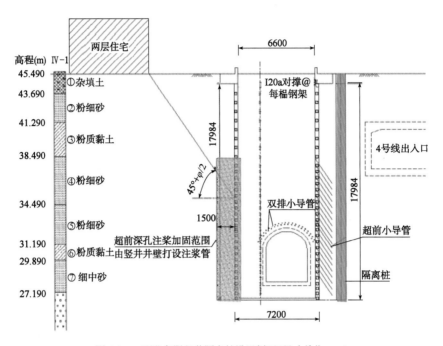

图 6-2-8　西北象限竖井隔离桩设置剖面(尺寸单位：mm)

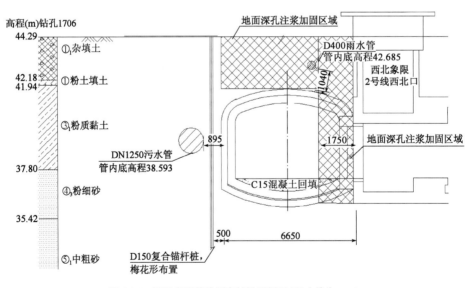

图 6-2-9　西北象限管线隔离桩设置剖面(尺寸单位：mm)

　　各导洞采用机械辅助人工微扰动开挖，循环进尺 0.5m，留置核心土，台阶长度为 4~6m。

　　②支护及锁脚锚杆：大刚度支护结构及时封闭，各台阶钢架拱脚设 2 根 ϕ25mm 锁脚锚杆，长度 2.0m，压注水泥—水玻璃双液浆。

③初期支护背后注浆:分两次对初期支护背后回填注浆,水泥浆水灰比1:1;低压第一次注浆终压力0.3MPa,第二次饱压注浆终压力0.5MPa。

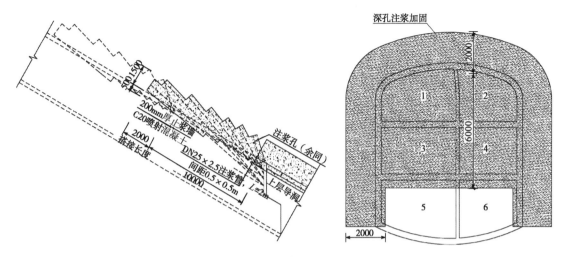

图6-2-10　西北象限接2号线换乘通道深孔注浆及开挖步序(尺寸单位:mm)

(3)临时中隔壁拆换及二次衬砌结构施工

仰挖段二次衬砌分3段(每段长度不大于6m)浇筑,人工破除衬砌施工范围内的中隔壁喷射混凝土后,间隔交替割除中隔壁钢架,铺设防水卷材(及保护层)后,用短型钢逐榀焊接替换割除的钢架;衬砌强度满足要求后,拆除遗留的中隔壁。

3)新旧结构连通接驳施工技术

接驳施工步序为:通道开挖支护→通道衬砌浇筑至接驳部位→既有初期支护/边桩破除及接驳→运营车站防护→既有侧墙破除→防水层接驳→结构接驳。

(1)既有侧墙破除

类型一:新建通道与洞桩法(PBA工法)车站站厅层接驳,开洞最大跨度7.2m。充分利用孔洞上缘的既有扣拱边梁(1.3m×1.5m)和下缘的侧墙作用,一次性破除PBA法车站既有边桩及700mm厚侧墙,如图6-2-11所示。

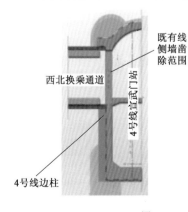

图6-2-11　PBA工法车站站厅层侧墙开洞

类型二:新建通道与既有明挖出入口侧墙接驳,开洞最大跨度 5.3m。利用无覆土条件和孔洞上缘侧墙的"深梁"作用,一次性分块破除既有出入口地下二层 500mm 厚侧墙,如图 6-2-12 所示。

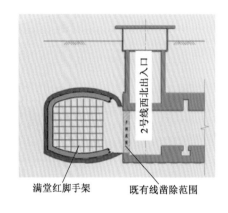

满堂红脚手架　　既有线凿除范围

图 6-2-12　明挖出入口侧墙开洞

类型三:新建通道与既有直墙拱形暗挖出入口通道侧墙接驳,最大开洞跨度 7.2m。采用刚度较大的混凝土封堵墙、型钢支撑加固开洞两侧的既有通道结构,在洞口周边形成三维约束效果,一次性破除 300mm 厚初期支护和 400mm 厚二次衬砌,如图 6-2-13 所示。

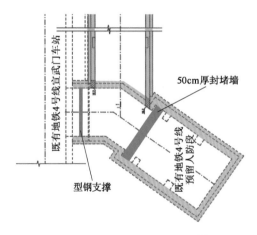

图 6-2-13　暗挖通道侧墙开洞

侧墙结构采用水钻开孔 + 液压金刚石绳锯切割的静力方式破除,分块尺寸 400~500mm,并在每块混凝土中部钻 ϕ100mm 吊装孔,倒链辅助人工吊运。

(2)防水层接驳

4 号线开洞周边既有防水层边缘利用建筑密封胶封口;新建通道防水层与既有防水层局部搭接,并延伸超过变形缝 300mm,密封胶封口;防水层搭接部位设一道遇水膨胀止水条,形成防水分区,如图 6-2-14a)所示。

2 号线结构防水层与混凝土黏结且存在老化现象,边缘切割修整后,利用建筑密封胶封口;孔洞周边铺设环形卷材加强层,宽度约 500mm;新建通道防水卷材与环形加强层搭接,宽度不小于300mm；孔洞周边分别设置两道遇水膨胀止水条形成防水分区，如图6-2-14b）所示。

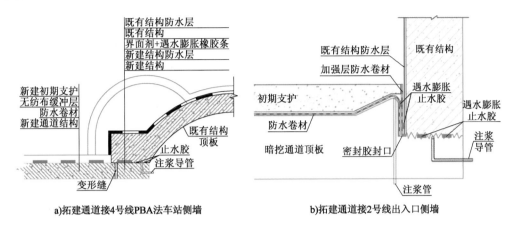

a）拓建通道接4号线PBA法车站侧墙   b）拓建通道接2号线出入口侧墙

图6-2-14 新老结构接驳部位防水处理

（3）结构接驳

①接驳方式

本工程典型的结构接驳方式有三种：

a. 暗挖通道与既有PBA车站侧墙接驳，孔洞两侧设加强柱与既有顶拱边梁、下部侧墙植筋连接，形成闭合环框结构，上下缘仅增设面层，如图6-2-15a）所示。

b. 暗挖通道与既有出入口地下二层侧墙接驳，孔洞两侧设加强柱，孔洞上下缘紧贴既有中板、底板，在新建通道内设加强环框结构，新增环框、加强柱与既有结构植筋连接，共同受力，如图6-2-15b）所示。

c. 孔洞周边设加强环框结构，与既有结构植筋连接，如图6-2-15c）所示。

②接驳施工技术

新旧混凝土连接面凿毛深度5~10mm，凿毛痕间距30mm，凿毛率不小于90%；表面刷涂两道水泥基渗透结晶型材料；受力钢筋植筋长度不小于$20d$（d为钢筋直径），构造钢筋采用小直径、小间距植筋；连接面布置遇水膨胀止水条及注浆管；接驳部位采用微膨胀、自密实混凝土浇筑，小尺寸构件与相邻的新建通道衬砌一起浇筑，利用高差保证浇筑密实。

（4）运营车站防护

与地铁公共空间接驳部位，安装具有防火、防水、防噪声、防烟尘功能的密闭防护棚，满足施工空间、安全防护、快速拆装、回收利用的要求。

4）监控量测

本工程采用的监控量测方式分为以下三类：

（1）传统静态监测方式：监测目标为暗挖洞室、明挖基坑、地面沉降、管线、周边建筑物、地铁附属结构等。

（2）静力水准自动化监测：监测目标为地铁2号线、4号线轨道结构沉降。既有地铁2号线、4号线左右线轨道结构各设置一条测线，测点间距10~20m，选用晶硅式静力水准仪，GPRS网络传输数据，监测精度0.1mm。

（3）可视化智能监测（验证调试）：监测目标为东北东象限的明挖基坑、暗挖通道、既有侧墙破除部位。布置高精度无线传输自动化监测元件，试用可视化智能监测云平台监测。

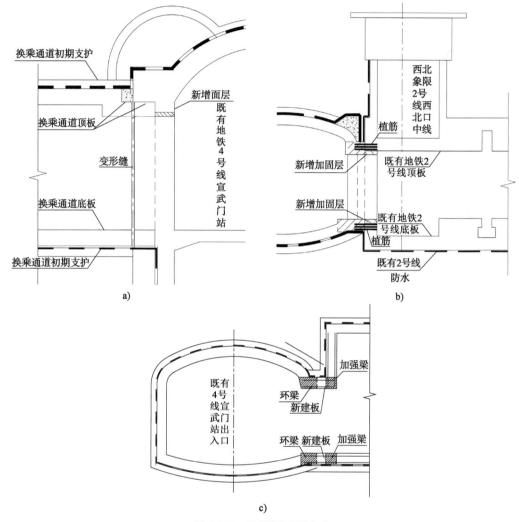

图 6-2-15　新老结构接驳方式

主要监测项目及检测精度见表 6-2-6。可视化智能监测测点布置见表 6-2-7，平面布置图如图 6-2-16 所示。

主要监测项目及检测精度　　　　　　　　　　　　　表 6-2-6

序号	监测项目		监测仪器	监测精度
1	可视化智能监测	基坑及隧道支护结构沉降	静力水准仪	0.2mm
2		基坑及隧道支护结构三维（3D）变形	高清影像断面变形测量传感器	0.3mm
3		破除位置结构沉降	静力水准仪	0.2mm
4		结构裂缝	裂缝计	0.02mm
5		结构应力监测	应变计	0.5%F.S.

可视化智能监测测点布置 表 6-2-7

工程类型	监测项目	位置或监测对象	采用的监测仪器	测点布置
明挖基坑	地表沉降	基坑周围地面	静力水准仪等	受场地限制,基坑周边设置一排,间距20m
	桩顶水平位移	冠梁内侧	结构变形测量传感器等	布置于基坑四角
	桩身水平位移	桩身背土侧	阵列位移计等	选取4根桩布置,间距40m
	桩顶竖向位移	冠梁顶部	静力水准仪	间距20m
	支撑轴力	支撑端部或1/3处	应变计等	选取设置有轴力计的钢支撑,按6根钢支撑考虑
	深层土体位移	围护结构外侧,基坑中部	阵列位移计等	按2个孔考虑
暗挖通道	初期支护结构拱顶沉降	隧道拱顶	静力水准仪	测点间距15m
	初期支护结构净空收敛	隧道侧壁	断面变形测量传感器	每15m设置一个监测断面
	初期支护结构内应力	断面受力较大处的处置钢架上	钢筋应力计	隧道侧壁初期支护钢架主筋,布置3个断面
结构开洞	结构沉降	车站结构开洞影响范围/出入口结构开洞影响范围	静力水准仪	结构开洞处顶板下方,布置5个测点(每处)
	开洞净空收敛		阵列位移计	开洞处侧墙及顶部布置
	结构表面应力		表面应变计	影响范围布置20个测点(每处)
	结构裂缝		裂缝计	影响范围布置10个测点(每处)

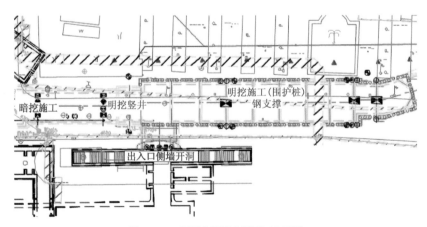

图 6-2-16 可视化智能监测平面布置图

6.2.3 实施效果

(1)通过综合改造,车站换乘能力明显提高,单向换乘能力由8800人/h提升至17600人/h以上,换乘时间由原来的8min降低至3min以内,客流饱和度由141%降低至71%,车站服务功能和乘客舒适度大幅提升。

（2）施工期间，既有 2 号线、4 号线车站正常运营；2 号线轨道最大沉降量 0.49mm，4 号线轨道最大沉降量 0.44mm，远小于运营安全控制值 2mm；周边管线及建筑物变形均未超过允许值，施工安全控制良好。

（3）高精度可视化监测系统在拓建工程中应用，能够充分利用高精度采集、实时稳定传输、智能数据处理等优势。

（4）施工完成后，新建工程、接口结构、防水质量良好，未出现裂缝、渗漏水现象。

6.3　北京地铁 8 号线王府井北站工程

6.3.1　工程概况

1）工程简介

王府井北站为两层三跨 14m 岛式车站，主体结构采用 PBA 工法施工，结构拱顶覆土约 12.8m，下导洞埋深 29.81m。车站附属包括 4 个乘客出入口，1 个安全出口，一部无障碍电梯，2 组风亭（均为低风亭），1 处冷却塔。4 个出入口与周边商业互联互通，均采用暗挖法施工，车站总平面示意图如图 6-3-1 所示。

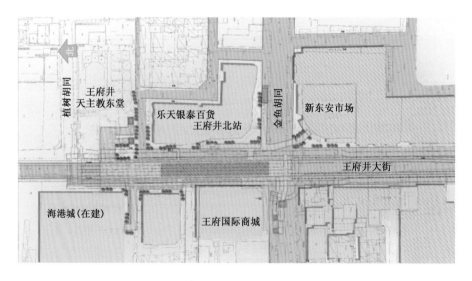

图 6-3-1　王府井北站平面示意图

王府井地下综合管廊工程为北京第一批管廊试点项目，与地铁王府井北站工程合建，同期建设、同期投入运营使用。管廊与地铁车站建成后效果如图 6-3-2 所示。

2）周边环境

王府井北站位于王府井步行街与金鱼胡同十字交叉路口以北，沿王府井大街南北走向布置。西侧为天元利生体育大厦、淘汇新天国际商城及在建海港城项目；东侧为王府井天主堂及乐天银泰百货商城，其中王府井天主堂为东城区重点保护文物，如图 6-3-3 所示。

图 6-3-2　王府井北站与管廊剖面示意图

图 6-3-3　王府井北站周边环境示意图

车站主体暗挖结构拱顶分布有大量有水有压管线,大部分与车站顺行,主要管线包括污水管 3 根($\phi700mm$、$\phi1050mm$、$600mm \times 900mm$)、热力管 4 根($\phi700mm$、$\phi700mm$、$\phi400mm$、$\phi400mm$)、燃气管 1 根($\phi400mm$)、上水管 2 根($\phi100mm$、$\phi600mm$)、雨水管 2 根($\phi500mm$、$\phi1050mm$)及 $2000mm \times 2350mm$ 电力管沟 1 根。其中,$2000mm \times 2350mm$ 电力管沟距离主体暗挖结构拱顶最近,最小净距 1.0m,车站埋深受控于此电力管沟。

项目地处王府井步行街,白天车辆进出交通管制,对材料进出及渣土外运影响较大;周边为繁华商业中心,征地困难,施工场地狭小且环境要求非常高。

3)地质及水文条件

按地层沉积年代、成因类型,勘探范围内的土层可分为人工填土层(Q^{ml})、第四纪全新世冲洪积层(Q_4^{al+pl})、第四纪晚更新世冲洪积层(Q_3^{al+pl})三大层,地层描述及分布情况见表6-3-1、图 6-3-4。

地层岩性特征一览表　　　　　　　　　　表 6-3-1

沉积年代	地层代号	岩性名称	状态	密实度	湿度	压缩性
人工填土层（Q^{ml}）	①	粉土填土	—	松散～中密	湿	—
	①₁	杂填土	—	稍密～中密	稍湿～湿	—
新近沉积层（$Q_4^{2+3al+pl}$）	②	粉土	—	中密	稍湿	中～高
	②₅	卵石	—	稍密～中密	湿	低
第四纪晚更新世冲洪积层（Q_3^{al+pl}）	⑤	卵石	—	中密～密实	湿	低
	⑦	卵石	—	密实	湿	低
	⑧	粉质黏土	可塑	—	—	中低
	⑨	卵石	—	密实	湿～饱和	低
	⑨₄	粉质黏土	可塑	—	—	中低
	⑪₁	卵石	—	密实	饱和	低
	⑪₁	中粗砂	—	密实	湿	低
	⑪₄	粉质黏土	硬塑	—	—	低

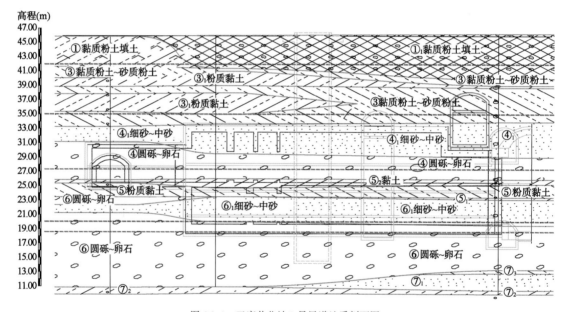

图 6-3-4　王府井北站 2 号风道地质剖面图

勘探范围内地层中的地下水，分为上层滞水、潜水、层间潜水～承压水和承压水（表 6-3-2）。

地下水特征一览表　　　　　　　　　　表 6-3-2

地下水性质	稳定水位埋深（m）	含水层
层间潜水（三）	10.7～17.25	黏质粉土④₂层及细砂④₃层、卵石⑤层和中砂⑤₁层、细砂层⑥₃
层间潜水～承压水（四）	21.32～25.4	黏质粉土⑥₂层及卵石⑦层，细中砂⑦₁、⑦₂层和⑧₃层，砂质粉土⑦₃层
	12.1	
承压水（五）	23.3～27.6	黏质粉土⑧₂层，细砂⑧₃层，卵石⑨层和细中砂⑨₁、⑨₂层

4）拓建工程风险及重难点

王府井北站2号风道位于东安门大街与王府井大街交叉路口的西侧、沿东安门大街由东向西布设于淘汇新天国际商场南侧,结合车站2号施工竖井及横通道布置。

2号风道总长57.2m,由5种断面组成,最大断面净宽13.5m,净高12.47m,覆土12.17～15.24m,底板埋深约27.97m。采取多导洞扩挖拓建技术,在2号施工横通道基础上扩挖完成。平面、剖面示意图如图6-3-5、图6-3-6所示。

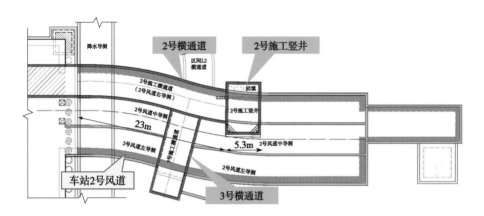

图6-3-5　利用既有2号施工横通道拓建风道平面示意图

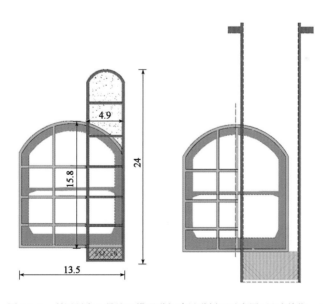

图6-3-6　利用既有2号施工横通道拓建风道剖面示意图(尺寸单位:m)

（1）工程风险点

王府井北站2号风道主要工程风险见表6-3-3。

2 号风道主要工程风险 表 6-3-3

序号	风险工程名称	风险工程基本情况及保护措施	风险等级
1	2 号风道初期支护结构	双层扩挖断面在大宽高比施工横通道基础上扩建、环境敏感、地层松散、地下水位高、施工扰动步序多、沉降控制严格	一级
2	2 号风道下穿 750mm × 1000mm 雨水沟	2 号风道下穿雨水沟,方向与风道开挖方向平行,雨水沟埋深2.42m,距离风道拱顶9.60m	二级
3	2 号风道顺行 900mm × 2000mm 人防空洞	2 号风道垂直下穿人防空洞,人防空洞埋深2.87m,距离横通道拱顶9.15m	二级

(2)工程重难点

①王府井北站与综合管廊共建

由于地面不具备降水的条件,只能利用既有地下空间实施洞内降水。车站主体及风道施工前,统筹规划的地下综合管廊提前完成,在洞室内施工降水井。车站主体采用 PBA 法开挖时,与综合管廊共同产生"群洞效应",再加上地层频繁扰动因素,施工风险明显增加,车站与综合管廊剖面关系如图 6-3-7 所示。

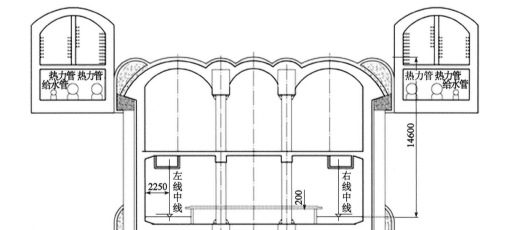

图 6-3-7 暗挖车站与综合管廊共建关系示意图(尺寸单位:mm)

②结合施工横通道扩挖风道

扩建风道断面大、埋深浅,且群洞施工对地层频繁扰动,扩挖—支护—拆除临时措施过程中的结构受力转换复杂,风险高。

③超浅埋暗挖通道仰挖施工

车站出入口接通商场,由洞内向外仰挖,覆土埋深由深及浅,最小埋深仅3.3m。仰挖施工段为杂填土、回填土类地层,稳定性差,且下穿管线,施工风险高。施工方法与地铁宣武门站改扩建工程类似,关键技术不再赘述。

6.3.2　关键技术

1)拓建结构最大化利用既有结构

(1)风道扩挖施工时,将2号施工横通道的一侧边墙用作风道初期支护结构,另一侧边墙作为扩挖的临时中隔壁。

(2)2号施工横通道施工完成后,内部施作250mm×200mm钢管框架加强支撑(图6-3-8),缝隙处采用C20细石混凝土回填,保证与横通道结构密贴,为3号横通道横向进洞做好受力转换准备。

(3)3号施工横通道马头门位置土体进行深孔注浆加固,并在拱部设超前小导管($L=3m$,环向间距0.3m),口部密排钢架加强,如图6-3-9所示。

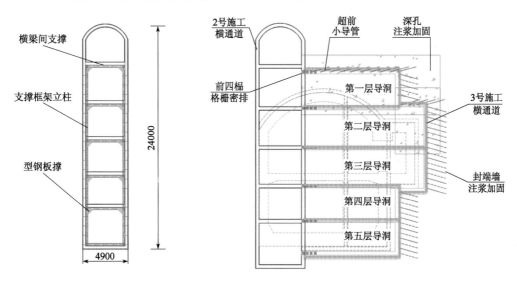

图6-3-8　2号施工横通道加固示意图　　　　图6-3-9　3号施工横通道施工示意图

(4)3号施工横通道施工完成后,采用相同措施架设框架支撑(图6-3-10),为扩挖阶段受力转换做准备。

2)多导洞扩挖施工工序

采用"城市地下空间拓建扰动分级评价体系",分别计算不同施工工序对应的拓建扰动度,结合现场施工组织便利性,确定最佳施工工序(图6-3-11)。

3)深孔注浆加固

采用WSS双重管无收缩深孔注浆技术,施工参数为:

(1)拱部布置注浆孔,间距0.5m,每循环10m。

（2）采用 A/B、A/C 浆液。

（3）有效加固厚度 1.5m，注浆终压 0.3～0.5MPa。

（4）掌子面采用钢筋网片锚喷混凝土，形成厚度为 15cm 的止浆墙。

（5）后退式注浆回抽钻杆速度为 15～20cm/min，匀速回抽；砂层部位容易造成坍孔时，采用前进式注浆。

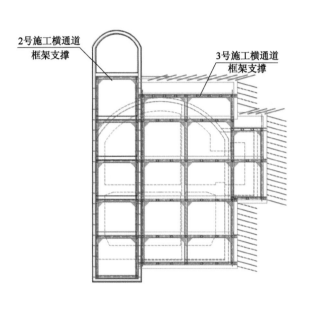

图 6-3-10　3 号施工横通道内框架加固示意图

图 6-3-11　多导洞扩挖施工工序示意图

6.3.3　实施效果

（1）王府井北站及相邻地铁区间与地下综合管廊同步建设，相对较小断面的地下综合管廊工程先期完成，用于地铁施工的降水导洞，避免了对地面道路及景观的破坏；施工期间，地下水位控制完全满足施工要求。

（2）在施工横通道/竖井基础上安全扩挖形成双层风道，分级控制沉降及变形，施工控制完全满足要求。经印证，风道扩挖步序、注浆方案、支护措施、衬砌浇筑方案合理。

6.4　北京地铁苹果园站工程

6.4.1　工程简介

1）工程概况

（1）工程背景

北京苹果园交通枢纽是集轨道交通、普通公交、快速公交、换乘与停车（P+R）于一体的特大型综合交通枢纽，地铁 1 号线、6 号线、磁悬浮 S1 线均在此换乘，多种交通方式出行的客流在枢纽内将实现高效便捷的立体换乘。其中,地铁6号线苹果园站为其中的重要组成部分,东西向穿越交通枢纽核心位置,衔接北侧的地铁1号线、普通公交与南侧的S1线、快速公交。苹果园交通枢纽各部分关系如图6-4-1、图6-4-2所示。

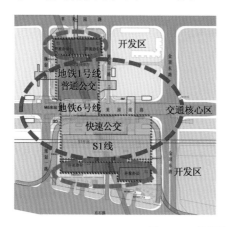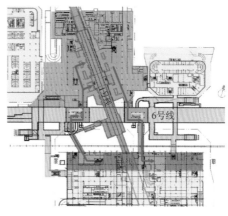

图 6-4-1 苹果园交通枢纽平面示意图

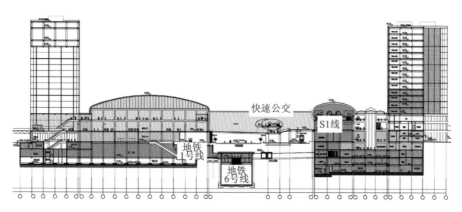

图 6-4-2 苹果园交通枢纽剖面示意图

(2)地铁6号线苹果园站概况

受地面交通、1号线车站、地下管线、施工场地等因素控制,地铁6号线车站采用以PBA工法为主的暗挖方法修建。主体结构全长324.4m,共分为5个段落。

东西两端标准段长度分别为145.5m、51.7m;断面为双层三连拱结构,宽23.3m,高17.14m,顶板覆土厚度约为10m,底板埋深26.8m。

中间段全长52.4m,斜交70°密贴下穿既有1号线车站,采用两层三跨箱形框架结构,最大开挖宽度27.8m,开挖高度16.24m,底板埋深约27.0m。

车站三层段分东西两部分,每段长37.4m,分别位于下穿段与两端标准段之间,断面为三层三跨结构,宽23.1m,高22.50m,覆土厚度4.31~4.83m,底板埋深约27.5m。其中地下二、三层采用暗挖法施工,高度14.82m,临时顶板为平顶结构;地下一层在地铁6号线通车后采用明挖顺作法增层施工,明挖基坑深度12.2m,围护结构采用围护桩+内支撑体系。地铁6号线车站结构形式如图6-4-3、图6-4-4所示。

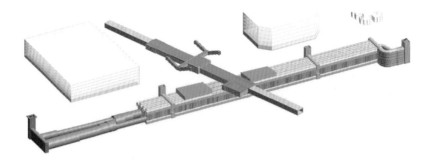

图 6-4-3　地铁 6 号线苹果园站与 1 号线相对关系

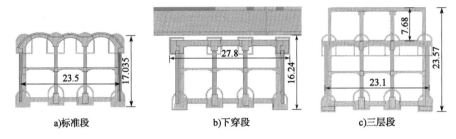

a)标准段　　　　　　　b)下穿段　　　　　　　c)三层段

图 6-4-4　地铁 6 号线苹果园站主体结构横剖面(尺寸单位:m)

2)周边环境

地铁 6 号线苹果园站位于苹果园南路与阜石路交汇口东侧,沿苹果园南路东西向设置,横穿在建的苹果园交通枢纽南、北地块,斜交下穿既有地铁 1 号线车站,多处临近既有地铁附属结构、重要管线及地下通道。

车站南侧有多幢 3~5 层商铺和低矮平房、京门铁路,北侧邻近中铁创业大厦地下室、苹果园嘉行中心地下室及一幢 18 层居民楼,如图 6-4-5 所示。

图 6-4-5　苹果园站周边环境示意

地铁 6 号线苹果园站施工期间,周边综合交通枢纽内多个基坑及建筑同期施工,场地受限,相互干扰;苹果园南路通行多条公交线路,交通繁忙。

3)工程地质及水文地质条件

勘察深度范围内地层按其沉积年代及工程性质可分为人工填土层、新近沉积层、第四纪晚更新世沉积层三大类。

（1）人工填土层:杂填土①$_1$层、粉土填土①层、卵石填土①$_3$层。

（2）新近沉积层:卵石②$_5$层。

（3）第四纪晚更新世沉积层:卵石⑤层、粉质黏土⑥层、卵石⑦层、中粗砂⑦$_1$层、粉质黏土⑧层、卵石⑨层、卵石⑪层。

车站主体地质剖面图如图6-4-6所示。

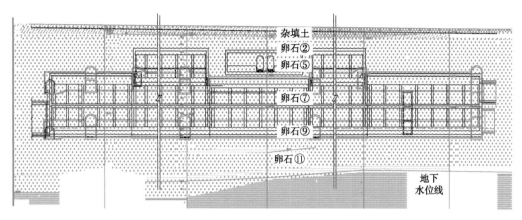

图6-4-6 车站主体地质剖面图

车站范围内存在一层地下潜水,水位埋深39.76m,位于车站底板以下10.4m左右,对新建车站施工影响不大。

4）工程风险及重难点

（1）工程风险

本工程主要风险集中于密贴1号线主体结构向下增层段与运营地铁6号线车站上盖增层段,详见图6-4-7~图6-4-9、表6-4-1、表6-4-2。

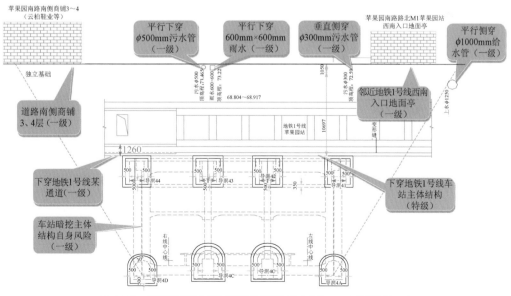

图6-4-7 下穿增层段主要风险源示意图(尺寸单位:mm;高程单位:m)

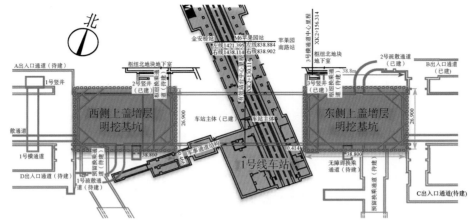

图 6-4-8 上盖增层基坑及周边关系示意图(尺寸单位:m)

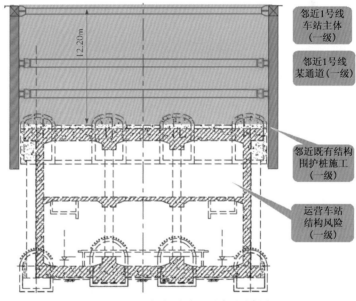

邻近1号线
车站主体
(一级)

邻近1号线
某通道(一级)

邻近既有结构
围护桩施工
(一级)

运营车站
结构风险
(一级)

图 6-4-9 上盖增层段主要风险源示意图

密贴暗挖向下增层施工主要风险源

表 6-4-1

序号	风险点名称	风险基本状况描述	风险等级
1	地铁 6 号线车站密贴 1 号线车站向下增层	地铁 6 号线车站主体向下增层段采用两层三跨箱形框架结构,基于 PBA 工法施工。最大开挖宽度为 27.8m,开挖高度 16.54m,底板埋深约 27.0m。 地铁 1 号线车站为单层四跨或五跨框架结构,宽度为17.0~29.6m,高 6.45~6.8m,最大覆土约 4.9m,明挖法施工。 拓建 6 号线车站顶板密贴下穿 1 号线车站主体结构	特级
2	车站暗挖主体结构	平顶采用 PBA 工法暗挖施工,长度 52.4m,全断面位于卵石层,最大开挖宽度为 27.8m,开挖高度超过 16.5m,上覆松散土体厚度约 11.8m	一级

续上表

序号	风险点名称	风险基本状况描述	风险等级
3	车站暗挖主体下穿地铁1号线车站附属结构——军事通道	受影响的附属军事通道断面有两处,一处断面宽8.2m,高6.4m;另一处断面宽7.55m,高4.4m,均为明挖法施工。地铁6号线车站主体下穿军事通道,竖向最小净距1.26m	一级
4	车站主体向下增层段邻近地铁1号线车站西南入口地面亭	增层主体结构与既有出入口结构之间的水平距离4.60m,竖向距离11.75m	一级
5	车站主体向下增层段邻近苹果园南路路南3~4层商铺	邻近商铺建于1994年,框架结构,地上3~4层,无地下室,独立基础,车站主体结构与建筑物之间的水平距离为7.46m,竖向距离约11.75m	一级
6	车站主体下穿段平行下穿ϕ500mm污水管	管线至结构顶的最小距离11.10m	一级
7	车站主体下穿段平行下穿ϕ600mm雨水管	管线至结构顶的最小距离10.98m	一级
8	车站主体下穿段垂直旁穿ϕ300mm污水管	管线至结构顶的最小距离10.65m	一级
9	车站主体侧穿ϕ1000mm上水管	管线至结构顶的最小距离8.55m,水平距离4.89m	一级

明挖上盖增层施工主要风险源　　　　　　　表6-4-2

序号	风险点名称	风险基本状况描述	风险等级
1	西侧换乘厅明挖基坑	基坑长33.8m,宽26.9m,深约12.2m,采用桩加内支撑的围护形式;东西两端围护桩位于车站顶拱;基坑范围地层主要为卵石层,基坑邻近军事通道,最小净距2.3m	一级
2	东侧换乘厅明挖基坑	基坑长33.8m,宽26.9m,深约12.2m,采用桩加内支撑的围护形式;东西两端围护桩位于车站顶拱;基坑范围地层主要为卵石层;基坑邻近1号线主体,最小净距1.5m	一级

（2）工程重难点

①密贴暗挖向下增层施工

地铁6号线车站密贴地铁1号线主体结构向下增层段,平顶结构,与1号线车站主体呈70°角交叉;最大开挖宽度27.8m,开挖高度16.54m;在开挖过程中,列车动荷载对增层段开挖土体扰动较大,地铁运营要求1号线沉降控制在3mm以内。

②明挖上盖增层施工

本工程两个地下一层换乘大厅均在先期PBA工法暗挖完成的地下二/三层顶板结构上方修建,且邻近地铁1号线南端主体结构及军事通道,部分基坑围护桩为"吊脚桩"形式,基坑变形控制、运营地铁保护及变形(隆起)控制难度大。

6.4.2 关键技术

1）密贴暗挖向下增层低扰动开挖及支护关键技术

（1）低扰动开挖工序

密贴暗挖向下增层段扣拱（顶板）开挖示意图如图 6-4-10 所示。

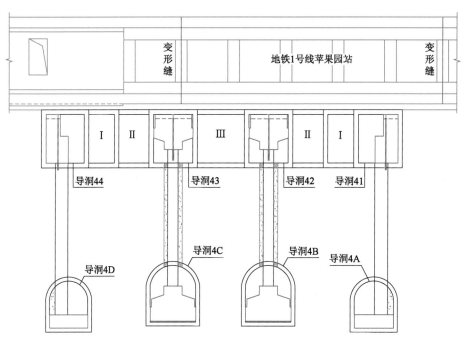

图 6-4-10 密贴暗挖向下增层段扣拱（顶板）开挖示意图

①8 个小导洞按照"先下后上、先侧后中、相邻错时、先远离变形缝"的顺序开挖，减轻群洞效应的不利影响；具体顺序为 4A/4D→41/44→4B→42→4C→43，上下层导洞掌子面错开 6m，中间导洞错开 10m。

②小导洞采用短台阶法预留核心土开挖，台阶长度为 3～5m，开挖进尺 0.5m。

③下层小导洞拱部设超前小导管，长度为 2.0m，环向间距 0.3m，根据深孔注浆效果，实施补充注浆。

④初期支护扣拱（顶板）开挖。

所有导洞贯通后，导洞内施作条基、底纵梁、边桩、中柱、冠梁、顶纵梁、丝杠支顶（详见后续章节）等结构，形成桩柱式临时托换体系后，分步进行扣拱开挖。

首先采用 CD 工法对称开挖边跨顶板部位土体（Ⅰ、Ⅱ部），Ⅰ部先行，与Ⅱ部错开 5m；边跨开挖 20m 后，开挖中跨顶板部位土体（Ⅲ部）。

（2）初期支护背后注浆

导洞初期支护封闭（或扣拱）完成后，采用 A32、$t=2.75$mm 注浆管及时对初期支护背后空隙填充注浆。注浆管布置间距：起拱线以上（或顶板）为 2.0m，边墙为 3.0m；纵向间距 3.0m，梅花形布置；注浆浆液为水泥浆，水灰比为 0.8～1.2，注浆压力为 0.1～0.3MPa。

2）深孔注浆加固

（1）深孔注浆范围

①密贴1号线车站区域，上排边导洞注浆范围为侧墙及底板开挖轮廓外1.5m，上排中间导洞为全断面注浆；下导洞为拱墙、底板开挖轮廓外1.5m。

②与军事通道重叠区域，顶板与军事通道底板之间土体厚度1.26m，上导洞全断面注浆，向外延伸至开挖轮廓外1.5m，下导洞为拱墙、底板开挖轮廓外1.5m。

③非重叠区域，顶板覆土厚度11.76m，上导洞及扣拱部分注浆范围为顶板外1.5m，下导洞为拱墙、底板开挖轮廓外1.5m。

深孔注浆范围如图6-4-11、图6-4-12所示。

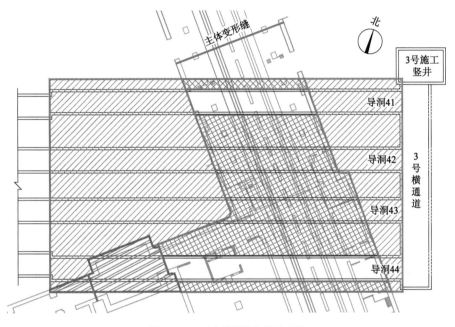

图6-4-11　下穿段深孔注浆平面图

（2）注浆工艺

①每一循环深孔注浆施作前，掌子面采用锚杆＋双层钢筋网＋C20喷射混凝土形成300mm厚止浆墙，并架设型钢临时支撑保证稳定。

②注浆浆液：采用水泥—水玻璃双液浆，水泥浆水灰比（重量比）1:1，水泥—水玻璃配合比（体积比）1:1；水玻璃稀释后浓度25°Bé，水玻璃模数2.8。最佳凝结时间控制在40s。

③采用后退式注浆工艺，泥浆钻进，孔径为42mm；每个注浆循环段长度最大12m（搭接2m），注浆孔角度6°～44°。

④回退注浆：每步回抽钻杆不大于15～20cm，均匀回抽；注浆压力控制范围0.8～1.0MPa，注浆扩散半径不小于0.5m。实际注浆效果如图6-4-13所示。

3）注浆抬升

在上层边导洞41及44内沿径向对地铁1号线车站下方土体实施注浆，采用可重复注浆的袖阀管工艺,严格控制注浆压力和注浆量,确保既有1号线车站均匀抬升。

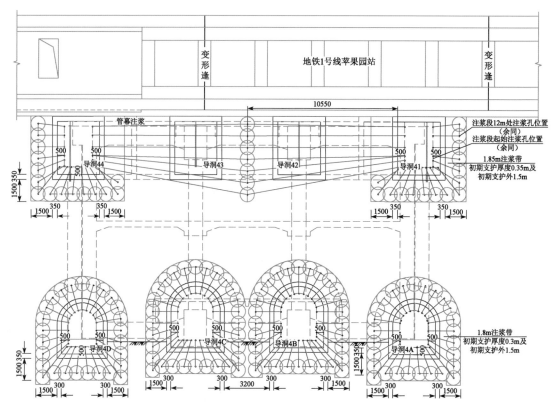

图6-4-12 密贴1号线车站段深孔注浆范围剖面示意图(尺寸单位:mm)

图6-4-13 注浆试验及注浆效果

(1)抬升注浆分区:依照上排小导洞、1号线车站结构及变形缝分布,将抬升注浆范围划分为3个区域,如图6-4-14所示。

(2)止浆墙施工:抬升注浆前,采用后退式深孔注浆工艺,在各分区周边形成0.8~1m厚的止浆墙(图6-4-15),使需抬升区域形成独立的封闭空间,避免抬升注浆时浆液挤入1号线变形缝影响轨道安全及站内环境,确保浆液不会四处扩散,更好地实现抬升效果。

(3)抬升注浆孔布置:如图6-4-16所示,每侧侧壁共设三排水平径向孔位,交错布置,水平间距为0.5m,竖向间距为0.8m,最下排抬升注浆孔距小导洞底板1m。

（4）抬升注浆顺序控制：每个注浆区域的两个分块同步进行；首先利用中间一层孔位实施注浆，效果不满足要求时启用上排孔位补充注浆；同排孔位采取隔一注一的方式，尽可能达到均匀可控的抬升效果。

（5）注浆控制：注浆初始压力为 0.5~0.8MPa，稳定压力为 1.5~2.0MPa（最下排孔位或距离变形缝较远的孔位注浆时采用较大值，上两排孔位注浆时适当减小注浆压力，防止对既有结构破坏或出现不均匀定力）。注浆速率控制在 24L/min 以内，如遇流量或压力骤增骤减的情况，及时调整浆液凝固时间。

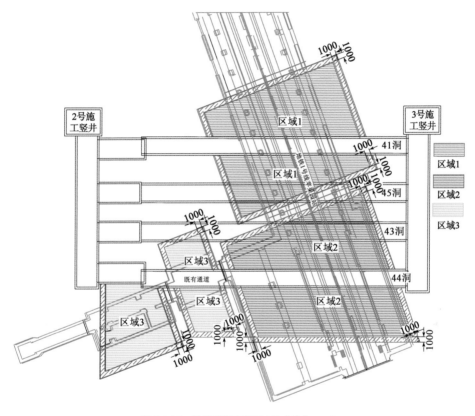

图 6-4-14　注浆范围布置图（尺寸单位：mm）

4）桩柱式基础临时托换

车站主体逆作施工前，采用边桩、钢管柱、条基/底纵梁、顶梁共同形成临时基础托换体系，全程承担上方附加荷载，如图 6-4-16 所示。关键控制点：托换体系与既有结构底板密贴；托换体系地基沉降。

（1）托换体系与既有结构底板密贴

本工程采用丝杠支顶工艺，在顶纵梁和桩顶冠梁中预埋设置一排丝杠 + 工字钢梁（图 6-4-17），在顶纵梁/冠梁顶部浇筑不密实工况下发挥支承作用控制沉降。

①丝杠系统设置参数：丝杠选用 ϕ50mm Q235B 圆钢加工，上层边导洞按 1.6m 间距布置（每根边桩顶部），上层中导洞按 2m 或 2.1m 间距布置（钢管柱顶部及纵向相邻钢管柱之间均匀布置两道），丝杠两端安装预埋件，如图 6-4-17 所示；I32a 型钢横梁上翼缘紧贴小导洞初期

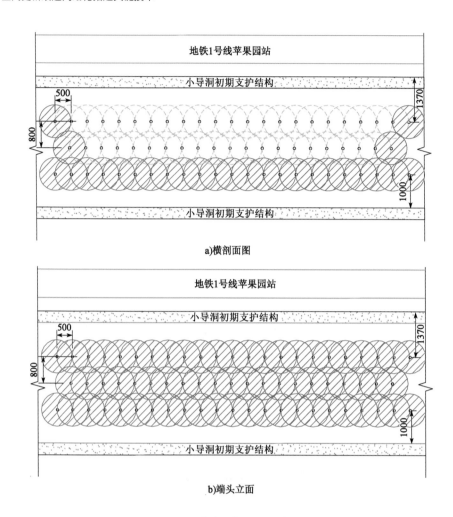

图 6-4-15 止浆墙示意图(尺寸单位:mm)

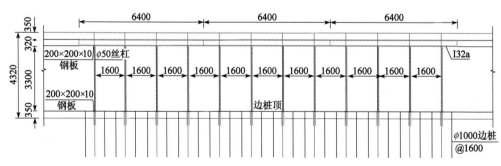

图 6-4-16 边导洞丝杠、横梁安装示意图(尺寸单位:mm)

支护顶板并可靠固定;调节丝杠对横梁及小导洞顶板施加预应力,每个丝杠顶面钢板位置设置轴力计,监测丝杠承受的轴力,监测精度为 0.15% F. S,控制标准为 0.4kN≤轴力≤4kN。

②丝杠系统安装要求:I32 钢横梁安装前,采用 1:2.5 水泥砂浆对横梁支顶的小导洞初期支护顶板基面找平处理,保证型钢密贴;丝杠下端钢板与预埋件钢板焊接,顶端钢板与轴力计

底座焊接,丝杠垂直且与钢横梁轴线在同一直线上,如图6-4-18所示。

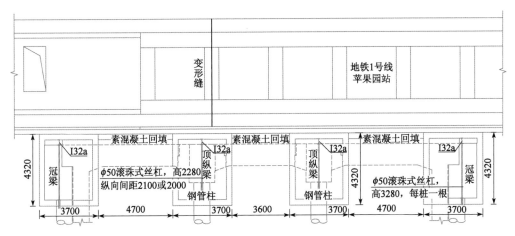

图6-4-17　丝杠+工字钢梁支顶既有结构示意图(尺寸单位:mm)

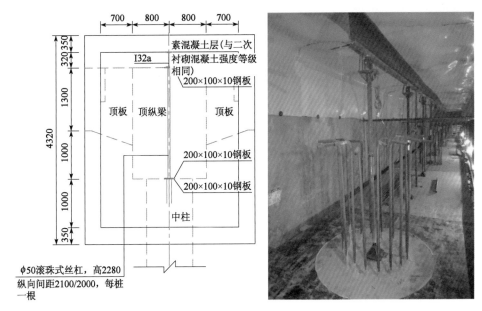

图6-4-18　丝杠安装(尺寸单位:mm)

(2)地基承载力

在卵石层地基中通过深孔注浆提高承载力,减小条形基础(底纵梁)下方的压缩变形。

5)密贴既有结构顶板浇筑技术

(1)混凝土浇筑

顶纵梁及顶板结构采用C40、P10自密实混凝土浇筑。顶梁浇筑分段长度为14m,利用结构上部回填混凝土空间,在丝杠支顶的I32钢横梁两侧安设两个 $\phi120$mm浇筑泵管,后退式浇筑;顶板浇筑最大分段长度为6m,在初期支护顶部提前固定 $\phi120$mm浇筑泵管,长度为浇筑段落的2/3,混凝土浇筑后直接埋置于素混凝土内。顶板浇筑时,利用预埋的回填注浆管作为排气孔,如图 6-4-19 所示。

(2)高压回填注浆

顶纵梁、顶板浇筑时,竖向预埋 $\phi32mm$、$t = 2.75mm$ 注浆管,纵向布设间距为 3.0m,横向在顶纵梁两侧各布置 1 道,各跨顶板横向范围内均匀布置 3 道。顶板封闭且混凝土达到设计强度后,立刻压注微膨胀水泥浆或水泥砂浆回填空隙,如图 6-4-20 所示;水泥浆水灰比为 0.8~1.2,掺膨胀剂,注浆压力为 0.1~0.3MPa。

图 6-4-19　留置式浇筑管

图 6-4-20　回填注浆

6)上盖基坑安全施工关键技术

受交通导改、施工场地及工期控制,地铁 6 号线车站三层段分两期实施,地下二层、三层段采用 PBA 工法暗挖完成,平顶结构,地铁 6 号线通车运行后,在其上方采用明挖法上盖增建地下一层两个换乘大厅。

(1)上盖基坑围护结构体系

上盖基坑围护结构采用刚度较大的 $\phi1000mm@1600mm$ 人工挖孔桩,竖向三道支撑,除第一道角部为钢筋混凝土支撑外,其余部分均采用 $\phi800$、$t = 16mm$ 钢支撑。南北两侧桩身紧贴下方小导洞侧壁,东西两端围护桩底位于暗挖车站初期支护顶面,呈"吊脚桩"状态,如图 6-4-21所示。

(2)无嵌固围护结构施工技术

人工挖孔桩,按照"隔三挖一"跳桩施作原则施工,每次挖深不大于 1m,C30 混凝土浇筑护壁;基坑端部围护桩(车站上方),桩底嵌入下方初期支护 20cm,护壁竖向加强钢筋与下风初期支护格栅钢架焊接,利用护壁结构及桩底镶嵌作用,对"吊脚桩"桩底形成一定的嵌固约束,如图 6-4-22 所示。

(3)围护桩后地层注浆加固技术

邻近地铁 1 号线结构段,对围护桩土体采取地表深孔注浆方式加固,注浆加固区域宽度 3.0m,深度自地面下 3.7m 位置至下方车站初期支护(图 6-4-23),材料选用水泥—水玻璃双液浆,采取后退式注浆方式,注浆压力为 0.5~0.8MPa,扩散半径不小于 0.5m。

（4）基坑开挖技术

明挖基坑按照"竖向分层、水平分区、对称平衡开挖、先中间后两侧、先支后挖"的原则施工。每层土开挖深度不大于2m；开挖至第三道钢支撑以下时，4个角部保留原状土纵向长度8m，横向宽度6m，高度2m，形成反压作用；反压土范围外底板及回填混凝土浇筑且达到设计强度后，再开挖反压土。

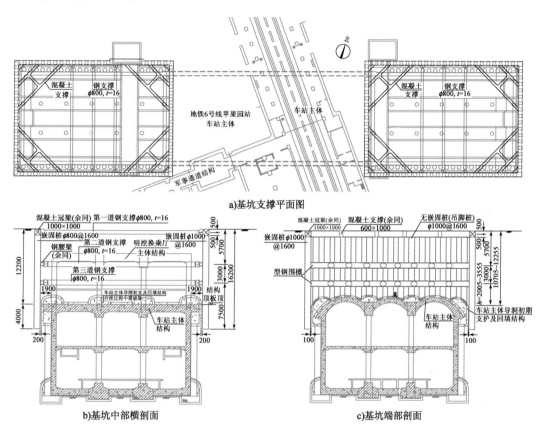

图6-4-21　基坑围护结构（尺寸单位：mm）

7）大厚度结构板开洞施工技术

增层换乘厅与下方站厅层之间开洞尺寸为5.8m×10.8m，地下二层顶板厚度为1200mm，采用C40钢筋混凝土浇筑，洞口周边已设置加强构造。

（1）如图6-4-24所示，按吊运方案将开洞范围划分为45个施工单元，每个施工单元最大平面尺寸为1.2m×1.2m。

（2）在切割单元的4个角点位置采用水钻钻取ϕ50mm穿绳孔，每个切割单元中部钻取2个ϕ108mm吊装孔。

（3）整体先横向切割将开洞范围混凝土分为9段，然后每段由中间向两侧分5块对称切割，尽量减小残留段的悬臂长度。

（4）增层换乘厅施工时，顶板对应开洞位置，按切割分块对应预埋ϕ25mm吊钩，每一块切割前利用预埋吊环、手拉葫芦＋钢丝绳对切块双道垂直系挂，如图6-4-25所示。

（5）利用手拉葫芦垂直提升切块，高于地面30cm时，改由电动叉车水平运输。

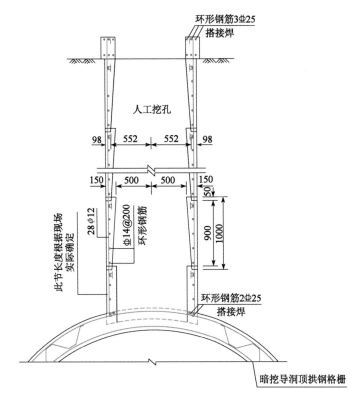

图 6-4-22　挖孔桩护壁与下方结构连接示意（尺寸单位：mm）

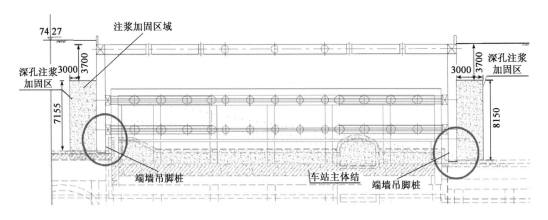

图 6-4-23　深孔注浆加固示意图（尺寸单位：mm）

8）监测方案

（1）既有地铁1号线监测

主要对密贴向下增层主要影响范围的车站结构、轨道结构进行自动化监测。数据自动化采集系统采用电容感应式静力水准仪、数据采集智能模块、DAMS-IV 数据采集软件。

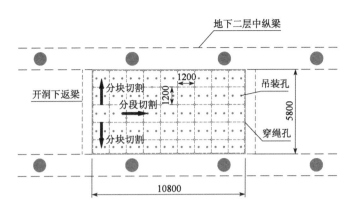

图 6-4-24　开洞单元划分及操作孔分布示意图(尺寸单位:mm)

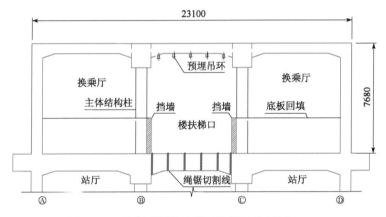

图 6-4-25　换乘厅绳锯切割横剖示意图(尺寸单位:mm)

①测点布设

地铁 1 号线车站结构竖向位移自动化测点布设间距为 6m,在变形缝两侧加布测点,共布 13 个点;地铁 1 号线轨道结构竖向位移自动化测点在下穿段的 2 道变形缝两侧布设,共布 8 个点(图 6-4-26)。

图 6-4-26　轨道结构竖向位移自动化监测

②数据采集频率

施工关键期为 1 次/30min,一般施工状态为 1 次/2h,监测判断异常情况时加密。

③监测控制值

既有地铁 1 号线车站结构及轨道变形控制指标见表6-4-3。

既有地铁 1 号线车站结构及轨道变形控制指标(单位:mm)　　　　表 6-4-3

项　目		预　警　值	报　警　值	控　制　值
地铁 1 号线车站结构	苹果园车站结构累计沉降	3.5	4.0	5.0
	变形缝差异沉降	1.1	1.2	1.5
	注浆可能引起结构与轨道上浮	1.4	1.6	2.0
地铁 1 号线轨道结构	导洞开挖阶段	2.1	2.4	3.0
	导洞开挖以后阶段	1.4	1.6	2.0

(2)丝杠轴力监测

①测点设备安装。每个丝杠顶部安装钢弦式频率轴力计,安装完成后将读数电缆连接到观测站。

②监测频次。混凝土浇筑前测试 2~3 次稳定值,取平均值作为计算应力变化的初始值。同一批丝杠尽量在相同的时间或温度下量测,监测频率为 2 次/d。

③监测控制值:控制标准为 0.15% F. S.。

(3)明挖上盖基坑施工监测

监测重点为明挖基坑吊脚桩变形、邻近的地铁 1 号线车站变形以及下方地铁 6 号线车站结构隆起。监测项目包括地面沉降、桩顶水平位移、桩体变形、支撑轴力、既有结构上浮,均采用传统的监测方式。

6.4.3 实施效果

(1)地铁 6 号线苹果园站克服技术难度,采用下穿、上盖密贴拓建方式修建,最终形成以地铁 6 号线换乘厅为核心、3 条轨道交通客流最便捷的换乘路径;先暗挖、后明挖增层拓建的施工方式,在条件受限条件下保证了地铁 6 号线按期(甩站)通车。

(2)下穿段沉降控制:施工期间,持续对既有地铁 1 号线苹果园站结构及轨道变形进行监测,施工完成后轨道最终沉降值不足 3mm,施工过程中,地铁 1 号线正常运营。

(3)明挖换乘厅增层施工期间,围护桩最大水平变形 4.7mm,运营地铁 6 号线车站最大隆起量 0.72mm,施工期间,地铁 6 号线正常通行。

(4)施工完成后,地铁 6 号线苹果园站防水质量良好,混凝土密实整洁,未出现裂缝、渗漏水现象。

 6.5 北京地铁 16 号线二里沟站工程

6.5.1 工程概况

1)工程简介

北京地铁 16 号线二里沟站位于三里河路与车公庄大街交叉口处,为既有地铁 6 号线与

16号线的换乘车站,两座车站主体结构在道路交叉口呈十字形交叠,如图6-5-1所示。

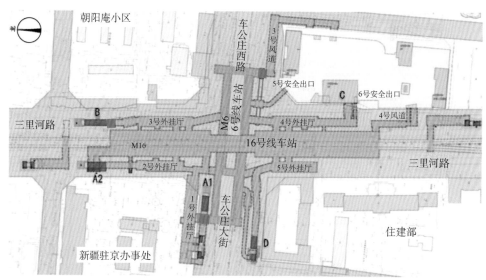

图6-5-1 地铁二里沟站平面示意图

地铁6号线车站沿车公庄大街东西向布置,为单层暗挖分离侧式站台车站,拱形直墙断面开挖尺寸为12.45m×8.92m(宽×高),覆土厚度17.56m。与16号线交叠段预留上跨及接驳施工条件,二次衬砌采用平顶直墙结构,其中顶板厚度1300mm,侧墙厚度1000mm;侧墙开洞部位预留暗梁暗柱,如图6-5-2所示。2012年12月,地铁6号线开通试运营时,二里沟站仅完成主体结构,"飞站"运行。

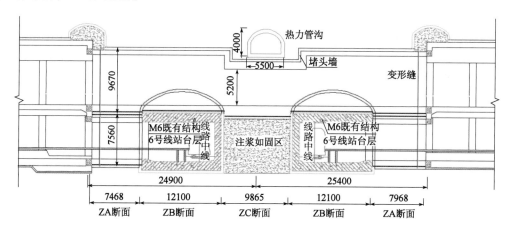

图6-5-2 地铁16号线车站与6号线车站交叠段纵断面示意图(尺寸单位:mm)

地铁16号线车站南北向设置,位于三里河路下方,为暗挖侧式站台车站,全长303m。车站两端采用两层三柱四跨暗挖结构,5导洞采用PBA法施工;中部上跨地铁6号线车站段,长度49.5m,采用单层双连拱暗挖结构,开挖宽度19.8m,开挖高度8.57~9.67m,覆土厚度约10.2m,如图6-5-2、图6-5-3所示。

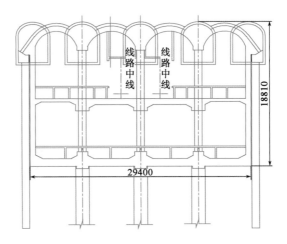

图 6-5-3　地铁 16 号线双层段横断面图(尺寸单位:mm)

二里沟站共有 5 座外挂售检票厅并行车站主体结构布置,且有 4 个进站通道接既有地铁 6 号线主体,均采用暗挖法施工(图 6-5-4)。

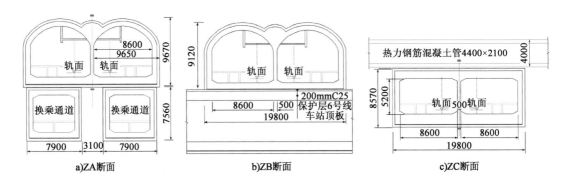

图 6-5-4　地铁 16 号线车站与 6 号线交叠段横断面关系图(尺寸单位:mm)

2) 周边环境

二里沟站周边环境复杂,西北象限为新疆驻京办事处、五矿集团发展大厦;东北象限为朝阳庵小区临街建筑;西南象限为住建部、中国城市规划设计研究院等办公建筑;东南象限为百万庄棚户区改造项目,该处地铁风道及出入口与其一体化修建,如图 6-5-5 所示。此外,车站上方存在众多管线,主要包括上水、污水、雨水、燃气、热力、通信、电力等数十条管沟、管线,施工环境风险较高。

3) 工程地质条件

(1)地层分布

车站施工影响范围内由地表向下依次为人工填土层,透镜体分布的粉土、粉质黏土、粉细砂等新近沉积层,其下方为透镜体状或层状分布的粉土、粉细砂、中粗砂、卵石等冲洪积地层,各地层特征及分布情况见表 6-5-1。

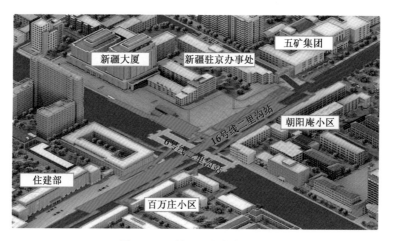

图 6-5-5　地铁二里沟站周边环境

车站范围内地层特征一览表　　　　　　　　　　表 6-5-1

沉 积 年 代	地 层 代 号	地 层 名 称	密 实 度
人工填土层（Q^{ml}）	①	粉土填土	稍密
	①$_1$	杂填土	稍密
新近沉积层 （$Q_4^{2+3al+pl}$）	②	粉土	中密
	②$_1$	粉质黏土	—
	②$_3$	粉细砂	中密
第四纪全新世冲洪积层 （Q_4^{1al+pl}）	③	粉土	中密
	③$_1$	粉质黏土	—
	③$_3$	粉细砂	中密~密实
	④$_3$	粉细砂	密实
	④$_4$	中粗砂	密实
第四纪晚更新世冲洪积层 （Q_3^{al+pl}）	⑤	卵石	密实
	⑥	粉质黏土	—
	⑥$_2$	粉土	密实
	⑦	卵石	密实
	⑦$_2$	粉细砂	密实
	⑧	粉质黏土	—
	⑧$_2$	粉土	密实
	⑨	卵石	密实
	⑨$_1$	中粗砂	密实
	⑩	粉质黏土	—
	⑩$_2$	粉土	密实
	⑪	卵石	密实
	⑪$_1$	中粗砂	密实
	⑪$_2$	粉细砂	密实

车站主体结构拱部主要为粉质黏土、粉细砂、中粗砂及卵石地层,洞身大部分穿越卵石地层,如图6-5-6所示。

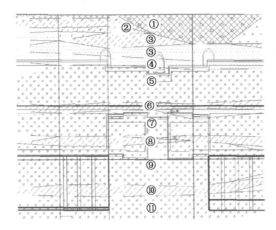

图6-5-6　车站中间段地质剖面图

(2)地下水

施工场地内测得一层地下水为层间水,含水层主要为⑨卵石层,水位埋深大于28m。

4)工程风险及重难点

(1)工程风险

本工程拓建相关工程风险主要集中于交叠段单层段双连拱暗挖车站自身施工、单层段下穿管线暗挖施工、运营地铁6号线结构保护以及小近距洞室暗挖施工。具体风险点见表6-5-2。

主要风险分析表　　　　　　　　　表6-5-2

序号	风险名称	风险情况描述	风险等级
1	单层暗挖段密贴上跨地铁6号线车站	车站主体单层暗挖段密贴上跨地铁6号线车站主体,开挖宽度19.8m,开挖高度9.12m,覆土最大深度约11.8m;开挖过程中需破除既有车站初期支护及回填混凝土;运营地铁隆沉变形允许值为2mm	I级
2	单层暗挖段密贴下穿热力管沟	5500mm×4000mm热力沟,埋深约7.6m;车站主体单层暗挖段双箱矩形断面密贴下穿,开挖宽度19.8m,开挖高度8.07m,净距265mm,热力管沟沉降控制值为10mm	I级
3	小近距矩形通道平行暗挖下穿既有结构	两个矩形换乘通道开挖宽度7.9m,开挖高度7.56m,水平净距3.1m,平行密贴新建单层段车站底板施工	I级
4	单层暗挖段下穿DN700燃气管道、D1050污水管、D1000雨水管	DN700燃气管道,埋深5.58m,暗挖结构与燃气管道间竖向净距4.5m,允许变形值5mm;D1050污水管,埋深约5.6m,净距4.6m;D1000雨水管,埋深2.88m,净距7.3m	I级

(2)工程重难点

①大跨度暗挖车站密贴上跨既有地铁、近距离下穿重要管线安全施工。地铁16号线二里沟站密贴上跨既有地铁6号线车站段,采用双连拱结构,开挖宽度19.8m,开挖高度9.12m,受

净高限制,底板部位初期支护无法封闭;开挖过程中需要破除下方地铁6号线车站初期支护及回填混凝土;已通车运行的地铁6号线车站,要求轨道最大变形量不得大于2mm。单层暗挖段上方有 DN700 燃气管道、D1050 污水管、D1000 雨水管,与结构间最小竖向净距4.5m,燃气管线允许沉降变形值为5mm。

②大跨度平顶暗挖车站密贴下穿既有热力管沟施工。热力管沟断面为5.5m(宽)×4.0m(高),钢筋混凝土结构,暗挖法修建,初期支护加二次衬砌总厚度为500mm,整体刚度偏小。受热力管沟高程限制,暗挖车站与热力管沟交叠段采用平顶连箱结构,开挖宽度19.8m,高度8.07m,密贴下穿热力管沟,无法实施超前支护措施,大跨度平顶结构暗挖施工,沉降控制难度非常大。

③两管平行的矩形换乘通道施工。开挖宽度7.9m,开挖高度7.56m,水平净距3.1m,密贴暗挖单层段车站底板施工,对上方新建结构有影响。

6.5.2　关键技术

1)上跨密贴既有车站暗挖施工顺序

地铁16号线车站与6号线交叠段(含换乘节点)共分布为3段(三种断面结构),考虑管线沉降控制、既有车站保护、施工组织便利、降低施工风险等因素,与地铁6号线交叠段整体分3组先后施工,如图6-5-7所示。

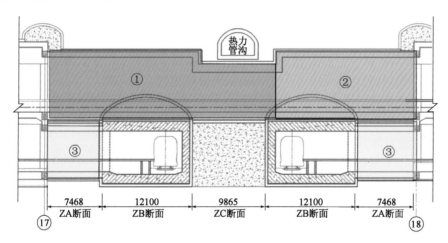

图6-5-7　上跨穿越既有线段施工顺序示意图(尺寸单位:mm)

(1)从双层车站北端地下一层开始第①组施工,包括 ZA 上断面、上跨地铁6号线左线段 ZB 断面、下穿热力管廊 ZC 断面。

(2)从双层车站南端地下一层端头开始第②组施工,包括 ZA 上断面、上跨地铁6号线右线 ZB 段断面,与第①部分贯通。

(3)从双层车站地下二层依次施工南北两端 ZA 下断面(矩形换乘通道),并与地铁6号线车站侧墙接驳连通。

ZA 断面采用叠层结构分期施工,避免了多部位暗挖卸载对运营地铁6号线的不利影响,同时有利于控制施工沉降,保护上方管线。

2) 双联拱暗挖车站密贴上跨既有车站施工技术

（1）深孔注浆加固技术

上跨地铁 6 号线段的深孔注浆加固分 3 段完成：

①两端 ZA 和 ZB 断面段注浆范围为中导洞及断面开挖外轮廓，注浆厚度 2.0m（开挖轮廓外不小于 1.5m），如图 6-5-8 所示，在 PBA 工法车站端头部位实施。

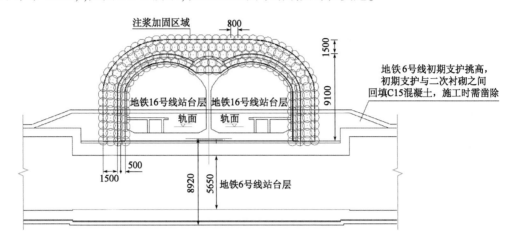

图 6-5-8　深孔注浆孔布置图（ZB 断面）（尺寸单位：mm）

②ZC 断面段注浆范围为中导洞及断面侧墙外轮廓，注浆厚度 2.0m，在 ZB 断面掌子面实施，注浆孔角度 12°。

采用后退式工艺注浆，注浆材料选用水泥—水玻璃双液浆，配合比为 1:1，注浆压力为 0.8～1.5MPa，浆液扩散半径为 0.5～0.75m，钻头回退速度 15cm/次。

（2）开挖及支护施工技术

采用中洞法 + CRD 法施工，中洞贯通后，分段浇筑结构中墙及顶纵梁，混凝土强度达到要求后采用 CRD 法对称开挖两侧站台隧道，如图 6-5-9 所示。

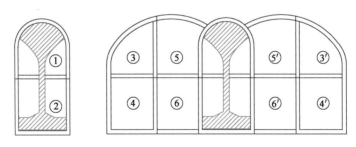

表 6-5-9　密贴上跨地铁 6 号线施工示意图（图中序号表示施工顺序）

中洞开挖支护完成后，及时注浆回填初期支护拱部空隙；顶梁浇筑时，预留注浆管在两侧洞室开挖前压注微膨胀水泥浆填充梁顶与初期支护之间的空隙，以便控制地层沉降变形，并有效发挥中墙及中洞上方土体对地铁 6 号线车站的反压作用。

ZB 断面中洞、侧洞墙角钢格栅及竖向临时型钢支撑脚部设钢板，利用膨胀螺栓固定于地铁 6 号线顶板防水层以上的保护层中，如图 6-5-10 所示。

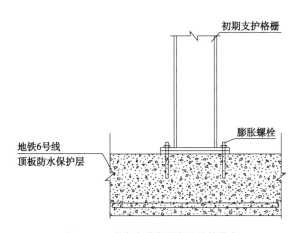

图 6-5-10　钢架与底部混凝土连接节点

（3）地铁 6 号线初期支护与回填层破除

采用 $\phi108mm$ 水钻分块分层切除，钻孔间距 100mm，分层厚度 1.6～1.7m，平面分块尺寸 0.4～0.5m；第二层混凝土破除时，底部保护层上方设置一道水平孔，防止破坏地铁 6 号线顶板防水层，不平整面采用小电锤人工凿除，如图 6-5-11 所示。

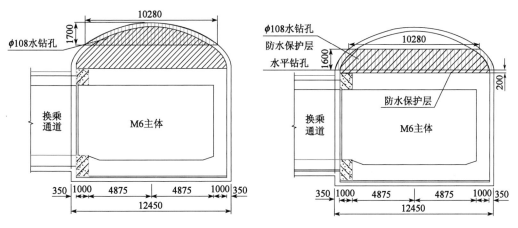

图 6-5-11　水钻分层切割 6 号线初期支护及回填混凝土（尺寸单位：mm）

（4）二次衬砌浇筑

密贴上跨既有地铁 6 号线段底板分两段浇筑，每段长度 6m。底板浇筑时，中洞下半断面侧壁初期支护及钢架同时拆除，临时中隔壁仅凿除底板施工范围内喷射混凝土，工字钢均不拆除，直接浇筑在结构内，保证衬砌浇筑阶段结构的竖向整体刚度，减小既有结构的隆起。

拱墙二次衬砌结构采用跳仓浇筑，每仓长度不大于 4.8m，混凝土达到设计强度前，模板及临时支撑体系均不拆除，发挥对下方既有结构的临时支撑作用；二次衬砌拱部预留 $\phi42mm$ 注浆管，间距 2m，模板及支撑体系拆除后，立刻压注微膨胀水泥浆回填衬砌背后空隙。

3）平顶暗挖双连箱矩形结构下穿热力管沟施工技术

（1）深孔注浆加固

下穿热力管廊 ZC 断面深孔注浆加固分为 3 个阶段完成。

第一阶段:两端 ZA + ZB 断面深孔注浆时,一次性完成热力管廊两侧、车站顶板上方的土体加固,如图 6-5-12 中所示区域①部分。

第二阶段:ZB 断面开挖完成后,掌子面水平布孔,加固 ZC 上半断面土体,如图 6-5-12 中所示区域②部分。

第三阶段:洞室开挖且初期支护底板封闭后,竖向布置注浆孔,加固地铁 6 号线两管隧道结构之间的土体,如图 6-5-12 中所示区域③部分。

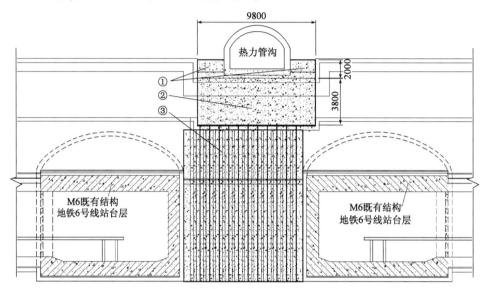

图 6-5-12　深孔注浆预加固区域纵向示意图(尺寸单位:mm)

采用后退式工艺注浆,注浆材料选用水泥—水玻璃双液浆,配合比 1∶1,考虑到对既有结构的影响,注浆压力控制为 0.5 ~ 0.8MPa,浆液扩散半径 0.5m,钻头回退速度 15cm。

(2)开挖及支护

下穿热力管沟段(ZC 断面),采用矩形中洞法 + 矩形 CRD 工法施工,具体工序与 ZB 断面基本相同,如图 6-5-9 所示。

(3)二次衬砌浇筑

下穿热力管沟段底板及二次衬砌分两段浇筑,每段长度约 5m;临时中隔壁工字钢均不拆除,直接浇筑在结构内,避免拆换撑引起的沉降。

(4)顶板空隙注浆回填技术

顶板预埋 φ32mm 注浆管,横向、纵向间距 2m,混凝土强度达到要求后,压注微膨胀水泥浆回填空隙。注浆压力控制在 0.2 ~ 0.3MPa 之间,考虑水泥浆凝固收缩及失水因素,回填注浆分 2 ~ 3 次完成,保证空隙回填密实。

4)小近距矩形暗挖通道下穿新建车站结构施工技术

(1)深孔注浆加固技术

深孔注浆加固在已完成的 PBA 工法车站端头(地下二层)实施,横向加固范围为通道侧墙外 1.5m,纵向为 PBA 工法围护桩外 5.2 ~ 7.7m 范围,注浆孔垂直端墙布置,间距 0.8m;采用水泥浆液,注浆压力 0.5 ~ 0.8MPa,扩散半径 0.8m。

（2）施工顺序控制

ZA 上断面二次衬砌结构完全闭合且稳定，开始 ZA 下断面（换乘通道）施工；两管平行通道错期实施，第一管通道衬砌达到规定强度、顶板注浆回填密实后，开始第二管通道开挖。

（3）开挖及支护

通道采用矩形 CRD 法开挖，4 个导洞依次贯通；各导洞采用台阶法预留核心土开挖，机械辅助人工微扰动施工，开挖进尺 0.5m，及时封闭支护结构。

（4）衬砌浇筑

每管通道底板及衬砌均分两段浇筑，整管通道衬砌浇筑完成且达到设计强度后，统一拆除模板及支架；底板浇筑时，采用"隔一拆一"方式拆换临时中隔壁型钢钢架。

5）监测方案

（1）监测项目

对既有地铁 6 号线结构内部及轨道实施自动化远程监测，监测项目见表 6-5-3。

既有地铁 6 号线远程监测项目　　　　表 6-5-3

序号	监 测 项 目	监 测 仪 器	监测频率（次/h）	监 测 目 的
1	既有结构隆陷关系	静力水准仪	1	掌握既有结构隆陷变形情况
2	既有结构变形缝差异沉降	静力水准仪	1	掌握既有结构缝差异沉降变形情况
3	走行轨纵向变形	静力水准仪	1	掌握既有轨道结构纵向变形情况
4	走行轨高差变化	梁式倾斜仪	1	掌握既有轨道结构两轨高差变形情况
5	走行轨距变形	变位仪	1	掌握既有轨道水平距离变形情况

（2）测点布置

既有地铁 6 号线轨道沉降、结构水平位移、结构沉降测点在同一断面布置，纵向间距 10m，如图 6-5-13 所示。

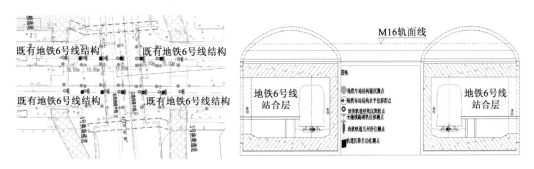

图 6-5-13　既有地铁 6 号线结构及轨道自动化监测布置图

（3）监控量测控制指标和标准

既有地铁 6 号线结构及轨道变形控制指标见表 6-5-4。

既有地铁 6 号线结构及轨道变形控制指标　　　　表 6-5-4

控 制 指 标	预 警 值	报 警 值	控 制 值
竖向变形（mm）	1.4，−0.7	1.6，−0.8	2.0，−1.0
横向变形（mm）	0.7	0.8	1.0

6.5.3 实施效果

（1）密贴上跨地铁 6 号线段双连拱车站施工过程中，下方既有车站顶板及防水结构未受扰动，新建结构变形、地面沉降、上方管线沉降均满足要求，施工完成后，结构底板、拱墙衬砌、施工缝、型钢浇筑切割部位未出现渗漏水等缺陷。

（2）运营地铁车站变形控制。密贴上跨结构施工过程中，既有地铁 6 号线车站结构最大累计上浮 1.98mm，满足运营安全要求，6 号线运行未受影响。说明周边深孔注浆、大刚度临时支撑、分段浇筑衬砌等措施，能够有效控制下方结构隆起。

（3）平顶双连箱段施工后，上方热力管沟最大沉降量 6mm，未出现开裂、渗漏水等病害，满足安全控制要求。

（4）分阶段施工小近距矩形暗挖通道过程中，上方新建车站结构最大沉降量 3mm，最大不均匀沉降量 2mm，新建结构未出现开裂等缺陷，沉降满足结构安全要求。

6.6 北京地铁 17 号线东大桥站工程

6.6.1 工程概况

1）工程简介

北京地铁 17 号线东大桥站为换乘车站，与既有地铁 6 号线东大桥站呈 T 形通道换乘，预留与规划自动输送线（APM 线）换乘接入条件。车站共设置 4 个出入口、3 个安全出口、2 条换乘通道、2 组风亭。东大桥站平面布置如图 6-6-1 所示。

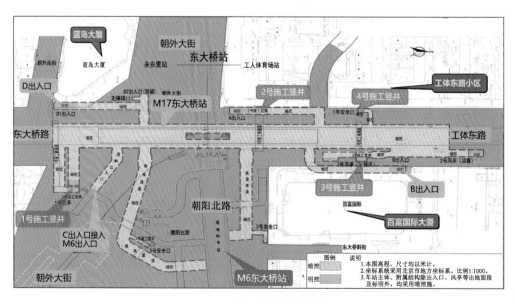

图 6-6-1　东大桥站平面布置图

地铁 17 号线东大桥站为岛式车站,总长 336.8m,车站底板最大埋深 34.1m。车站轴线方向分为三个部分,分别为南侧双层段 250.6m、北侧双层段 49.7m、中间单层下穿段 36.5m;双层段为双柱三跨结构,宽 24.5m、高 17.85m,采用 PBA 工法施工;中间下穿段为两条净间距为 5.2m 的单层单洞隧道,宽 9.9m、高 9.52m,与既有线结构间最小净距仅为 2.15m,采用 CRD 工法暗挖施工,如图 6-6-2 ~ 图 6-6-4 所示。

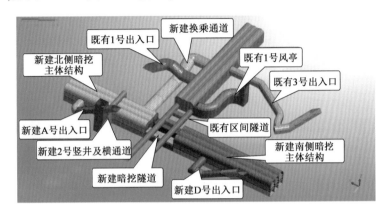

图 6-6-2 地铁 17 号线东大桥站与 6 号线朝东区间相对关系示意图

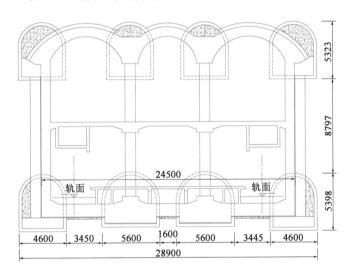

图 6-6-3 车站双层段断面(尺寸单位:mm)

2)周边环境

如图 6-6-5 所示,地铁 17 号线东大桥站位于东大桥路、工人体育场东路与朝阳门外大街、朝阳北路相交的交叉路口,西北象限有工人体育场东路小区,西南象限有蓝岛大厦,东北象限有百富国家大厦、公交站场,东南象限有东大桥东里小区。建筑物离下穿段距离较远(水平距离大于 40m),对施工影响较小。朝阳门外大街及东大桥路、工人体育场东路通行多条公交线路,交通繁忙。

新建车站施工影响范围内市政管线较多,影响下穿段施工的管线主要有:

（1）4500mm×3000mm 雨水方沟，沟底埋深 4.6m，垂直于新建车站轴线方向，竖向净距 10.2m。

（2）2000mm×2350mm 电力隧道，沟底埋深 11.6m，垂直于车站轴线方向，竖向净距 3.0m。

（3）φ1350～1550mm 污水管，管底埋深 5.2m，平行于车站轴线方向，竖向净距 6.5m。

（4）1600mm×950mm 热力方沟，沟底埋深 2.4m，平行于车站轴线方向，竖向净距 9.1m。

其他影响管线为 φ1750mm 上水管、φ600mm 上水管、3 根次高压天然气管（φ500mm、φ406mm），2 根低压燃气管（φ300mm、φ400mm）、中压燃气管 φ508mm。

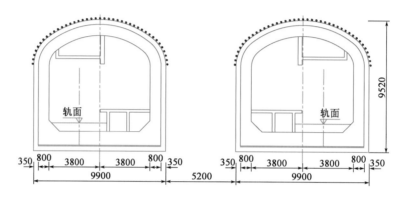

图 6-6-4　车站中间下穿段断面（尺寸单位：mm）

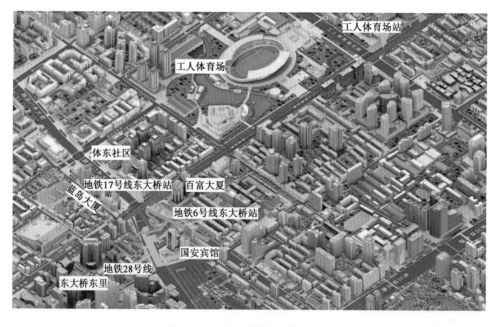

图 6-6-5　东大桥站周边环境示意图

下穿段结构与主要管线的位置关系如图 6-6-6 所示。

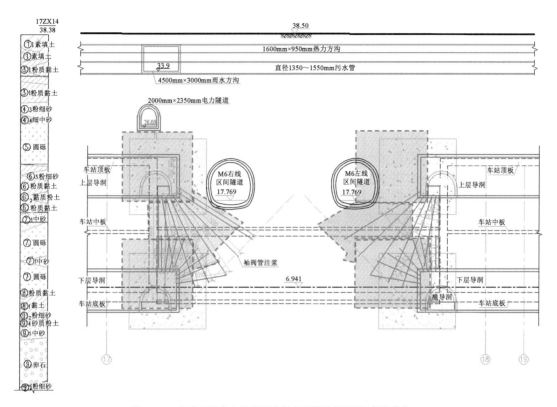

图 6-6-6　新建地铁东大桥站下穿段主要管线剖面图(高程单位:m)

3)工程地质及水文地质条件

(1)工程地质条件

本工程场地土层主要包括人工填土层(Q^{ml})、第四纪全新世冲洪积层(Q_4^{al+pl})、第四纪晚更新世冲洪积层(Q_3^{al+pl})三大层。车站地质剖面如图 6-6-7 所示。

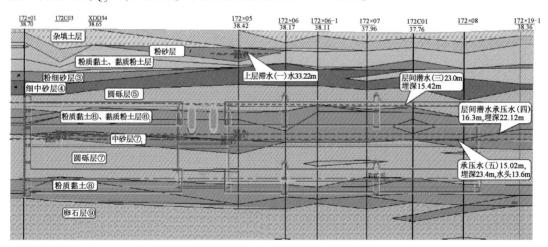

图 6-6-7　车站地质剖面图

本工程按地层岩性及其物理力学性质进一步分为 10 个大层,各地层分布及结构特征如下:

①第四纪全新世冲洪积层(Q_4^{al+pl})

a. 粉质黏土层④:层厚 0.6~3.4m,可塑,很湿。

b. 粉细砂层④$_2$:层厚 0.4~4.4m,密实,饱和。

c. 细中砂层④$_4$:层厚 0.6~5.3m,中密~密实,饱和。

②第四纪晚更新世冲洪积层(Q_3^{al+pl})

a. 圆砾层⑤:层厚 2.8~6.7m,中密~密实,饱和,圆形及亚圆形,一般粒径为 2~30mm,最大 50mm,约 45% 细中砂填充。

b. 中砂层⑤$_1$:层厚 0.5~1.0m,密实,饱和,含约 10% 的砾石。

c. 粉质黏土层⑥:层厚 0.3~8.0m,可塑~硬塑,很湿。

d. 黏土层⑥$_1$:层厚 0.5~1.9m,可塑,很湿。

e. 黏质粉土层⑥$_2$:层厚 0.3~7.2m,密实,饱和。

f. 细砂层⑥$_3$:层厚 0.7~1.6m,密实,饱和,含云母、石英、长石。

g. 卵石层⑦:层厚 0.6~10.4m,密实,饱和,一般粒径 5~20mm,最大粒径不大于 100mm,粒径为 2~20mm 的含量大于 50%,细中砂充填。

h. 中砂层⑦$_1$:层厚 0.4~3.5m,密实,饱和。

i. 粉质黏土层⑦$_4$:层厚 0.3~0.7m,可塑~硬塑,很湿。

j. 粉质黏土层⑧:层厚 0.5~5.3m,可塑~硬塑,很湿。

k. 黏土层⑧$_1$:层厚 1.4~4.7m,可塑~硬塑,很湿。

l. 黏质粉土层⑧$_2$:层厚 0.7~2.2m,密实,饱和,含云母、氧化铁和少量姜石。

m. 卵石层⑨:层厚 2.2~10.7m,密实,饱和,一般粒径为 20~60mm,最大粒径不大于 100mm,粒径为 20~200mm 的含量大于 50%,细中砂充填。

n. 中砂层⑨$_1$:层厚 0.6~6.6m,密实,湿,土质不均,局部夹黏质粉土和黏性土。

o. 粉细砂层⑨$_2$:层厚 0.5~3.5m,密实,饱和。

p. 粉质黏土层⑨$_3$:层厚 0.2~4.9m,可塑~硬塑,很湿。

q. 砂质粉土层⑨$_4$:层厚 0.5~3.2m,密实,饱和,含云母、氧化铁,土质不均,含砂颗粒,有摇振反应。

r. 黏土层⑨$_5$:层厚 1.5~1.9m,可塑~硬塑,很湿。

(2)水文地质条件

根据埋藏深度、动态变化特征和对工程建设的影响,场地范围内地下水可划分为上层滞水(一)、层间潜水(三)、层间潜水~承压水(四)和承压水(五)。近 3~5 年最高水位埋深 14.61m。地下水分布情况详见表 6-6-1。

4)工程风险及重难点

(1)工程风险点

主要风险分析见表 6-6-2。

地下水分布情况表 表6-6-1

地下水性质	稳定水位(承压水测压水位)		观 测 时 间	含 水 层
	埋深(m)	水头(m)		
上层滞水(一)	5.2	—	2015年11月	表层填土和粉砂
层间潜水(三)	14.61~15.88	—	2008年4月—2010年5月	④₃、④₄、⑤₁、⑤、⑥₃和⑥₂层
	16.2~16.5	—	2015年1月	
	16.2	—	2015年11月	
层间潜水~承压水(四)	19.5~22.78	—	2008年4月—2010年5月	⑥₂、⑦₁、⑦和⑧₂层
	23.2~22.5	—	2015年1月	
	22.1	1.2	2015年11月	
承压水(五)	24.1	11.6	2015年1月	⑧₂、⑨₁、⑨₂、⑨和⑨₄层
	23.4	13.6	2015年11月	

主要风险分析表 表6-6-2

序号	风险工程名称	风险描述	风险等级
1	新建车站标准段邻近既有隧道施工	标准段主体结构端头邻近既有地铁6号线朝阳门站—东大桥站区间隧道,最小水平净距为3.476m,车站临近既有区间隧道施工,多次扰动隧道周围土体,同时由于开挖卸荷,易引起既有区间隧道变形	一级
2	新建车站分离式单洞隧道下穿既有区间隧道	中间下穿段为两条净间距5.2m的单层单洞隧道,宽9.9m、高9.52m,以86°角下穿既有地铁6号线区间暗挖隧道,下穿最小净距为2.148m,采用CRD工法施工,结构拱部位于中砂⑦₁层,结构底位于黏土⑧₁层。下穿施工既有结构沉降控制难度大,施工安全风险高	特级

（2）工程重难点

①近接施工。新建地铁17号线东大桥站标准段邻近地铁6号线朝朝阳门站—东大桥站间隧道结构,两者之间的最小净距为3.47m。

②多洞室多次扰动。车站双层段导洞、横导洞、挖孔桩、扣拱施工,多次扰动地铁6号线区间隧道周围土体并产生开挖卸荷效应,引起既有区间隧道变形,而运营地铁隧道变形控制极其严格。

③下穿施工。中间下穿段两管隧道净距小,施工过程中相互干扰大。同时两管隧道超小净距下穿既有地铁6号线区间隧道,施工过程极易引起既有区间隧道变形,严重影响行车安全,工程环境风险等级为特级。

6.6.2　关键技术

1）双层段微扰动施工控制技术

（1）深孔注浆加固

①加固范围

双层段洞桩法（PBA工法）小导洞开挖至距离既有地铁6号线区间隧道10m位置时,采用锚网喷支护将开挖掌子面临时封闭,在洞内沿车站方向对掌子面前方 10m 范围内土体采用深孔注浆方法进行加固,注浆材料选用水泥—水玻璃浆液,沿车站横断面方向注浆范围为上下导洞、大拱及横向导洞开挖轮廓线外 2m,剖面加固范围如图 6-6-8 所示。

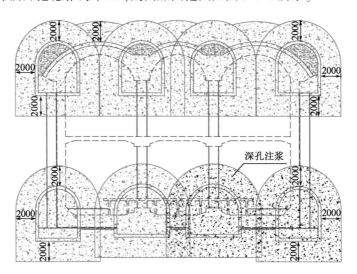

图 6-6-8　双层段深孔注浆加固范围横剖面示意图(尺寸单位:mm)

②土体加固目标

注浆后土体应有良好的均匀性和自立性,开挖面无明显渗水,无侧限抗压强度为 $0.1 \sim 0.3$ MPa,渗透系数 $\leqslant 1.0 \times 10^{-6}$ cm/s。

③注浆参数

全部采用 WSS 无收缩 AC 浆液(水泥浆 + 水玻璃 + 添加剂),水泥浆水灰比为 $1:1$(质量比),水泥浆:水玻璃 $= 1:1$(体积比),添加剂掺量根据粉质黏土层、中砂层和圆砾层的地层条件确定,调节浆液凝结时间和可注性。

浆液扩散半径为 0.5m,注浆压力为 $0.2 \sim 0.5$ MPa,钻杆回抽速度为 15cm/次,一次注浆长度 $2.5 \sim 12$ m。

④注浆孔布置

小导洞掌子面正前方土体加固:注浆孔垂直掌子面布置,孔位间距 0.8m,扩散半径 0.5m,搭接 0.2m,注浆深度 10m,梅花形布置。小导洞周围 2m 范围内土体加固:外插角 $12° \sim 45°$,注浆孔长 $2.6 \sim 12.2$ m,注浆孔布置于掌子面,并采用小导洞初期支护,如图 6-6-9 所示。

(2)车站临近既有区间隧道微扰动开挖技术

按"先侧后中、相邻错时"的顺序开挖小导洞,采用小导管超前支护并补充注浆,短进尺预留核心土的台阶法施工,人工辅助机械开挖,尽量减少小导洞开挖对前方及周边土体的扰动。

①小导管超前支护土体:主体导洞开挖前,在导洞起拱线以上部位及扣拱拱顶沿开挖轮廓施工 ϕ32mm 超前小导管,长度 2.0m,环向间距 300mm(图 6-6-10),采用 $1:1$ 水泥—水玻璃双液浆补充加固,注浆压力为 $0.3 \sim 0.5$ MPa,确保掌子面稳定。

②先开挖两侧导洞,进入端部影响区域后,两侧导洞同步开挖,同时封端,减少扰动

次数。

③双层段南段,上层导洞及端头横导洞完成后,在横导洞内打设袖阀管,再开挖下层导洞。

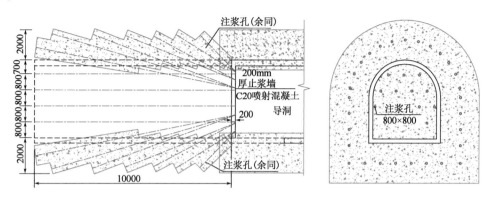

图6-6-9 深孔注浆钻孔布置图(尺寸单位:mm)

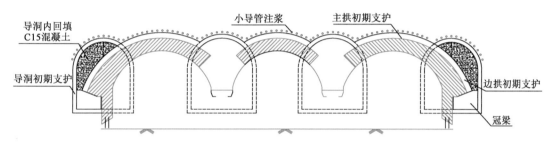

图6-6-10 小导管超前支护

④双层段北段,上层导洞及端头横导洞完成后,在横洞内按"隔五钻一"的顺序施工钻孔围护桩,最后施工下层导洞,如图6-6-11所示。

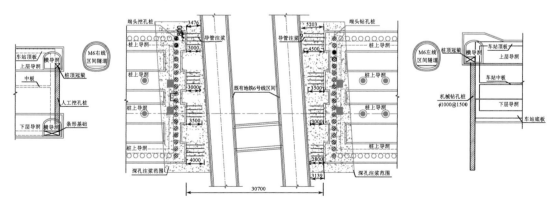

图6-6-11 车站端部围护桩布置图(尺寸单位:mm)

⑤小导洞采用短进尺、台阶法(预留核心土)方式开挖,小型机械辅助人工微扰动开挖,循环进尺0.5m,上、下台阶间保持4~6m的距离。上台阶预留核心土,保证核心土的长度及轴线方向断面尺寸,如图6-6-12所示。

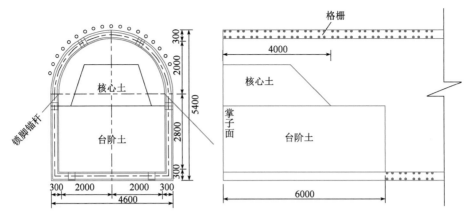

图 6-6-12　小导洞施工控制示意图(尺寸单位:mm)

（3）车站邻近既有区间隧道端头围护桩施工

①受进场条件限制,车站南侧双层段先到达邻近既有区间段施工,上下横导洞贯通后,按"隔五挖一"的顺序施工 $\phi1000$mm 人工挖孔桩,桩长 13.27m,间距 1.5m,桩顶设断面为 1150mm × 1500mm 的冠梁,桩底(下层横道洞内)设断面尺寸为 1000mm×3500mm 的条形基础。

②车站北侧双层段到达邻近既有区间段时,上层小导洞及横导洞断面加高,满足钻孔桩施工净空条件,按"隔五钻一"的顺序施工 $\phi1000$mm 钻孔桩,桩长 23.55m,间距 1.5m,桩顶设断面尺寸为 1150mm×2000mm 的冠梁。

（4）袖阀管补偿注浆

①袖阀管布置

上层横导洞内 $\phi42$mm 袖阀管斜向下扇形布置,长度为 8 ~ 12m;下层横导洞内袖阀管斜向上扇形布置,长度为 4 ~ 6.5m,角度为 10° ~ 90°,覆盖开挖影响区,如图 6-6-13 所示。当既有线监测系统反馈出现连续沉降或位移时,运用袖阀管对影响区内土体进行补偿注浆。

②注浆参数

全部采用 WSS 无收缩 AC 浆液(水泥浆 + 水玻璃 + 添加剂),水泥浆水灰比为 1:1(质量比),水泥浆:水玻璃 = 1:1(体积比);浆液扩散半径为 0.5m;注浆压力不大于 0.5MPa。

③关键控制点

a. 钻孔顺序:钻孔和注浆顺序先外围,后内部,从外围进行围、堵、截,内部进行填、压,同一排间隔施工。

b. 正常注浆压力为 0.2 ~ 0.4MPa。注浆压力控制在 0.5MPa 以内,并由远而近逐渐减小。

c. 必须跳孔进行注浆,以防止发生窜浆现象。间歇注浆:全孔段注浆完成后,间歇一段时间再进行第二次注浆,间歇时间控制在 10 ~ 30min 之间。

2）下穿段微扰动施工技术

下穿段采用锁扣管幕 + 全断面深孔注浆加固方式预加固。

（1）锁扣管幕防护技术

在既有隧道下方 1m 处打设锁扣管幕,并在锁扣上方布置补偿注浆管,通过补偿注浆使管幕与浆液加固的土体结合成为封闭板状结构,隔断下方深孔注浆浆液进入既有区间隧道,如图 6-6-14所示。

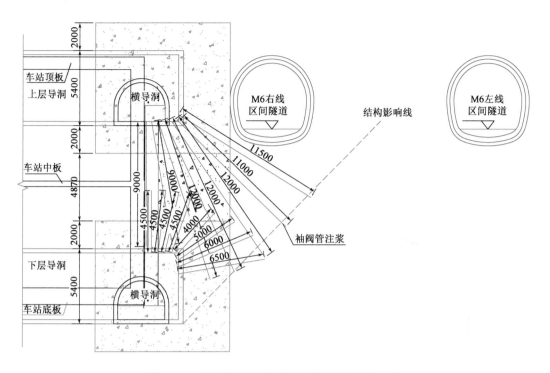

图 6-6-13　袖阀管补偿注浆范围示意图(尺寸单位:mm)

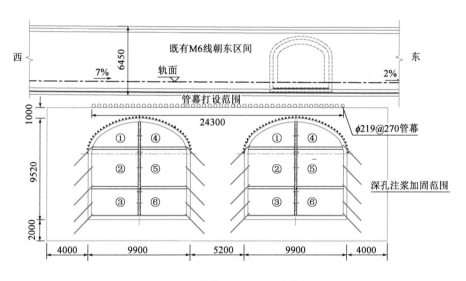

图 6-6-14　锁扣管幕设置范围(尺寸单位:mm)

①锁扣管幕布置

锁扣管幕采用 Q235、ϕ219mm 无缝钢管,厚度 $t = 12$mm,锁扣件为 50mm × 50mm × 10mm 角钢;管幕间距为 270mm,单根长度 37m(6m 钢管分段焊接连接),覆盖宽度 24.3m,共 91 根。每根管幕锁扣上方全长设置 1 根 ϕ42mm 注浆花管,如图 6-6-15 所示。

②管幕外补偿注浆

顶进完成 2~3 根管幕后,利用 φ42mm 注浆管及时进行管外补偿注浆,封闭管幕间空隙,控制地层变形。采用 1:1 水泥浆,注浆压力小于 0.1MPa;注浆施工在地铁停运期间实施。

③管内灌注 M30 水泥砂浆

管幕顶进到位后,用高压风清理管内渣土,管内插入导管后退式灌注 M30 水泥砂浆,一次灌注完毕 24h 后管内二次补浆。

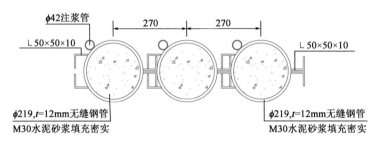

图 6-6-15　管幕大样图(尺寸单位:mm)

(2)深孔注浆地层加固

完成锁扣管幕施工及管外补偿注浆后,在车站双层段端部向下穿区域注浆,钻孔间距 0.8m,深度 19.25m,注浆孔中间重叠 2m,最外侧钻孔与车站轴线最大夹角为 13°,如图 6-6-16、图 6-6-17 所示。

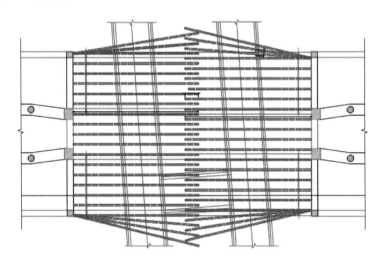

图 6-6-16　下穿段深孔注浆钻孔示意图(尺寸单位:mm)

(3)分离式小净距车站隧道微扰动开挖

车站下穿段采用 CRD 工法施工,两管隧道分期施工。

①拱部逐榀设置 φ32mm 小导管超前支护并补偿加固,长度 2.0m,环向间距 300mm,注浆压力 0.3~0.5MPa。

②CRD 工法施工,上下导洞错开 10~15m。各导洞采用机械辅助人工开挖,循环进尺 0.5m,留置核心土,台阶长度为 4~6m。施工次序如图 6-6-14 所示。

③分段拆换中隔壁临时钢架,浇筑衬砌,参见第6.2节。

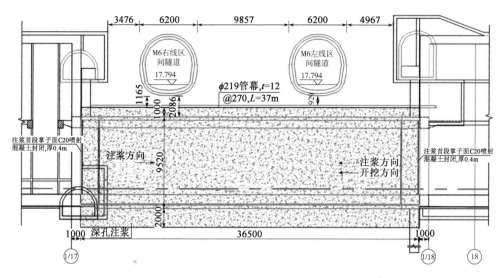

图 6-6-17　下穿段深孔注浆加固范围(尺寸单位:mm)

6.6.3　实施效果

1)标准段南段施工

(1)南段上层导洞开挖完成时,地铁6号线右线隧道结构轻微隆起。原因分析:上层导洞高于既有线隧道结构1.4m,上层导洞开挖引起既有隧道结构周边土体卸荷。

(2)南段下层导洞开挖完成时,地铁6号线右线隧道开始沉降,最大沉降量为 −1.2mm;人工挖孔施工端头围护桩期间,地铁6号线右线隧道持续沉降。原因分析:下层小导洞开挖断面较小,全断面深孔注浆加固地层、短台阶法开挖,对地层扰动较小,另外小导洞拱部设置的超前小导管和核心土,对掌子面土体收敛变形有约束作用;人工挖孔桩施工周期长、护壁承载作用滞后,排桩施工对相邻土体扰动较大。

(3)下层导洞开挖时,地铁6号线右线隧道沉降接近报警值,启用袖阀管补偿注浆,抬升效果明显;注意最接近既有区间结构部分应采用较低压力注浆形成帷幕,可防止浆液沿病害裂缝进入既有空间。

(4)端头围护桩施工完成后,南段扣拱开挖,对地铁6号线影响很小,说明端头桩发挥了隔离作用。

2)标准段北段施工

(1)北段上层导洞开挖完成时,地铁6号线左线隧道结构轻微隆起,原因同南段。

(2)端头钻孔桩施工期间,地铁6号线左线隧道产生沉降,但明显小于南段挖孔桩施工。原因分析:钻孔桩施工速度快,泥浆护壁作用下,对地层扰动小。

(3)北段下层导洞开挖完成后,地铁6号线左线隧道未产生沉降。原因分析:端头桩早于下层小导洞,且在小导洞底板高程以下有嵌固段,隔离作用明显。

6.7 武汉光谷广场综合体工程

6.7.1 工程概况

1)工程简介

武汉市光谷广场综合体工程,是集 3 条轨道交通工程、2 座市政隧道工程、地下公共空间于一体的综合项目。地下三层结构,建筑面积约 16 万 m^2,土方开挖量 180 万 m^3,是亚洲规模最大的城市地下综合体。工程总平面图如图 6-7-1 所示。

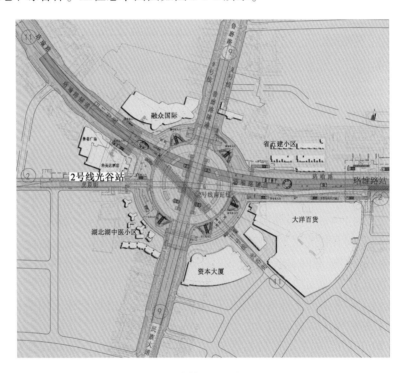

图 6-7-1 光谷广场综合体工程各线路位置及总平面图

（1）光谷广场综合体工程圆盘区

采用地下三层多跨框架结构,覆土厚度 1.0～1.7m,规划地面比现状地面高约 1m。地下一层、地下二层、局部地下三层(地铁 11 号线)底板埋深分别约为 14m,21m,33m。地下一层夹层:鲁磨路市政隧道、地铁 9 号线站台(长 140m);地下一层:圆形大厅,实现地铁换乘、人行功能,连通各线车站及周边商业地下空间;地下二层:珞喻路市政隧道、地铁 2 号线南延线区间;地下三层:地铁 11 号线站台(长 186m,宽 14m)。分层布置如图 6-7-2 所示。

（2）珞雄路站

珞雄路站为地下三层岛式站台车站,车站长 250.30m,宽 34.35～36.20m,钢筋混凝土箱形框架结构,车站底板埋深 22.47～29.20m,如图 6-7-3 所示。

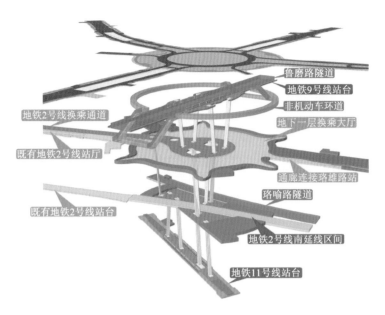

图 6-7-2　光谷广场综合体圆盘区分层结构示意图

（3）珞喻路隧道

珞喻路隧道西起鲁巷邮政局附近，东至华中科技大学东侧，全长 1270m，红线宽度为 60m，工程起点与止点均与现状珞喻路顺接。为双向六车道双孔结构，采用钢筋混凝土框架结构形式，如图 6-7-3 所示。

（4）鲁磨路隧道

光谷广场综合体以外的鲁磨路隧道，南段、北段长度分别为 221.77m、258.23m。为双向六车道的双孔结构，采用钢筋混凝土框架结构形式，如图 6-7-3 所示。

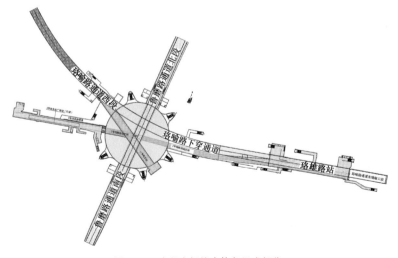

图 6-7-3　光谷广场综合体各组成部分

（5）接驳接口

光谷广场综合体、地铁 2 号线南延线及珞雄路站与周边既有地下空间、商业广场、既有车站共连通接驳 9 处,如图 6-7-4 所示。

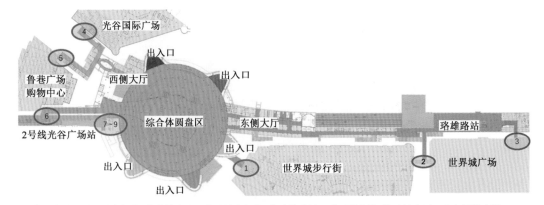

①综合体↔世界城步行街;②珞雄路站↔世界城步行街;③珞雄路站↔世界城广场;④西侧大厅↔光谷国际广场;
⑤西侧大厅↔鲁巷广场购物中心;⑥综合体↔2号线光谷广场站(换乘);⑦综合体↔2号线光谷广场站(进出站);
⑧综合体(2号线南延段右线)↔2号线光谷广场站;⑨综合体(2号线南延段左线)↔2号线光谷广场站

图 6-7-4　综合体与周边地下空间连通接驳示意图

2)周围环境条件

(1)道路及交通

武汉光谷广场综合体位于东湖高新区既有光谷广场下方,与广场衔接的道路有鲁磨路、民族大道、珞喻路、珞喻东路 4 条城市主干道,以及虎泉街和光谷街,形成一个 6 条路相交的交叉路口,同时,非机动车和行人未构成整体连通系统,车流与人流交织,交通压力大。

(2)周边建筑现状

武汉光谷广场综合体位于东湖高新区既有光谷广场下方,周边有鲁巷广场购物中心、华美达酒店、光谷国际广场、光谷世界城、光谷资本大厦、光谷广场等,均有独立的地下空间。周边环境如图 6-7-5 所示,主要建筑如图 4-3-5 所示。

图 6-7-5　光谷广场圆盘周边环境

（3）管线情况

工程范围内,道路下现状配套管网设施较为完善,且管线较多,相对位置关系错综复杂。沿线地下管线有污水、给水、电力、电信、燃气、军用光缆、有线电视线路、路灯线及交通信号等管线,共 60 多条,所有管线均在施工前完成迁改,如图 4-3-7 所示。

3）工程地质与水文地质条件

工程所处地貌单元为剥蚀堆积垄岗区,相当于长江三级阶地,地形总体较平坦,地面高程在 28.5 ~ 31.0m 之间。各岩土层地层岩性及特征按地层层序分述见表 6-7-1。

各岩土层地层岩性及特征表　　　　　　　　　　　　　　表 6-7-1

序号	地 层 名 称	地层代号	岩性及特征	
1	杂填土	①$_1$	湿 ~ 饱和,高压缩性	由砖块、碎石、片石、混凝土块等建筑垃圾混黏性土组成,硬杂质含量约 30%
2	石英砂岩块	①$_{1a}$	呈块状、柱状,压缩性低	为路基所抛投之块石,柱状节长 5 ~ 15cm 不等,块状粒径 6 ~ 10cm
3	素填土	①$_a$	稍湿 ~ 饱和,高压缩性	主要成分为黏性土,局部含少量碎石、砖屑等,埋深 0.3 ~ 2.7m,层厚 0.3 ~ 6.2m
4	粉质黏土（Q$_4^{al}$）	③$_1$	饱和,可塑状态,中压缩性	含灰白色高岭土团块及黑色铁锰质氧化物斑点,埋深 0.5 ~ 3.9m,厚度为 1.1 ~ 7.5m
5	粉质黏土（Q$_3^{al+pl}$）	⑩$_1$	饱和 ~ 湿,可塑 ~ 硬塑状态,中 ~ 低压缩性	含灰白色高岭土团块及黑色铁锰质氧化物结核
6	黏土夹碎石（Q$_3^{al+pl}$）	⑩$_4$	湿,硬塑状态,中 ~ 低压缩性	含灰白色高岭土团块及黑色铁锰质氧化物结核,不均匀含 10% ~ 30% 的泥岩、石英砂岩碎石,直径一般为 5 ~ 20mm
7	残积土（Q^{el}）	⑬$_2$	湿,可塑 ~ 硬塑状态,中压缩性,黏性强	主要由泥岩风化残积而成,含灰白色高岭土团块及少量砂质物
8	红黏土（Q^{el}）	⑬$_{3a}$	软塑 ~ 流塑状态,高压缩性,黏性强	含灰白色高岭土团块及少量灰岩碎块,土体强度不均
9	微晶灰岩	⑱$_{b-3}$	微晶结构,块状构造,钙质胶结,属坚硬岩	芯呈柱状、块状,倾角为 50° ~ 60°,裂隙发育,裂隙泥质充填,可见溶蚀现象,钻进过程中有失水现象
10	强风化石英砂岩	⑲$_1$	粉砂质结构,层状构造,属较硬岩强风化物	主要矿物成分为石英、长石、白云母、绢云母,裂隙很发育,岩芯呈碎块状,锤击易碎
11	中风化泥质石英粉砂岩	⑲$_{1a}$	泥质胶结,层状构造,属软岩	可见石英、长石等矿物,岩芯呈长柱状,锤击易碎
12	中风化石英砂岩	⑲$_2$	粉砂质结构,层状构造,硅质胶结,属坚硬岩	主要矿物成分为石英、长石、白云母、绢云母,裂隙发育,倾角陡峭,岩芯多呈块状

续上表

序号	地 层 名 称	地层代号	岩性及特征	
13	中风化碎石状 石英砂岩	⑲₄	杂色,岩芯破碎	呈碎块~碎砾状,夹泥质成分,局部泥质含量较高
14	强风化泥岩	⑳ₐ₋₁	泥质结构,层状构造,属极软岩	主要由黏土矿物组成,岩芯风化呈土状,局部夹含少量中风化岩块
15	中风化泥岩	⑳ₐ₋₂	泥质结构,层状构造,属极软岩	主要由黏土矿物组成,裂隙发育,岩芯呈柱状、块状,锤击声哑,采芯率低
16	中风化泥岩破碎带	⑳ₐ₋ₐ	泥质结构,属极软岩	岩芯呈短柱状、碎块状,易开裂折断,裂隙极发育,夹较多泥岩中风化碎屑,部分为泥岩中风化碎块,分布于层内断层附近
17	中风化泥岩	⑳ᵦ₋₂	泥质结构,属极软岩~软岩	主要由黏土矿物组成,层状构造,裂隙发育,岩芯呈柱状、块状,锤击声哑,采芯率约85%
18	中风化泥岩破碎带	⑳ᵦ₋ₐ	泥质结构,属极软岩	岩芯呈碎块状、碎屑状,易开裂折断,裂隙极发育,主要分布于层内断层附近
19	中微风化泥岩	⑳ᵦ₋₃	泥质结构,层状构造,属较软岩	主要由黏土矿物组成,岩芯完整,呈柱状,锤击声哑,采芯率高约90%

无地表水系分布,地下水类型主要为上层滞水和基岩裂隙水两种类型,水量小。

4)工程风险及重难点

(1)拓建工程风险源分析

本工程风险主要集中于超大型异形深基坑的开挖支护、既有地铁2号线车站保护两方面,见表6-7-2。因地质条件相对较好,个别距离较近的周边建筑物基础埋深较大,管线提前迁改完成,因此建筑物、管线相关风险等级不高。

风 险 源 分 析 表

表6-7-2

序号	风险源名称	风险源描述	风险分析	风险等级
1	超大型异形基坑施工	明挖基坑围护结构变形及周边地表沉降	基坑位于城市交通节点繁忙干道下方,周边环境复杂。 基坑采用钻孔灌注桩+内支撑支护,底板主要位于⑳ₐ₋₂、⑳ᵦ₋₂中风化砂质泥岩。 基坑周围建筑物沉降及倾斜:变化速率2mm/d,累计值24mm,倾斜率0.001。容许值30mm,以80%作为报警值(24mm)。 本基坑重要性等级为一级,围护结构变形、位移允许值为40mm	一级
2	邻近运营地铁车站施工	换乘通道紧贴既有2号线光谷广场站及既有车站侧墙开洞	既有2号线光谷广场站距离2号换乘通道基坑最近处为0m,大部分净距为1m;车站端头距离圆盘基坑约10m。 城市轨道交通结构安全控制指标:轨道横向高差<4mm;轨向高差<4mm;道床脱空≤5mm	一级

（2）工程技术重难点

①多线放射状城市中心交通节点一体化解决难

在多路汇集的城市中心节点有限空间内实现机动车、非机动车、地铁、行人顺畅通行，解决城市中心节点交通瓶颈、高效利用稀缺土地资源，实现城市中心节点交通功能最优化、资源利用集约化，并与周边各地块地下空间互联互通，是工程规划设计的重难点。

②大规模异形深基坑及复杂结构安全建设难

直径为200m的圆盘区内部平面交错、竖向错层、深度多变、结构空间关系复杂，荷载传递和受力状态呈现出复杂的空间特性；地铁及市政道路延伸部分基坑，整体平面异形，深度各区不一；圆盘周边外挂的多个出入口基坑，形状复杂。在高层建筑林立、地面交通拥堵、管线密集交错、环境条件复杂的城市中心交通节点集中实施规模庞大、结构复杂的综合体工程，建设难度、安全保障难度均非常高。

③空间场地有限，交通影响大

周边商业密集，六条城市道路交通饱和度高，行人流量大，必须确保施工期间正常的车辆和人行交通；施工过程中需严格控制基坑周边地面道路的沉降变形；基坑紧邻既有地铁 2 号线光谷广场站，需保障地铁 2 号线的正常运营及地铁 2 号线南延线按期开通。

④分期及拓建工程安全风险大

受管线迁改及交通疏解限制，圆盘区、周边的出入口下沉式庭院结构、市政隧道结构均需要在圆形核心部分建成且部分投入使用后开始实施，涉及既有地下结构基础上的拓建问题；已开通运营的地铁 2 号线车站，拓建换乘连接通道，需要解决既有工程的改造、节点处理、施工影响等难题。

⑤连通接驳点多

综合体周边有 9 处与既有地下空间连通接驳，既有围护桩局部破除、既有主体结构开洞及新老结构的连接等施工质量要求高。

6.7.2　关键技术

1）城市中心大型地下交通枢纽功能一体化规划设计方法

大型城市地下综合体的总体设计应聚焦功能需求，重点解决功能一体化，综合车辆通行、地铁疏导、地下连通、绿色出行等需求，得出最优功能的设计方案；注重地上地下一体化，创造美丽舒适的地下空间，同时提升配套完善功能，建设优美的城市环境；由于设计建造条件复杂，运用建筑信息模型（BIM）新技术可有效提升设计施工质量，同时工程设计与建造需一体化考虑，确保工程顺利实施。

规划设计中根据各组成部分的工期要求、工程条件和现场情况，分期分区整体协调实施；按照建筑功能、基坑深度在空间维度进行分区；按照关键工期、先深后浅的原则在时间维度进行分期。通过分期分区拓展，将复杂庞大、受力不明的空间问题解构为相对单纯、受力明确的基坑工程，同时保障各子工程的工期要求。

结构设计中考虑建筑使用功能、设备管线安装需求、抗震性能、大跨度高净空舒适性要求，采用径向主梁＋环向次梁的受力体系；考虑温度应力、大体积混凝土收缩等因素，设计主体浇筑顺序及方案;基础设计综合考虑使用阶段和竣工阶段受力条件,施工阶段的抗拔桩在竣工阶段作为承压桩。

2)基于分区分期拓展的超大型复杂多层基坑施工技术

光谷广场综合体基坑总平面面积近 10 万 m^3,圆盘区地下一层基坑深度为 14m、地下二层基坑平均深度为 21m、地下三层基坑深度为 32m;珞喻路隧道与地铁 2 号线部分为地下一层、地下二层,最大深度为 21m;鲁磨路隧道及地铁 9 号线区间为地下一层,局部地下二层,接驳段深度 14m;下沉庭院式出入口,基坑深度 17.5~23m。各区段平面不规则、竖向错层多、实施条件不一致。

结合各部分的工程特点,确定"先深后浅、先大后小、先核心后发散、先综合后局部"的拓展施工原则,将圆盘区基坑分为南、北、中三个区,先中区后南北区实施,降低施工难度,解决临时场地。

以圆盘区拓展施工为主线,统筹安排整体工筹,共分为 4 期完成,如图 6-7-6 所示。分区分期原则:主体结构整合、基坑支护稳定、场地布置紧凑、进度需求合理,满足地面交通、市区环保要求。

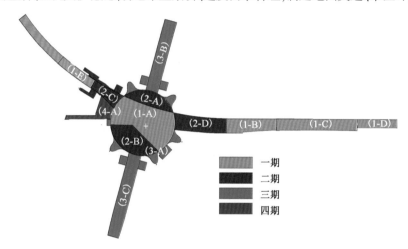

图 6-7-6　施工分区分期示意图

3)大型异形深基坑分期拓展安全施工支撑技术

(1)基坑围护结构

综合体基坑全部采用钻孔灌注桩围护结构,圆盘中区围护桩直径为 1.2m,桩长 26.5~41.5m;南北区围护桩直径 1.2m,桩长 18.7~28m;其余部位桩径为 0.8m、1m、1.2m,桩长依据基坑深度及部位设置,长度不一。

(2)异形基坑桁架式水平支撑体系

圆盘中区基坑最深处设置六道内支撑。第一道至第四道均为钢筋混凝土支撑。基坑周边设置支撑刚度较大的桁架式围檩,基坑角部设置网架式角撑,内部大空间设置网架式对撑、斜撑,如图 6-7-7a)所示。为方便施工,第一道支撑中的部分对撑、斜撑兼作施工栈桥。圆盘中区坑中坑(地下三层处基坑)为条状分布,采用混凝土支撑(第五、六道)。

综合体圆盘南北区采用两道支撑,其中第一道采用钢筋混凝土支撑,在基坑围护临土侧结合桩顶冠梁设置支撑刚度较大的桁架式围檩;内部平行设置网架式对撑,如图 6-7-7b)所示。

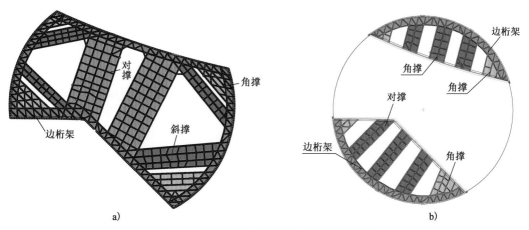

图 6-7-7　圆盘中区、南北区第一道内支撑布置图

（3）竖向支撑体系

竖向支撑体系作用：提高水平支撑的稳定性，承担上部施工荷载，防止坑底隆起和支撑沉降。竖向支撑在水平支撑节点处设置，一般部位采用 600mm×600mm 的 4∟160mm×14mm 格构柱，结合栈桥板设置的竖向支撑，加大格构柱型号为 4∟200mm×20mm，下部设 φ1200mm 钻孔灌注桩基础。

（4）支撑体系与施工场地一体化应用技术

结合第一道支撑，在顶部设置可承载重载车辆及恒载的栈桥板，利用加强型号的格构柱（4∟200mm×20mm）及立柱桩承担竖向荷载，通过桩底注浆控制栈桥板下格构柱及立柱桩的竖向变形。栈桥板上方布置钢筋加工、材料存放等场地，同时泵车及罐车均可上栈桥板，实现了天泵全基坑覆盖浇筑，提高了混凝土浇筑工效；利用栈桥板设置 4 台可覆盖基坑的塔吊，解决了材料水平及垂直运输难题，提高了施工效率，如图 6-7-8 所示。

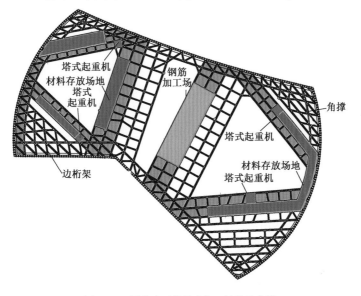

图 6-7-8　圆盘中区栈桥式施工场地示意图

4)基于既有主体结构承载的拓展基坑支撑体系

(1)既有结构顶板+支墩梁支撑体系

在圆盘中区顶板上浇筑支墩梁,南、北区基坑首道支撑支承于支墩梁上,土方分层开挖过程中,将分隔桩分段切割吊出基坑,解决了回筑阶段分隔桩破除问题,大大提高了施工工效。

(2)结构底板+钢斜抛撑

南、北区土方采用盆式开挖,邻近中区部分开挖到底并浇筑底板,同时预留钢筋混凝土支墩,将第二道钢斜抛撑支顶于支墩上,开挖基坑剩余土方,如图6-7-9所示。

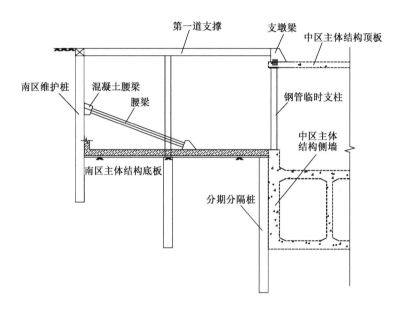

图6-7-9　南、北区基坑支撑剖面示意图

(3)既有结构顶板+半既有桩支撑体系

圆盘周边5个下沉庭院式出入口基坑第一道支撑直接支承于圆盘区顶板边缘深梁上,利用既有结构提供支撑反力;出入口与圆盘区之间的隔离桩随挖土过程分段切割拆除,保留第二道支撑高程以下部分;满足基坑结构承载及变形的前提下,尽量优化降低第二道混凝土支撑高程,控制隔离桩下方出露段长度不大于2m,充分利用悬臂桩提供支撑反力,悬臂桩承载能力不满足要求时,在桩后加设斜撑,如图6-7-10所示。

5)临时路面系统支撑托换技术

(1)基坑开挖阶段临时路面铺盖支撑系统

广场东区、珞喻路隧道东段、地铁2号线区间及珞雄路站范围内基坑上方设置半铺盖临时路面系统,宽度23~14m,路面板厚度为400mm,纵、横梁同时兼作基坑第一道支撑,纵梁截面尺寸均为800mm×1000mm;横梁(支撑)截面尺寸为1200mm×1400mm;临时路面系统下方设置ϕ800mm、壁厚25mm的临时钢管立柱支撑竖向荷载,立柱基础为ϕ1200mm的钻孔灌注桩。临时路面铺盖范围如图6-7-11所示。

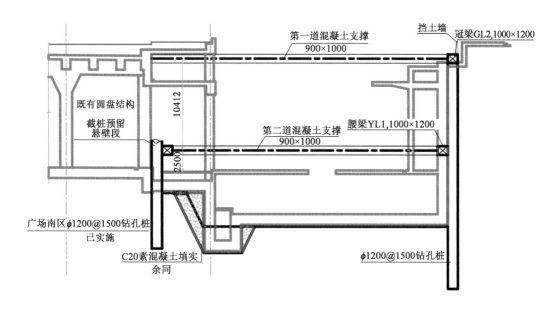

图6-7-10　出入口支撑剖面图(尺寸单位:mm)

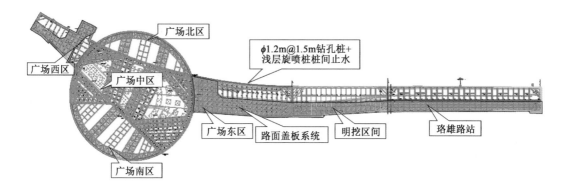

图6-7-11　工程主体基坑路面铺盖系统平面示意图

（2）基坑回筑阶段支撑系统托换技术

受控于地铁2号线南延段通车时间,珞喻路下方的结构封顶前,必须开展地铁2号线铺轨及后续工程,设置于地铁2号线结构范围的临时钢立柱需提前托换处理。

采用基于主体结构承载的立柱托换技术,结合主体结构楼板设置临时托换柱、托换梁或托换墙,将上部路面系统荷载通过临时托换柱(或托换梁、托换墙)传导至已浇筑的结构楼板、结构立柱及中墙上,保持临时路面系统不中断,影响地铁铺轨的钢立柱可以提前切割拆卸,如图6-7-12、图6-7-13所示。

6）大型异形深基坑大坡道退挖技术

（1）土方开挖

以圆盘中区为例,土方开挖便道布置分3个阶段实施,如图6-7-14所示。

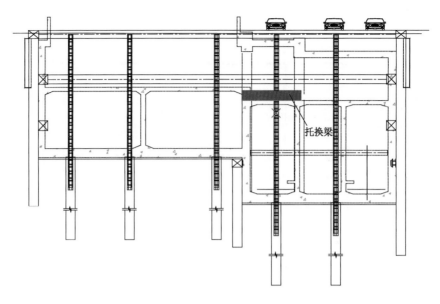

图 6-7-12 广场东区基坑临时支撑托换断面图(托换梁)

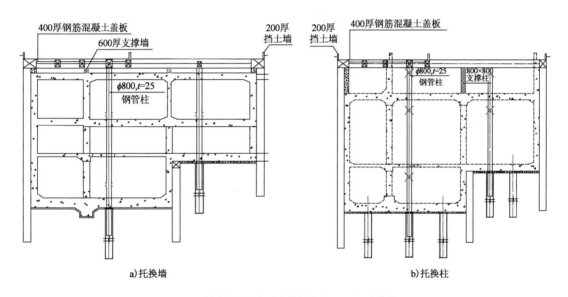

a)托换墙

b)托换柱

图 6-7-13 珞雄路站基坑临时支撑托换断面图(尺寸单位:mm)

第 1 阶段:原地面开挖至第二道支撑底。沿南北向在圆盘中区中间支撑空档处设置 V 形坡双出口主便道,在主便道最低点引出东西向支便道,便道最大坡度为 10%。主便道两侧多点开挖土方,经东西向支便道运输至南北向主便道后,再通过两个出入口将土方运出基坑。

第 2 阶段:从第二层支撑开挖至负二层基坑底。开挖至第三层支撑高程时,挖除主便道北侧斜坡土体,取消北侧出入口;凿除南侧主便道部位围护桩至第二层支撑高程处,形成缺口,由圆盘南区边界处放坡并穿过凿桩缺口,形成南北向单面坡主便道,主便道坡底分叉设置东西侧支便道,并绕行至地铁 11 号线基坑位置。东、西两侧多点开挖土方,随挖随撑,土体经东西向支便道运输,经主便道由南侧出入口运出基坑。开挖至地铁 11 号线车站条状基坑土体时,以主便道为界将条状基坑分为两部分,分别由东向西台阶式退挖,挖机回转翻土堆放在负二层基坑底,渣土车经东西向支便道及主便道转运出基坑。

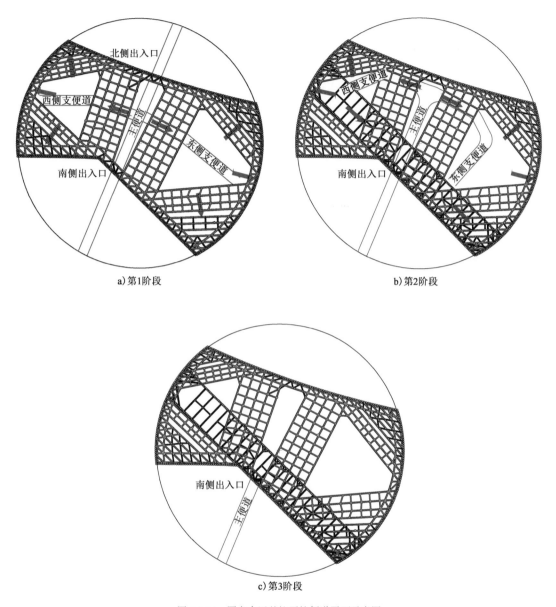

图 6-7-14 圆盘中区基坑开挖便道平面示意图

第3阶段:挖除主便道。用多台挖机由主便道坡底向南侧出入口回转翻土,在圆盘南区便道装车运输;剩余条状基坑中间土体时,在圆盘南区便道采用液压抓斗＋吊斗方式垂直出土。

（2）底板浇筑

中区基坑分阶段退挖过程中,考虑基坑围护结构变形控制及稳定性,分块浇筑坑底垫层及底板结构,如图 6-7-15 所示。

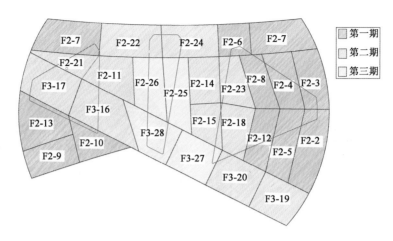

图 6-7-15　广场中区底板分块浇筑示意图

7）核心区网状混凝土支撑分区爆破拆除技术

采用爆破法拆除钢筋混凝土支撑梁的技术难度不大，但是，在城市繁华区域，爆破带来的诸如振动、个别飞散物、粉尘等有害效应对周边环境影响较大，甚至直接威胁周边行人和车辆的安全。

本工程圆盘中区第二道至第四道内支撑采用爆破拆除，爆破拆除总量约 $21500m^3$。

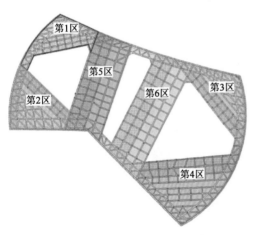

图 6-7-16　支撑梁分区爆破拆除顺序图

（1）支撑结构爆破拆除技术

①随主体结构浇筑，自下而上逐层爆破拆除。

②每一层划分为 6 个区域，依次爆破拆除，如图 6-7-16 所示。

③每层支撑各区域的爆破顺序为：混凝土围檩与支撑梁节点→支撑梁→混凝土围檩。

④采用孔内高段位、孔外低段位，内外两个导爆雷管接力的传爆网路。

⑤分区域精确计算支撑结构爆破拆除参数设计，包括孔网参数、装药参数、起爆网路、爆破振动效应。

⑥精细控制爆破拆除工艺，包括炮孔、装药、爆破。

（2）支撑结构爆破拆除防护及降尘技术

①覆盖防护：支撑梁装药完成后，在待爆支撑构件上方铺设 1 层木板，上铺 2～3 层胶管帘，外加密目安全网，如图 6-7-17 所示。

②全封闭遮挡防护：在爆区上方的第 1 层支撑上均匀布设钢管架，上方铺设 1 层竹跳板，再铺设 1～2 层密目安全网。基坑中部空洞部分上方挂设 1～2 层密目安全网，支撑梁外沿挂设胶皮帘。

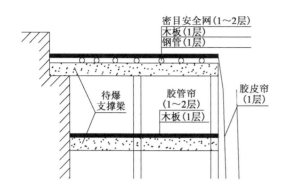

图6-7-17　近体防护与覆盖防护

（3）降尘技术

控制爆破量和堵塞质量，支撑梁设置水袋，限制尘土产生数量及扩散范围；开启基坑周边及塔吊上的喷淋装置，控制粉尘扩散。图6-7-18为安装于塔架上的喷淋装置。

8）通道式连通接驳安全拓建技术

（1）连通接驳方式

光谷广场综合体及同期建设的地铁2号线南延线与周边既有地下空间、商业广场、既有车站共有连通接驳点9处，接驳部位、通道尺寸、施工方式、预留条件各有不同，详见表6-7-3、图6-7-3。

图6-7-18　爆破喷淋降尘

光谷综合体与周边地下空间连通接驳方式　　　　　　　　　　表6-7-3

接口编号	连接部位	开洞尺寸（宽×高）	既有结构破除	通道施工方法	备注
1	既有地下室侧墙	6.5m×5.4m	围护桩	明挖法	已预留接驳条件
2	既有通道侧墙	6.5m×6.4m	—		后期破除
3	既有地下室侧墙	6.5m×6.4m	—		后期破除
4	既有通道侧墙	9.5m×5.5m	既有地下通道		既有通道改造
5	既有通道侧墙	9.5m×5.5m	既有地下通道		既有通道改造
6	地铁车站公共区侧墙	3个（6.6m×3.85m）	钻孔桩、侧墙		开洞
7	地铁车站设备区端墙	4.9m×3.25m	钻孔桩、端墙		开洞
8	地铁车站轨行区端墙	5.0m×6.11m	钻孔桩、封堵墙		已预留接驳条件
9	地铁车站轨行区端墙	5.8m×6.17m	钻孔桩、封堵墙	暗挖法	已预留接驳条件

（2）围护结构破除技术

地铁2号线换乘通道接驳时，共需破除既有φ1000mm围护桩18根，为确保新建基坑的稳定性，侧墙开洞范围内支顶新支撑的既有围护桩分批破除。首批15根桩随土方开挖从上向下采用绳锯分段切割破除,直接吊出基坑外;保留3根桩支撑上方冠梁及残留桩体的竖向稳定性,后期采用切割+人工凿除的方式处理,如图6-7-19所示。

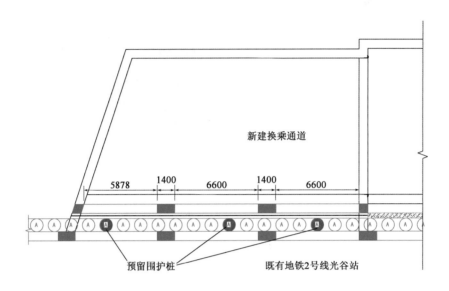

图6-7-19 围护桩分批破除平面示意图(尺寸单位:mm)

(3)既有车站侧墙开孔技术

①地铁2号线光谷广场站施工时,站厅层北侧墙预留了后期大范围开洞条件(按8m间距设置了截面尺寸为1400mm×700mm的暗柱,顶部预留了高2000mm的暗梁);3个尺寸为6600mm×3850mm(宽×高)的门洞(图6-7-20)直接采用水钻+金刚石绳锯分块切割,具体方法详见第6.2节。

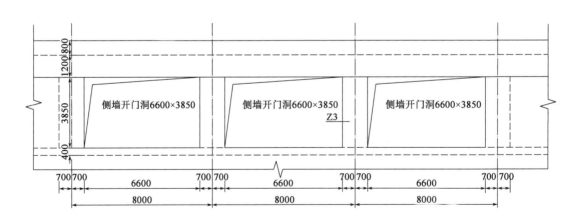

图6-7-20 地铁2号线车站侧墙开洞位置图(尺寸单位:mm)

②地铁2号线光谷广场站端部新增的进站通道(图6-7-21),需墙体开洞4.9m×3.25m(宽×高),可一次性分块安全破除,洞口侧墙及顶梁部位植筋浇筑200~300mm厚补偿收缩混凝土加强面层,顶梁部位采用高差法浇筑,保证新旧混凝土界面密实性。

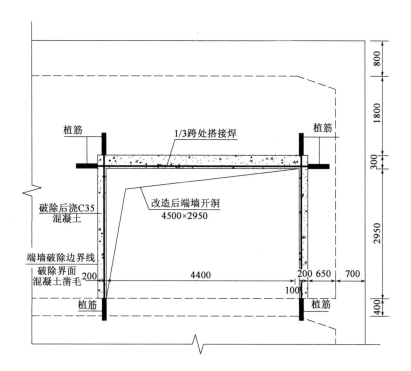

图 6-7-21 地铁 2 号线光谷广场站端墙连接通道(尺寸单位:mm)

6.7.3 实施效果

(1)利用城市中心大型地下交通枢纽功能一体化解决方法构建的地下综合体,成功解决了两条市政隧道、三条地铁线组成的五条放射交通线立体交叠交通难题,实现了城市中心节点交通功能最优化、资源利用集约化。

(2)综合体整合了 3 条地铁线路的 4 座车站,并充分开发利用人行通道两侧的商业空间,与周边既有地下空间多点连通接驳,实现了与周边各地块地下空间的互联互通,施工完成后大大提升了地下空间的使用效率,形成了以光谷广场综合体为枢纽的网络化地下空间,初步形成光谷地下城,如图 6-7-22 所示。

(3)本项目成功应用地下空间大跨度结构安全设计技术,在大型地下空间内形成最大跨度为 26m 的环形 + 放射状柱网和梁系;解决了温度应力、基础设计、抗震设计、结构优化等难题,确保结构安全的同时,大幅度提升了地下空间的内部品质,如图 6-7-23 所示。

(4)大型异形深基坑分期拓展施工技术的成功应用,有效降低了工程风险,圆满解决了城市繁忙区域场地紧张、交通干扰等难题。结合网架式基坑支撑体系构建的栈桥式施工场地,为材料加工、垂直运输提供了非常便利的条件。

(5)采用基于既有结构顶板 + 支墩梁承载的拓展基坑支撑体系,围护结构最大变形、地面沉降均满足规范要求;基坑支撑未影响既有主体结构安全及稳定;既有围护桩同步切割拆除,安全性、拆除效率明显提高。

(6)半铺盖临时路面系统及其后期的立柱托换技术,保证了整个施工期地面交通顺畅通行,未影响地铁 2 号线南延线铺轨。

(7)采用核心区网状混凝土支撑结构分区爆破拆除技术,较常规人工凿除方式缩短工期 3 个月;显著降低了人工切割、吊装外运等施工风险;减少了人员投入及劳动强度;采用覆盖防护、全封闭遮挡防护、控尘等相结合的综合防护措施,分区爆破拆除未产生不良影响。

图 6-7-22　光谷广场综合体效果图　　　　图 6-7-23　大跨度结构体系

6.8　苏州桐泾路北延工程盾构侧穿高速铁路桥梁桩基工程

6.8.1　工程概况

1)工程简介

苏州桐泾路北延工程是苏州市"七纵"主干路之一,串联相城、姑苏区,是联系苏州南北片区的重要通道,也是苏州市为改善路网交通亟须重点打通的道路之一。项目采用城市主干路双向六车道标准建设,穿山塘河、房屋建筑群、沪宁城际铁路、京沪铁路和北环高架等风险源,线路全长 2400m,隧道长 1510m。结合路网规划、沿线穿越工况等要求,下穿风险源区间隧道采用盾构法施工,长 490m,如图 6-8-1、图 6-8-2 所示。

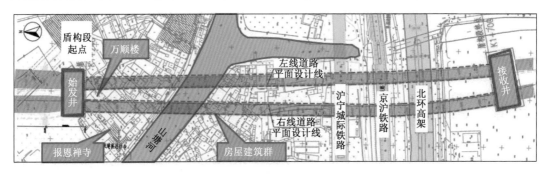

图 6-8-1　盾构区间平面示意图

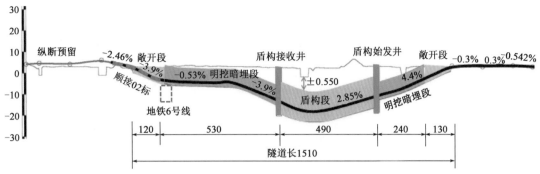

图 6-8-2　工程纵断面示意图(尺寸单位:m)

盾构隧道段最小曲线半径 700m,最大纵坡 3.9%,采用左右两孔独立设置。盾构外径 13.25m,内径 12.05m,洞内按上下两层布置,上层为车道层,下层为疏散通道及管线通道,内部结构采用现浇方式,如图 6-8-3 所示。隧道采用通用型管片,环宽 2m,厚 0.6m,分 9 块设计(6 + 2 + 1),强度等级为 C50,抗渗等级为 P12。

盾构隧道工程采用一台泥水平衡盾构机,由北侧工作井整机始发,到南侧工作井吊出后,返回北侧,二次始发施工另一侧隧道。总工期 46 个月,其中盾构掘进施工工期 10 个月。

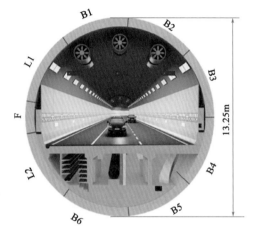

图 6-8-3　盾构隧道横断面示意图(单管)

2)周边环境

盾构隧道穿越的沪宁城际铁路设计速度为 350km/h,双线,为中国第二条城际铁路,也是中国目前最繁忙的高速铁路线路之一,通行动车组列车。此外,盾构穿越高速铁路前后尚分布有房屋建筑群、京沪铁路、北环高架等。在短距离内连续穿越高风险源,对盾构掘进施工提出了很高的要求。盾构隧道穿越的主要建(构)筑物分布如图 6-8-4、图 6-8-5所示。

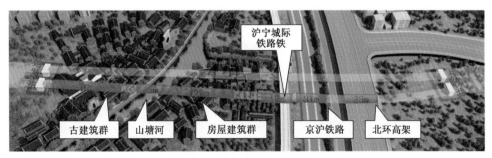

图 6-8-4　盾构穿越沪宁城际铁路前后风险源示意图

其中盾构隧道穿越沪宁城际铁路的苏州西特大桥,位于苏州站西侧约 2.1km,平曲线半径 2000m,纵坡为平坡。高速铁路桥梁基础均采用钻孔桩基础,桥上设置 CRTS-Ⅰ型板式无砟轨道,梁底距离现状地面最小距离约 2.1m。盾构近距离穿越需控制铁路桥梁的变形,以确保铁路的正常运营,桥梁的低净空也对隔离桩等加固措施的施工装备提出了很高的要求。

a) 沪宁城际铁路苏州西特大桥

b) 京沪铁路

c) 北环快速路桥梁

d) 房屋建筑群

图 6-8-5　盾构隧道下穿的建(构)筑物

3) 工程地质及水文地质条件

拟建场区揭露的岩土层以第四系地层为主,表层土主要为第四系人工堆积层(Q_4^{ml})填土,其余均为第四纪河泛、河湖等相沉积物,主要由黏性土、粉土、砂土组成。工程范围内地层分布如图 6-8-6 所示,地层描述及其物理力学性质详见表 6-8-1。

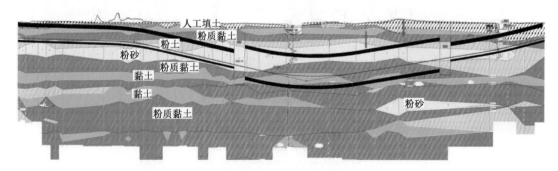

图 6-8-6　工程地质剖面图

工程沿线的地下水主要类型为第四系孔隙潜水、微承压水和承压水Ⅰ。孔隙潜水主要赋存于浅部填土层中,潜水稳定水位埋深为 0.80 ~ 2.20m;微承压水主要赋存于③粉砂及③₁粉土中,含水层顶板埋深为 5~12m,水头高 5~10m;承压水 Ⅰ 主要赋存于⑥₁粉土、⑥₃粉砂和⑦₁粉土中,含水层顶板埋深为 25~38m,富水性及透水性中等,水头高 25~35m。

地层岩性特征一览表

表 6-8-1

沉 积 年 代	地层代号	岩性名称	状态	密实度	压缩性	含 有 物	层厚(m)
第四系全新统人工堆积层(Q_4^{ml})	①	杂填土	—	松散	—	局部段落含生活垃圾	0.30~7.80
	①₁	素填土	—	松散	—	夹少量碎石	0.40~3.00
第四系全新统湖泊沼泽沉积层(Q_4^{l+h})	②	黏土	硬塑~可塑		中		0.80~4.50
	②₁	粉质黏土	硬塑~可塑		低	夹薄层粉土	0.30~6.10
	③₁	粉土	稍密~中密		中~低	局部夹少量黏性土薄层	0.60~10.30
	③	粉砂	稍密~中密		中~低	含云母、石英、长石等	1.80~10.70
	④	粉质黏土	软塑~可塑		中~高		1.10~11.60
第四系上更新统冲积层(Q_3^{al})	⑤	黏土	硬塑~可塑		中	可见少量铁锰染斑,夹灰黄色条纹	1.60~5.50
	⑤₁	粉质黏土	软塑~可塑		中	中粗砂充填	0.60~7.60
	⑥₁	粉土	—	密实	中~低	局部含粉砂及黏性土薄层,含云母碎屑	1.30~6.90
	⑥	黏土	硬塑~可塑		中	夹黄色斑纹	1.10~7.20
	⑥₂	粉质黏土	软塑~可塑		中	含灰色条纹及团块,含铁锰质氧化斑点	1.00~10.30
	⑥₃	粉砂	—	中密~密实	中~低	夹粉土薄层,含云母碎屑	2.60~7.50
	⑦	粉质黏土	软塑~可塑		中~高	夹薄层粉土	1.30~15.30
	⑦₁	粉土	—	密实	中~低	夹粉砂、细砂薄层	1.00~8.80
	⑦₂	黏土	可塑		中	夹黄色条纹	4.80~5.20
	⑧	黏土	可塑		中	夹青灰色斑纹	2.00~5.00
	⑧	粉质黏土	软塑~硬塑		中~高	夹薄层粉土	2.00~14.70
	⑨	粉质黏土	软塑~可塑		中	夹薄层粉土,黏粒含量高	8.90~14.00
	⑨₁	粉土	—	中密~密实	中	含少量黏性土	2.20~8.00
	⑩	黏土	硬塑		中		未揭穿
	⑩₁	粉质黏土	硬塑		中	黏粒含量高	未揭穿

4)工程风险及重难点

(1)工程风险点

本项目盾构区间是一个典型的全线浅覆土穿越老城区、河流及交通桥梁密集的大直径泥水盾构项目。项目风险源集中在 490m 长的盾构区间内,下穿风险源总长 308m,占比 62%。其中,盾构侧穿沪宁城际铁路 32m 简支梁桥梁桩基,沉降控制标准严格,盾构掘进难度大、风险管控要求高。

本工程是目前国内外下穿运营高速铁路直径最大的盾构隧道。两管隧道分别以89.6°和88.4°夹角下穿高速铁路2孔32m简支梁桥。隧道顶部与地面竖向间距约10.2m,穿越地层主要为粉砂及粉质黏土;高速铁路桥梁桩基采用8根直径1m的钻孔桩,桩长均为50.5m,开挖轮廓线距高速铁路桥梁桩基约7.65m,如图6-8-7所示。

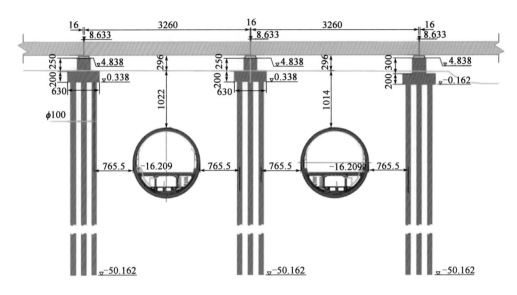

图6-8-7 盾构穿越高速铁路位置关系图(尺寸单位:cm;高程单位:m)

盾构推进导致地层的不均匀沉降,可能对高速铁路桥梁桩基区域产生影响,不仅引起桩沉降,还会在桩上部产生负摩阻力,影响桩基承载力,危及铁路行车安全。施工风险等级为特级。

(2)工程重难点

①浅埋盾构隧道施工

受地面建(构)筑物、纵坡等限制,本项目盾构区间均为浅埋隧道,如图6-8-8所示,埋深6.47~13.15m,覆土厚度不足一倍洞径。其中,覆土最浅处(盾构进出洞)为6.47m(0.49倍洞径),最深处为13.15m(0.99倍洞径),下穿沪宁城际铁路处为10.22m(0.77倍洞径)。此外,盾构隧道穿越地层主要为粉土、粉砂、粉质黏土层,地下水位于地面约0.8m以下,工程地质条件较差。

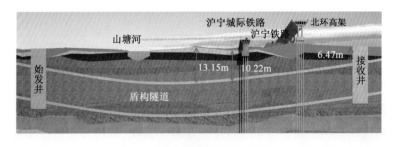

图6-8-8 盾构隧道浅覆土示意图

②运营高速铁路对盾构施工变形控制要求极其严格

沪宁城际铁路设计速度为350km/h,无砟轨道,高峰期行车间隔平均为3min,对盾构施工所引起的变形控制要求极其严格。为确保高速铁路的运营安全,《公路与市政工程下穿高速铁路技术规程》(TB 10182—2017)对高速铁路桥梁墩台位移限值做了严格的规定(表6-8-2)。变形超过一丝一毫都有可能会造成高速铁路非正常运行,甚至危及行车安全,造成极其严重的经济损失和社会影响。

墩台顶位移限值(单位:mm) 表6-8-2

轨道类型	墩顶位移		
	横向水平位移	纵向水平位移	竖向位移
有砟轨道	3	3	3
无砟轨道	2	2	2

③运营高速铁路桥下低净空条件下隔离桩施工受限

本项目下穿沪宁城际铁路处梁底至现状地面最小距离仅2.1m,即使考虑了在梁底下局部拉槽(铁路主管部门要求高速铁路桥下拉槽深度不得超过承台底部),桥下净空最大值也仅为3.6~4.1m,对桥下隔离桩的施工装备净高提出了很高的要求。

6.8.2 关键技术

1)大直径盾构侧穿运营高速铁路桥梁基础隔离桩+全方位高压喷射注浆(MJS)综合方法地层处置技术

运营高速铁路桥桩墩台变形控制标准为3个维度方向均不超过2mm。本项目隧道结构外缘与桥桩最小净距为7.65m,仅0.58倍隧道宽度,盾构掘进对高速铁路桥墩将造成较大影响,结合地质情况、高速铁路桥梁桩基受影响程度等情况,选择基础隔离桩+MJS综合地层处置技术。

(1)在高速铁路桥梁承台两端20m范围内(大于$1.5D$,D为隧道外径)设置隔离桩。隔离桩布置于盾构隧道两侧,桩径100cm,间距120cm,桩长30m。隔离桩与隧道净距为0.5m,距离高速铁路桥桩最小中心距为6.115m,大于$6d$(d为新建钻孔桩直径)。考虑到隔离桩的整体性,在桩顶设置120cm×80cm纵横梁,其中横梁间隔两个桩设置一处,纵梁桩顶面贯通设置。纵横梁采用C30钢筋混凝土,钢筋与钻孔灌注桩桩头钢筋连接。

由于穿越处高速铁路桥梁下部可利用净空最大仅为3.6~4.1m,因此,位于梁底以下部分的72根隔离桩需要采用低净空全套管灌注桩装备进行施工(要求作业净空不超过3.6m,成孔深度不小于30m,详见第5.7节)。为减少地层扰动,灌注桩采用钢护筒护壁,壁厚20mm,每节长2.2m,各节间采用焊接连接。由于盾构与隔离桩最小距离只有0.5m,要求隔离桩的垂直度允许偏差小于3‰。

(2)为更好地控制沉降,提高土体抗渗性,确保施工期间盾构不失水,采用全方位高压喷射注浆法(MJS工法)对隔离桩内土体进行加固,加固范围为隔离桩内与盾构轮廓线外40cm之间、盾构上下40cm外各5m范围土体,加固范围如图6-8-9、图6-8-10所示。MJS桩验收采用钻芯取样法,要求桩体单轴抗压强度为1~3MPa,渗透系数不大于10^{-7}cm/s。

　　根据《公路与市政工程下穿高速铁路技术规程》(TB 10182—2017)要求:"隧道施工应在隔离桩及桩内土体加固达到设计强度要求后实施"。

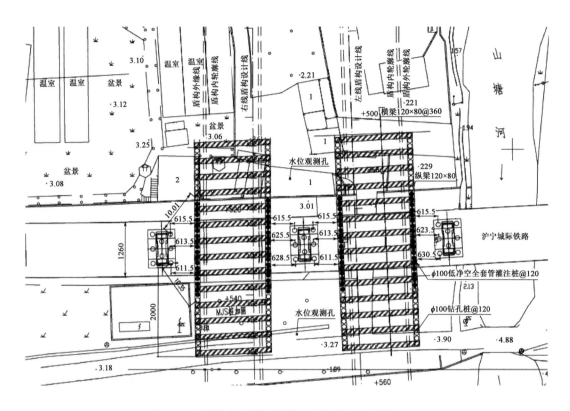

图 6-8-9　下穿沪宁城际铁路桥梁加固平面图(尺寸单位:mm)

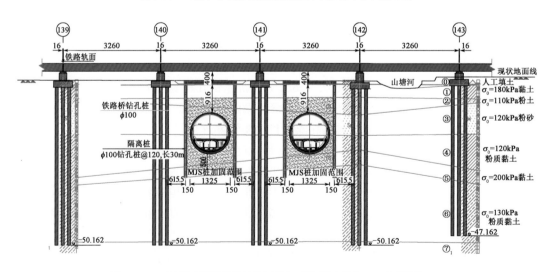

图 6-8-10　下穿沪宁城际铁路桥梁加固立面图(尺寸单位:cm;高程单位:m)

　　(3)计算验证。建立三维有限元模型计算分析盾构隧道侧穿施工对高速铁路桥桩的影响,以确定采用的隔离桩 + MJS 综合方法地层处置技术是否能够满足高速铁路桥梁墩台的变形要求。计算结果表明,盾构隧道施工过程中引起的高速铁路桥梁墩顶最大顺桥向位移位于140号墩,为1.78mm;墩顶最大横桥向位移发生140号墩,为0.30mm;墩顶最大沉降位于141号墩,为1.58mm。上述位移均能满足2mm的限值要求。

2)低净空条件下隔离桩施工

(1)施工条件

高速铁路桥梁下供隔离桩安全施工的净空高度只有3.6~4.1m,场地现状如图6-8-11所示;且地层主要为粉土、粉砂、粉质黏土,地质条件差,地下水位高,常规钻孔灌注桩很难实施,极易塌孔,选用低净空全套管灌注桩装备施工。

图6-8-11 下穿高速铁路处场地现场

(2)施工设备

针对施工空间条件、地层条件、水文地质条件,为满足隔离桩施工控制要求,选择自主研发的低净空全套管灌注桩设备,详见第5.9.1节。

(3)成桩期间的变形控制

采用全套管、步履基础、跳桩施工、施工监测等手段,将施工过程中对周边环境的影响降至最低,对既有高速铁路桥墩的变形控制在1mm范围内。

①步履基础:现场整体浇筑钢筋混凝土步履基础,在步履基础中浇筑一定量的轻质混凝土,既能减轻基础重量,又能有效分散设备自身产生的附加应力。

②跳桩施工,减小相邻桩之间施工的挤压效应。

③套管管节焊接连接,防止管壁接口漏水;在钢套管外壁紧贴设置泥浆管,泥浆通过泥浆管注入套管外壁,润滑套管外壁,大幅度减小钢套管钻进阻力。

④采用步履基础限位、钢套管精加工、套管箍圈限位、焊接精度质量控制、水平尺测量、经纬仪观测技术,施工过程动态调整,确保套管拼接10余次后,垂直度允许偏差小于3‰。图6-8-12为套管精确施工现场情况。

⑤设定地下、地表和高速铁路桥墩全空间范围内变形预警值,对施工过程全面监测,实时反馈施工对周边的影响,通过预警合理调整施工组织,以降低对周边环境的影响。

3)MJS桩施工

(1)施工顺序。MJS桩桩径为2.0m。边桩的桩间距为1.3m,中间桩的桩间距为1.6m,边桩与中间桩的列距为1.43m。边桩在盾构的上部及下部按整圆施作,洞身段按半圆施作,跳桩施工。其平面布置如图 6-8-13 所示。

a) 孔口限位

b) 套管精加工

图 6-8-12　套管精确施工现场

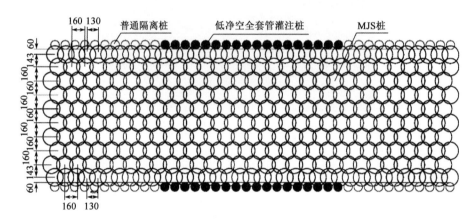

图 6-8-13　MJS 桩平面布置图(尺寸单位:cm)

（2）主要技术参数详见表 6-8-3。

MJS 桩 参 数 表　　　　　　表 6-8-3

序号	项　目	参　数	序号	项　目	参　数
1	桩径	2000mm	9	削孔水压力	10~30MPa
2	水灰比	1:1	10	成桩角度误差控制	≤1/100
3	水泥浆压力	40MPa	11	提升速度	40min/m(全圆喷射)、20min/m(半圆喷射)
4	水泥浆浆液流量	90L/min	12	步距行程	25mm
5	主空气压力	0.7~1.05MPa	13	步距提升时间	60s(全圆喷射)、30s(半圆喷射)
6	主空气流量	1.0~2.0Nm³/min	14	转速	3~4r/min
7	倒吸水压力	0~20MPa	15	地内压力	1.3~1.6 倍计算值
8	倒吸水流量	0~60L/min	16	水泥掺量	25%

4）盾构侧穿高速铁路桥桩施工控制技术

（1）施工顺序

左线盾构掘进至 155 环,开始进入沪宁城际铁路,推进至 164 环,盾尾(处于 163 环)出沪宁城际铁路;右线盾构推进至 156 环,开始进入沪宁城际铁路,推进至 164 环,盾尾(处于 163 环)出沪宁城际铁路,如图 6-8-14 所示。

（2）盾构试验段

在盾构施工距高速铁路桥桩前 30 ~ 50m 范围内设置试验段。试验段掘进主要就仓压、推进速度、出土量、注浆量和注浆压力设定与地面沉降关系进行分析,掌握此段区域盾构推进土体沉降变化规律并摸索土体性质,以便正确设定侧穿高速铁路桥桩的施工参数,确保盾构隧道穿越过程中不停机且各项参数最优。

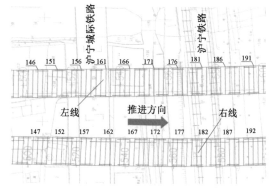

图 6-8-14 盾构下穿沪宁城际段管片布置示意图

高速铁路桥桩处盾构隧道主要穿越粉砂层及粉质黏土层。根据上海、苏州地区经验,预压取 20kN/m²。根据理论计算得到侧穿高速铁路桥桩理论切口压力为 0.23 ~ 0.25MPa,试验段掘进初始切口压力采用 0.20MPa。

在试验段掘进施工过程中,盾构掘进速度控制在 1 ~ 2cm/min,保持推进速度稳定,确保盾构均衡、匀速地侧穿高速铁路桥桩,以减少对周边土体的扰动影响。

试验段掘进采用膨润土、化学处理剂、水配制泥浆。试验段掘进前,将泥浆调试到理想状态,保证泥浆能充分进入盾构开挖面前方的土体中,形成良好的泥漠。试验段掘进泥浆指标控制的目标是:确保推进过程中泥浆密度、黏度基本稳定;黏度、密度、pH 值等指标最优,地层适应性强,利于下穿施工;泥水压滤系统工作可靠,可以及时调节泥浆性能。

根据理论计算,本项目掘进速度为 2cm/min 时,理论挖掘土体为 2.84m³/min。按地区经验,实际出土量控制在理论出土量的 97% ~ 100% 之间。

（3）同步注浆

在盾构穿越高速铁路桥桩掘进过程中,优化同步注浆配合比及注浆量,严格控制同步注浆及时性,保证砂浆填充的均匀、饱满,以控制地层变形、稳定管片结构、控制盾构掘进方向,加强隧道结构自防水能力。同步注浆采用盾构机自带的 4 台双活塞注浆泵在盾尾分 8 路同时注入。

①注浆配合比

同步注浆采用水泥砂浆,浆液的配合比见表 6-8-4。

同步注浆材料配合比（1m³ 浆液对应的各组分质量） 表 6-8-4

材料	水泥	粉煤灰	膨润土	砂	水	外加剂
用量(kg)	80 ~ 200	381 ~ 241	60 ~ 50	600 ~ 780	460 ~ 600	按需要根据试验加入

②浆液主要性能指标

a. 胶凝时间:3 ~ 10h。

b. 固结体强度：1d 不小于 0.1MPa，28d 不小于 3MPa。

c. 浆液结石率：>95%，即固结收缩率<5%。

d. 浆液稠度：8~12cm。

e. 浆液稳定性：倾析率（静置沉淀后上浮水体积与总体积之比）小于5%。

③注浆模式

采用自动控制方式，即预先设定注浆压力，由控制程序自动调整注浆速度，当注浆压力或注浆量达到设定值时，自行停止注浆。

图 6-8-15　同步注浆泵

④注浆设备

a. 同步注浆系统：配备 KSP12 液压注浆泵 4 台（图 6-8-15），注浆能力为 $4 \times 10\text{m}^3/\text{h}$，9 个盾尾注入管口及其配套管路，并预留 9 个盾尾注入管。

b. 运输系统：特制的电瓶砂浆运输车，带有 10m^3 移动砂浆罐、自搅拌功能和砂浆输送泵，随管片运输车一起运输。

⑤主要参数

a. 注浆压力：设定为 0.2~0.3MPa，并根据沉降监测结果进行调整。

b. 同步注浆量：建筑间隙的 130%~180%，即 $23.08 \sim 31.96\text{m}^3/$环。

c. 注浆时间及速度：盾构机向前掘进的同时，随着管片脱出盾尾进行同步注浆，同步注浆的速度与盾构推进速度相匹配。

d. 注浆顺序：采用 9 个注浆孔同时压注，在每个注浆孔出口设置压力检测器，以便对各注浆孔的注浆压力和注浆量进行检测与控制，从而实现对管片背后的对称均匀压注。

（4）二次补充注浆

二次注浆采用 KBY-50/70 注浆泵，管路自制，能够实现快速接拆以及密封不漏浆等功能，并配有止浆阀。

①注浆时机：二次补充注浆必须在同步注浆 3d 后进行。

②注浆位置：通过隧道衬砌管片预留孔注入。

③注浆材料：浆液为水泥—水玻璃双液浆，水泥采用 P·O42.5 级普通硅酸盐水泥，水灰比为 1:1，水泥浆密度为 1.49g/cm^3。双液浆配合比见表 6-8-5。

双 液 浆 配 合 比　　　　　　　　　　　　　　表 6-8-5

A 液（1000L）				B 液（100L）	
水泥	膨润土	缓凝剂	水	水玻璃	水
300kg	200kg	5kg	800L	70L	30L

浆液胶凝时间为 9~11s；其强度 1h 达 0.06MPa，3h 达 0.10MPa，28d 达 2.3MPa。

④注入比例：为注浆液体积占管片壁后空腔体积的百分比。受管片注浆孔位限制以及过高速铁路桥区域不得隆起的要求限制等，注入率按 0.15 考虑。

⑤注入速率：注入速率控制在 20~30L/min。

⑥注入压力:注入压力 0.4~0.8MPa,并以地面监测数据为指导。

(5)同步注入克泥效

在盾构侧穿高速铁路桥桩过程中,在盾体中部通过注浆泵注入可承压的"克泥效"材料,同步填充盾壳与围岩间的空隙,技术指标见表6-8-6。

克泥效主要技术指标 表6-8-6

项 目	指 标
细度(充填材料矿粉)	200 目过筛率>180%
密度(充填材料矿粉)	2.6
黏性试验(AB 液)	300dPa·s
十字板剪切试验(AB 液)	0.68kPa
抗水稀释试验(AB 液)	12h 后仍未稀释
岩块沉陷试验(AB 液)	665g 仍未沉陷(1kg 沉陷1/3)

①技术指标

克泥效主要技术指标见表6-8-6。

②控制要点

克泥效同步由盾构机的径向孔向盾体外注入,及时填充开挖直径和盾体之间的空隙,同时控制注入压力和注入量;同步监测地面的沉降,及时调整。克泥效在 11 点钟和 1 点钟位置的径向孔单点注入,其余点位需多点注入。地面沉降同步监测为 2~3h 一次,测量范围从盾构机前方 5 环至盾尾后方 10 环,做好沉降记录并及时反应,有利于第一时间调整。在下穿前 15 环,开始注入克泥效,统计克泥效注入后各项掘进数据。盾构通过高速铁路桥桩后,克泥效继续注入 10 环。

③克泥效搅拌注入一体设备

如图6-8-16a)所示,设备尺寸为 4.0m×0.8m×1.8m(长×宽×高),质量为 1~2t,电机功率为 A 泵电机 5.5kW、B 泵电机 1.5kW、搅拌机电机 4.0kW×2。设备固定于盾构机后配套车架上,如图6-8-16b)所示。

a)设备外观   b)设备固定位置

图 6-8-16 克泥效搅拌注入一体设备

(6)盾构姿态控制与调整

①控制指标

轴线允许偏差:高程偏差 ±40mm,平面偏差 ±40mm。管片错台小于 3mm,管片接缝开口小于 3mm,管片拼装无贯穿裂缝,无宽度大于 0.3mm 的裂缝及剥落现象。水平直径和垂直直径允许偏差小于 50mm(近似于直径的 5‰)。

②主要控制措施

a. 姿态调整:下坡段掘进,适当加大上部油缸的推力;左转弯曲线段掘进时,适当加大右侧油缸推力;软硬不均地层掘进,加大下部推进油缸推力。

b. 滚动纠偏:允许滚动偏差≤1.5°,当超过 1.5°时,盾构机报警,切换刀盘旋转方向,进行反转纠偏;切换刀盘转动方向时,保留适当的时间间隔。

c. 方向纠偏:调整单侧千斤顶推力控制盾构机方向;少量多次调整推进油缸油压,长距离慢修正。

d. 管片上浮控制:推进时将拼装机停留至盾尾后侧,以增加盾尾处重量;控制同步注浆质量、注浆量、初凝时间,尽早稳定管片;盾径中部注入克泥效,阻止同步注浆的浆液窜至开挖仓,及时填充盾体与开挖轮廓之间的空隙;及时监测并分析管片上浮数据,二次补注浆稳定管片。

6.8.3 实施效果

1)低净空设备及桩基实施效果

(1)现场施工

设备实现了 3.6m 低净空条件下的套管钻进和取土。对于直径 1m,长度 2.2m 的管节,钻进时间约 1h,包括就位整平、焊接、下沉。套管内取土,单次取土进程为 40～50cm。图 6-8-17 为现场施工情况。

a)全套管施工　　　　　　　　　　　b)钢套管内取土

图 6-8-17　低净空全套管灌注桩机高速铁路桥下作业

(2)成孔质量检测

主要内容为孔深检测和垂直度检测,孔深检测方法为采用测绳进行检测,垂直度检测采用常规探笼检测,如图 6-8-18 所示。根据检测结果,目前的设备及工艺可满足 30m 成孔深度的要求;成孔垂直度偏差不大于 3‰,满足规范不大于 5‰的要求。

a) 采用测绳测孔深

b) 采用探笼检测垂直度

图 6-8-18　成孔质量检测

（3）套管焊缝质量检测

施工过程中对焊缝质量进行超声波无损探伤检测，检测焊缝共 2 条，未发现超标缺陷，评定等级为二级，实现了管节焊接牢固、不漏水。

（4）成桩质量检测

包括混凝土质量检测及桩身完整性检测，桩身混凝土采用商品混凝土，在施工过程中进行坍落度测试，并制作标准试块进行 28d 抗压强度测试，抗压强度检测合格；灌桩完成后 14d 进行低应变测试桩身完整性，经检测为 I 类桩。图 6-8-19 为隔离桩施工完成后情况。

（5）监测成果及施工影响

为及时掌握低净空全套管灌注桩施工对高速铁路桥梁桩基的扰动情况，对高速铁路桥梁变形进行监测，监测布点如图 6-8-20 所示。成果表明，在左右线

图 6-8-19　隔离桩施工完成

低净空全套管灌注桩钢套筒钻进、取土、灌注过程中，高速铁路桥墩各项位移最大值为 0.7mm，小于 1mm，各项监测数据都满足监测指标要求，表 6-8-7 为隔离桩实施过程中的监测结果。

隔离桩施工过程土体及高速铁路桥墩变形监测值　　　　　　　　　　　　表 6-8-7

监测项目	墩　号	最大累积值（mm）	累计控制指标（mm）
高速铁路桥墩沉降	26 号	0.7	±2
	27 号	0.7	
	28 号	0.6	
高速铁路桥墩水平位移	26 号	0.7	±2
	27 号	0.7	
	28 号	0.5	

2）盾构穿越实施效果

2020 年 10 月 26 日，左线盾构始发；2021 年 1 月 7 日，左线盾构顺利穿越沪宁城际铁路桥

桩。监测结果表明,高速铁路桥桩、桥墩沉降最大值为 −0.5mm,水平位移最大值为 0.7mm,不超过 1mm,满足控制要求,高速铁路列车正常运行。表 6-8-8 为左线盾构施工期间监测结果。

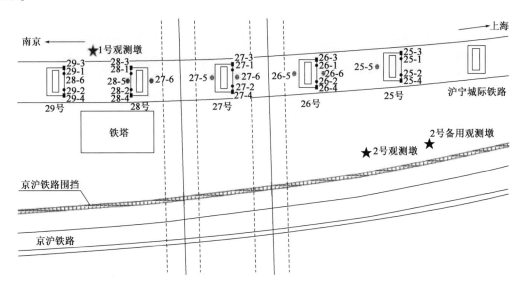

图 6-8-20　沪宁城际铁路桥墩变形监测点布置图

盾构侧穿高速铁路桥桩下变形监测值　　　　　　　　　　　　　　表 6-8-8

监 测 项 目	累计变化最大点	最大累积值(mm)	累计控制指标(mm)
土体测斜	TX2-1	−10.75	±30
隔离桩测斜	ZX1-2	8.28	±10
高速铁路桥墩沉降	27-1	−0.5	±2
高速铁路桥墩水平位移	27-1	0.7	±2

 6.9 **深圳地铁 20 号线机场北站—重庆路站区间盾构隧道工程**

6.9.1　工程概况

1)工程简介

深圳地铁 20 号线机场北站—重庆路站区间采用盾构法施工,盾构开挖直径 6.98m,隧道外径 6.7m,管片环宽 1.5m。机场北站—中间吊出井段长度为 905.676m(左线 898.072m),平面由半径 600m 圆曲线、缓和曲线及直线构成,其中下穿地铁 11 号线段位于直线和缓和曲线上,最小线间距 12.05m,如图 6-9-1 所示。线路坡度 −28‰,线路埋深 19～27m。

左、右线盾构从机场北站直线始发分别掘进 164m、211m 后,依次下穿既有运营地铁 11 号线右线、入场线、出场线及左线盾构隧道,如图 6-9-2 所示。

图 6-9-1　机场北站—中间吊出井区间线路平面示意图

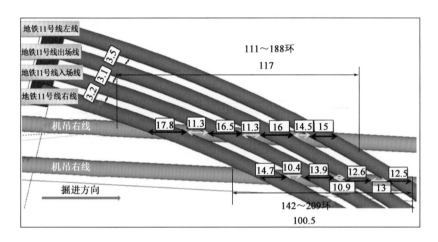

图 6-9-2　机场北站—中间吊出井段与地铁 11 号线位置关系平面示意图(尺寸单位:m)

2) 工程地质条件

本区段主要上覆第四系全新统人工填土层、海陆交互相层、全新世冲洪积层、残积层,下伏基岩主要为震旦系混合花岗岩。其中下穿段隧道洞身范围地层主要为混合花岗岩、砂质黏性土层,详见图 6-9-3。中风化花岗岩饱和抗压强度为 15.0 ~ 34.2MPa,平均值 21.9MPa,标准值 16.1MPa;较软岩的岩体完整性指数为 0.212,完整程度为破碎,岩体基本质量等级为 Ⅳ ~ Ⅴ 级;微风化花岗岩饱和抗压强度为 20.6 ~ 94.2MPa,平均值 54.5MPa,标准值 46.8MPa,极大值 130.6MPa。

基岩含水层一般水量不大,当破碎岩体连通或与河涌有直接水力联系,存在良好补给时,水量较大,地下水按赋存方式划分为第四系松散层孔隙水、块状基岩裂隙水两种类型。

3) 工程风险及重难点

盾构隧道下穿段软硬不均地层主要为上部的砂质黏性土层和下部的混合花岗岩,砂质黏性土层强度为 3.4MPa,混合花岗岩强度最高达 130.6MPa,岩层软硬差异极大;区间盾构隧道先后 8 次下穿既有地铁 11 号线右线、入场线、出场线及左线盾构隧道;左线下穿长度为 117m,右线下穿长度为 100.5m,穿越距离长;新建盾构隧道与既有盾构隧道最小间距 2.4m,安全风险高,施工难度极大。

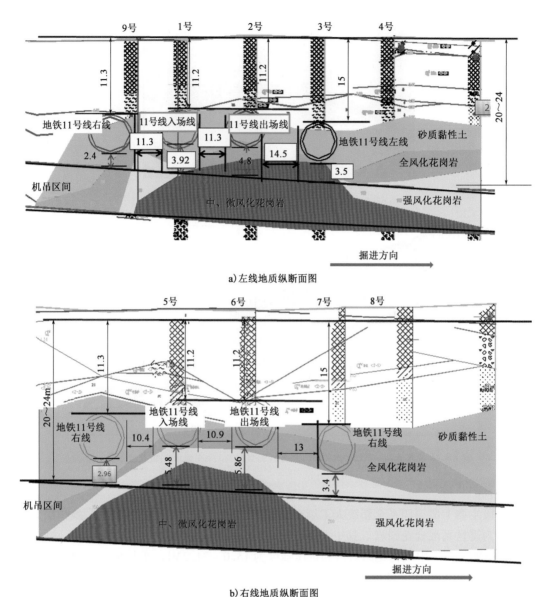

a) 左线地质纵断面图

b) 右线地质纵断面图

图 6-9-3　下穿段地质纵断面图(尺寸单位:m)

(1)上软下硬地层盾构掘进施工控制

由于上软下硬地层下部围岩强度很高,破岩困难,上部围岩强度较低,稳定性差,上下地层存在不均匀的情况,复合含水地层盾构掘进施工容易造成螺旋机喷涌、刀具磨损、姿态失控以及管片错台量大等一系列问题;上半断面砂质黏性土、全风化岩层中掘进,很容易因水土分离、土体固结导致土仓壁砂土结成铁板砂、刀盘形成泥饼,对地层产生过大扰动,甚至出现卡机停机风险;中、微风化花岗岩地层中掘进存在刀具损坏停机换刀风险。上述风险的直接后果为地层扰动大,沉降控制难,严重的甚至引起地层坍塌。

(2)盾构近距离连续下穿既有运营隧道掘进施工控制

新建地铁 20 号线机场北站—中间吊出井区间左右线先后 8 次穿越地铁 11 号线,下穿的最小净距为 2.4m，远小于 1 倍盾构机直径，盾构施工对既有运营地铁 11 号线产生扰动累加效应，易造成地铁 11 号线隧道较大变形，影响运营安全，严重者可能导致隧道结构破坏、线路停运等不良后果。

6.9.2　关键技术

1）上软下硬地层盾构掘进控制技术

盾构下穿既有线沉降控制要求严格，上软下硬地层掘进施工需根据工程及地质特点，从盾构刀具配置、泡沫渣土改良、掘进及注浆参数优化等方面开展研究。

（1）盾构刀盘及刀具选型配置

区间大部分地层为上软下硬地层，对盾构刀具配置要求较高，既要配备破岩能力强的滚刀，同时也需要配备切削软土的切削刀。刀盘外径 6950mm，配备了中心双刃滚刀、刮刀、切刀、边缘滚刀、超挖刀等多种刀具，刀盘、刀具配置及刀盘参数见图 6-9-4、表 6-9-1。

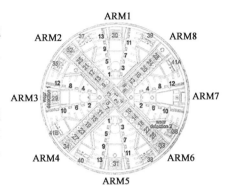

图 6-9-4　盾构刀盘及刀具布置图

刀 盘 参 数 表　　　　表 6-9-1

刀 的 种 类	数　量	参　数
刀盘开口率		38%
中心双刃滚刀	4	17in（英寸），刀高 175mm，间距 100mm
超挖刀	1	—
正面单刃滚刀	25	17in，刀高 175mm，间距 100mm
边缘单刃滚刀	14	17in，刀高 175mm
切刀	52	刀高 120mm
刮刀	8	刀高 140mm
泡沫注入口	7	

注：1in = 0.0254m。

（2）渣土改良技术

为了解决掘进过程中渣土改良效果不佳的问题，分析泡沫种类及不同加入参数对渣土改良效果的影响，分别从泡沫加入前后出渣及掘进参数对比、两种泡沫效果对比、改变泡沫浓度、改变注入率等方面进行分析研究，如图 6-9-5 所示。

图 6-9-5a）~c）分别表示在地层基本相似的强风化、微风化混合花岗岩中掘进，以 20 环为单位分别试验未掺加泡沫、掺加泡沫剂 1、掺加泡沫剂 2 的盾构掘进参数记录，由图 6-9-5a）~c）可以得出：掺加泡沫对渣土改良效果明显，掺加泡沫剂 1 后平均推力波动 4.6%、扭矩下降 15.2%、掘进速度提升 29.3%，由此可知泡沫的加入对掘进速度有明显提升，刀盘扭矩也有所下降，推力则变化不大，泡沫的加入能够降低渣土表面张力，掘进速度的提升主要是由于渣土变为可塑状，扭矩的提升主要是由于泡沫的润滑作用使土体对刀盘和刀具的摩擦力降低，起到一定的润滑和冷却作用。在未改良渣土中掘进时，螺旋输送机出土口易不定时发生"喷涌"现

象,通过观察,渣土中含水率高且容易产生离析,皮带出现打滑,不利于成型隧道文明施工,影响施工进度。

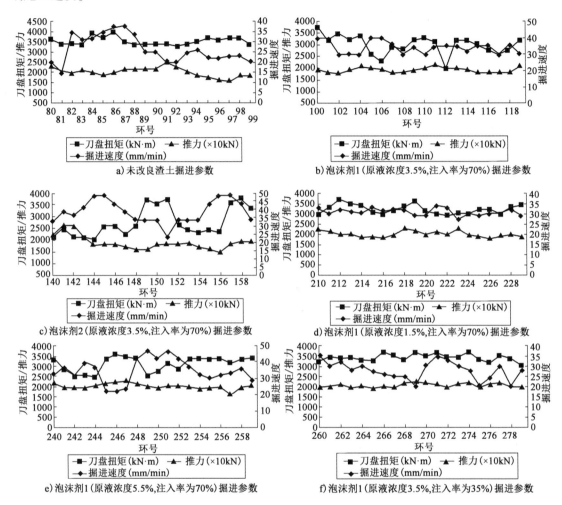

图 6-9-5　渣土改良及掘进参数对比

对比分析图 6-9-5b)、c)所示结果,相比掺加泡沫剂 1,加入泡沫剂 2 推力波动 2.8%、扭矩下降 9.5%,掘进速度提升 11.3%,说明泡沫剂 2 渣土改良效果较泡沫剂 1 进一步提升,但提升幅度减少,提升效果并不是特别明显。在原液浓度和注入率相同的情况下,泡沫剂 2 与泡沫剂 1 主要区别在于泡沫剂 2 发泡能力与稳定性较泡沫剂 1 更强。通过螺旋输送机出土口检查渣样可以对比泡沫效果,通过目测存在明显泡沫颗粒或者通过在耳边手捏渣土听到渣土内泡沫破裂的声音,由此也可以证明平均每立方米渣土含泡沫量大,致密细腻有黏力,泡沫持续时间长,能够充分融入渣土。泡沫通过中心回转体注入刀盘及土仓,从注入开始到随渣样顺着皮带输送机进入电瓶车土斗结束,泡沫剂 2 由于具有较长时间的稳泡能力,因此实际应用中存在稳泡能力过剩造成资源浪费现象,此外泡沫剂 2 的价格较泡沫剂 1 高很多,因此以泡沫剂 1 应用为主。

由图 6-9-5b)、d)和 e)可以对比分析泡沫注入浓度对掘进参数的影响,从图 6-9-5b)与 d)

可以看出,当泡沫注入浓度为3.5%时,平均推力较浓度为1.5%时减少3.4%、平均扭矩降低6.5%、平均速度提升9.6%;由图6-9-5b)与e)可知,当泡沫注入浓度为3.5%和5.5%时,平均推力、平均扭矩、平均速度基本相同。

对比图6-9-5b)、d)和e)可知,泡沫浓度对掘进参数变化存在一定的影响,随着泡沫浓度的加大,掘进过程中推力减小(变化较少)、扭矩降低、速度提高,变化最大的为速度的提升,随着泡沫浓度的不断加大,推力、扭矩、速度基本不变,此时渣土中泡沫的含量趋于稳定,渣土中的泡沫效能已经发挥到最大,继续加大泡沫浓度并不能对渣土有更好的改良效果。因此也从侧面验证了泡沫临界胶束浓度(CMC)的存在。

对于不同的泡沫,在不同的地层中其CMC值也存在一定的区别,对于本工程中的强、微风化混合花岗岩地层,实际施工中宜采用3.5%的泡沫浓度,在掘进过程中根据出土口出渣状态的不同适当调整泡沫注入参数。

此外观察不同泡沫注入浓度的出渣口渣样泡沫赋存状况,注入泡沫原液浓度越高,渣样中泡沫含量越多,泡沫衰弱速度变慢,泡沫持续时间加长,发泡液的浓度对泡沫的稳定与性能有显著影响;当泡沫注入浓度增加时,改良后的渣土析水量减少,降低了土体的渗透系数。

图6-9-5a)为未改良渣土掘进参数效果图,刀盘扭矩与速度基本呈正相关关系,即在未改良渣土中掘进扭矩一直保持较高状态运行时,在一定范围内当扭矩增加掘进速度也相应增大、扭矩减小掘进速度也相应减小;分析原因为在未开展渣土改良的地层中掘进,盾构机为了保持刀盘稳定的转速,具备切削掌子面土体的能力,刀盘扭矩需一直保持高位运转,此时掘进速度则相对较慢,此种掘进参数下容易产生刀盘结泥饼的后果。对比分析图6-9-5d)和e)可以得出,刀盘扭矩与掘进速度为负相关关系,在一定范围内刀盘扭矩增大掘进速度则相应降低,刀盘扭矩降低掘进速度相应增大,对于改良效果明显的地层,最理想的状态为刀盘扭矩保持低位运转而速度则明显提升,因此实际掘进过程中根据刀盘扭矩与速度的变化关系能够从侧面判断土仓或螺旋输送机中渣土改良效果。

图6-9-5f)与b)相比,由于注入率减少一半,渣土改良效果存在较大差别,其中平均推力增加5.8%、扭矩上升13.6%、速度下降18.5%,在相似地层中刀盘扭矩与掘进速度相差较大,可以得出注入率的不同对盾构掘进参数有一定的影响。在相同的注入浓度、发泡倍率的情况下,当注入率降低时,对渣土渗透系数的改良效果欠佳,土体保水性降低,易引发"喷涌"。泡沫的加入改善了渣土力学性质:随着泡沫的增加土体黏聚力与摩擦角相应降低,刀盘对土体的切削变得容易,在较小的扭矩作用下即能达到切削土体的目的;泡沫注入率越高,土中孔隙泡沫气泡越多,当盾构机向前掘进过程中泡沫破裂时,引起气体的收缩,使土的压缩系数与压缩指数增大,泡沫加入量的增大使土体可塑性增强,螺旋机出渣口呈现"挤牙膏"状,有利于掘进速度的提升。由此可见增加一定的泡沫注入率有利于盾构顺利掘进,但并不是泡沫注入率越大渣土改良效果越好,由于泡沫中主要成分为泡沫,当泡沫注入率过大时会改变掘进模式,有可能起到相反的作用,此外注入率的提高会造成泡沫成本的增加,因此只有合适的注入率才能发挥泡沫对渣土的最佳改良效果。

通过分析掺入泡沫前后不同泡沫种类、不同泡沫原液浓度、不同泡沫注入率与掘进参数之间的关系,得出了一系列结论。结果表明:泡沫的加入对渣土有较好的改良效果,实际施工中需不断调整泡沫注入参数以适应地层的变化,并不断总结经验持续改进,为类似地层渣土改良提供宝贵的技术支持。

（3）盾构掘进模式与参数研究

为了得出适用于本地层的最佳盾构掘进参数，进行盾构试掘进及掘进参数分析。盾构掘进试验段为 9 ~ 19 环，地层为上部残积层、下部为全风化混合花岗岩，掘进参数如图 6-9-6 所示。

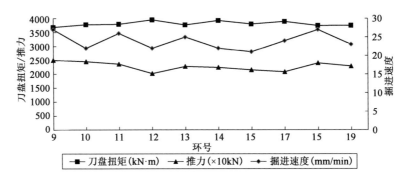

图 6-9-6 试验掘进阶段盾构掘进参数

该试验段采用实土压模式掘进，当盾构在黏性很高的残积土、风化土地层中掘进时，由于黏性土具有内摩擦角小、黏性大和流动性差等特点，使得黏性土体黏附在刀盘上。从掌子面上切削下来的黏土，通过刀盘开口格栅进入土仓后，在土仓土压力的作用下被压实固结，黏土首先在刀盘中心区域充实填满，切削下来的土体仅能在刀盘的挤压作用下从刀盘中心四周的开口进入土仓，进而使整个刀盘开口被土体填满，后续刀盘切削下来的渣土不能顺利进入土仓。当刀盘继续切削土体时，被土体固结的刀盘和掌子面土体之间摩擦力增大，致使刀盘扭矩增大，两者相互摩擦产生大量的热，导致刀盘温度不断升高，使得刀盘开口、刀箱和土仓内土体不断烧结固化，最终在刀盘和整个土仓形成坚硬的泥饼，从而不利于盾构掘进。泥饼形成以后，刀具由于被固结住不能旋转，刀具与土体加剧磨损，刀盘扭矩和盾构推进阻力越来越大，螺旋机无法正常出土、盾构掘进速度缓慢、土仓温度高会缩短刀盘主轴承密封的使用寿命，加速主轴承损坏，甚至出现主轴承烧结、抱死的严重后果。在上软下硬地层中带压开仓换刀、清理泥饼困难，风险高，时间长，因此采用实土压掘进参数很难控制，施工风险大，效率低。

加泥式土压掘进是在掘进过程中利用盾构机辅助设备向仓内注膨润土，在掘进的过程中置换仓内渣土，同时注入膨润土泥浆，达到降低渣温与刀盘扭矩、改善仓内渣土流塑性与和易性的目的。隧道右线掘进过程中尝试在土仓中加入膨润土，该工艺在理论上可行，但膨润土需求量大，且受现场膨润土浆液制作（膨润土需充分发酵，要求达到一定的密度和黏度，占用场地大）和运输的限制，存在较大的缺陷且效果并不明显。

针对实土压与加泥式土压掘进模式容易造成结泥饼与实际运用效果不明显的情况，尝试采用半仓气压模式掘进，采用此模式掘进时需保证加入的气压可以保证掌子面稳定和不击穿地面。本标段盾构隧道埋深大于 $2D$（D 为隧道外径），试验段地层为上部强风化混合花岗岩，下部微风化混合花岗岩和强、微风化混合花岗岩和微风化混合花岗岩三种地层，上部地层比较稳定，能够保证地面不被击穿。盾构机具有自动保压系统，根据隧道埋深掘进前将自动保压系统设置到所需要的压力（将 1 号土压传感器设置压力为 0.25MPa），此压力作用下气体可以阻挡刀盘掌子面周围来水进入刀盘。在保证土仓内压力达到 0.25MPa 的同时采用加气与转动螺旋输送机的方法将土仓内土置换出来,直至三九点位土仓壁球阀排出为气体时,此过程置换完成。右线 30～80 环采用半仓加压式盾构掘进,其部分掘进参数如图 6-9-7 所示。

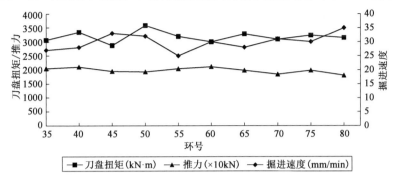

图 6-9-7　半仓加压式盾构掘进参数

图 6-9-6 与图 6-9-7 相比,采用半仓气压模式掘进,平均推力比实土压减少 13.1%、平均扭矩减少 16.5%、平均速度提高 30%,由此可见采取气压辅助半仓掘进模式对盾构掘进的各项参数起到良好作用。利用半仓气压模式掘进,在掘进过程中每环检查土仓壁三九点位球阀排出土仓内渣土位置,整个气压辅助模式掘进过程中,由于掘进速度加快,渣土含水率下降,喷涌出现的次数减少,各类掘进参数趋于稳定,掘进效率高。

现场对不同泡沫种类的发泡性能、不同种类泡沫注入浓度以及注入率对盾构掘进参数的影响进行多种对比分析,并得出以下结论:

①泡沫的加入能够降低渣土表面张力,提升掘进速度、减小扭矩,起到一定的润滑和冷却作用。

②随着泡沫浓度的加大,掘进过程中推力减少(变化较少)、扭矩降低、速度提高,掘进速度变化最大,随着泡沫浓度的不断加大,推力、扭矩、速度基本不变,此时渣土中泡沫的含量趋于稳定,渣土中的泡沫效能已经发挥到最大,继续加大泡沫浓度并不能对渣土有更好的改良效果。

③增加一定的泡沫注入率有利于盾构顺利掘进,但并不是泡沫注入率越大渣土改良效果越好。

④泡沫的最佳注入参数需尽可能接近临界胶束浓度(CMC),这样不仅能有较好的改良效果同时也节约了成本。

(4)盾构姿态与管片姿态控制

①盾构姿态、管片姿态和盾尾间隙相互作用机理

盾构姿态、管片姿态、盾尾间隙三者相互作用,姿态控制的本质就是不断平衡三者之间的关系,保证隧道成型质量。区间右线盾构机自机场线站始发后分别在直线与缓和曲线段(其中下穿地铁 11 号线隧道段平面为直线 + 缓和曲线)穿越既有运营线后进入半径为 600m 的圆曲线,隧道掘进过程中对盾构姿态、管片姿态、盾尾间隙进行详细记录,并分析三者之间的关系。

②盾构姿态、管片姿态和盾尾间隙相互影响对比分析

盾构在掘进过程中以隧道轴线为准,通过分区推进油缸行程差控制盾构姿态尽量保持在

隧道轴线周围。对于特殊地层,除了保持盾构姿态的平稳外,需时刻对成型管片进行姿态测量,根据管片姿态来指导盾构姿态的掘进,同时了解盾尾间隙的变化,避免由于盾尾间隙过小导致管片位移并对盾尾刷造成破坏,同时也需避免盾尾间隙过大失去密封作用。三者在掘进过程中的相互影响对比分析如下。

如图 6-9-8 所示 6~25 环处于试掘进阶段,隧道轴线为直线,上下部盾尾间隙之和基本为固定值,出现偏差主要与管片拼装精度有关,为消除拼装精度的误差选取试验段 20 环掘进姿态参数开展分析研究。由图 6-9-8 可知当盾构机后点垂直姿态不断往上时,下部盾尾间隙逐渐减小,成型管片垂直姿态逐渐上浮,说明控制盾构姿态沿着隧道设计轴线掘进并不能保证成型管片的质量;盾尾垂直姿态上抬使盾尾下部间隙变小迫使盾尾刷将管片上抬,同时同步注浆的填充材料自流至管片底部填充下部空隙,致使管片上浮。实际施工过程中引起管片上浮的原因多种多样,对于因姿态控制不当引起的上浮需将盾构垂直姿态适当下调,以抵消管片的上浮量。由图 6-9-8 可知盾构前点垂直姿态处于后点垂直姿态下方,盾构机在上软下硬地层掘进过程中姿态往往容易向软土地层偏移,因此盾构姿态的控制原则需考虑地层的特征及管片姿态的测量结果。

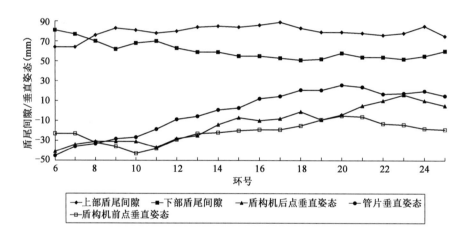

图 6-9-8   6~25 环盾构管片垂直姿态及上下部盾尾间隙关系曲线

盾构始发段掘进往往处于洞门加固区域,其土体物理力学参数较正常掘进段高,对于未加固地层的盾构姿态控制如图 6-9-9 所示。

图 6-9-9 中 35~84 环盾构处于 28‰下坡段,上下部盾尾间隙呈现负相关关系,从而也可以间接判断管片拼装的精度。从图上可知管片垂直姿态与盾构后点垂直姿态呈现同方向变化且图像位于盾构后点姿态上方,盾构前点与后点垂直姿态整体趋于同样的变化规律且一直保持着前点较后点低,盾构机呈"俯冲"状态。防止盾构机往上部软土地层偏移,管片垂直姿态先上升后下降。35~77 环间盾构后点姿态不断上升,当管片上浮量超过规定值后需严格进行控制,在 75 环加大上部油缸油压使前点姿态往下,而此时后点姿态继续上抬,管片姿态同样上抬,直至 77 环后点姿态逐步下降并保持与前点相同下降趋势,由此可以看出盾构前后点姿态存在滞后性,当出现盾构姿态急纠偏时,姿态并不是立即产生变化,有时需要通过几环的调整来实现盾构纠偏,因此对于盾构纠偏需提前进行,不能急纠,否则会适得其反。本段管片姿态

上浮而采取措施较滞后的原因是对于地层的认识不足,需缩短对管片姿态测量的时间间隔,防止出现管片上浮严重而采取急纠姿态的情况。

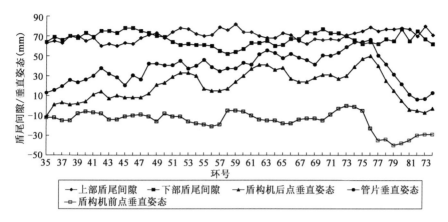

图 6-9-9　35~84 环盾构管片垂直姿态及上下部盾尾间隙关系曲线

前述内容主要针对盾构前点姿态较后点姿态低的情况来探究盾尾间隙与管片垂直姿态的关系,以及相互作用。为了研究前后点垂直姿态变化趋势的不同对管片垂直姿态的影响,同时确定最佳的姿态控制范围,对掘进过程中出现的此类情况进行分析,如图 6-9-10 所示。

如图 6-9-10 所示,上下部盾尾间隙同样出现负相关关系,两者之和比图 6-9-9 所示大,由此可以说明前期管片存在拼装偏大的情况。100~114 环盾构机前点姿态较后点低且都呈下降趋势,管片垂直姿态一直下降呈现负值,此时调整分区油压将姿态上抬;115~139 环盾构前点垂直姿态高于后点垂直姿态,盾构机为"上仰"状态,此时管片垂直姿态继续下降,当掘进至 129 环时管片垂直姿态较低,此时盾尾间隙较小,分析原因为盾尾将管片拖住从而减少了管片的下沉量;130~139 环继续保持盾构"上仰"状态且使盾构姿态整体下沉,管片姿态基本与盾构后点变化趋势一致。由此可以得出,单纯采取将盾构姿态由"俯冲"变为"上仰"的措施,管片姿态并没有上浮而是继续下沉。

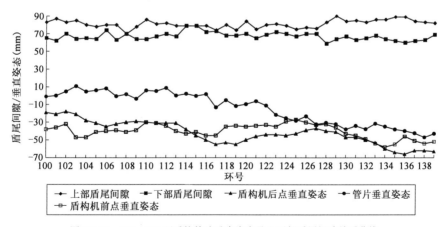

图 6-9-10　100~139 环盾构管片垂直姿态及上下部盾尾间隙关系曲线

由上述图文可知,管片的垂直姿态与盾尾垂直姿态密切相关且变化幅度较盾尾小,主要是由于盾尾刷对管片的托举作用,但对于脱出盾尾的管片产生的变形则需通过螺杆复紧、同步注浆加固的方式固定管片。由于盾构从 130 环开始下穿既有运营线,需严格控制盾构姿态,避免由于姿态控制不佳引起的既有运营线的沉降,结合下穿既有运营线前盾构姿态的变化以及减少管片中心线的偏差,得出在此类上软下硬地层中,盾构机保持"俯冲"状态(前点垂直姿态较后点低),前点垂直姿态保持在 – 40 ~ – 30mm 之间,后点垂直姿态保持在 – 30 ~ – 20mm 之间,此时管片垂直姿态与轴线偏差较小,当盾构机出现姿态不稳控制困难时应减缓掘进速度,采取其他辅助措施控制盾构姿态稳步推进。

③盾构、管片水平姿态和盾尾左右间隙相互影响对比分析

盾构水平姿态的控制通过左右油缸行程差与合理的管片选型实现直线以及曲线段的掘进。直线段掘进期间盾构水平姿态与管片水平姿态的关系如图 6-9-11 所示。

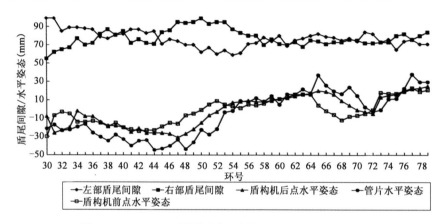

图 6-9-11　30 ~ 79 环盾构管片水平姿态及左右盾尾间隙关系曲线

由图 6-9-11 可知,左右两侧盾尾间隙呈负相关关系,30 ~ 79 环为直线段掘进,管片水平姿态与盾构后点水平姿态变化趋势一致,即盾构后点水平姿态往右,管片水平姿态随即向右偏;盾构后点水平姿态往左,管片水平姿态随即向左偏且管片水平姿态绝对数值较盾构后点水平姿态大,但都处于规范范围内。直线段掘进较曲线段姿态控制简单,尽量使 3 点位与 9 点位油缸行程差相差较小,当油缸行程差较大而导致对称位置盾尾间隙差过大(大于 30mm)时,则需要利用转弯环对盾尾间隙进行调节,一般遵循的原则为将最大管片的环宽位置放置于盾尾间隙最小的点位,使盾构机沿着设计轴线掘进。图 6-9-11 中盾构水平前后点姿态从左边负值慢慢变化至右边正值,管片姿态呈现同样的变化趋势。图 6-9-12 为盾构机水平姿态的偏差示意图。

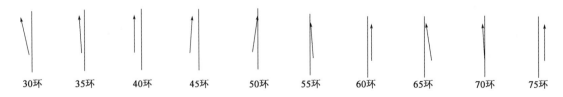

图 6-9-12　不同环号水平姿态偏差示意图

盾构掘进过程中姿态最理想的状态为与设计轴线完全重合,但实际过程中往往受各种环境因素的影响很难达到理想状态。图 6-9-12 中盾构姿态变化最直接的体现为作用于管片的

推力不再垂直作用于管片上,作用方向与管片横截面间出现倾斜角,当盾构机的推力与管片作用点间存在偏心距时将出现图6-9-12中40环、60环与75环的掘进姿态,竖直方向的偏差与水平方向相同。盾构姿态与管片姿态大多数情况下存在较大偏差,盾构姿态的变化对管片受力的影响很大,相关结论表明当盾构机推力变化、方向不变时,推进千斤顶油缸撑靴的轴向推力与管片环面不一致,在提供推力的同时管片的位移及纵、横向应力均会相应增大,随着现场施工的快速推进,在管片脱出盾尾后由于同步注浆材料凝固时间滞后,不能对管片的位移有良好的束缚作用,从而造成管片脱出盾尾后产生较大的位移。由于管片的位移往往会导致管片错台且一般会呈现"叠式"现象,不利于成型隧道的质量控制。根据图6-9-11,在直线段掘进需保持盾构前后点水平姿态尽量向轴线靠拢且与轴线平行,避免前后偏差过大引起管片受力不均而导致的位移与错台。

盾构隧道设计轴线往往并不是直线而是曲线或者缓和曲线,本区间有一部分为半径为600m的圆曲线段。对曲线段掘进姿态控制进行分析,掘进盾构姿态参数关系图如图6-9-13所示。

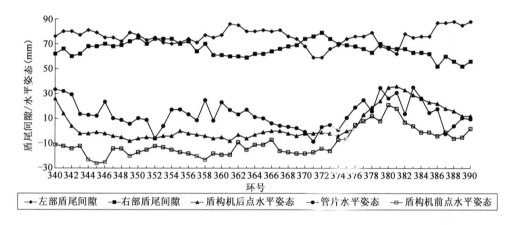

图6-9-13　340～390环盾构管片水平姿态及左右盾尾间隙关系曲线

如图6-9-13所示盾尾右部间隙多数情况下小于盾尾左部间隙,盾构前点水平姿态(偏向设计轴线左边)与后点水平姿态(偏向设计轴线右边)两者变化趋势一致,盾构机整体姿态与隧道设计轴线以一定的夹角相交,管片水平姿态为正值(偏向设计轴线右边)且数值大于盾构后点水平姿态,说明管片脱出盾尾后向圆曲线外侧产生位移,但偏移量都在规定范围之内。盾构掘进最终的目的是使成型管片隧道尽量与隧道设计轴线一致。在圆曲线段掘进管片水平姿态存在向曲线外侧发生偏移的情况,为了减少位移一般在缓和曲线与圆曲线段掘进过程中,盾构机水平姿态趋势尽量沿着内曲线的割线方向掘进,其中主要控制盾构后点的水平姿态,减少与设计轴线的偏差。圆曲线掘进姿态的控制是多方面综合作用的结果,探索本区间上软下硬地层中的盾构姿态的变化规律,使盾构机能更好地适应地层的变化,对管片脱出盾尾后产生位移的情况需进行分析,找出产生位移的原因并提出应对措施。

深入分析直线与曲线段掘进过程中盾构机水平、垂直姿态与管片水平、垂直姿态之间的相互关系,得出以下结论:

a.直线段掘进盾构前点垂直姿态处于后点垂直姿态下方,盾构机在上软下硬地层掘进过程中姿态往往容易往软土地层偏移。

b. 当出现盾构姿态急纠偏时,姿态并不能立即产生变化,有时需要通过几环的调整来实现盾构纠偏,因此对于盾构纠偏需提前进行,不能急纠,否则会适得其反。

c. 上软下硬地层盾构机保持"俯冲"状态(前点垂直姿态较后点低),此时管片垂直姿态与轴线偏差较小。

d. 在圆曲线段掘进,盾构机水平姿态沿着内曲线的割线方向变化,应主要控制盾构后点水平姿态,减少与设计轴线的偏差。

通过试验段及渣土改良效果参数的评价,盾构在上软土下花岗岩软硬极度不均地层采用半仓加气压辅助模式掘进,建议掘进参数为:推力18000kN,扭矩2900kN·m,掘进速度27~35mm/min,刀盘转速1.5~1.6r/min,注浆压力0.45~0.55MPa,每日正常掘进8~12环,此时地表和断面沉降数据比较稳定。

2)盾构近距离下穿运营隧道壁后缓凝厚浆填充技术与装备改造

针对盾构超近距(仅2.4m)下穿既有运营隧道的环境特点,研制的新型多功能壁后浆液运输与填充一体式组合设备,可适应砂浆、惰性浆等不同黏度浆液的运输与注入,减少了浆液从电瓶车砂浆罐到台车同步注浆罐的转运工序,提高了施工效率,保障了注浆的及时性。研发的壁后新型缓凝厚浆填充技术,能够有效防止浆液凝结过快造成盾体卡壳,高稠度厚浆填充提高了壁后岩—浆结合的密实性。

(1)多类型注浆材料制备技术

①同步注浆浆液

盾尾同步注浆材料的选择关系到注浆成本、注浆工艺和注浆效果等一系列问题,同步注浆材料应具有能快速充填、保水性强、不离析、倾析率小等性能,凝结时间既要满足可泵送性,还要满足浆液在衬砌背后早凝结形成一定强度的要求,现场同步注浆材料配合比见表6-9-2。

同步注浆材料配合比(单位:kg)　　　　　　　　　　表6-9-2

序　号	水　泥	细　砂	水	膨　润　土	粉　煤　灰
第一组	100	794	407	56	415
第二组	80	780	445	55	420
第三组	93	790	430	43	410
第四组	90	800	420	50	410
第五组	86	812	440	50	400

注:本表数据为1m³同步注浆浆液对应的各组成材料用量。

针对表6-9-2中的不同配合比材料,开展材料性能试验对比研究,得到不同材料性能指标,见表6-9-3。

同步注浆材料性能试验结果　　　　　　　　　　表6-9-3

序号	砂浆物理性能				砂浆力学性能	
	固结收缩率 (%)	稠度 (cm)	密度 (kg/m³)	凝结时间 (min)	1d抗压强度 (MPa)	28d抗压强度 (MPa)
第一组	4.1	11.6	1.76	325	0.83	3.0

续上表

序号	砂浆物理性能				砂浆力学性能	
	固结收缩率（%）	稠度（cm）	密度（kg/m³）	凝结时间（min）	1d 抗压强度（MPa）	28d 抗压强度（MPa）
第二组	4.1	10.7	1.78	330	0.78	2.7
第三组	3.9	9.4	1.74	320	0.76	3.5
第四组	3.6	10.6	1.75	300	0.82	3.7
第五组	3.7	8.9	1.72	335	0.81	3.4

对上述 5 种配合比的同步注浆材料进行分析,第四组配合比材料固结收缩率低、抗压强度大,最符合现场施工参数要求,将此类配合比砂浆应用于实际施工中验证其泵送性,确定能够通过同步注浆活塞泵注入盾尾。

②盾体径向孔注浆材料制备技术

盾体壁后存在一定的空隙,同步注浆不能实现即时填充,将引起上方地层变形。针对此部分空隙,研究采用通过盾体径向孔球阀注惰性浆液的方法对其进行填充,盾体径向孔如图 6-9-14 所示。

为了避免浆液注入后凝固将盾构机"箍死",配备的惰性浆液需减缓其凝固时间,针对几种配合比的惰性浆液开展坍落度、凝结时

图 6-9-14　盾体径向孔

间、固结收缩率、抗压强度等试验分析,表 6-9-4 为选用的径向孔注浆材料配合比,材料性能与试验见表 6-9-5、图 6-9-15。

径向孔注浆材料配合比（单位:kg）　　　　表 6-9-4

序　号	石　灰	粉　煤　灰	细　砂	膨　润　土	水
第一组	100	390	800	50	420
第二组	105	390	790	55	410
第三组	110	380	800	60	420
第四组	90	385	780	45	430
第五组	90	380	770	65	400

径向孔注浆材料性能　　　　表 6-9-5

序号	砂浆物理性能			砂浆力学性能	
	固结收缩率（%）	坍落度（mm）	凝结时间（min）	1d 抗压强度（MPa）	28d 抗压强度（MPa）
第一组	4.0	210	580	0.72	4.2
第二组	4.4	193	550	0.70	3.1
第三组	4.5	214	580	0.68	3.0
第四组	4.6	236	610	0.70	3.3
第五组	4.3	178	570	0.65	2.8

图 6-9-15 惰性浆液坍落度试验

根据表 6-9-5 各组配合比材料性能分析,可以得出此惰性浆液凝固时间较同步注浆材料长(达到 10h),且材料相对含水率提高,其凝固时间也随之增长,同理砂浆随着含水率的增加流动性增强。径向孔注浆材料主要用于填充间隙,需具备较小的收缩率与一定的抗压强度,因此对比表 6-9-5 中材料的物理及力学性能,第一组浆液固结收缩率低,28d 抗压强度大,满足现场要求,综合分析后,选用第一组配合比用于现场施工。

③二次注浆材料

在盾构同步注浆过程中,即使注浆量达到理论孔隙的 1.8 倍,也不能完全控制住上层土体的沉降,原因为:a.同步注浆的浆液不可能完全填充满盾构穿越产生的空隙;b.某一段渗透系数过大,浆液流失到地层中;c.同步注浆浆液在凝固时体积会产生收缩。表 6-9-5 中第四组配合比材料,试验测得固结收缩率为 3.6%,而砂质黏性地层有一定的孔隙比(0.8),渗透系数为 0.5m/d,因此同步注入的砂浆会渗入砂层孔隙中,有一定的损失率。因此对于盾构下穿既有运营隧道工程,根据地层沉降监测规律需对相应的管片采取二次注浆来控制沉降。为了实现管片壁后间隙快速填充,二次注浆材料选用双液浆。对双液浆的材料配合比进行试验研究,见表 6-9-6 ~ 表 6-9-8。

水 玻 璃 配 合 比 表 6-9-6

序 号	配合比(体积比 L)		波美度
	水	水玻璃	(°Bé)
第一组	1	1	22
第二组	2	1	17
第三组	2.5	1	15
第四组	3	1	13

水 泥 浆 配 合 比 表 6-9-7

序 号	水泥与水的质量比	水 灰 比
第一组	1:1	1.0
第二组	1.5:1	0.67

水泥浆与水玻璃配合比 表6-9-8

序号	水泥浆水灰比	水玻璃波美度(°Bé)	水泥浆:水玻璃(体积比)	凝结时间(s)
第一组	1.0	22	1:1	75
第二组	0.67	22	1:1	22
第三组	1.0	13	1:1	72
第四组	1.0	15	1:1	30
第五组	1.0	17	1:1	36

对表6-9-8中水泥浆与水玻璃配合比进行分析,并结合实际施工情况,达到凝固时间要求的同时成本低,便于施工操作,选择第三组配合比用于实际施工。

对脱出盾尾的管片进行二次注浆一方面是为了弥补盾尾同步注浆后砂浆的收缩与砂浆在土体中的流失,继续填充管片外壁与盾体的间隙,控制沉降及变形;另一方面在管片左上侧或者右上侧部位注浆形成环箍,阻挡盾构后方来水进入前方掌子面刀盘,同时也避免盾构前方地下水流失而减少第一阶段的沉降。

(2)壁后缓凝厚浆填充装备改造

①同步注浆砂浆车的改造

盾构长距离连续掘进过程中台车砂浆罐易发生砂浆凝结,导致罐体体积变小,不利于注浆材料的储存,影响注浆速度。由于台车砂浆罐清理难度大且费时费力,为了能够在盾构穿越既有运营隧道施工过程中实现快速注浆,保证注浆的连续性与充足性,对电瓶车砂浆罐进行改造研究,如图6-9-16所示。

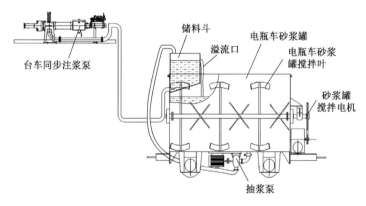

图6-9-16　电瓶车砂浆罐改造示意图及实物图

在砂浆罐底部设置抽浆泵,内部设有搅拌叶片及储料斗,储料斗下部开设注浆口并通过注浆管与盾构同步注浆泵进料口连接,注浆口的大小与同步注浆泵的进料口大小相等。此种设计形式简单,避免了因抽浆泵与注浆泵的功率不一致出现的注浆管破裂、注浆泵损坏或注浆管堵塞等现象,且能够达到正常的注浆效果,由于砂浆一直处于循环流动状态,延长了砂浆凝结时间。此外砂浆罐可以直接与砂浆注浆泵连通,或与台车砂浆罐的进料口连通,或通过分支管路分别与砂浆注浆泵和台车砂浆罐的进料口连通,并在分支管路上设有三通控制阀,能够实现多种模式下的盾尾同步注浆作业。

②惰性浆液同步注浆系统改造

采用新型惰性浆液进行盾体径向孔补充注浆,为适应新型惰性浆液的特性,需对盾构机台车膨润土灌进行改造,将膨润土灌下部螺杆泵改装成活塞注浆泵,使之能够将惰性浆液泵送至盾体与土体之间的空隙处。由于螺杆泵功率不足及设计原因只能将膨润土浆液注入刀盘前方开展渣土改良作业,更换为活塞注浆泵后能够更好地将密度大、稠度较低的惰性浆液注入径向孔,实现沉降控制。改造示意图如图 6-9-17 所示。

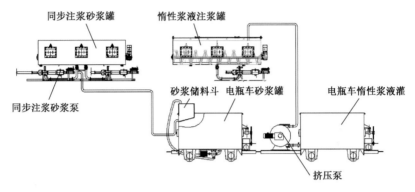

图 6-9-17　同步注浆系统改造图

上述同步注浆系统包括浆液搅拌装置、浆液输送装置、盾尾同步注砂浆系统和惰性浆液同步注浆系统。在掘进过程中,每掘进一环,通过砂浆注浆泵进行盾尾砂浆同步注浆,同时通过惰性浆液注浆泵将新型惰性浆液从盾体的最临近 12 点位的两个径向直孔进行盾体注浆,填充盾体与土体之间的间隙,通过上述方式进行同步注浆可以有效地控制地面沉降。

③长距离浆液搅拌输送装置改造

对两种浆液搅拌与输送装置进行改造,使之既能拌置砂浆,也能拌置惰性浆液,形成多功能拌和站,并将储料罐和骨料仓分开,设两套输送系统,如图 6-9-18 所示。

改造后的长距离浆液搅拌输送系统包括储料罐、骨料仓、砂浆罐、惰性浆罐、砂浆车和电瓶车惰性浆液灌;由于运输距离较远,设置两个砂浆罐,每个砂浆罐的出浆口均设挤压泵,一个砂浆罐置于地面,另一个砂浆罐置于车站负一层的位置,电瓶砂浆罐车和电瓶车惰性浆液灌均置于车站负二层;由于惰性浆液浓稠,所以将惰性浆液浆车置于低于地面的位置,即车站负一层,并在惰性浆液浆车与骨料仓连接处设有地泵,便于将惰性浆液泵送至负一层浆车罐中。

当需要搅拌输送砂浆时,将骨料仓下方的惰性浆输送口处的控制阀关闭,开启砂浆输送口处的控制阀门,地面砂浆站内的砂浆输送到储料罐中,然后通过第一渣浆泵将砂浆输送到骨料仓内,再通过砂浆阀门进入砂浆输送管内,通过砂浆输送管输送到地面的砂浆罐内,然后再通过其出口的挤压泵输送到负一层的砂浆罐内,之后通过负一层的砂浆罐出口的第二挤压泵输送到置于负二层的电瓶车砂浆罐内,最后进行同步注浆。

当需要搅拌输送厚浆时,将骨料仓下方的惰性浆控制阀打开,关闭砂浆输送口处的控制阀,储料罐中惰性浆液通过第一渣浆泵将惰性浆液输送到骨料仓内,并开启骨料仓出料漏斗上的振动泵,加快惰性浆液的出浆速度,输送至地泵,并通过地面的地泵输送到负一层的惰性浆液灌内,然后再通过其出口的挤压泵输送到负二层的电瓶车惰性浆液灌,最后进行同步注浆。图 6-9-19 为经改造的各设备现场作业情况。

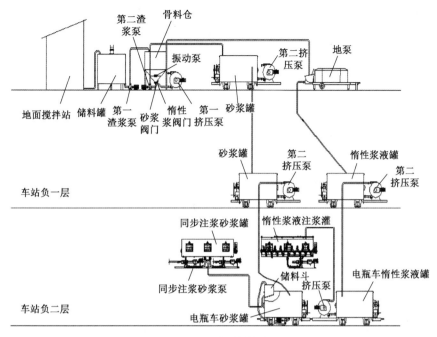

图 6-9-18　长距离浆液搅拌输送系统

a) 骨料仓及第一挤压泵　　　　b) 地泵及输送管路　　　　c) 地面砂浆罐

d) 骨料仓及振动泵　　　　e) 负一层砂浆罐　　　　f) 台车同步注浆罐

图 6-9-19　现场设备改造及应用

改造后的长距离浆液搅拌输送装置,实现了盾构掘进过程中盾尾管片外壁与盾体径向孔同时进行注浆填充空隙的目标,为盾构机顺利穿越既有运营盾构隧道的全方位注浆提供了设备保障。

3) 盾构近距穿越运营隧道应急及刀具减磨技术

盾构近距离穿越运营隧道时必须保证匀速、顺利掘进。为了降低上软下硬地层中下穿施工面临的风险,下穿段施工前,针对性研究解决砂土结成铁板砂、刀盘结泥饼脱困、刀具磨损监测等技术难题。研制了高压旋喷切削装置,能够实现免开仓盾构刀盘脱困作业,保障了施工的安全高效;利用分散剂原理对刀盘固结泥饼进行处理,实现了免开仓式刀盘泥饼清理;通过直接和间接的方式判断刀具磨损情况,指导盾构掘进。

(1)盾构铁板砂处理技术

盾构机由于长时间停机或渣土改良效果差,原地层中水土分离、土体固结等原因导致盾体外侧、掌子面或土仓内砂层板结形成铁板砂,极易使盾构机被困,表现为刀盘无法启动,恢复推进时推力大,掘进速度低甚至无速度等现象。传统解决方案主要通过开仓,人员进入土仓进行清理,风险大且耗费大量人力物力。为有效处理土仓内铁板砂,使盾构机刀盘脱困,达到正常掘进的目的,利用旋喷切割原理对铁板砂进行处理。

①处理设备改造

a.旋喷钻杆改造:根据盾构机内部空间尺寸以及土仓壁开孔分部情况,对旋喷钻杆进行改造,土仓壁上孔主要为 $\phi 50mm$ 和 $\phi 75mm$ 两类,为适应这两类孔,原旋喷钻杆无法使用,特改造加工合适的钻杆。钻杆直径不大于 30mm,选用不同长度(300mm、500mm、1000mm)的钻杆加杆连接,旋喷喷嘴选择内置,口径分为 1.5mm 和 1.8mm 两种,如图 6-9-20 所示。

a)改造后的旋喷钻杆　　　　　　　　　　　b)经改造的喷头

图 6-9-20　旋喷钻杆改造

b.土仓壁连接止水件、固定件改造:为保证旋喷作业安全,需完善止水和固定钻杆的设备改造,改造件的要求为:a)能与土仓壁孔有效连接;b)可以有效固定钻杆摆动;c)钻杆可转动且能前后移动;d)止水防漏浆漏水(盘根)。

②铁板砂处理装置系统安装

a.密封管道安装:将事先准备好的配套密封套管与盾构机土仓壁预留球阀连接牢固,再按照密封装置外套管并固定;在密封套管内插入高压旋喷钻杆,达球阀位置时在钻杆外侧缠绕 3~5 圈盘根,用固定压管将密封盘根压入密封管与钻杆之间,并通过第二连接丝杆将固定压管与密封装置固定牢固,如图 6-9-21 所示。

b.推进系统安装:接长高压旋喷钻杆至设定长度,先人工压入钻杆至土仓壁外侧,再通过第一连接丝杆套入推进活动法兰盘固定;将调试好的高压泵系统管路接入高压旋喷钻杆,管路连接完成,如图 6-9-22 所示。

图 6-9-21　高压旋喷防护法兰盘装置实图　　　　图 6-9-22　现场旋喷连接方法

③仓内铁板砂处理及刀盘脱困技术

在所有准备工作完成后,开启高压旋喷注浆泵,将配置好的泡沫水通过管路注入土仓内,注入压力分两步进行:第一步将注入压力设定为 10~15MPa 进行试喷,慢慢旋转钻杆,固定及密封装置正常;第二步调至工作压力 28MPa,并人工旋转旋喷钻杆,旋转(180°范围来回旋转)速度为 20r/min,同时调整推进装置螺帽将旋喷杆缓慢压入土仓前部,切割钻杆周围固结砂土,推进速度控制在 10~12cm/min。来回复喷,每个预留孔喷射时间为 20~30min,使钻杆周边切割尽可能增大范围,并充分打散固结砂土。

按照上述操作,完成一个孔位旋喷后,换其他孔位旋喷,直到所有孔位均处理完成,同时可打开已处理孔位,用钢钎探查,查看孔位周边土体是否松散。所有孔位处理完成后,通过反复转动刀盘,实现刀盘脱困及盾构机脱困,必要时可开启盾构机脱困模式进行脱困。

通过高压旋喷处理仓内铁板砂,净耗时不到一个星期,即可成功使盾构机刀盘脱困。该技术主要优势为:a.采用高压旋喷原理切割固结体,处理原理成熟,固定密封装置采用现场加工,旋喷钻杆配件及加工简单,设备整体结构简易、操作方便,并可重复使用,成本较低,除临时增加高压旋喷注浆泵,其他原材料基本无消耗,具有良好的经济效益;b.采用的铁板砂处理装置,操作空间在盾构机内部,对盾构机本身及周边环境影响小,同时避免了高风险、高成本的传统进仓作业,安全能得到有效控制,能有效解决在无法进仓清理情况下对土仓壁上固结物的处理。

(2)不开仓情况下利用分散剂处理盾构泥饼施工技术

①盾构泥饼处理原理

盾构机刀盘和土仓结泥饼通过综合成套技术注入分散剂,确定合理停机位置检查土仓气密性,土仓内通过采用土气置换方法,降低土仓内实土的含量,建立土仓半气压平衡模式,稳定刀盘掌子面。向土仓和刀盘注入分散剂进行浸泡,利用微电荷作用,分散剂分子吸附于黏土表面,利用渗透作用,分散剂分子慢慢进入土体内部,将大块的土体分散、分离,屏蔽土体上带的负电荷,降低黏土对盾构刀具和其他机械的黏附力,并伴随转动刀盘搅动,使土仓内的泥饼充分均匀浸泡和搅拌扰动而脱落,从而达到改善土仓渣土结构以及解决刀盘结泥饼的目的。

②分散剂配合比试验效果及准备工艺流程

为了使注入的分散剂达到理想的效果并控制时效性,在注入盾构机土仓前对本工程地层渣土进行分散剂浸泡试验,测试各个配合比的浸泡效果,分析不同配合比(稀释倍数)的分散剂对泥饼的分散效果,详见表6-9-9。图6-9-23为分散剂使用前后效果对比。

不同配合比对泥饼的分散效果 表6-9-9

序号	原液与水配合比	泥 饼 质 量	泥饼分散效果
1	1:1		约50min 完全分解
2	1:3	20g	约2h 完全分解
3	1:5		约7h 完全分解
4	1:10		约18h 完全分解

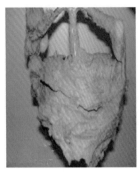 

a) 使用前   b) 使用后

图6-9-23　分散剂使用效果

在进行盾构机浸泡分散剂处理泥饼前,盾构机停机位置选择在无管线、无邻近建筑物、地层自稳性好、气密性好,且便于地面观察和沉降监测的区域,同时完成土仓气密性检查、施作工艺及流程、土仓置换等相关准备工作。

①土仓气密性检测

为确保土仓渣土置换前掌子面稳定性,需进行土仓气密性检测,通过向土仓注入压缩空气使土仓压力大于地层水土压力的0.02~0.03MPa,在盾构机停机情况下观察土仓压力下降速度,若1h内土仓压力缓慢下降且总压力下降量小于0.02MPa,说明土仓气密性好,反之则说明土仓气密性差,需重新选取盾构机停机位置。

②盾构机内分散剂拌制

根据不同配合比(稀释倍数)的分散剂对泥饼的分散效果,选择配合比为原液:水=1:1的分散剂分别在泡沫系统原液箱拌制和膨润土系统储存箱拌制,且分别拌制1.5t分散剂混合溶液并搅拌均匀。此外,分散剂在加入泡沫系统原液箱和膨润土系统储存箱拌制前,需对箱内和管路进行冲洗,检查确保管路的畅通,以免影响分散剂注入后浸泡的效果。

③土仓内土气置换

自动保压系统设定土仓压力平衡值,用盾构机保压系统向土仓注入压缩空气,将土仓内原有的渣土置换一部分出来(8~11m³),土仓土气置换过程中尽量控制土压力值波动在最小范围内,确保刀盘掌子面稳定。另外,通过打开土仓壁2、3、9、10等点位球阀,观察土仓内排出的气体、渣土、泥水等情况,判断土仓内渣土土气置换是否到位、掌子面是否稳定。

（3）盾构泥饼处理关键技术

①刀盘和土仓注入分散剂

关闭泡沫系统气体部分，通过泡沫系统将按配合比混合后的分散剂溶液注入刀盘；同时使用膨润土系统将分散剂溶液通过土仓壁 2、3、9、12 点位上的球阀注入土仓内；注入过程中适当左右降低转速转动刀盘，使分散剂均匀喷射到刀盘和土仓上，充分搅拌渗透到泥饼，直到 3t 分散剂混合液（分散剂 1.5t、水 1.5t）注完；另外，使用上述相同配合比和方法每隔 4h 分 2 次向土仓注入 0.5t 分散剂溶液，直至总计 4t 分解剂溶液（分散剂 2t、水 2t）注完为止。过程中观察土仓压力变化，维持土仓压力的平衡，避免土仓压力出现较大的波动而影响刀盘掌子面的稳定以及造成沉降过大及塌方等严重后果。

②定时转动刀盘进行浸泡

土仓注入分散剂后，每隔 0.5h 转动一次刀盘以便分散剂和土体充分混合，确保注入的分散剂溶液能有效地分解刀盘和土仓上包裹的泥饼，且土仓内近似于半仓渣土半仓压缩空气的压力平衡状态，土仓中含土量相对减少，有效提高了分散剂的分解效率，同时土仓内和刀盘上的泥饼分解后，利于泥饼分解松散掉落，而不是被土仓内原有的大部分渣土所吸收，使分解效果更好。在刀盘转动的过程中观察刀盘扭矩的变化并做记录，通过对比每次转动时刀盘扭矩的变化对刀盘的浸泡情况进行对比分析。

③恢复掘进的试推

分散剂浸泡 24h 后试掘进，因注入大量分散剂，浸泡后刀盘和土仓上包裹的泥饼分解，土仓半气压模式下，试掘进时易出现喷涌现象；在出现喷涌时若螺旋机停止转动且仅通过螺旋机闸门开合来控制出土，土仓内渣土结构可能出现恶化，应启动螺旋机保持一定转速主动取土，将土仓内的大石块、小碎石以及未完全分解尚有强度的泥饼转出来，并配合螺旋机闸门开度来控制出土节奏。若试掘进过程中刀盘扭矩逐步下降，土仓内分解掉落的泥饼逐步挤出，渣温下降等各项掘进参数正常则可恢复正常掘进，若试掘进效果不理想并有继续恶化的趋势则再次注入分散剂进行浸泡分解，第二次浸泡可以延长浸泡时间，若掘进参数仍出现异常则需研究刀盘刀具是否出现磨损等其他情况。

在易结泥饼的地层中掘进时应采取以下措施：

a. 根据地质条件，有针对性地向土仓和刀盘面板适量加注高质量的泡沫或分散剂或膨润土或其中两种混合液甚至 3 种混合液等，以改善土体的和易性与可塑性；b. 在地层相对稳定时宜采用欠土压平衡模式掘进；c. 若地层稳定性较差，但隔气性较好，则宜采用辅助气压作业，掘进也宜采用欠土压平衡模式；d. 采用冷却措施，避免土仓高温高热；e. 避免土仓饱满的情况下长时间停机，通过注入膨润土或黏性差的沙土置换土仓内的渣土来保持土压平衡。

该技术通过研究盾构机土仓气密性检测、土仓土气置换、分散剂注入与半气压搅拌浸泡施工综合技术，避免了因开仓造成的掌子面坍塌而导致地面发生沉降增加而影响上方建构筑物的风险，规避了对周边环境的影响，保证了盾构机安全、快速施工。

（4）刀具磨损监控措施研究

刀盘上的滚刀直接与土体接触，通过推压和旋转对岩石进行局部加载，产生破坏力，液压系统将碎石与土渣运输至密封仓，同时将刀盘向前推进，刀具是土体切削的直接受力元件，长期工作刀盘刀具易产生磨损，直接影响盾构机的工作性能。如何对刀具的磨损进行预判是保证盾构机连续高效运作的关键条件,本工程采取的监控措施如下。

①安装磨损传感器检测磨损

通过在刀盘面板安装磨损检测装置,对易磨损刀具进行监控,磨损装置高度稍低于滚刀刀高。该方法基于传感技术,把电子或液压传感器安装在刀盘或刀具内部,当磨损量到达预设值的位置时系统将自动报警提示,常见的磨损检测装置有液压开关式和连续式,如图 6-9-24 所示。

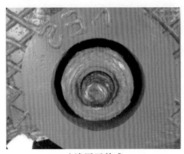

a)液压开关式   b)连续式

图 6-9-24　常见的磨损检测装置

如图 6-9-24a)所示,液压开关式磨损检测实际应用效果不佳,传感器间隙孔容易被渣样糊死不便于清理,由此也失去了其磨损检测的功能。图 6-9-24b)为连续式磨损检测装置,在一定程度上避免了液压开关式存在的缺陷。采用在刀盘面板安装磨损检测装置的方法是对特定刀具进行监控的有效手段,但由于上述传感器属于精密仪器,随着刀盘的旋转与土体的摩擦容易损坏且造价昂贵,因此单纯依靠磨损传感器的检测不足以满足施工需求。

②岩块渣样分析

该方法主要对于切削后的岩渣进行分析,根据盾构机切削设备的工作经验得出,新旧刀具切削土体产生的岩渣块的形状、大小、切口断面和断裂棱角有所不同,可据此判断刀具的磨损情况。如图 6-9-25 所示,滚压破岩是利用盘形滚刀的刀刃形成劈尖效应,在轴向静压力 P 的作用下,刀刃侵入岩石,在岩石接触面前方发生局部粉碎或者显著的塑性变形而形成一个袋状的核;当侵入增加到一定深度时,由于锥形刀刃在垂直荷载作用下对周围岩体产生侧向挤压,袋状核旁侧的岩石会突然出现崩裂;由于这种崩碎的突然出现导致荷载突然降低会出现跃进现象,越是脆性岩石,这种跃进式侵入特点越明显,塑性岩石则较缓和。因此在脆性岩石中应用滚压破岩方式效率高。

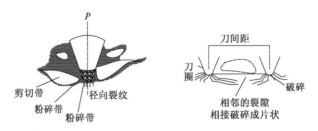

图 6-9-25　滚压破岩机理

由图 6-9-25 可知,在硬岩段掘进过程中当滚刀完好且能自转时,首先将岩石压碎,然后相邻两滚刀将压裂的缝隙连在一起,从而达到破岩的效果,破碎的岩块大多呈片状。依据滚刀的破岩机理,对螺旋输送机出土口的硬岩渣样进行分析。为了能反映出换刀前后渣样的差别,尽量减少其他因素的影响,重点对换刀前后相似地层硬岩进行对比,如图 6-9-26 所示。

图 6-9-26　不同环号部分渣样图

掘进过程中对比不同环数的渣样可以得出,在硬岩段掘进滚刀基本完好的情况下,30 环硬岩渣块颗粒较为均匀,呈压碎后的片状,且大颗粒含量少,大颗粒尺寸小于滚刀间距,由此也间接表明滚刀 100mm 的间距能够较好地适应相应地层。随着盾构的不断推进,刀具逐渐发生磨损,尤其当刀具发生偏磨后,刀具切削能力变弱,主要依靠盾构推力对岩体的挤压作用破岩并随着刀盘的转动刀具对岩石产生拉力破坏,由于岩石的抗压强度远远大于抗拉强度,在刀具拉力的作用下岩石的破坏差异性就会增大,表现为大块岩块的剥落(远远超过滚刀的间距),如 110 环、123 环、276 环渣样,当螺旋输送机出渣口出现大块岩石时则需要考虑刀具是否出现磨损,但仅凭岩块的大小不能直接判断刀具出现磨损。对于实验室测得单轴抗压强度较高的微风化混合花岗岩,由于岩体中存在节理或者本身岩体裂隙比较发育,各向异性较明显,刀具很容易将强度高的石块滚压破碎。此外对于某些岩块可能由于其岩石质量指标(RQD 值)较低且岩石脆性较强时,会出现当滚刀破岩时岩体不会像理论上那样产生新的裂隙,而是在已存在节理或者裂缝的基础上破碎成大小不等的块状,大的岩块容易对刀具和螺旋输送机造成损坏。

因此,当出现大块岩样时,需结合当前的地质情况对岩块进行判断。当大块岩石大部分沿其本身节理或者裂隙剥落(没有产生新的断面)且掘进参数没有异常波动时,可以预判刀具完整性较好;当滚刀在 RQD 值较高的岩体掘进过程中产生较多的具有新断面大块岩块(以超过滚刀刀间距为依据)时,需密切关注掘进参数的变化,若出现扭矩波动较大、掘进速度减小的情况,则可以预判前方刀具出现较大的磨损,此时需根据地面建筑情况择机选择换刀地点。通过出渣口的岩块渣样大小及破碎状态,结合掘进参数的波动能够实现对刀具磨损的间接预判。

盾构长距离穿越上软下硬地层过程中,盾构机刀盘、刀具磨损严重,换刀频率增加,影响掘进速度。刀具损坏主要是由刀具的质量、围岩强度和人工操作三种因素所造成。为保证盾构顺利安全通过硬岩地段,施工过程中还需采取有针对性的技术措施:

a. 在掘进过程中根据硬岩强度高的特点,合理配置刀盘刀具,提前储备好充足的刀具以备更换,对于更换下来的刀具进行补焊,达到要求即可重新利用,从而延长刀具的使用寿命,对于降低生产成本、节约检修更换时间也起到积极作用。

b. 在非正常磨损的情况之下,如发生刀圈的刀刃破损严重、转动轴承损坏、刀具润滑油脂泄漏等情况,会加重相邻刀具挤压切削岩石的负荷,不仅影响正常掘进,而且还会影响到与其他相邻刀具的正常使用,造成刀具连锁性破坏,刀具需及时进行更换。

c. 积极应对现场出现的问题,根据实际情况提出相应的改进方案,给出相应的施工掘进参数作为参考。

6.9.3 实施效果

为掌握既有结构在下穿过程中的动态变形情况,验证盾构下穿施工技术措施的合理性,对施工过程中既有运营盾构隧道变形情况进行了监测。

(1)盾构区间穿越施工对地铁 11 号线区间隧道的影响及控制标准

根据《地铁运营安全保护区和建设规划控制区工程管理办法》(2016 年试行)规定,11 号线安全控制指标见表 6-9-10。

地铁 11 号线轨道交通安全控制指标 表 6-9-10

安全控制指标	控制值
车站及隧道结构水平位移(mm)	≤10
车站及隧道结构竖向位移(mm)	≤10
车站及隧道结构径向收敛(mm)	≤10
变形缝差异变形(mm)	≤5
隧道轴线变形曲率半径(mm)	≤5
隧道变形相对曲率	≤1/2500
车站及隧道结构外壁附加荷载(kPa)	≤10
车站及隧道振动速度(mm/s)	≤12
盾构管片接缝张开量(mm)	<2
盾构管片裂缝宽度(mm)	<0.2
其他混凝土构件裂缝宽度(mm)	<0.3

(2)监测范围及测点布置

在下穿地铁 11 号线影响区每 6m 布置一个监测断面,每个断面布置 5 个监测点,分别是侧壁 2 个、道床 2 个、拱顶 1 个,监测范围和测点布置如图 6-9-27 和图 6-9-28 所示。

(3)现场实测数据分析

从监测断面位置可以看出,在新建隧道右线下穿过程中,对既有运营线影响较大的断面是

JFR17～JFR22(既有运营线右线)、CR17～CR22(既有运营线出场线)、CL17～CL22H(既有运营线入场线)和JFL17～JFL22(既有运营线左线),以上各断面的最大竖向位移见表6-9-11。

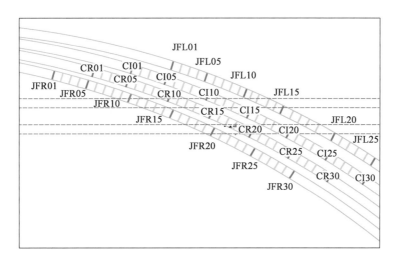

图6-9-27　既有运营线监测范围

图6-9-28　既有运营线路断面测点布置

既有运营线竖向位移统计表　　　　　　　　　　　　　　　　表6-9-11

监 测 位 置	最大隆起量(mm)	最大沉降量(mm)
既有运营线右线	2.5	−4.6
既有运营线入场线	1.3	1.6
既有运营线出场线	1.7	2.7
既有运营线左线	0.4	3.0

在新建隧道右线下穿过程中,通过监测数据可以发现,掌子面后方沉降量最大值发生在JFR17断面,沉降最大值为4.6mm,小于表6-9-10中地铁11号线轨道交通安全控制指标竖向位移10mm的指标,其余各沉降监测值也均在允许范围之内,说明本工程施工时采用的施工措施是合理可行的。

6.10 广州地铁9号线下穿武广高速铁路无砟轨道路基工程

6.10.1 工程概况

1）工程简介

广州市地铁9号线广州北站—花城路站区间位于花都区中心城区,区间采用盾构法施工,盾构由花城路站过站始发,下穿武广高速铁路及京广铁路,穿越段长度为110m,如图6-10-1所示。盾构隧道距高速铁路路基顶面最小仅9.574m,如图6-10-2所示。

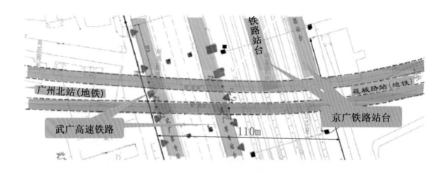

图6-10-1 广州北站—花城路站区间隧道下穿铁路平面示意图

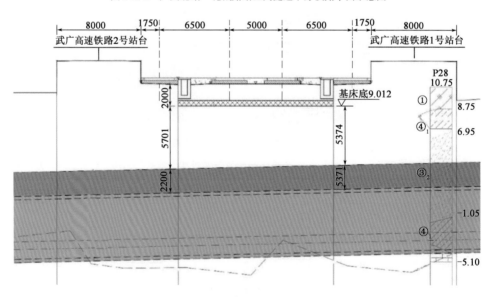

图6-10-2 区间隧道下穿武广高速铁路剖面关系图(尺寸单位:mm)

区间隧道采用两台泥水平衡盾构机施工,盾构开挖直径6.3m,隧道外径6.0m、内径5.4m,采用标准环+转弯环管片结构,管片楔形量41mm,环宽1.5m、厚0.3m,分6块设计(3+2+1),强度等级为C50,抗渗等级为P12。

下穿段铁路包括武广高速铁路4条股道及站台雨棚、京广铁路6条股道,其中武广高速铁路设计速度350km/h,采用CRTS-I型双块式无砟轨道,上部为道床板、下部为支承层,支承层底部为级配碎石,如图6-10-3所示;京广铁路为速度160km/h的国家I级干线铁路,轨道采用碎石道床、普通混凝土轨枕。

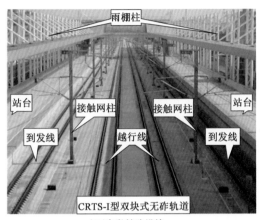

a) 下穿段铁路设施　　　　　　　　　　　　b) 双块式无砟轨道

图6-10-3　地铁隧道需下穿的铁路设施

　　武广高速铁路施工建设期间,对线路中心14.5m宽度范围内地基进行了复合地基加固处理,复合地基采用φ500mm单管旋喷桩加固处理,桩间距2.0m,梅花形布置,桩长约12.3m,加固范围如图6-10-4所示。桩顶铺500mm厚砂砾石垫层,内铺一层110型双向经编土工格栅。

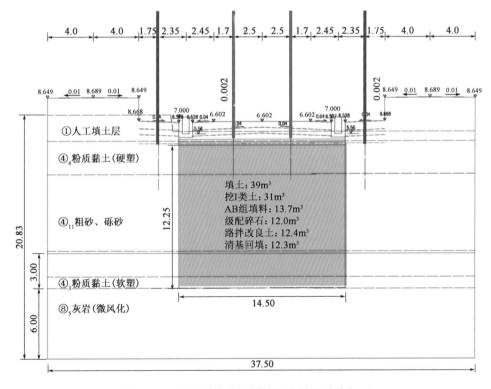

图6-10-4　武广客专路基处理范围示意图(尺寸单位:m)

为确保武广高速铁路运营安全,高速铁路建设过程中,对武广客专站场范围岩溶区全部采取了压力灌浆加固。注浆孔平面间距为6m×6m,梅花形布置,加固深度为岩面以下6m,注浆套管嵌入基岩0.5m,如图6-10-5所示。京广铁路下方岩溶区未进行预加固处理。

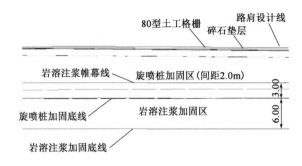

图6-10-5 武广客专岩溶处理示意图(尺寸单位:m)

2)工程地质及水文地质条件

(1)工程地质条件

广州北站—花城路站区间位于广花盆地,地貌上属于河流冲洪积平原,地势平坦宽广,局部为剥蚀垄状残丘,揭露第四系地层为人工填土,冲洪积砂层和黏性土层及残积层,基岩为石炭系灰岩。京广铁路与武广高速铁路下方的地层从上到下依次为人工填土层①、中粗砂层③$_2$、冲积~洪积砾砂层③$_3$、可塑粉质黏土层④$_{N-2}$、微风化灰岩⑨$_{C-2}$。隧道区间穿越地层主要为砂层,隧底基本位于基岩面附近,但由于灰岩面起伏不定,在该区间的局部位置,石灰岩侵入隧道范围内,右线隧道下穿铁路段的地质情况纵剖面图如图6-10-6所示。

各地层从上至下分层描述如下:

①人工填土层①(Q_4^{mc}):表层多为混凝土路面,主要成分为建筑垃圾和生活垃圾,欠压实。厚度为0.4~6.5m。

②冲积~洪积粉细砂层③$_1$(Q_{3+4}^{al+pl}):主要由粉砂、细砂组成,部分含少量有机质,局部夹有薄层中、粗砂,黏粒含量6.3%~14.5%;级配一般~良好,少量级配较差,饱和,松散~稍密状为主,局部中密。

③冲积~洪积中粗砂层③$_2$(Q_{3+4}^{al+pl}):主要由中砂、粗砂组成,含砾砂和细砂、粉砂及少量黏粒。级配为一般~较好。饱和,主要呈稍密~中密状,少量松散。

④冲积~洪积砾砂层③$_3$(Q_{3+4}^{al+pl}):主要由砾砂组成,含粗砂、粉、黏粒及少量黏粒,局部夹薄层中砂。级配一般~较好。饱和,呈稍密~中密状,局部松散或密实状。

⑤冲积~洪积流塑~软塑粉质黏土层④$_{N-1}$(Q_{3+4}^{al+pl}):主要由粉质黏土组成,以黏粒为主,局部含少量砂。湿,流塑~软塑,为中等压缩性土。

⑥冲积~洪积可塑粉质黏土层④$_{N-2}$(Q_{3+4}^{al+pl}):主要由粉质黏土组成,以黏粒为主,局部含少量砂。湿,可塑,为中等压缩性土。

⑦灰岩中风化带⑧$_{C-2}$(C_1^{ds}):主要为石炭系的石磴子组地层,岩性为石灰岩,微晶~隐晶质结构,薄层~中厚层构造,岩质较硬,节理、裂隙较发育,溶蚀痕迹明显,岩质较硬,岩芯呈短柱状、块状。岩体基本质量等级为Ⅳ级。

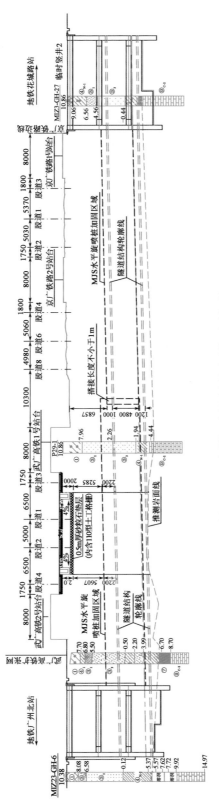

图6-10-6 右线隧道下穿铁路段的地质情况纵剖面图

⑧灰岩微风化岩带⑨$_{C-2}$(C_1^{ds}):主要为石炭系石蹬子组地层,岩性为灰岩,微晶~隐晶质结构,中厚~厚层构造,岩芯一般较完整~完整,呈短柱状,部分呈长柱状,岩质较坚硬。

(2)水文地质条件

地下水主要有三种基本类型,分别为孔隙水、岩溶(土洞)水和裂隙水。

孔隙水主要赋存于冲积~洪积砂层③$_1$、③$_2$、③$_3$中。砂层一般被人工填土层、冲积~洪积土层、河湖相淤泥质土层④$_{2B}$覆盖,因此局部具有承压性。③$_1$粉细砂层的粉、黏粒含量一般较高,富水性弱~中等,透水性中等,渗透系数一般为1~8m/d。③$_2$中粗砂层和③$_3$砾砂层厚度较大,多呈层状分布,一般含黏粒较少,水量较丰富,中等~强透水,地下水量特别丰富,渗透系数一般为5~15m/d。

岩溶(土洞)水主要含水层为石炭系石蹬子组灰岩,岩溶发育总体上强烈但不均匀,单井涌水量每天在数百至数千立方米,甚至更大;而炭质灰岩的裂隙或溶洞发育相对弱,透水性、富水性也较弱,砂层直接覆盖在灰岩面上,砂层中的地下水与灰岩溶洞水连通呈互补给状态,地下水水量很大;部分地段灰岩面覆盖有冲洪积土层或残积土层,局部厚度较大,透水性差,一定程度上起到隔水作用,岩溶水一般具有承压性。

3)工程重难点及风险

(1)工程风险

本工程主要风险包括MJS加固高速铁路运营线过程中和浅埋盾构下穿高速铁路运营线过程中的风险,风险分析见表6-10-1。

工程主要风险分析 表6-10-1

序号	风险点名称	风险描述	风险等级
1	MJS施工加固高速铁路运营线风险	MJS施工过程中压力控制困难,易引起地面隆沉、路基变形,进而影响高速铁路运营安全	特级
2	溶洞地层浅埋盾构下穿高速铁路运营线施工风险	(1)下穿段地处石灰岩地段,溶洞发育,当盾构掘进施工遇到未探明的溶洞时,盾构泥水平衡体系暂时性失衡,掌子面泥水压将产生较大的突然波动,对周边地层产生较大的扰动,引起地面沉降,危及铁路运营安全。 (2)石灰岩面起伏大,局部存在灰岩侵入隧道开挖范围内的情况,形成上软下硬地层,盾构在上软下硬地层中掘进时,掘进速度慢、泥水压力控制难,盾构易结泥饼、卡机,扰动上部软弱地层,造成铁路路基沉降,影响铁路运营安全。 (3)武广高速铁路实际运行速度为350km/h,列车运行速度高,对轨道平顺度要求极高,极大增加了施工难度及风险	特级

(2)工程重难点度大

本工程为国内首例岩溶地区全地下敷设地铁隧道工程、世界首例浅埋盾构下穿运营高速铁路路基工程,盾构下穿区间岩溶极其发育、隧道埋深浅、穿越距离长、运营高速铁路对沉降要求严苛,盾构下穿施工安全风险极高。

①高速铁路运营要求高,沉降标准苛刻,浅埋盾构下穿施工安全控制难度大

盾构隧道距离路基底部最近仅 7.57m,属浅埋盾构施工,同时考虑到灰岩地区的溶洞不良地质作用影响,盾构施工沉降控制难度极大;武广高速铁路实际运行速度为 350km/h,列车运行速度高,对轨道平顺度要求极高,极大增加了施工难度及风险;武广高速铁路采用 CR-I 型双块式无砟轨道,道床沉降或隆起后轨道可调整余量都极小,盾构下穿武广高速铁路时,无砟轨道沉降不能大于 5mm,且不得隆起,同时由于武广高速铁路为国家 I 级繁忙干线,不允许在站场内部进行地面常规加固作业,如何有效控制盾构施工沉降、确保武广高速铁路运营安全为本工程的重点和难点。

②盾构隧道结构耐久性设计难度大

考虑高速铁路列车与地铁列车相互影响,高速铁路列车车振荷载与地铁运营动荷载产生叠加效应作用于盾构隧道管片结构上,在振动荷载叠加作用下,隧道结构疲劳响应及其耐久性与常规隧道设计差异较大,如何准确设计盾构隧道结构耐久性是本工程的难点。

③盾构穿越施工距离长,水平加固难度大、质量控制困难

由于地面加固条件受限,盾构施工前需进行洞内地层水平预加固,下穿范围一次性水平加固长度达 60m,地层加固技术难度高、加固质量保证困难。

6.10.2　关键技术

本工程为国内首例岩溶地区全地下敷设地铁隧道工程、世界首例浅埋盾构下穿运营高速铁路路基工程,本工程盾构下穿施工的关键技术主要有大直径 MJS 超长距离水平旋喷加固技术、盾构下穿微扰动施工安全控制技术、动荷载耦合作用盾构隧道疲劳设计技术。

1)大直径 MJS 超长距离水平旋喷加固

盾构隧道下穿武广高速铁路段隧顶距路基顶面距离为 9.57~9.7m,属于浅埋隧道,盾构隧道施工可能对路基造成不良影响,参照同类工程经验并经设计验算,该地层直接进行盾构下穿施工,不能满足高速铁路沉降控制要求,因此需提前进行地基加固处理。由于武广高速铁路为国家 I 级繁忙干线,不允许进入站场内部进行地面施工,只能采取场外水平加固措施。

(1)MJS 试验段

本项目为世界首次采用超长 MJS 水平旋喷加固高速铁路路基,加固直径 2m、长度 60m,创世界最长纪录,为保证 MJS 实际效果,在花城路站基坑内西侧端头类似地层进行了 MJS 试桩。

在花城路站基坑内西侧端头共设置 20 根试验桩,其中左线端头设 7 根,总计 3 排,试验桩编号从上至下依次为第一排 13 号,第二排 8 号、11 号、9 号,第三排 2 号、6 号、4 号,桩长均为 30m;右线端头设 13 根,总计 4 排,试验桩编号从上至下依次为第一排 16 号、15 号、17 号(桩长 33m),第二排 20 号、18 号、19 号(桩长 60m),第三排 12 号、14 号、10 号(桩长 60m),第四排 3 号、7 号、1 号、5 号(桩长 60m),如图 6-10-7 所示。

MJS 试验桩共计完成 20 根,施工顺序为跳层、层内错桩,如图 6-10-8 所示。

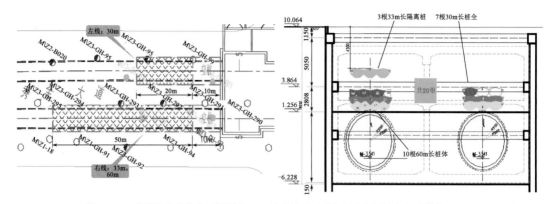

图 6-10-7　花城路站基坑内西侧端头 MJS 试验桩平面、剖面布置示意图（尺寸单位：mm）

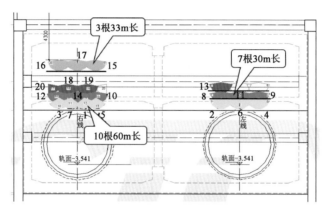

图 6-10-8　试验桩施工顺序图

在左线 19m、24m 及右线 18m、33m、60m 分别进行加固体取芯，结果如图 6-10-9 所示。

通过以上 4 个断面的抽芯情况，加固体整体性较好，取芯结果表明抗压强度为 5.8MPa ＞ 3MPa，满足设计预期要求。

根据试验桩的监测情况，右线设置隔离桩的区域，地表沉降为 2.2mm，左线未设置上层隔离桩的区域地表沉降为 4.6mm，如图 6-10-10 所示，证明设置隔离桩后更有利于减小地面沉降。

（2）MJS 加固施工顺序确定

为进一步优化 MJS 施工顺序及加固效果，利用数值分析手段进行加固方式优化，在假设桩体完全有效的前提下，充分考虑 MJS 水平旋喷桩注浆施工过程中产生的地层损失和注浆后结石率等问题对地层变形的影响，对不同注浆加固顺序下的地表沉降过程进行分析。数值计算有限元模型如图 6-10-11 所示。

数值计算中地层模型的力学参数：弹性模量为 80MPa，泊松比为 0.3。桩体弹性模量在注浆完成后随时间的变化曲线如图 6-10-12 所示。

工程中常用的注浆加固回抽速度为 15min/m，则单根桩的加固速度为 4m/h。数值计算中计算时间步长设定为 1h，设定加固长度为 40m，则数值计算中每加固一根桩需要 10h，依次计算后续桩体加固过程。数值计算过程中在模型左右两侧施加水平位移边界，在模型底边施加水平和垂直位移固定边界。

a) 左线19m处

b) 左线24m处

c) 右线18m处

d) 右线24m处

e) 右线60m处

f) 钻芯试压结果

图 6-10-9　MJS 试验桩成桩效果图

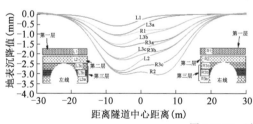

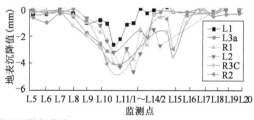

图 6-10-10　试桩段监测数据曲线

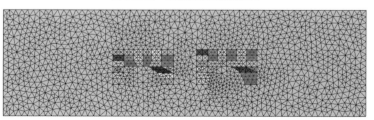

图 6-10-11　MJS 水平旋喷桩加固顺序数值计算模型

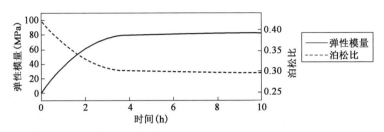

图 6-10-12　土体弹性模量和泊松比随时间变化曲线

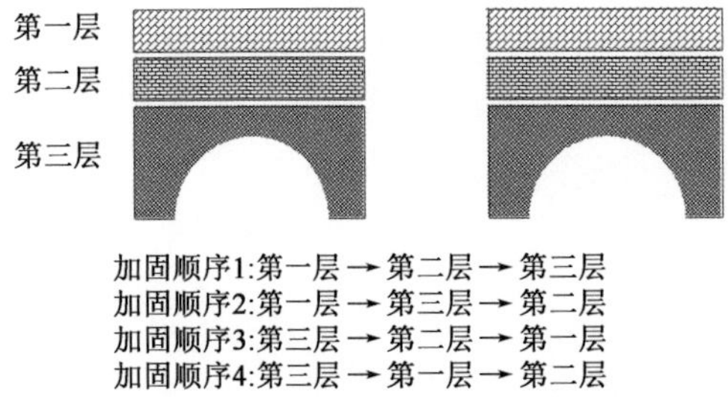

考虑到加固施工过程中的沉降对高速铁路安全的影响,对于双线隧道,上方地层加固产生较大的沉降槽宽度有利于高速铁路的安全运行。因此,左右隧道上方地层同时进行加固。设计分三层进行加固,通过数值模拟研究三层加固的顺序,具体计算的加固顺序如图 6-10-13 所示。

加固顺序1:第一层 → 第二层 → 第三层
加固顺序2:第一层 → 第三层 → 第二层
加固顺序3:第三层 → 第二层 → 第一层
加固顺序4:第三层 → 第一层 → 第二层

图 6-10-13　MJS 水平旋喷桩加固顺序示意图

在数值计算的基础上,确定 MJS 水平旋喷桩对地层进行加固的顺序,首先加固第一层(最上层),随后加固第三层(拱棚层),最后加固第二层(中间层),左右线采用跳桩跳层地层加固,即"上—下—中"跳层、层内错桩的加固新方法,最大限度减少扰动,控制地层沉降。最终下穿段 MJS 加固长度 118m,加固断面布置如图 6-10-14 所示。

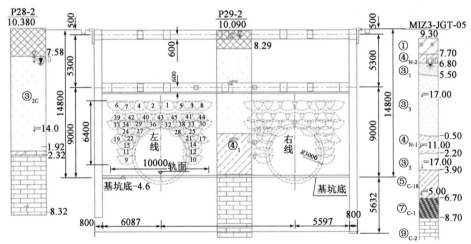

图 6-10-14　下穿段 MJS 工法加固剖面示意图(尺寸单位:mm)

(注:图中编号为跳桩加固顺序)

(3)MJS 加固施工控制要点

①单轴抗压强度:≥3.0MPa(砂质土),≥1.0MPa(黏性土)。

②黏聚力:≥0.5MPa(砂质土),≥0.3MPa(黏性土)。

③弯压强度:≥0.33MPa(砂质土),≥0.2MPa(黏性土)。

④试验桩有效桩径:≥2.0m。

⑤成桩水平度误差:≤1/100。

⑥设计搭接厚度:≥300mm,且搭接体连续。

⑦注浆加固回抽速度:15min/m。

⑧水泥浆用量:约2m³/m(160°摆喷)。

⑨地内压控制范围:0.06~0.10MPa。

2)盾构下穿微扰动施工安全控制技术

为减小盾构下穿施工对武广高速铁路的影响,综合考虑隧道的埋深、地质情况以及与高速铁路的空间关系,确定盾构施工的指导思想为"安全、连续、平稳",并确定施工原则为"高黏度、不波动、平衡压力"。

(1)设置盾构掘进施工试验段

泥水盾构在灰岩地区掘进受排泥管径的限制,存在滞排和土仓内堆积块石的风险,为避免盾构下穿铁路时泥水压力波动对上部软弱土层产生较大的扰动,防止高泥浆黏度掘进过程中盾构刀盘结泥饼,在盾构机到达下穿段影响范围前,选取120m进行盾构环流逆循环掘进试验。

逆循环掘进试验段试验效果好坏的判断标准如下:

①块石堆积超过土仓高度的3/5。

②刀盘结泥饼,影响盾构掘进施工控制。

③盾构扭矩过大,超过4000kN·m,或长距离维持在3000kN·m。

如超过以上标准,则视为试验失败,应放弃试验。

下穿铁路施工前,应对试验段盾构掘进模式进行总结,如盾构环流逆循环掘进试验成功,则予以选用;如不成功,则进一步对刀盘开口方案进行研讨,综合确定最终下穿铁路的盾构维修改造方案、掘进模式和施工参数。

(2)刀盘刀具优化配置

考虑盾构下穿高速铁路必须连续、匀速掘进的要求,本区间盾构刀盘设置以全断面滚刀为主、滚刀+贝壳刀+边缘铲刀搭配的方式破岩,刀盘配置见表6-10-2。

盾构刀具配置表 表6-10-2

刀具位置	刀具名称	规格类型	数量	刀具编号	备注
中心刀具	双刃滚刀(宽刃镶齿刀圈)	17in(英寸)	4	1~8号	伸出量140mm(配置重型轴承)
中圈刀具	双刃滚刀(宽刃镶齿刀圈)	17in	5	9~17号、19号	伸出量140mm
	单刃滚刀	17in	11	18号、20~29号	伸出量140mm
	固定式贝壳刀(焊接)	120mm	29		伸出量120mm
外周刀具(圆弧段)	单刃滚刀	17in	9	30~38号	
	单刃滚刀	18in	1	39号	
	固定式贝壳刀(焊接)	120mm	9		
	边缘铲刀		42		
	外扩贝壳刀(焊接)		3		

(3)泥水压力

根据不同的穿越地段选择不同的泥水压力值,掘进过程中始终保证土仓压力与作业面水土压力动态平衡。理论计算公式为:

$$P = K \cdot \gamma \cdot H + (25 \sim 35)\text{kPa} \tag{6-10-1}$$

式中:K——土压力的侧向系数,视覆土性质和厚度而定,一般在0.5~0.7之间;

γ——土的重度；

H——隧道中心埋深；

P——盾构泥水压力理论设定值。

在工程实施过程中，根据实际情况，泥水压力设定值可做适当调整。同时，为确保参数合理，在铁路影响范围内每10环对泥水压力进行计算更改。

（4）泥浆性能

盾构穿越高速铁路过程中，考虑灰岩地层溶土洞发育，为预防盾构掘进施工中遇到未探明的溶土洞，出现环流泥浆大量流失，导致掘进面失压和塌陷等危险，应保证泥浆储备充足，且黏度控制在30s以上。

盾构下穿区间采用集成式泥浆处理系统，钢结构泥浆池作为循环泥浆的储存容器及泥浆净化器的支承结构，整个钢结构泥浆池理论容积为815.6m³，实际泥浆装载容积可达到670m³。穿越溶洞发育区段时，通过环流系统向刀盘掌子面注入浓泥浆和一定比例的惰性浆进行保压，确保溶洞区段地层穿越施工安全。

（5）干砂量控制

盾构掘进每环理论切削土体量为46.46m³，理论干砂量为$Q_干 = Q_切/(1+e) = 28.16m³$，式中$e$为平均孔隙比，取0.65。在掘进过程中，通过环流系统感应器收集泥浆流量、密度等数据，并传送到中央控制室，经过数据处理后，直观显示干砂量具体数值。一旦发现有超量的现象，及时对该区段进行处理，措施包括二次补浆等。

（6）同步注浆

理论计算每环管片壁后空隙量为4.05m³，考虑地层渗透系数较大，取较高系数，实际注浆量取值为理论方量的1.5~1.8倍，即6.08~7.29m³/环，施工注浆压力为0.3~0.44MPa，注浆量的最终确定要视注浆压力、隧道的稳定情况以及地面沉降情况而定。在掘进过程中，及时掌握地面沉降监测数据，并对其进行分析，调整盾构掘进参数和注浆压力。

同步注浆时必须要做到"掘进、注浆同步，不注浆、不掘进"，在同步注浆压力和注浆量方面进行双控，做到适时、足量，具体注浆参数还需通过地面与地层的沉降信息反馈来确定。

（7）盾构姿态控制

在盾构掘进中严格控制盾构机的姿态，最大限度减少每次纠偏的幅度，勤纠偏，对初始出现的小偏差及时纠正，尽量避免盾构机走蛇形，并控制每次的纠偏量在2mm以内，以减少对地层的扰动，为管片拼装创造良好的条件。根据每环盾构掘进的姿态测量结果，及时调整各区千斤顶的伸长量。

（8）盾构推进

盾构穿越铁路以安全、匀速为原则，掘进速度控制在10~15mm/min，刀盘转速控制为1~1.3r/min，严格控制刀盘贯入度。

（9）二次注浆

为防止盾构机通过后后续沉降的影响，及时进行二次补充注浆，采用流量和压力双控标准，尽量恢复围岩松动圈内的地层损失。

在盾构穿越施工过程中，每两环进行一次二次补充注浆。二次注浆在管片脱出盾尾4~7环后进行，采用袖阀管注浆。每环管片在隧道底部的5、6、7点钟位置设置3个注浆孔，外缘注浆孔夹角为72°,注浆孔横断面如图6-10-15所示。注浆孔为管片制作时提前预留,袖阀钢管、预留注浆套管、钢套管均采用Q235钢。

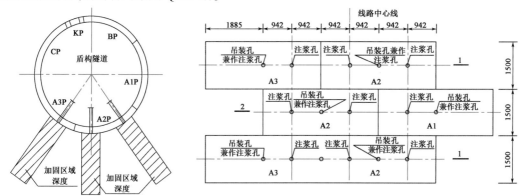

图6-10-15 注浆孔横断面示意图(尺寸单位:mm)

注浆材料中,水泥采用42.5级普通硅酸盐水泥,水玻璃采用40%的硅酸钠溶液;水泥浆水灰比为$(0.6 \sim 1.0):1$;双液浆配合比为水泥浆:水玻璃 $=1:(0.5 \sim 1.0)$。

二次注浆采用水泥浆掺粉煤灰,注浆压力一般为0.2~0.4MPa,必要时采用双液浆进行注浆。单孔注浆直径不小于1.2m,加固每米水泥耗量不小于200kg。整个注浆过程中采用"先外后内,少量多次"的注浆原则。

3)自动化监测方案

武广高速铁路路基沉降控制标准极高,且每天通过列车数较多,设计时采用先进的24h无间断自动化监测系统,对轨道结构、接触网立柱、站台沉降、地基沉降、铁路轨面几何状态等项目进行自动化监测。

(1)监测项目、监测频率及监测周期

施工关键期(基坑土方开挖、MJS旋喷桩削孔及喷浆施工、盾构掘进施工等)应加强监测,必要时需进一步加密监测甚至进行全天24h不间断实时监测;一般施工期(基坑连续墙成槽施工、基坑土方回筑、盾构停机检修、掘进完工后稳定期等)监测频率可适当放宽。监测项目及频率要求见表6-10-3。

铁路站场范围内监测项目表　　　　　　　　　　表6-10-3

序号	监测项目	监测频率			监测周期	备注
		临时竖井施工期间	MJS加固期间	盾构掘进期间		
1	(无砟)轨道结构沉降	关键时期1次/2h,一般情况3次/d,之后根据需要进行适当调整,必要时需加密监测频率	关键时期2次/h,一般情况1次/2h,之后根据需要进行适当调整,必要时需加密监测频率	关键时期1次/h,一般情况1次/3h,之后1次/d,其他情况可根据需要进行适当调整,必要时需加密监测频率	从竖井施工开始至盾构穿越施工完成全过程	自动化监测
2	接触网柱沉降及倾斜测量					
3	地基沉降测量					
4	站台、雨棚柱、地道沉降测量					自动化监测
5	地下管线					
6	地下水位					

序号	监测项目	监测频率			监测周期	备 注
		临时竖井施工期间	MJS 加固期间	盾构掘进期间		
7	轨道几何尺寸(高低、水平、轨距等)	根据《铁路线路修理规则》等文件及铁路部门的要求执行			从竖井施工开始至盾构穿越施工完成全过程	
8	行车限界测量					
9	列车速度监测(仅武广高速铁路)	1 次/列				自动化监测

(2)监测点布置范围及原则

①施工影响内,测点横向及纵向布设范围不小于 $4H$(H 为隧道中心至地表距离)且不小于 70m。

②测点按由近及远、由密及疏的原则布设,在重点监测区域(隧道正上方及外侧 $2H$ 范围)测点按 5m 布置,在一般监测区内(隧道外侧 $2H \sim 4H$ 范围内且不小于 70m)测点按 10m 布置。

③在轨道板上设置监测点,监测设备为水平连通管式沉降仪外管,对整个施工过程中轨道板的变形进行监测。双线盾构的穿越中心线与轨道板的交点为每条轨道板监测的中心点,沿轨道板方向每隔 1.5m 设置 3 个监测点,分别为轨道板的边缘两个点和轨道板中线上的点。

自动化监测设备及布点示意图如图 6-10-16 所示。

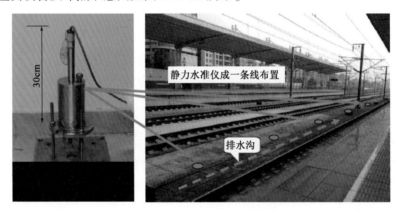

图 6-10-16　自动化监测设备及布点示意图

(3)监控量测控制值及警戒值

铁路站场范围内监测精度、控制值及警戒值见表 6-10-4。

铁路站场范围内监测精度、控制值及警戒值　　　　　表 6-10-4

序号	监测项目	监测精度(mm)	监测控制限值建议值		警 戒 值
			武广高速铁路	京广铁路	
1	(无砟)轨道结构沉降	0.1	$-5 \sim 0mm$	根据《铁路线路修理规则》等文件及铁路部门的要求执行	取控制值的 50%
2	轨道几何尺寸(高低、水平、轨距等)	0.1	根据《铁路线路修理规则》等文件及铁路部门的要求执行		
3	接触网柱沉降及倾斜测量	1.0			
4	行车限界测量	1.0			

续上表

序号	监 测 项 目	监测精度（mm）	监测控制限值建议值		警 戒 值
			武广高速铁路	京广铁路	
5	地基沉降测量	1.0	−20mm	−30mm	取控制值的50%
6	站台、雨棚柱、地道沉降测量	1.0	−20mm	−30mm	
7	地下水位	1.0			
8	地下管线	1.0	根据管线产权单位要求		
9	列车速度监测（仅武广高速铁路）		限速80km/h		

6.10.3 实施效果

本工程于2017年10月—11月完成盾构下穿武广高速铁路及京广铁路施工。MJS桩加固、盾构掘进施工(图6-10-17)过程中无砟轨道整体安全可控,沉降控制在5mm以内,满足相关规范、标准及铁路部门要求,施工期间武广高速铁路及京广铁路均正常运营。

a)MJS水平旋喷桩施工   b)盾构隧道贯通

图6-10-17 现场施工场景

第7章
城市地下空间网络化拓建
与未来城市地下空间

　　我国"十四五"期间将全面实施的城市更新行动,为城市地下空间更新改造提供了良好的契机,同时也将面临更大的技术挑战。未来的城市地下空间开发依然需要坚持"问题导向、需求导向、目标导向",着力解决影响人民生活质量和生命财产安全的突出问题。一是坚持以人为本,贯彻安全前置的城市地下空间规划与设计理念,系统性提升地下空间的开发和利用整体水平;二是依托城市更新,注重老旧地下空间提质改造与相互连通,在老城区打造安全、绿色、智慧、韧性的网络化城市地下空间;三是面对紧迫需求,继续向地下拓展交通、物流、仓储等功能,并开发深部蓄排水、地下河川等新功能地下空间,解决"城市病",改变"脆弱性",提高城市承载与防灾减灾能力,满足城市可持续发展的需要;四是坚持平战结合,研究现代局部战争条件下传统民防的不适应性及升级改造技术,开发网络化城市应急避难中心与民防相融合的防灾地下空间,以适应现代高科技战争的需求;五是研究增强城市地下空间韧性,增强地下空间的适用性、可改造性、可修复性;六是开展城市地下空间智能化建造与运维技术研究,加强新技术、新材料、新装备在城市地下空间开发中的应用。另外,未来的城市地下空间开发理念也由"功能为主"向"创新、协调、绿色、开放、共享"转变,最终实现多维度、网络化、深层次、高品质的城市地下空间建设目标。

7.1　城市地下空间更新改造需求

　　城市更新改造不仅要注重"面子",更重要的是兼顾民生相关的"里子",城市地下空间的更新改造蕴藏着巨大的需求,向地下拓展空间是重要的发展方向。
　　城市地下空间更新改造主要以三种模式实施:一种是区域性全方位改造,拆除地上地下老旧建筑及设施,整体性规划,一次性或分期拓展建造,并为后期地下空间接驳预留条件,比如杭州钱江新城二期工程、西安幸福林带工程、南京江北新区工程等;以西安幸福林带工程[图7-1-1a)]为例,地上景观、市政道路与地下空间、综合管廊、多条地铁统筹修建。第二种是在既有地下空间基础上通过网络化拓建,形成综合枢纽或"地下城",比如武汉光谷广场综合体、兰州东方红广场地下空间;第三种是以区域性改造为主,同时利用或连通既有地下空间,形成规模较大的综合性地下城,以广州万博地下空间[图7-1-1b)]为例,一条长达3.56km的地下环路将万博商务区的7大项目从地下连成一体,新建地铁车站通过拓建方式与既有地下空间融为一体。地下空间的更新改造是老旧小区改造、旧城改造、棚户区改造的重要组成部分,近期,仅北京就有60多个地铁车站有更新拓建需要,城市地下空间更新改造需求巨大。

a)西安幸福林带地下空间   b)广州万博地下城剖面

图7-1-1 城市更新与地下空间开发效果图

7.2 网络化拓建改造升级提升目标

1)安全、舒适、高效、便捷的地下空间

网络化拓建改造升级的目的是消除安全隐患,提升功能功效,实现互连互通和空间重构,构建有温度、有活力、有色彩、有生命力、可持续发展的高品质城市地下空间。

网络化地下空间具有以下特点:①完全破解地下空间常见的孤岛问题,实现平面互连、竖向互连、地上地下互连;②强调便利性,地下空间与地面建筑或公共空间融为一体,或通过慢行步道,实现地下空间互连互通,便利民众出行,具有综合功能;③强调安全性,出入口设置、防灾应急、疏散导向、智能监控等设施考虑人的安全;④强调舒适性,考虑净空尺度和谐、色系标识清晰、人造阳光、生态植被、空气质量、环境温度、清洁度等因素,打造宜居健康空间;⑤强调人文因素,体现艺术性、文化性、地域性的内部景观,体现人的参与性;⑥具有结构韧性,能够承受或吸收外部干扰,保持结构整体稳定和防护功能,且具备可恢复性;⑦防控减灾韧性,充分利用抗爆、抗震特性,提升防烟、防洪、公共安全防控等主动防灾能力,具备灾后快速恢复能力;⑧智能化,引入智能动态信息系统、自动化监控系统,提供更可靠的运维服务。

2）安全前置的规划设计，实现本质安全

我国城市地下空间开发正由点—线—面向区块化、网络化、一体化方向发展，从节点开发、线状地下空间、网络化地下空间到地下城市，规划要有超前意识、安全建造意识、可持续发展意识，保持前瞻性，对城市地下空间更新改造网络化拓建进行安全前置的规划设计。全面落实安全第一、生命至上的理念，助力实现地下空间建设的本质安全。安全是贯彻全过程的，规划阶段考虑建设、运营的安全风险，减少不必要的技术难度和挑战才能从源头上降低风险，才是本质安全。设计阶段工法的确定必须基于安全、技术、经济性一体化考虑，才是真正落实安全第一、生命至上理念。在规划阶段，可以通过"适度规模、合理选址、红线限定、时序控制、空间留白、合理分层、多规融合"等方式来实现安全前置，从规划阶段入手，降低建设工程中的风险与挑战。

3）智慧管理的地下空间

未来城市地下空间的智慧管理包括两个方面：一是地下空间主体结构及内部结构的智能管理，通过智能材料、智能监测元件，实现全生命周期的全自动健康监测和智能维护管理；另一方面是通过智慧运营管理平台，对与地下空间运营息息相关的暖通系统、给排水系统、照明系统、动力配电系统、监控与报警系统、消防系统、通信信息系统等实施智慧协同管理，保证地下空间安全、环境指标优良、系统运转正常，同时延长设备寿命、降低运行能耗，实现绿色运维。

4）具有强大防灾减灾能力的地下空间

未来的城市地下空间需要充分满足防灾减灾的需要，一方面开发具有防灾减灾功能的地下空间，比如民防掩蔽、地震避难等；另一方面城市地下空间要有完善的灾害防御和疏散能力，除了充分发挥其抵御地震、风暴、恐怖袭击、战争等灾害的强大能力之外，需要重点研究应对火灾、水灾、疫情等灾害的防御能力和应急能力；需要研究解决融合民防、消防功能的地下空间标准问题，地下空间的抗震性能，地下空间的通风、供水、防排水、供配电可靠性问题，深部空间的应急管理等问题。

（7.3）城市地下空间的开发方向

地下空间作为城市发展的第二空间，起源于过去的人防工程，快速发展于城市交通，按功能需求分为地下交通、地下市政、地下商业、地下公共管理、地下公共服务、地下仓储以及特殊功能等类型。我国传统的地下空间多用于地下民防、地下交通、地下商业、地下管线等，为提高城市韧性，我国还需要建设城市地下蓄排水、地下综合管廊、新时代军民融合地下空间及深部地下空间，同时要加强资源枯竭型城市废弃矿洞的开发与利用，促进其转型升级和高质量发展。

1）地下蓄排水系统

近些年，国内多个城市都出现过严重内涝，损失惨重，有些城市因地理位置等原因，很难从根本上解决短时间集中异常降水情况下的排水问题，这种情况下，开发地下蓄水调洪等功能的地下空间具有显著的优势。

以日本东京外郭排水系统(地下神殿,图 7-3-1)为例,在地势低洼、排水不畅的片区修建了排水隧洞、大型蓄水库(竖井)、进水口结构及排水泵站组成的地下河,暴雨期蓄积雨水,减轻区域内河道及市政排水设施的压力,河道水位回落后,通过泵站向河道持续排水,工程建成后,彻底解决了该区域连年内涝的难题。

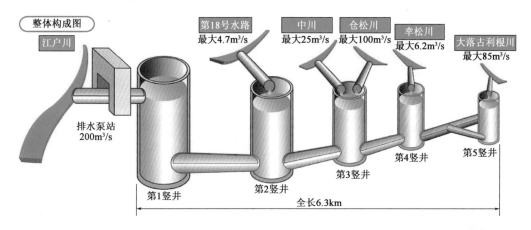

图 7-3-1　日本东京外郭排水系统(地下神殿)

2)地下综合管廊系统

《全国城市市政基础设施建设"十三五"规划》中提出了"有序开展如下综合管廊建设,解决'马路拉链'问题"的任务,在很多试点城市的规划建设中已经显现出明显优势。地面管线入廊,不仅解决了市容景观问题,避免了道路重复挖填引起的环境影响、交通阻塞、生活干扰等问题,同时也为管线的健康监测、智能运维创造了条件。在城市更新过程中,以地下综合管廊方式升级改造城市生命线是比较高效的方式。常见管廊干线断面示意图如图 7-3-2 所示。

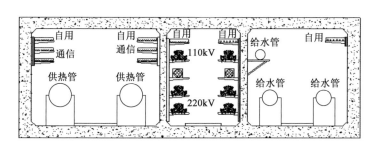

图 7-3-2　常见管廊干线断面示意图

3)资源枯竭型城市废弃矿洞的改造利用

近年来,我国资源枯竭型城市周边的废弃矿洞、因环保要求或产能升级关停的矿洞数量大幅增加,不仅造成了资源的巨大浪费,还可能诱发后续的安全、环境及社会问题。废弃矿洞赋存的可利用空间资源二次开发潜力巨大,但我国目前利用废弃矿洞资源的实例并不多。上海利用废弃矿坑建设的"深坑酒店",为我国废弃矿井资源的开发与利用提供了思路与工程示范。国外一些利用废弃矿山的经典案例,比如美国利用石灰石矿山开发的沙滩车场地、波兰的盐场城堡、英国的 Zip World 地下游乐场等,应用功能多样,充满活力,如图 7-3-3 所示。

a)上海深坑酒店

b)美国沙滩车场地

c)英国Zip World地下游乐场

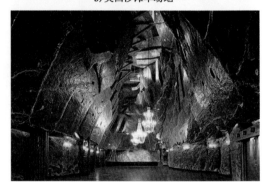

d)波兰盐场城堡

图 7-3-3　废弃矿洞开发利用典型案例

未来,我国废弃矿洞的开发与利用可以结合地面生态及景观恢复,向旅游度假、养生疗养、商务会议、文化展览、体育健身、民防避难、餐饮娱乐等方面综合发展。

4)深部地下空间

目前世界各国都在积极开发与利用深部地下空间,但是入地越深,开发技术越复杂,基于目前技术水平,在民用方面基本限于 50m 以内的浅层,少数发达国家进行了开发深部地下空间的尝试。

在深部地下空间的开发与利用及综合性建设方面,日本拥有先进的技术和丰富的经验,把焦点集中在深部地下空间对日常社会生活环境质量的改善以及灾害发生时的防灾能力上,出现了封闭再循环、分层构想等许多规划思路。美国芝加哥、英国伦敦、法国巴黎、新加坡、日本东京等已经修建了一些深部隧道工程。

5)满足新时代军民融合需求的地下空间

在现代高科技局部战争条件下,人防的战略要适应新时代,要区别高价值目标与一般目标,要充分考虑中国城镇化进程,城市人口大量积聚的现状。新时代的人防战略要改变现有人防体系,建立城市应急避难与人防结合的军民融合新体系。地下空间需适应新时代的人防战略需求,做到与地下交通网融合,防与疏结合,建设城市人防与避难中心(一级);与生命救援系统融合,落实以人为本,建设城市人防与避难救援站(二级);与单体建筑地下空间融合,建设掩体(建筑融合,三级);与八大系统融合,综合管廊(水、电、气、油、通信、网络)支撑城市运行;与地下商业融合,建设战略物资储备;与地下设施融合,建设应急保障系统,包括地下供电、地下指挥、地下给水、新风系统等;与深层地下空间开发融合,建设多用途的防灾救援空间。

7.4 城市地下空间信息化建造

（1）透视地下

由于城市存在复杂敏感的环境、密集分布的风险点、交错布置的地下管网、多次扰动的地质条件以及可能存在的障碍物,因此要求精确探测修建场地条件。除了传统的钻探类勘察手段外,需要研发高精度的物理探测技术和装备,比如城市抗干扰地球物理探测技术、抗干扰被动源与主动源面波联合勘探技术、高分辨 SH 横波勘探技术、大深度低频探地雷达技术、高光谱特征成像技术、高保真定向钻取芯技术、大孔距 CT 成像技术等。精确掌握地下地质结构(地层分层、活动断裂、地裂缝、地层孔洞、地面沉降等)、地质属性参数(工程地质、水文地质、物理场、化学场等)、既有地下建(构)筑物(地下空间、地下管线、建筑基础及其他障碍物等)等全要素的信息特征,通过 BIM 等技术实现城市地下全要素信息的高效集成管理。基于地下三维全信息模型,综合评估地面沉降、活动断裂、岩溶塌陷、砂土液化、地下有害气体、地下采空、地下水位变化等灾害因素,实现城市地下空间全资源评价,消除灾害隐患,准确评估既有地下结构的真实状态,确保地上地下空间安全。

（2）信息化建造

充分发挥 BIM、GIS 等新技术在智慧建造中的作用,将大数据、云管理、VR 三维可视化等新方法用于智慧建造,通过地层数字化、周边环境数字化、地下结构数字化、建设管理数字化、运营维护数字化,建设勘察、设计、施工、运维、防护于一体的全寿命周期管理平台。

建立城市地下空间开发网络化拓建数据库,并通过新增工程不断补充完善;应用大数据分析技术,完善建造技术和风险预控技术。

（3）智能装备

未来城市地下空间施工装备包括:①适应城市地下狭小空间施工的低净空、小尺寸、多功能的施工装备;②基于 BIM 施工模型的自动控制开挖、支护装备,基于激光扫描的钢筋加工及安装、预埋件安装、混凝土智能浇筑等装备;③用于既有结构加固的自动补偿智能预支顶装置;④智能装配式地下结构施工装备;⑤全断面掘进设备的智能化升级改造;⑥智能监测检测设备等。

（4）新型材料及结构

在未来的地下大空间、特殊地下空间、大跨度拓建地下空间、大埋深地下空间等工程建造过程中,需采用新型材料和新型结构方可满足安全建造要求,比如高强(超高强)混凝土、绿色高性能混凝土、纤维—钢筋混凝土、耐腐蚀混凝土、新型钢—混凝土组合材料、智能建筑材料、可修复防水材料、高渗透性注浆材料、地下预应力结构、预应力装配式地下结构、组合大跨结构等。

（5）新型技术

日渐成熟的预制装配式建造技术、基于 BIM 的 3D 打印技术、支护结构一体化建造技术、微扰动非开挖施工技术等,将在未来城市地下空间安全建造中得到大力推广与应用。

 ## 7.5 城市地下空间智能化运维

　　智慧城市是以网络化、数字化、物联化、大数据、智能化等新一代信息技术为基础,以系统性实现人与人、物与物、物与人之间的全面感知、互联互通、智能协同为目标,最终升级形成具有人本、安全、高效、便捷、绿色、开放、共享、韧性特点,三生融合的新型城市。

　　智慧城市地下空间在规划建造、升级改造过程中需要考虑融入智能化运维所需的传感、传输技术,为融入城市智慧治理系统创造条件。主要体现在以下几个方面:一是采用 GIS + BIM 等支持智能运维的信息化建造技术,建造模型融入城市信息模型(City Information Modelling, CIM),为智能运维打下坚实基础;二是在地下空间建造和改造中采用智能材料、埋置智能感知元器件,组成智能健康监测的重要感知源,广泛采集应力、形变、位移、声谱、温度、水位、振动等信息,为智能健康监测提供依据;三是在地下空间各个部位安装自动化传感及监控设备,广泛采集图像、声音、温度、水位、烟尘、气味等信息,为安全高效运营提供依据;上述感知设备通过新一代信息网络接入公共管理智慧平台,实现地下空间的智慧运维。

参考文献
REFERENCES

[1] 常连方.工程力学策略与定性[M].北京:中国地质大学出版社,1996.

[2] 叶开沅,钱伟长.弹性力学[M].北京:科学出版社,1956.

[3] 铁摩辛柯,古地尔.弹性理论[M].徐芝纶,译.3版.北京:高等教育出版社,2013.

[4] 钱家欢,殷宗泽.土工原理与计算[M].2版.北京:中国水利水电出版社,1996.

[5] 龚晓南.地基处理手册[M].3版.北京:中国建筑工业出版社,2008.

[6] 刘祖典.黄土力学与工程[M].西安:陕西科学技术出版社,1997.

[7] Fang Y S, Ishibashi I. Static earth pressures with various wall movements[J]. Journal of Geotechnical Engineering,1986,112(3):317-333.

[8] Fang Y S,Chen T,Wu B. Passive earth pressures with various wall movements[J]. Journal of Geotechnical Engineering,1994,120(8):1307-1323.

[9] Tang Y,Li J,Ma Y. Lateral earth pressure considering the displacement of a rigid retaining wall [J]. International Journal of Geomechanics,2018,11(18).

[10] 党发宁,张乐,王旭,等.基于弹性理论的有限位移条件下挡土墙上土压力解析[J].岩石力学与工程学报,2020,39(10):2094-2103.

[11] 汪来,肖世国.U形槽路堤立臂有限土体主动土压力计算方法研究[J].铁道标准设计,2021,65(2):47-53.

[12] 杨明辉,吴志勇,赵明华.挡墙后有限宽度土体土拱效应分析及土压力计算方法[J].湖南大学学报(自然科学版),2020,47(3):19-27.

[13] 杨明辉,戴夏斌,赵明华,等.墙后有限宽度无黏性土主动土压力试验研究[J].岩土工程学报,2016,38(1):131-137.

[14] 王洪亮,宋二祥,宋福渊.紧邻既有建筑基坑有限土体主动土压力计算方法[J].工程力学,2014,31(4):76-81.

［15］刘冬,杨明辉,赵明华.基于 DEM 分析的有限宽度填土主动土压力计算[J].公路工程,2019,44(2):36-40.

［16］方焘,杨思敏,徐长节,等.浸水条件下有限土体土压力试验研究与数值分析[J].地下空间与工程学报,2019,15(6):1699-1708.

［17］王闯超,晏鄂川,陆文博,等.无黏性有限土体主动土压力解析解[J].岩土力学,2016,37(9):2513-2520.

［18］岳树桥,左人宇,陆钊.相邻基坑有限宽度土条主动土压力的计算[J].岩土力学,2016,37(7):2063-2069.

［19］刘忠玉.有限无黏性填土刚性挡土墙主动土压力计算[J].中国公路学报,2018,31(2):154-164.

［20］朱彦鹏,魏鹏云,马孝瑞,等.有限土体主动土压力计算方法探讨[J].兰州理工大学学报,2020,46(2):133-137.

［21］马平,秦四清,钱海涛.有限土体主动土压力计算[J].岩石力学与工程学报,2008(增1):3070-3074.

［22］肖昕迪,李明广,吴浩.有限宽度土体主动土压力的离散元模拟研究[J].地下空间与工程学报,2020,16(1):288-294.

［23］Take W A,Valsangkar A J. Earth pressures on unyielding retaining walls of narrow backfill width[J]. Canadian Geotechnical Journal,2001,38(6):1220-1230.

［24］马海龙,梁发云.基坑工程[M].北京:清华大学出版社,2018.

［25］Bang S. Active earth pressure behind retaining walls[J]. Journal of Geotechnical Engineering,1985,111(3):407-412.

［26］中华人民共和国住房和城乡建设部.建筑基坑支护技术规程:JGJ 120—2012[S].北京:中国建筑工业出版社,2012.

［27］上海市城乡建设和交通委员会.基坑工程技术标准:DG/TJ 08-61—2018 [S].上海:同济大学出版社,2018.

［28］浙江省住房和城乡建设厅.建筑基坑工程技术规程:DB33/T 1096—2014 [S].杭州:浙江工商大学出版社,2014.

［29］Hong Y,Ng C W W,Wang L Z. Initiation and failure mechanism of base instability of excavations in clay triggered by hydraulic uplift[J]. Canadian Geotechnical Journal,2015,52(5):599-608.

［30］Liu G B,Jiang R J,Ng C W W,et al. Deformation characteristics of a 38m deep excavation in soft clay[J]. Canadian Geotechnical Journal,2011,48(12):1817-1828.

［31］王洪新,沈旭凯.考虑支撑作用的基坑抗隆起稳定安全系数计算方法[J].岩土力学,2020,41(5):1680-1689.

［32］徐芫蕾.基坑宽度对围护结构及周边土体性状的影响分析[D].杭州:浙江大学,2014.

［33］童星,袁静,姜叶翔,等.基于 Mindlin 解的基坑分层卸荷附加应力计算及回弹变形的多因素影响分析[J].岩土力学,2020,41(7):2432-2440.

［34］王洪新.基坑宽度对围护结构稳定性的影响[J].土木工程学报,2011,44(6):120-126.

［35］ G. F. 德利塔拉. 隧道衬砌计算［M］. 北京：人民铁道出版社，1976.

［36］ 中华人民共和国住房和城乡建设部. 城市轨道交通工程监测技术规范：GB 50911—2013
［S］. 北京：中国建筑工业出版社，2013.

［37］ 万良勇，宋战平，曲建生，等. 新建地铁隧道"零距离"下穿既有车站施工技术分析［J］. 现
代隧道技术，2015，52（1）：168-176.

［38］ 白纪军. 复杂地质情况下暗挖隧道零距离下穿运营地铁车站施工技术［J］. 铁道建筑，
2013（8）：51-55.

［39］ 汪国锋，陶连金，李积栋. 密贴下穿既有线的暗挖地铁车站群顶顶托关键技术研究［J］.
施工技术，2014，43（23）：113-117.

［40］ 孙旭东. 暗挖隧道密贴下穿既有线车站施工关键技术［J］. 隧道建设，2013，33（5）：
412-418.

［41］ 张旭，张成平，韩凯航，等. 隧道下穿既有地铁车站施工结构沉降控制案例研究［J］. 岩土
工程学报，2017，39（4）：759-766.

［42］ 牛晓凯，张顶立，刘美麟，等. 新建地铁车站长距离密贴下穿既有隧道方案比选及实测变
形分析［J］. 土木工程学报，2015，48（增1）：270-274.

［43］ 赵江涛，牛晓凯，苏洁，等. 洞桩法地铁车站顺行密贴下穿既有隧道方案优化研究［J］. 现
代隧道技术，2018，55（3）：176-185.

［44］ 张振波，刘志春，郑凯，等. PBA新建车站密贴下穿既有车站导洞施工工序优化研究［J］.
建筑结构，2020，50（增2）：882-887.

［45］ 李骥. PBA工法地铁车站密贴下穿既有车站工程风险控制研究［D］. 北京：北京交通大
学，2016.

［46］ 孟令志. 大断面隧道密贴下穿既有隧道沉降控制体系研究［J］. 建筑结构，2018，48（增
1）：772-777.

［47］ 陈熹，高波，申玉生，等. 近接地下通道洞桩法车站施工力学特性研究［J］. 铁道科学与工
程学报，2016，13（5）：950-957.

［48］ 王剑晨，刘运亮，张顶立，等. 暗挖地铁车站平行下穿既有隧道的变形控制及规律研究
［J］. 铁道学报，2017，39（11）：131-137.

［49］ 张成平，张顶立，王梦恕. 大断面隧道施工引起的上覆地铁隧道结构变形分析［J］. 岩土
工程学报，2009，31（5）：805-810.

［50］ 杜文，王永红，李利，等. 双层车站密贴下穿既有隧道案例分析及隧道沉降变形特征［J］.
岩土力学，2019，40（7）：2765-2773.

［51］ 张钦喜，孙杨，李松梅. 平顶直墙暗挖法密贴下穿既有线关键技术［J］. 岩土工程技术，
2018，32（6）：288-293.

［52］ 寇鼎涛，高太平，闫建龙，等. 四线隧道密贴下穿既有地铁车站注浆加固圆砾石地层效果
研究［J］. 铁道标准设计，2020，64（12）：94-100.

［53］ 李泽钧. 基于数据分析的下穿施工影响下既有地下结构变形控制对策研究［D］. 北京：北
京交通大学，2020.

［54］ Thayanan B. Three-dimensional influence zone of new tunnel excavation crossing underneath existing tunnel[J]. Japanese Geotechnical Society Special Publication,2016,2(42).

[55] 陶连金,刘春晓,许有俊,等.密贴下穿地下工程研究现状及发展趋势[J].北京工业大学学报,2016,42(10):1482-1489.

[56] 彭俊生,罗永坤.结构概念分析与SAP2000应用[M].成都:西南交通大学出版社,2005.

[57] 黄达海,郭全全.概念结构力学[M].北京:北京航空航天大学出版社,2010.

[58] 顾宝和.岩土工程典型案例评述[M].北京:中国建筑工业出版社,2015.

[59] 雷升祥,申艳军,肖清华,等.城市地下空间开发利用现状及未来发展理念[J].地下空间与工程学报,2019,15(4):965-979.

[60] 甘露.地铁车站改扩建施工安全性能及抗震分析[D].西安:长安大学,2019.

[61] 薛建阳,王亚辉,黄小刚,等.地铁车站轨排井结构加强措施及布置方案分析[J].广西大学学报(自然科学版),2017,42(4):1209-1216.

[62] 张涛.北京某既有地铁车站改造方案优化[D].北京:北京建筑大学,2019.

[63] 张长泰.换乘站施工破除既有车站结构的力学分析[J].市政技术,2014,32(1):90-92.

[64] 李储军,王立新,胡瑞青,等.黄土地区地铁车站换乘改造施工力学行为研究[J].铁道标准设计,2019,63(9):101-109.

[65] 苑春雨.既有地铁车站结构侧墙开洞施工安全分析[J].市政技术,2019,37(2):106-109.

[66] Zhang B,Yang Y,Wei Y F,et al. Experimental study on seismic behavior of reinforced concrete column retrofitted with prestressed steel strips[J]. Structural Engineering & Mechanics,2015,55(6):1139-1155.

[67] Lee W T,Chiou Y J,Shih M H. Reinforced concrete beam-column joint strengthened with carbon fiber reinforced polymer[J]. Composite Structures,2010.

[68] 李殿平.混凝土结构加固设计与施工[M].天津:天津大学出版社,2012.

[69] 北京城建勘测设计研究院有限责任公司.城市轨道交通工程地质风险分析与对策[M].北京:中国建筑工业出版社,2015.

[70] 赵家福.跨孔超高密度电阻率CT法在建筑物旧有桩基探测中的应用研究[J].工程地球物理学报,2008,17(1):45-51

[71] 邵继喜.磁感应法探测基桩长度的数值仿真研究[J].广州建筑,2020,48(2):23-29

[72] 中华人民共和国住房和城乡建设部.城市三维建模技术规范:CJJ/T 157—2010[S].北京:中国建筑工业出版社,2010

[73] 冯旭海.压密注浆加固抬升效应与机理的探讨[J].岩土工程界,2008,11(11):27-30.

[74] 中华人民共和国住房和城乡建设部.混凝土结构加固构造:13G311-1[S].北京:中国计划出版社,2013.

[75] 郑凤先.隔离桩对地铁深基坑邻近建筑物保护机理研究[J].城市轨道交通研究,2014,3:42-46.

[76] 叶俊能.基坑开挖中门架式隔离桩对减小邻近地铁隧道影响的研究[J].城市轨道交通研究,2020,11:32-37.

[77] 何新明.紧邻地铁深基坑的建筑保护技术[J].建筑施工,2012,34(9):867-869.

［78］ 曾保红.双轮铣深层搅拌水泥土墙（CSM 工法）在某工程中的应用［J］.建材世界,2014,35（增 2）:537-540.

［79］ 陈衡.钻孔结合旋喷隔离桩在紧邻高压铁塔的深基坑工程中的应用［J］.建筑施工,2015,37（5）:539-540.

［80］ 黄平生.分期实施地铁车站破墙接驳技术的工程实践［J］.市政技术,2010,28（增 2）:91-95,132.

［81］ 何川,丁建隆,李围.配合盾构法修建地铁车站的技术方案［J］.西南交通大学学报,2005（3）:293-297.

［82］ 丁德云,鲁卫东,杨秀仁,等.盾构隧道扩挖建造地铁车站方案的分析［J］.城市轨道交通研究,2010,13（增 1）:78-81,85.

［83］ 胡指南.双线盾构扩建地铁车站的插管冻结法及施工力学特性研究［J］.隧道建设,2021,41（4）: 579-587.

［84］ 刘成,杨平.盾构隧道施工对周边环境影响及灾变控制［M］.北京:科学出版社,2013.

［85］ 张洪斌.多糖及其改性材料［M］.北京:化学工业出版社,2014.

［86］ 徐致钧.高压喷射注浆法处理地基［M］.北京:机械工业出版社,2004.

［87］ 陈幼雄.井点降水设计与施工［M］.上海:上海科学普及出版社,2003.

［88］ 厦门市建筑科学研究院集团股份有限公司.自密实混凝土技术手册［M］.北京:中国建筑工业出版社,2014.

［89］ Mohammad H S. Study on the effect of a new construction method for a large span metro underground station in Tabriz-Iran［J］. Tunnelling and Underground Space Technology, 2010（25）:63-69.

［90］ Chee-Kiong Soh. Smart materials in structural health monitoring, control and biomechanics［M］.杭州:浙江大学出版社,2012.

［91］ Negro Arsenio. Geotechnical aspects of underground construction in soft ground［M］. Leiden: CRC Press,2018.

［92］ Lunardi G. The widening of the "montedomini" A14 motorway tunnel in the presence of traffic ［C］//Proceedings of the world tunnel congress 2016. San Francisco:Society for Mining, Metallurgy & Exploration,2016.

［93］ 卢勇东.数字和智慧时代 BIM 与 GIS 集成的研究进展:方法、应用、挑战［J］.建筑科学,2021,37（4）:126-133.

［94］ 赵毅.盾构扩挖修建地铁车站施工方法研究［D］.成都:西南交通大学,2010.

［95］ Kenji Namikawa. Construction of expressway branch junction structure using non-cut-and-cover enlargement method to combine two shield tunnels in sedimentary soft rock［C］//Proceedings of the world tunnel congress 2016. San Francisco:Society for Mining, Metallurgy & Exploration,2016.

［96］ 许镇,吴莹莹,郝新田.CIM 研究综述［J］.土木建筑工程信息技术,2020,12（3）:1-7.

［97］ 中国铁建股份有限公司,雷升祥.未来城市地下空间开发与利用［M］.北京:人民交通出版社股份有限公司,2020.